U0338866

国家林业和草原局业务委托项目，野生动物保护国际事务参与与应对政策调研（2014—2019），项目编号：GJHZS20150716、31700100017、YB20180901、2019072xy

北京市社会科学基金项目，北京市现代社会组织体系建设与发展问题研究（2016—2020），项目编号：16GLB06

美国野生动物保护管理体制研究

谢　屹 | 著

出版社
北京

图书在版编目（CIP）数据

美国野生动物保护管理体制研究／谢屹著.—北京：
人民日报出版社，2020.11
ISBN 978－7－5115－6744－4

Ⅰ.①美… Ⅱ.①谢… Ⅲ.①野生动物—保护—管理
体制—研究—美国 Ⅳ.①S863

中国版本图书馆 CIP 数据核字（2020）第 247849 号

书　　　名：美国野生动物保护管理体制研究
　　　　　　MEIGUO YESHENG DONGWU BAOHU GUANLI TIZHI YANJIU
著　　　者：谢　屹

出 版 人：刘华新
责任编辑：万方正
封面设计：中联华文

出版发行：人民日报出版社
社　　　址：北京金台西路 2 号
邮政编码：100733
发行热线：（010）65369509　65369846　65363528　65369512
邮购热线：（010）65369530　65363527
编辑热线：（010）65369533
网　　　址：www. peopledailypress. com
经　　　销：新华书店
印　　　刷：三河市华东印刷有限公司
法律顾问：北京科宇律师事务所　　（010）83622312

开　　　本：710mm×1000mm　1/16
字　　　数：377 千字
印　　　张：22
版次印次：2021 年 4 月第 1 版　　2021 年 4 月第 1 次印刷

书　　　号：ISBN 978－7－5115－6744－4
定　　　价：99.00 元

序

  野生动物是生态环境建设、社会经济发展和人类文明演进不可或缺的物质支撑和生态保障。随着人类文明进入工业时代，对于野生动物等自然资源的需求快速增长和利用能力快速提升，导致自然资源快速消耗和野生动植物物种灭绝，促生了人类行为反思与野生动物保护运动，以应对生态系统毁损及生物多样性丧失对人类社会可持续发展带来的挑战。

  1948 年，第一个全球性的自然环境保护组织——世界保护联盟（IUCN）成立，开启了全球共同开展自然保护运动的历程。20 世纪 60 年代起，世界保护联盟着手开展全球野生动植物物种及其栖息地调查，揭开了全球共同保护野生动物的序幕。1964 年，该组织建立了"受威胁物种红皮书"体系，囊括了全球面临最严重灭绝风险的物种，成为该领域最具权威的数据库。1973 年，《濒危野生动植物种进出口贸易公约》（CITES）在美国华盛顿开放签署，于 1975 年 7 月 1 日正式生效，成为全球野生动物保护运动的又一里程碑，表明野生动物的可持续利用成为国际共识。1992 年，《生物多样性保护公约》签署，进一步强调了可持续发展的重要性，野生动物合理利用与保护成为实现可持续发展的有力支撑。在野生动物合理利用领域中，如何确保资源消耗量不高于增长量，通过人工驯养繁殖减少野外资源消耗成为国际社会共同关切。在野生动物保护领域中，如何消除社区发展与野生动物保护冲突、加强栖息地保护、增强执法管理能力、打击野生动物非法盗猎、提高社会公众保护意识和参与性等成为国际社会的共同关切。

  进入 21 世纪，随着可持续发展理念深入普及，野生动物合理利用被赋予了新的使命，野生动物保护也面临着新的挑战。《联合国 2030 年课程持续发展议程》"目标 2：消除饥饿、实现粮食安全、改善营养和促进可持续农业"提出，"维持、种子、植物培育、养殖和驯养的动物及其有关野生物种的遗传多样性，确保按国际商定原则，获取及公正和公平地分享利用遗传资源和相关传统知识所产生的惠益";议程"目标15:保护、恢复和促进可持续利用陆地生态系统、可持续管理森林、防治荒漠化、制止和扭转土地退化现象、遏制生物多样性的丧失"提出,"采取紧急行动,制止偷猎和贩运受保护的动植物种群,解决非法野生动植物产品的供需问题"。国际社会的关注持续加强,其中野生动物盗猎及非法贸易的问题得到特别关注。

2014年,IUCN物种委员会(IUCN/SSC)的非洲象特别小组(AfESG)向第65届CITES常委会提交的非洲象报告指出,2013年非法猎杀大象监测项目(MIKE)监测到14000头非洲象被猎杀,由此可推断出该年非洲象盗猎量达到20000～22000头。若非洲象以此速度减少,其将在25年内全部灭亡。2019年召开的CITES第18次缔约方大会指出,非洲象盗猎危机有所缓解,但是非洲象盗猎问题依旧严峻,非洲象种群数量减少的趋势没有发生转变。非洲象盗猎的原因被归咎为社区贫困、人与野生动物冲突、管理部门执法能力不足和非法需求刺激共同作用的结果,表明野生动物保护管理工作面临的复杂性。

打击野生动物犯罪也得到了联合国的重视。2015年3月,时任联合国秘书长潘基文在世界野生动植物日发表致辞,敦促各方打击并严肃对待危害野生动物植物的犯罪。他指出,野生动物非法贸易已经成为一种复杂的跨国犯罪,打击此类犯罪不仅对保护野生动植物的可持续发展至关重要,也将有助于当地的和平和安全。联合国毒品和犯罪问题办公室(UNODC)在2014年启动了《打击野生动物和森林犯罪全球项目》,通过打击野生动物和森林犯罪国际联盟(ICCWC)成员开展合作,采取有针对性的执法行动打击野生动植物非法贸易,在工具和技术层面支持执法机构打击跨国有组织犯罪集团。2017年11月,《联合国反腐败公约》缔约国大会第七届会议召开,鼓励缔约方打击与非法野生动植物贸易相关的腐败问题。在G20峰会、东亚峰会、中非合作论坛等高级别的多边会议上,打击野生动物非法贸易成为高层对话的一个新热点问题。

中国具有丰富的野生动物多样性,也十分重视野生动物保护,通过加强立法和执法、打击野生动物非法贸易、完善保护管理组织管理体制、增强栖息地保护、实施濒危野生动物拯救与自然保护区建设工程、开展人工繁育、探索建立以国家公园为主体的自然保护地体系,使大熊猫、亚洲象、东北虎豹、金丝猴、朱鹮、白鹤、麋鹿、长颈鹿、扬子鳄等一批濒危野生动物岌岌可危的生存境地得到了明显改善,也使广大公众的野生动物保护意识得以加强。中国也积极参与全球野生动物保护交流与合作,支持非洲、东南亚等野生动物多样性丰富的国家和地区增强野生动物保护管理与《濒危野生动植物种国际贸易公约》《湿地公约》履约能力。为此,中国政府多次得到了上述国际公约秘书处的嘉奖。野生动物保护已成为生态文明建设的重要内容，并从生态文明建设中得到了持续的动能。

美国是全球野生动物保护运动的发起者，也是全球野生动物保护事业的引领者，形成了大量可资国际社会借鉴的保护管理经验与做法。例如，《濒危野生动植物种国际贸易公约》正是由美国政府发起签署生效，而成为世界各国共同遵守的野生动物贸易规则。该国野生动物保护法律制度健全、濒危与受威胁物种名单制度完善、保护管理体制完备、栖息地体系完整、保护与利用格局和谐、形成了稳定的公私合作伙伴关系，使得本国的白头海雕、墨西哥狼等一批濒危物种成功得以恢复。美国还在非洲象、亚洲象、穿山甲、赛加羚羊、虎等一批濒危或受威胁野生动物的国际保护运动中十分活跃，直接参与和影响了这些物种分布国的野生动物保护管理工作。

作为一个发展中国家，中国仍面临着经济发展诉求高、保护与发展之间的冲突较为剧烈、野生动物保护工作压力高的问题，不仅有 10 多种哺乳类动物灭绝，还有 20 多种珍稀动物面临灭绝，特别是海南黑冠长臂猿是全球最为濒危的灵长类动物。为更好履行野生动物保护领域的负责任大国形象，中国与美国 2013—2017 年开展了"中美战略与经济对话框架下的打击野生动植物非法贸易磋商"，共同探索如何应对全球野生动物保护事业面临的非法贸易问题，各自通过完善本国的象牙等野生动物制品贸易管控政策，支持全球野生动物保护事业。中国也可以从美国野生动物保护发展历程及管理体制中汲取更多有益的做法，促进本国野生动物事业更加健康发展。

本书大体有三部分内容组成：一是美国野生动物保护法律法规制度体系。法律法规制度在管理体制中具有基础性地位。没有完善的法律法规制度作为保障，野生动物保护工作举步维艰。法律与法规在制订部门、执行部门等方面不尽相同，共同支持野生动物保护。本书呈现了美国野生动物保护法律法规制度的历史演进，既有历史悠久的《雷斯法》（1900）、《1956 年鱼与野生动物法》《1966 年国家野生动物庇护所管理法》《濒危物种法》（1972），也有近年出台的《全球反盗猎法》（2015）。

二是美国野生动物保护管理组织体系。管理组织体系在管理体制中具有主体地位，是各项制度及政策的执行者。健全的保护管理组织体系是保护管理体制高效运行不可或缺的组织保障。本书立体地呈现了美国联邦及州政府两个层面的野生动物保护组织体系。在联邦政府层面，有着内政部、农业部、商务部等多个部门参与保护管理工作。在州政府层面，野生动物的保护与利用主要由一个部门负责。联邦政府管理部门与州政府管理部门之间没有行政隶属关系，但有合作关系。

三是美国野生动物保护政策及策略。政策及策略在管理体制中具有客体地位，对于管理体制的有效运行具有润滑剂的作用。本书介绍了美国栖息地保护、打击野生动植物非法贸易、野生动物保护邮票制度、公司合作伙伴、大象保护及象牙贸易管控政策等做法，全面体现了传统与现代的野生动物保护政策及策略，以及最新的野生动物保护热点及前沿命题。不同政策及策略的同行在于：注重科学研究作为决策依据，广泛吸纳公众参与，坚持保护与合理利用。

野生动物保护工作日趋复杂，特别是受快速发展的经济社会影响大，迫切需要"他山之石，可以攻玉"。本书有三个明显特点：一是直接采用来自美国政府网站及电子数据库的法律、文件、文献等原始资料，以及在美国开展实地调研与访谈收集的报告、统计资料与文献，以真实无误地呈现美国保护管理制度、组织体系、政策与策略的特点。

二是关于美国野生动物保护组织体系、政策与策略的研究可以为我国树立科学的野生动物保护理念、加强野生动物保护管理工作提供决策参考。在打击野生动植物非法贸易方面，要进一步加强政府职能部门的合作，在吸纳公众参与野生动物保护方面，要进一步探索完善税收减免政策、完善志愿者机制、优化参与途径等。

三是关于美国野生动物保护管理制度的研究可以为该领域的相关学者提供素材，更好了解野生动物保护的逻辑、动因、方法、商业性及非商业性利用等关键概念，为从经济社会发展与野生动物保护协调的角度开展该领域的研究工作提供理论基础。

总而言之，通过对美国野生动物保护管理体制系统与深入地剖析，总结该国的成功经验与做法，可为我国进一步推进野生动物保护提供决策参考，这也是本书的现实意义。

前　言

　　野生动物保护是中华民族传统文化的组成部分，在五帝时期就将管理山泽鸟兽的官员称为"虞"，周以后多个朝代也设置了虞、衡等机构来保护野生动物，秦汉时期甚至出台了与野生动物保护有关的法律——《田律》，唐宋之后关于野生动物保护的规定得以进一步细化。

　　在全世界共同关注全球生态健康的形势下，中国政府已经把生态文明提高到国家建设总体布局的战略高度，野生动物保护事业迎来了空前的机遇，也得到了国家领导人的高度重视。习近平主席在2015年出访津巴布韦时，专门前往考察野生动物救助基地，详细询问基地建设和动物救助情况。他指出，野生动物是地球上所有生命和自然生态体系重要组成部分，它们的生存状况同人类可持续发展息息相关。他同时强调，中国高度重视野生动物保护事业，加强野生动物栖息地保护和拯救繁育工作，严厉打击野生动物及象牙等动物产品非法贸易，取得显著成效。他还表示，野生动物保护是中国同津巴布韦合作重点领域之一。中方将继续通过物资援助、经验交流等方式，帮助津方加强野生动物保护能力建设。2018年8月，习主席在北京同博兹瓦纳总统马西西举行会谈时，提出要加大野生动物保护合作。

　　中国政府不断完善野生动物保护法律法规体系、健全野生动植物保护行政管理体系和执法队伍、加强自然保护区建设和野外资源保护，通过实施天然林保护工程、野生动植物保护及自然保护区建设等工程，促进人工繁育，开展全方位保护。但必须看到，中国野生动物保护形势依旧严峻，野生动物栖息地的原真性和完整性被破坏难以杜绝，野生动物非法贸易活动仍有发生，部分地区非法猎捕和交易活动还十分猖獗。我国不同地区的野生动物保护管理工作开展情况差距明显，保护管理能力难以与新时期保护管理工作不断出现的新问题与新挑战相匹配，完善与健全野生动物保护管理体制机制刻不容缓。

　　本书主体工作得益于三项课题的支持。一是国家林业局（现为国家林业和草原局）国际合作司支持本书作者在 2014—2019 年间开展了全球野生动物保护政策研究工作；二是国家林业局野生动植物司 2015 年以来支持开展的《野生动物保护法》修订、《野生动物及其制品价值标准》编制等工作；三是北京市社会科学基金项目支持本书作者在 2016—2018 年间专门针对国内外野生动物保护类社会组织的发展现状、运行模式及与政府合作方式等管理体制机制问题进行了专题研究。在上述项目的支持下，通过查询和访问美国国会、内政部、农业部、司法部、联邦公告等联邦与地方政府及其有关部门网站，登录和查询英文文献数据库，收集关于美国野生动物保护管理工作现状、威胁因素、应对措施、体制与机制设置、成功经验、失败教训的英文报告、文件、图表与文字，形成资料库，再进行筛选、翻译形成逾 100 万字的中文资料；基于此，通过咨询该领域的国内外专家与学者，结合在美国的实地调查，对相关资料进行总结、归纳、分析，形成书稿主体内容。第一次实地调研是受 2015 年美国国务院资助，参加全球领导者项目（IVLP），在对华盛顿特区、佛罗里达州、亚利桑那州、俄勒冈州四地的野生动物保护立法、管理组织机构、保护政策进行了实地了解，形成了本书的基本框架。第二次是作者在 2018 年 12 月至 2019 年 10 月任中美福布赖特访问学者（Fulbright Scholar）期间，参加华盛顿州立法专家咨询费、印第安纳州、弗吉尼亚州、亚拉巴马州的学术研究会，以及与所在的华盛顿大学生物系同事的深度讨论，对书稿的基本观点做了进一步的完善。

　　作为世界上最发达的国家，也是世界上野生动物保护的引领者，美国的野生动物保护工作如何开展的？野生动物保护的重点、热点及前沿命题有哪些？又有哪些成功经验与先进做法可以为我国提供借鉴？这是本书试图回答的三个问题，也是作者在多年野生动物保护政策研究工作中，发现基层工作者面临的主要困惑。这三个问题的回答，有助于科学和系统地回答我国野生动物保护实践的三个重大关切：我们为什么要保护野生动物？我们怎么做才能保护好野生动物？我们现在的野生动物保护管理体制是否健全与有效？

　　本书由九章组成：第一章为美国野生动物及其保护概况；第二章为美国联邦野生动物保护法律制度；第三章为美国野生动物保护管理组织体系；第四章为美国野生动物栖息地保护管理制度；第五章为美国打击野生动物非法贸易政策；第六章为美国野生动物保护邮票制度；第七章为美国野生动物保护中的公私伙伴关系；第八章为美国大象保护及象牙贸易管控政策；第九章为美国野生动物保护管理体制总结与讨论。

目 录
CONTENTS

第一章 美国野生动物及其保护概况

一、野生动物概况

（一）野生动物种类与数量

美国大陆东临大西洋，西濒太平洋，北部与加拿大交界，南接墨西哥和墨西哥湾，加上阿拉斯加及夏威夷，总面积逾930万平方公里，地理环境复杂多样。美国野生动物资源十分丰富，预计分布有428种哺乳类动物，800余种鸟类，10万余种昆虫，311种爬行类动物，295种两栖类动物，以及1154种鱼①。详见表1-1。

表1-1 美国野生脊椎动物种类及数量②

序号	种类	数量（种）
1	哺乳动物（Mammals）	428
1.1	食肉动物（Carnivores）	39
1.2	蹄形动物（Hoofed Mammals）	12
1.3	蝙蝠（Bats）	45
1.4	野兔，鼠兔（Rabbits，Hares，Pikes）	19
1.5	啮齿类动物（Rodents）	207
1.6	鼩鼱，鼹鼠（Shrews，Moles）	46

---

① 资料来源：NatureServe. 2009. NatureServe Explorer：An online encyclopedia of life. Version 7.1。

② 资料来源：Number of Native Species in United States. https：//www. currentresults. com/Environment – Facts/Plants – Animals/number – of – native – species – in – united – states. php. ，2017/9/14。

续表 1－1

序号	种类	数量（种）
1.7	负鼠，海牛，犰狳（Opossum，Manatee，Armadillo）	3
1.8	鲸鱼，海豚（Whales，Porpoises，Dolphins）	43
1.9	海豹，海狮，海象（Seals，Sealions，Walrus）	14
2	鸟类（Birds）	784
3	爬行类（Reptiles）	311
3.1	蜥蜴（Lizards）	111
3.2	蛇（Snakes）	142
3.3	海龟（Turtles）	56
4	两栖类（Amphibians）	295
4.1	青蛙，蟾蜍（Frogs，Toads）	104
4.2	火蜥蜴（Salamanders）	191
5	鱼类（Fishes）	1154
合计		2972

在哺乳动物中，近半数的动物为啮齿类动物，包括大鼠（rat）、小鼠（mice）、田鼠（voles）、旅鼠（lemming）、花栗鼠（squirrel）、地鼠（chipmunk）、地鼠（gopher）、旱獭（marmot）、豪猪（porcupine）、河狸（beaver）；另有58种哺乳动物为海洋动物；主要的食肉类动物包括狼（wolf）、熊（bear）、野猫（wildcat）、狐狸（fox）、貂鼠（marten）、水獭（otter）、臭鼬（skunk）、浣熊（raccoon）、狼獾（wolverine）；蹄形动物包括驯鹿（caribou）、麋鹿（elk）、鹿（deer）、驼鹿（moose）、叉角羚（pronghorn）、野猪（peccary）、绵羊（sheep）、山羊（mountain goat）、麝牛（muskox）、野牛（bison）。在爬行动物种，蛇（snakes）占据的比重最大。在两栖类动物中，蜥蜴类物种的数量远远多于蛙类和蟾蜍类物种。值得一提的是，表1－1中数据不包括美国境内的外来物种和人工繁育的物种。

在全国范围内，广泛分布有白尾鹿（white-tailed deer）、短尾猫（bobcat）、浣熊（raccoon）、麝鼠（muskrat）、臭鼬（striped skunk）、仓鸮（barn owl）、北美水貂（American mink）、美洲河狸（American beaver）、北美河獭（North American river otter）、红狐（red fox）、红尾鹰（red tailed hawk），其中红尾鹰是美国乃至北美大陆分布最为广泛的野生动物。最为珍稀、宝贵的野生动物绝大

部分都分布在国家公园（National Park）内，由此得到严格保护。截至 2013 年，美国共有 6770 个国家公园和其他类型的保护地，总面积达到 260.71 万平方公里。黄石国家公园是美国的第一个国家公园，分布在怀俄明州，建立于 1872 年。黄石公园为保护巨型动物（Giant animals）提供了最好的栖息地，公园内共分布有 67 种野生动物，包括灰狼（gray wolf）、受威胁的猞猁（lynx）和灰熊（grizzly bear）。

（二）野生动物的空间分布

1. 西部地区

美国西部地区的生态区域和生态系统多变。在该地区的中部盆地范围中，绝大部分地貌由从沙丘过渡到瀑布组成，其中沙丘是内华达州主要地貌，瀑布则在华盛顿州较为常见，华盛顿州还是美国山岳冰川最为集中的分布地区。加利福尼亚州北部、俄勒冈州、华盛顿州、爱达荷州和蒙大拿州是森林密集的分布地区，有众多适合温带气候生存的物种栖息。与之相应的是，加利福尼亚州南部、内华达州、亚利桑那州、犹他州南部、新墨西哥州分布的物种与干旱沙漠、极度炎热具有一致性。

美国西部大陆海岸与东部海岸相类似，自北往南的气候由冷渐热。很少有物种能够在整个西部海岸生存。其中，美国白头鹰（American Bald Eagle）就是个例外，即在阿拉斯加的阿留申群岛（Aleutian Islands）有分布，在加利福尼亚的海峡群岛（Channel Islands）也有分布。西部地区主要分布的物种有黑尾鹿（mule deer）、白尾羚羊松鼠（white – tailed antelope squirrels）、美洲狮（cougars）、美洲獾（American badgers）、郊狼（coyotes）、鹰（hawks）、多种蛇和蜥蜴（lizards）。棕熊（brown bear）和大灰熊（grizzly bear）主要分布在西北部和阿拉斯地区，但棕熊（brown bear）在全美国境内都有分布。

西部的海洋中水生野生动物种类丰富，包括多种鲸、海獭（sea otters）、加利福尼亚海狮（California sea lions）、海狗（eared seals）和北象海豹（northern elephant seals）。

在干旱的内陆沙漠地区，诸如加利福尼亚州、内华达州、亚利桑那州和新墨西哥州，分布有世界上数量最多的蜥蜴、蛇和蝎子（scorpion），其中最为出名的是吉拉毒蜥（Gila monster）和莫哈维响尾蛇（Mohave rattlesnake），这两个物种都分布在西南部的沙漠里。索诺拉沙漠（Sonoran Desert）分布有 11 种响尾蛇，位居全球首位。

沿着西南部边界，分布有美洲豹（jaguars）和虎猫（ocelots）。在加利福尼亚州全境、俄勒冈州和华盛顿州的海边分布有北美负鼠（Virginia opossum）。华盛顿州、俄勒冈州和加利福尼亚州北部的森林覆盖地区分布有北美河狸（North American beaver）和山区河狸（mountain beaver）。敏狐（kit fox）只在亚利桑那州、新墨西哥州、犹他州全境有分布，而灰狐（gray fox）在美国西部地区都有分布。红狐（red fox）主要分布在俄勒冈州和华盛顿州，而岛屿灰狐（island fox）是在加利福尼亚州8个峡湾岛中的6个岛上的本地物种。这些岛屿因海洋生物和独特的物种而负有盛名，分布的本地物种包括斑点臭鼬（Channel Islands spotted skunk）、加利巴尔迪岛围栏蜥蜴（Garibaldi island fence lizard）、蓝色松鸦（island scrub jay）、白头鹰（bald eagle），以及卡塔利娜岛的野牛群（Catalina Island bison herd）等非本地物种。

浣熊（raccoon）和斑点臭鼬（spotted skunk）在美国西部地区都有分布，环尾猫（ring‐tailed cat）主要在亚利桑那州、新墨西哥州、得克萨斯州西部、犹他州、科罗拉多州和加利福尼亚州大部分地区，美国黑熊（American black bear）也在多数西部州有分布，包括华盛顿州、俄勒冈州、亚利桑那州、加利福尼亚州、亚利桑那州和科罗拉多州。

2. 南部地区

美国南部地区的栖息地类型多样，包括路易斯安那州的沼泽地、卡罗来纳州东部的海洋湿地和松树林、田纳西州和肯塔基州的山丘、得克萨斯州西部的沙漠、西弗吉尼亚州的大山、密苏里州、俄克拉荷马州、得克萨斯州大草原区的草原和草地。这些地区分布的物种有北美负鼠、领野猪（collared peccary）、响尾猫（ring‐tailed cat）和九带犰狳（nine‐banded armadillo）。

美洲短吻鳄（American alligator）在北卡罗来纳州与得克萨斯州间的所有有海岸线的州都有分布，但也只分布在东南部的9个州，数量较之少很多的美洲鳄（American crocodile）只在佛罗里达州南部有分布。美洲短吻鳄被佛罗里达州、路易斯安那州、密西西比州作为爬行类动物中的代表性物种。

大鳄龟（alligator snapping turtle）和其他逾40种其他龟分布在美国南部的湿地中。河狸鼠（coypu）也主要在分布在湿地中，是当地生态系统的指示性物种。美国南部湿地中还分布有卡罗来纳州变色龙（Carolina anole）、刀背麝香龟（razor‐backed musk turtle）、宽头小蜥蜴（broad‐headed skink）和煤炭小蜥蜴（coal skink）。

灰狐和红狐在整个南部地区都有分布，草原狐（swift fox）主要分布在得克萨斯州和俄克拉荷马州北部地区。白鼻浣熊（white‐nosed coati）分布在新墨西哥州和得克萨斯州的南部地区，该地区有记录到美洲豹和虎猫的踪迹。美洲黑熊等其他哺乳动物在密苏里州、阿肯色州、路易斯安那州和卡罗来纳州的林地内有分布，而白尾鹿则在所有的南部州都有分布。

得克萨斯州长角牛（Texas longhorn）被官方作为该州的代表性哺乳动物，即该州的州兽。北美豪猪（North American porcupine）和美洲河狸（American beaver）在佛罗里达州之外的南部地区都有分布。东方棉尾野兔（eastern cottontail）在整个地区都有分布，但是沙漠棉尾兔（desert cottontail）和黑尾兔（black – tailed jackrabbit）主要分布在得克萨斯州、俄克拉荷马州、内布拉斯加州。湿地兔（swamp rabbit）主要分布在密西西比州、亚拉巴马州、路易斯安那州、阿肯色州等湿地资源丰富的州。此外，还有数以万计的沙漠大角羊（desert bighorn sheep）分布在美国南部地区。

3. 中部地区

美国中部地区最为典型的生态系统为美洲大草原，分布的野生动物也主要以草地作为栖息地。当地的哺乳动物包括美洲野牛、东部棉尾兔、黑尾兔、平原狼（plains coyote）、黑尾土拨鼠（black – tailed prairie dog）、麝鼠、负鼠、浣熊、草原榛鸡（prairie chicken）、野火鸡（wild turkey）、白尾鹿、草原狐、叉角羚羊（pronghorn antelope）、富兰克林地松鼠（Franklin's ground squirrel）和其他类型的地松鼠。

爬行类动物包括牛蛇（bullsnake）、常见蜥蜴（common collared lizard）、普通鳓龟（common snapping turtle）、麝龟、黄泥龟（yellow mud turtle）、锦龟（painted turtle）、西部响尾蛇（western diamondback rattlesnake）、草原响尾蛇（prairie rattlesnake）。该地区典型的两栖类动物包括三趾两栖鲵（three – toed amphiuma）、绿蟾蜍（green toad）、俄克拉荷马蝾螈（Oklahoma salamander）、lesser siren 和平原锄足蟾（plains spadefoot toad）。在洛基山脉和其他山区，白头鹰是最容易看到的物种。

野兔是大草原及其邻近地区分布最多的物种，诸如得克萨斯州、俄克拉荷马州、内布拉斯加州、堪萨斯州分布有黑尾兔；达科塔州、明尼苏达州、威斯康星州分布有白尾兔；得克萨斯州的湿地分布有湿地兔；得克萨斯州、俄克拉荷马州、堪萨斯州、内布拉斯加州、达科塔州等东部地区分布有东方棉尾野兔（eastern cottontail）。

北美负鼠则主要分布在密苏里州、印第安纳州、爱荷华州、俄克拉荷马州、内布拉斯加州和堪萨斯州。九带犰狳（nine – banded armadillo）主要分布在中部地区的南部州，诸如密苏里州、堪萨斯州、俄克拉荷马州。麝鼠在除了得克萨斯州之外的所有中部地区都有分布。美洲河狸则在所有中部地区都有分布。土拨鼠（groundhog）在伊利诺伊州、爱荷华州、密苏里州、明尼苏达州有广泛分布，在堪萨斯州、内布拉斯加州和俄克拉荷马州的东边地区也有分布。

美洲野牛（American buffalo）是美国大草原上最具有标志性的野生动物，一度遍布于整个大草原。野生对于大草原的本地社会经济的发展具有重大意义。在19世纪，由于大规模地猎杀，野牛一度濒临灭绝。当前，野牛数量得到快速恢复，种群数量已经达到20万头，主要分布在保留地和牧场里。

中部地区普遍分布的野生动物包括红狐、短尾猫、白尾鹿、浣熊、斑臭鼬（eastern spotted skunk）、条纹臭鼬（stripped skunk）、长尾鼬鼠（long‐tailed weasel）、美洲獾和海狸。野猪主要分布在中部地区的南部州。北美水貂（American mink）在得克萨斯州之外的东部地区。北美伶鼬（least weasel）分布在大湖地区（Great Lakes），以及内布拉斯加州、达科他州、明尼苏达州、爱荷华州、伊利诺伊州、密歇根州和威斯康星州。灰狐分布在爱荷华州、密苏里州、俄克拉荷马州、得克萨斯州和大湖地区。环尾猫主要分布在中部地区的南部州，包括得克萨斯州、密苏里州、俄克拉荷马州。

中部地区还分布有种类多样的松鼠、田鼠和鼩鼱。松鼠包括狐松鼠（fox squirrel）、东部灰松鼠（eastern gray squirrel）、富兰克林黄松树（Franklin's ground squirrel）、南部飞松鼠（southern flying squirrel）、十三排地松鼠（thirteen-lined ground squirrel）。田鼠包括草原田鼠（prairie vole）、林地田鼠（woodland vole）、草甸田鼠（meadow vole）。鼩鼱包括灰黑色鼩（cinereus shrew）、东南鼩（southeastern shrew）、北美伶鼩（North American least shrew）和埃利奥特短尾鼩（Elliot's short‐tailed shrew）。此外，大草原还分布有平原囊鼠（plains pocket gopher）。

4. 东部地区

东部地区的地形独特，野生动物主要栖息在阿巴拉契亚山脉（Appalachian Mountains）和森林中。该地区主要的野生动物包括鹿、兔、松鼠、野兔、啄木鸟、猫头鹰、狐狸、熊。新英格兰地区最负盛名的是生长在大西洋的螃蟹和美洲大龙虾。山猫、浣熊和臭鼬在每个东部州都有分布，美洲短吻鳄则分布在北卡罗拉州和得克萨斯州之间的海边州。

所有东部地区分布的哺乳类动物包括红狐、灰狐、美洲河狸（North American beaver）、北豪猪、弗吉尼亚负鼠（Virginia opossum）、东方鼹鼠（eastern mole）、郊狼（coyote）、白尾鹿、美洲貂（American mink）、北美水獭、长尾鼬。美国黑熊生活在新英格兰州的大部分地区，纽约州、新泽西州、宾夕法尼亚州、马里兰、弗吉尼亚州，以及卡罗来纳州和佛罗里达州的部分地区。

　　鼩鼱是东部地区的常见野生动物，具体包括广泛分布在新英格兰地区的灰黑鼩鼱（cinereus shrew）、长尾鼩鼱和美国水鼩，以及东部地区东南部州的北美伶鼩（North American least shrew）和东南鼩鼱（southeastern shrew）。美洲侏儒鼩（American pygmy shrew）、烟熏鼩鼱（smoky shrew）和北短尾鼩鼱（northern short - tailed shrew）分布在阿巴拉契亚山脉和新英格兰州之间。星鼻鼹鼠（star-nosed mole）在整个美国东部都有分布，而毛尾（hairy - tailed mole）主要分布在阿巴拉契亚山脉和新英格兰州之间。

　　野兔也是东部地区的常见物种。雪鞋兔（snowshoe hare）在阿巴拉契亚山脉和新英格兰州之间有大量分布，阿巴拉契山棉尾兔（Appalachian cottontail）只分布在阿巴拉契山地区，新英格兰棉尾兔（New England cottontail）只分布在新英格兰州，东部棉尾兔（eastern cottontail）则在整个东部地区都有分布。

　　白足鼠（white - footed mouse）和麝鼠在佛罗里达州之外的整个东部地区都有分布，草原田鼠（meadow vole）分布在阿巴拉契亚山脉和新英格兰州之间，南部红背鼠（southern red - backed vole）只分布在新英格兰。棕鼠（brown rat）和家鼠（house mouse）都是从外部引入的，这两个物种的栖息地已经遍布东部。

　　黄鼬，包括费舍尔黄鼬（fisher weasel）和短尾黄鼬（short - tailed weasel）分布在东北地区。东部花栗鼠（eastern chipmunk）、狐松鼠（fox squirrel）、东北灰松鼠（eastern gray squirrel）、美洲旱獭（woodchuck）在东部地区都有分布，南部飞鼠（southern flying squirrel）和北部飞鼠（northern flying squirrel）在东南地区更为常见，美洲红松鼠（American red squirrel）则常见于东北地区。

　　野猪是家猪的祖先，在东南部的绝大部分地区有分布。加拿大猞猁（Canada lynx）只在新英格兰州的部分地区分布。整个东部地区分布有大量蝙蝠，包括东伏翼蝙蝠（eastern pipistrelle）、银发蝙蝠（silver - haired bat）、东方红蝙蝠（eastern red bat）、白蝙蝠（hoary bat）、大棕蝙蝠（big brown bat）、小棕蝙蝠（little brown bat）、北部长耳蝙蝠（northern long - eared myotis）、东部小足蝙蝠（eastern small - footed myotis）、灰蝙蝠（gray bat）和印第安蝙蝠（Indiana bat）。

　　美洲河狸分布在除佛罗里达州、内华达州、夏威夷之外的美国全境。在海洋生物中，斑海豹（harbor seal）分布最广，在东部沿海各州都有分布。而冠海豹（hooded seal）、髯海豹（bearded seal）、灰海豹（grey seal）、环斑海豹（ringed seal）、格陵兰海豹（harp seal）只在西北地区分布。鲸鱼在大西洋海岸线有分布。当前，确认的鲸鱼包括热尔韦喙鲸（Gervais's beaked whale）、普通小须鲸（common minke whale）、长须鲸（fin whale）、鳁鲸（sei whale）、蓝鲸（blue whale）、座头鲸（humpback whale）、抹香鲸（sperm whale）、侏儒抹香鲸

（dwarf sperm whale）、小抹香鲸（pygmy sperm whale）、虎鲸（killer whale）、库威尔喙鲸（Cuvier's beaked whale）、特鲁斯喙鲸（True's beaked whale）和布雷威乐喙鲸（Blainville's beaked whale）。

北瓶鼻鲸（northern bottlenose whale）和长鳍领航鲸（long‐finned pilot whale）在新英格兰州的海域十分常见。海豚也是该地区的常见物种，包括里索海豚（Risso's dolphin）、短喙海豚（short‐beaked common dolphin）、条纹海豚（striped dolphin）、大西洋斑点海豚（Atlantic spotted dolphin）和常见瓶鼻海豚（common bottlenose dolphin）。新英格兰地区的常见海豚有白喙海豚（white‐beaked dolphin）和大西洋白海豚（Atlantic white‐sided dolphin），海岸线东南地区的常见海豚则有弗雷舍海豚（Fraser's dolphin）、热带斑点海豚（pantropical spotted dolphin）、克吕墨海豚（Clymene dolphin）、飞旋海豚（spinner dolphin）和糙齿海豚（rough‐toothed dolphin）。

大西洋也分布有多种海龟，包括玳瑁海龟（hawksbill sea turtle）、坎普斯海龟（Kemp's ridley sea turtle）和赤蠵龟（loggerhead sea turtle）。绿海龟（green sea turtle）和棱背龟（leatherback sea turtle）多分布在东南沿海。陆龟（Land turtle）和乌龟（tortoises）在美国东部的绝大多数地区有分布，具体包括常见鳄龟（common snapping turtle）、锦龟（painted turtle）、斑点龟（spotted turtle）、钻纹龟（diamondback terrapin）、刺鳖（spiny softshell turtle）、东方泥龟（eastern mud turtle）、北方红腹龟（northern red‐bellied cooter）、常见麝龟（common musk turtle）、东方闭壳龟（eastern box turtle）、黄耳龟（yellow‐eared slider）和红耳龟（red‐eared slider）。东北部的常见海龟包括布兰汀斯海龟（Blanding's turtle）、木鳖（wood turtle）、沼泽龟（bog turtle），东南部常见的有地鼠陆龟（gopher tortoise）、池塘龟（pond slider）、埃斯坎比亚地图龟（Escambia map turtle）、巴伯地图龟（Barbour's map turtle）、东部河拟龟（eastern river cooter）、斑纹泥龟（striped mud turtle）、麝香龟（loggerhead musk turtle）和佛罗里达珍珠鳖（Florida softshell turtle）。滑鳖（smooth softshell turtle）仅分布在俄亥俄河和宾夕法尼亚州的阿勒格尼河。

在东部地区也分布有多种蛇，最为常见的包括东方游蛇（eastern racer）、德凯蛇（De Kay's snake）、别放铜斑蛇（northern copperhead）、环颈蛇（ringneck snake）、响尾蛇（timber rattlesnake）、东北猪鼻蛇（eastern hog‐nosed snake）、奶蛇（milk snake）、北部水蛇（northern water snake）、西部鼠蛇（western rat snake）、北部红腹蛇（northern redbelly snake）、平腹水蛇（plainbelly water snake）、中部地区水蛇（midland water snake）、猩红王蛇（scarlet kingsnake）、

常见王蛇（common kingsnake）、女王蛇（queen snake）、个、滑土蛇（smooth earth snake）、似蜥束带蛇（ribbon snake）和常见乌梢蛇（common garter snake）。东北地区主要分布的蛇有滑青蛇（smooth green snake）、北部似蜥束带蛇（northern ribbon snake）和东部蠕蛇（eastern worm snake）。

只在东南部分布的蛇包括东南冠蛇（southeastern crown snake）、松树蛇（pinesnake）、东部钻背响尾蛇（eastern diamondback rattlesnake）、银环蛇（coral snake）、侏儒响尾蛇（pygmy rattlesnake）、南部铜斑蛇（southern copperhead）、水蛇（water moccasin）、东部银环蛇（eastern coral snake）、东部靛蓝蛇（eastern indigo snake）、南部猪鼻蛇（southern hognose snake）、鞭蛇（coachwhip snake）、带状水蛇（banded water snake）、棕水蛇（brown water snake）、青水蛇（green water snake）、内罗迪亚克拉克咸水蛇（Nerodia clarkii clarkii）、咸水沼泽蛇（salt marsh snake）、鼹鼠王蛇（mole kingsnake）、松木蛇（pine woods snake）滑小龙虾蛇（glossy crayfish snake）、纹状小龙虾蛇（striped crayfish snake）、短尾蛇（short - tailed snake）、沼泽蛇（swamp snake）、冠岩蛇（rim rock crown snake）、糙土蛇（rough earth snake）、南方黑蛇（southern black racer）、糙青蛇（rough green snake）、西部鼠蛇（western rat snake）、噬鳗鱼蛇（eel moccasin）、泥蛇（mud）和玉米蛇（corn snakes）。

东部篱蜥（eastern fence lizard）在除了纽约州和新英格兰州的整个东部地区都较为常见。灰狼（gray wolf）一度遍布东部地区，但现在已经灭绝。北美美洲狮（eastern cougar）一度在东部地区有较多分布，但鱼类和野生动植物管理局在2011年宣布了该物种在东部地区的野外灭绝。东部麋鹿（Eastern elk）在东部地区也有过分布，但在19世纪就灭绝了。驼鹿在东部地区也曾经广泛分布，现今仅分布在新英格兰州的北部地区。由于皮毛价值高，欧亚水貂（sea mink）在1903年灭绝。

5. 夏威夷群岛

夏威夷群岛自然地理环境独特，也决定了该地区的野生动物具有特殊性，近90%的物种只在该地区分布，在地球的其他地区无法找到。考艾岛（Kauai）分布有大量的热带鸟，也是唯一没有猫鼬（mongoose）分布的岛屿。

当地有名的鸟有伊伊维鸟（Yiwei bird）、努库普乌鸟（nukupu'u bird）、考伊奥马奇伊鸟（Cauio machini）和欧乌鸟（Black gull）。考爱岛的孔科俄州立公园分布有霜红蝠（hoary bat），外皮欧山谷（Waipio Valley）分布有野马，莫纳克亚山（Mauna Kea）分布有野牛，卡里西山谷（Kalihi Valley）分布有澳大利亚刷尾岩沃（Australian brush - tailed rock - walla）。夏威夷僧海豹（Hawaiian monk seal)、野羊、野猪在多数群岛上都有分布。

在夏威夷，有三种海龟被认为是具有代表性的本地物种：绿海龟（green sea turtle）、玳瑁龟（hawskbill）和棱皮龟（leatherback sea turtle）。蠵龟（logger-head sea turtle）和橄榄海龟（olive ridley sea turtle）只在夏威夷水域偶尔能观察到。夏威夷青海龟（green sea turtle）是夏威夷水域最为常见的海龟。夏威夷水域还分布有超过 40 种鲨鱼，夏威夷飞旋海豚（Hawaiian spinner dolphin），以及其他共计 5000 余种海洋生物，其中 25% 的海洋生物都只在夏威夷水域分布。

6. 阿拉斯加地区

阿拉斯加的野生动物种类多，数量大，包括北极熊（polar bear）、角嘴海雁（puffins）、驼鹿、白头鹰、北极狐（Arctic fox）、狼、加拿大猞猁、麝牛（mus-kox）、雪鞋兔（snowshoe hare）、山羊、海象（walrus）和驯鹿（caribou）。阿拉斯加的生态系统包括草原、山地、冻原、森林，因而具有丰富的物种多样性。

阿拉斯加分布有 430 余种鸟，以及全国种群数量最大的白头鹰。阿拉斯加是野生动物的最后边界（last frontier），既分布有重达 45 吨的灰鲸，也分布有轻于一便士的侏儒鼩，许多在其他地方濒危的物种在阿拉斯加仍有大量分布。

阿拉斯加地区全境都分布有灰熊，该地区一部分在蒙大拿州境内，另一部分在美加边界的爱达荷州内。灰熊在黄石公园也有分布。

二、野生动物保护发展历程与成效

（一）白头海雕的保护管理

白头海雕（Bald Eagle）于 1782 年 6 月 20 日经美国国会通过决议立法，出现在美国国徽上，作为美国国鸟。该物种历史活动范围从阿拉斯加和加拿大变化到墨西哥北部，是美国《濒危物种法》的成功案例之一。

1. 物种基本情况

白头海雕是一种以白色的头部和尾部羽毛为特色，其他部位为棕色的大型猛禽，体重可达 14 磅，翼展为 8 英尺。雄雕较小，重达 10 磅，翼展 6 英尺。白头海雕只有四五岁的时候才获得其特有的白色，在这之前都是暗褐色的，因此有时候白头海雕和金雕会被弄混。但是即使在早年，这两物种之间也是有区别的。白头海雕只有腿的上部有羽毛，而金雕的腿自上而下被羽毛全部覆盖。

白头海雕生活在河流、湖泊和沼泽附近，在那里它们可以找到它们的主食——鱼。白头海雕也会吃水鸟、龟、兔、蛇和其他小动物和腐肉。

白头海雕需要良好的食物基地、栖息地和筑巢地。它们的栖息地包括河口、湖泊、水库、河流和海岸线。在冬季，这些鸟儿聚集在林中开阔的水面上来寻找猎物，并在夜幕降临后将这里作为栖息地。

白头海雕的配偶制度为终生配偶制，它们选择在高大树木的顶部建造日常生活的巢穴，并且每年都会扩大。鹰巢的直径可达 10 英尺，重达半吨。白头海雕也可能在繁殖区域内有一个或多个巢穴。在没有树木的区域，它们的巢也可能嵌在悬崖里或者就在地面上。白头海雕可以长途飞行，但是通常会回到距离圈养地 100 英里以内的繁殖地。白头海雕可以在野外生存 15 ~ 25 年，如果是圈养白头海雕可以活得更久。

在繁殖期的雌性白头海雕通常一年可以产 1 ~ 3 个卵，大约 35 天后孵化。年轻的白头海雕在 3 个月内飞行，大约 1 个月后就可以独自飞行了。然而，疾病、食物匮乏、恶劣天气以及人为干扰都会杀死很多小白头海雕。最近的研究显示，只有 70% 的白头海雕能够在第一年中存活下来。

2. 威胁因素

白头海雕在 40 年以前在其绝大部分的活动范围内处于濒临灭绝的危险。这主要是由于栖息地的破坏和退化、非法狩猎以及 DDT 的使用造成的食物来源污染等原因，导致了白头海雕的数量锐减。《濒危物种法》提供了对栖息地的保护，联邦政府禁止使用 DDT 以及美国公众采取的保护行动等措施，白头海雕数量的恢复取得了显著的成效。

当 1782 年美国将白头海雕作为自己的国鸟时，全国有多达 10 万只的筑巢白头海雕。白头海雕数量的第一次锐减大致是在 19 世纪中后期，这与水禽、滨鸟和其他猎物的减少趋势是相吻合的。

虽然白头海雕主要以鱼类和腐肉为食，但是在过去白头海雕被认为是捕食鸡、羊和家畜的掠夺者。因此，人类为了消除白头海雕带来的威胁射杀它们。再加上筑巢栖息地的丧失，白头海雕的数量下降了。

1940 年，美国注意到了白头海雕濒临灭绝，于是国会通过了《白头海雕保护法案》，该法案禁止猎杀、售卖和占有该物种的行为。1962 年的修正法案中加入了金雕，通过《白头海雕和金雕保护法》。

二战结束后不久，DDT 作为一种防蚊和其他昆虫的新型杀虫剂在美国兴起。但是，DDT 及其残留物会被冲进附近水道，导致水生植物和鱼类将其吸收。当白头海雕吃了被污染的鱼类时，就会被 DDT 毒死。这些化学物质还会影响白头海雕产出硬壳，使得它们的蛋壳变软，在孵化期间经常破裂或者根本不能进行孵化。DDT 同时也影响了其他物种，比如游隼和褐鹈鹕。

除了 DDT 的副作用外，也有一些白头海雕因为捕食了含铅水禽而导致铅中毒死亡。这些水禽之所以含铅，可能是因为猎枪射入了铅粒，也有可能是无意摄入。

到了 1963 年的时候，美国仅剩下 417 对白头海雕，这个物种濒临灭绝。栖息地的丧失、猎杀行为以及 DDT 中毒导致美国国鸟几近消亡。

3. 保护管理行动

1962 年，蕾切尔·卡逊（Rachel Carson）出版了《寂静的春天》一书。在很大程度上正是因为这本书的出版，DDT 的危害才变得众所周知。1972 年，美国环境保护署迈出了具有历史意义的，也是在当时很具有争议性的一步，那就是在美国禁止 DDT 的使用。这也是白头海雕恢复的第一步。

1967 年，美国内政部部长在 1966 年颁布的《濒危物种保护法案》将白头海雕列为第 40 个需要保护的濒危物种。1973 年《濒危物种法》颁布，两年后的 1978 年，美国鱼类和野生动植物管理局在美国的 48 个州内将白头海雕列为濒危物种。在密歇根州、明尼苏达州、俄勒冈州、华盛顿州和威斯康星州，白头海雕被认定为濒临威胁物种。

白头海雕在夏威夷州和阿拉斯加州都没有被列为濒危或濒临威胁物种。因为在夏威夷州没有白头海雕生活，而在阿拉斯加州白头海雕的数量非常稳定。

将白头海雕列为濒危物种为美国鱼类和野生动植物管理局及其合作伙伴加速白头海雕恢复的步伐提供了跳板。这种加速是通过人工繁殖、帮助人工繁殖的白头海雕回归自然、加强执法强度和筑巢地保护等活动来实现的。

1995 年 6 月，美国鱼类和野生动植物管理局宣布，48 个州内的白头海雕数量已经从以前的濒危物种程度恢复到濒临威胁物种程度。

1999 年 6 月，美国鱼类和野生动植物管理局提议将白头海雕从濒临威胁或濒危物种名单中移除。自那时起，鱼类和野生动植物管理局审查了关于该提议的意见以及新的数据和信息，以确定一旦白头海雕失去《濒危物种法》的保护后管理该物种的最佳方式。2006 年，为接受关于该项提议的新信息，美国重新开放了公众评论期。这期间收集到的信息在最终决定白头海雕在名单的去留时会被考虑。

4. 保护成效与展望

根据最新的数量统计数据显示，美国鱼类和野生动植物管理局估计在美国邻近地区已经有至少 9789 对筑巢白头海雕了，白头海雕的数量出现了惊人的数量反弹，已经恢复到不再需要《濒危物种法》保护的地步。

2007 年 6 月 28 日，美国鱼类和野生动植物管理局宣布了美国国鸟的恢复成果，并将白头海雕从濒临威胁和濒危物种名单中移除。

尽管白头海雕被从濒临威胁和濒危物种名单中移除，该物种仍受到《候鸟条约法》和《白头海雕和金雕保护法案》的保护。这两项法律都禁止猎杀、售卖或以其他方式对白头海雕及其巢穴或蛋造成伤害的行为。

根据《濒危物种法》的要求，美国鱼类和野生动植物管理局将会同国家野生动物机构继续合作，至少监测五年白头海雕的状况。如果该物种需要法案的保护，可以将其再次列入濒临威胁和濒危物种名单中。同时，各州也可以通过或实施保护白头海雕的法案。

（二）红顶啄木鸟的保护管理

红顶啄木鸟（Picoides borealis）是北美啄木鸟中的一个特立独行的亚种，也是唯一一种在活的树木里凿洞筑巢的啄木鸟。与其他啄木鸟不同的是，它们是一种社会性动物，生活在一个小型家族中。家族内部的成员会整天叽叽喳喳地进行交流，发出各种各样的声音。它们还是两种受《濒危物种法》保护的啄木鸟中的一种，另一种是象牙喙啄木鸟，该物种已在几十年前宣布灭绝，但后来又在东南部的国家野生动物保护区被发现。美国鱼类及野生动植物管理局正与联邦、州政府以及私人土地所有者共同协作，避免这种鸟类走向灭绝。

1. 栖息地

红顶啄木鸟生活在成熟的松林中，尤其喜欢平均树龄在 80 至 120 年的长叶松林或 70 至 100 年的火炬松林。在 19 世纪末到 20 世纪中期，红顶啄木鸟的数量急剧下降，这是因为它们赖以生存的松林被转化了用途，被用来砍伐木材或者发展农业。美国东南部曾经被广阔的松树草原和林地所覆盖，在欧洲殖民时期，松树草原和林地面积总计可能超过 2 亿英亩，其中长叶松群占 6000 万 ~ 9200 万英亩，如今只剩下不足 300 万英亩。红顶啄木鸟的分布范围曾沿大西洋海岸线遍及佛罗里达、马里兰州和新泽西，向西部延伸至得克萨斯和俄克拉荷马，内陆延伸至密苏里、肯塔基和田纳西。当它于 1970 年被列为濒危物种时，分布范围只剩下不到原来的 1%。

红顶啄木鸟的体型和红衣凤头鸟差不多，它们只在活的松树上凿洞筑巢，尤其偏爱那些被真菌感染后心材软化的老松树。为了建造合适的巢区以供其栖息，它们凿洞的过程可长达 3 年。一旦巢区完成，红顶啄木鸟会在里面居住多年，每个家族成员在其中都有自己独立的巢穴，一个巢区的面积大概在 3 至 60 英亩内，由 1 至 20 棵或更多数量的树木构成。红顶啄木鸟会在巢穴周围频繁地啄出小洞，这些小洞会流出松脂覆盖在松树皮表面。红顶啄木鸟通过这种方式保持松脂的流动，以避免老鼠或蛇等其他天敌靠近巢穴。

　　红顶啄木鸟在南部松树林生态系统中扮演着重要的角色，有许多鸟类和哺乳动物都依赖于其凿出的树洞作为巢穴，如山雀、知更鸟以及毛茸茸的红腹啄木鸟。体型较大的啄木鸟会利用红顶啄木鸟凿出的洞进行拓展，有时扩大的会足以使猫头鹰、木鸭甚至浣熊居住于其中。除此之外，鼯鼠、一些爬行动物、两栖动物以及蜜蜂和黄蜂等昆虫也会利用红顶啄木鸟的洞穴作为它们的巢穴。

　　2. 家庭生活

　　红顶啄木鸟的家族成员一般由一对夫妻和至多4个助手组成，通常雄性成员是上年出生的小啄木鸟。每个家族大约需要200英亩的成熟松林来支持它们进行觅食和栖息。新出生的雌性小啄木鸟会在交配期前离开家族加入另一个只有雄性啄木鸟的群体，以组建新的家庭。红顶啄木鸟的配偶制度是一夫一妻制，一年只繁殖一次，雌性红顶啄木鸟一窝会下 3 ~ 4 个白色的小蛋。小啄木鸟在10 ~ 12 天孵化期后破壳而出，由家族成员共同抚养。小啄木鸟吃和成年啄木鸟一样的食物，包括蚂蚁、甲虫、毛虫、玉米穗虫、蜘蛛、蜈蚣、钻木虫和其他昆虫，另有15%为当季水果。小红顶啄木鸟待在巢穴里的时间约为26天。

　　3. 保护管理行动

　　红顶啄木鸟的恢复工作已经取得了一些成效，人们通过种植场长叶松林以及在控制的燃烧下去除灌木丛，为红顶啄木鸟创造了适宜的开阔环境。同时，人工巢穴的发展以及红顶啄木鸟再引进工作也协助了这种鸟类种群的恢复。近10 年来，红顶啄木鸟的数量增长了30%，达到了6000只。人工巢穴的发展促进了红顶啄木鸟新家族的组建。将那些独立生活的红顶啄木鸟引进新创造的栖息地减少了它们灭绝的可能性，同时也增加了遗传多样性。尽管如此，据 2003 年种群恢复计划地估计，即使按照当前的增长率，也需要 10 年的时间使红顶啄木鸟的种群数量恢复至能在野外稳定存在的水平。

　　与合作伙伴一起，鱼类和野生动植物管理局制定了一项红顶啄木鸟种群恢复项目，以联合联邦、州政府以及私人土地所有者共同致力于挽救此物种。由于大面积能为红顶啄木鸟提供栖息地的土地都属于联邦政府，鱼类和野生动植物管理局已与国防部就国家森林和军事基地里啄木鸟的管理达成了特殊的管理协定。在1994 至 2002 年间，红顶啄木鸟的种群数量在六所军事基地的增长比例都达到了50%，也正因为如此，它们达到了从濒危物种清单中移除的标准。这六所军事基地为：埃格林空军基地（佛罗里达州）、本宁堡军事基地（格鲁吉亚州）、布拉格堡军事基地（北卡罗来纳州）、波尔克堡军事基地（路易斯安那州）、斯图尔特堡军事基地（格鲁吉亚州）以及 Lejeune 海军陆战队基地（北卡罗来纳州）。私人土地所有者也采取了一些措施来帮助恢复这种鸟类，比如，在安全港协议要求下，位于北卡罗来纳州的派恩赫斯特度假村为红顶啄木鸟保留了一部分栖息地，在规划设计时也考虑到了这种鸟类的长远恢复工作。

红顶啄木鸟鲜少来到地面，它们甚至洗澡都是在树枝上的小水坑里。但最近的一项研究指出，雌性红顶啄木鸟会到地面上找小骨头，然后塞到树缝里。动物学家说这是首个已知鸟类会为矿物质而不是热量而储藏食物的例子。富含钙的骨骼并不罕见，红顶啄木鸟找它们可能是为了增强蛋壳的硬度。它们把这些小骨头藏在树上，那么它们就不用在可能会遇到天敌的地面上进食。

（三）褐鹈鹕的保护管理

褐鹈鹕（Pelecanus occidentalis），也被称为美洲褐鹈鹕或普通鹈鹕，是一种神奇的鸟儿，它的嘴比它的肚子还能盛东西，从鹈鹕下嘴垂下的直而长的喉囊能比它的胃多出三倍的容量。

除了在捕鱼时作为捞网，鹈鹕还会用喉囊兜住捕到的鱼，然后慢慢滤出其中夹带的水，滤出的水量可达 3 加仑。在此期间，海鸥会欢乐地在鹈鹕上方盘旋，或直接站在鹈鹕的嘴上，随时准备偷一两条鱼。当水滤尽之后，鹈鹕会一口吞下所有的鱼然后储藏在食管里。除此之外，喉囊还是鹈鹕在炎热天气里的一个冷却机制以及喂养小鹈鹕的食物容纳器。

1. 分布范围与形态特征

褐鹈鹕栖息于大西洋、太平洋以及北美和南美洲的海岸地区。在大西洋地区，分布范围从新斯科舍延伸至委内瑞拉；在太平洋地区，从不列颠哥伦比亚到智利中南部、再到加拉帕戈斯群岛都有分布；在墨西哥湾岸区，其分布范围包括佛罗里达州、亚拉巴马州、密西西比州、路易斯安那州、得克萨斯州和墨西哥；在内陆的加利福尼亚州索尔顿湖区、佛罗里达州的湖泊以及亚利桑那州东南部的水域都十分常见。

褐鹈鹕体长 54 英寸左右，体重 8 至 10 磅，翼展 6.5 至 7.5 英寸。褐鹈鹕是世界上 7 种鹈鹕亚种中体型最小的一种，它们可以通过脖子上栗色和白色的羽毛区分出来。褐鹈鹕头部为白色，前额覆盖有淡黄色的羽毛，背部、臀部和尾部的羽毛呈棕色且有纵向的纹理，肚皮为黑褐色，有灰色的喙和喉囊以及黑色的腿和脚蹼。

2. 生活习性

褐鹈鹕是一种非常长寿的鸟类，有一只在佛罗里达州捕获的褐鹈鹕已经存活了 31 年。褐鹈鹕是游泳能手，小褐鹈鹕在勉强会飞时就已经能在水中以 3 英里每小时的速度游泳。褐鹈鹕在陆地上十分笨拙，在飞行时头部会向后缩，颈部弯曲靠在背部，脚向后伸，两翅鼓动缓慢而有力。

褐鹈鹕主要以捕鱼为食，它们一天需要进食 4 磅的鱼类。它们的食物以浅水区鱼类为主，如鲱鱼、红鲈、石鲈、鲻鱼、草鱼、食蚊鱼和银汉鱼。在太平洋海岸地区，褐鹈鹕主要依赖于当地的凤尾鱼和沙丁鱼。这种鸟类也会吃一些甲壳纲动物，如对虾。褐鹈鹕的目光十分锐利，当它们在海面上翱翔时，即使处于 60 至 70 英尺的高空，也能锁定一小群鱼甚至是一条鱼的位置。它们的身体可以完全潜入或者部分潜入水中，然后兜住满嘴的鱼冲出水面。褐鹈鹕皮肤下面的气囊会起到减震作用，以保护它们不受伤害。

褐鹈鹕是一种群居动物，一年当中的大部分时间都是雄雌老幼结伴而行。褐鹈鹕在 3 岁至 5 岁时开始寻找配偶，通常成群繁殖于地面、灌木丛或树顶上。修筑在地面上的巢穴往往是一个下潜的小坑，里面垫有少量的羽毛，周围有一圈 4 至 10 英寸高的小土环，或者是在很高的土堆顶端挖一个小坑。褐鹈鹕在树顶筑巢时，会在树木枝条的支撑下先用小木棍搭建出一个巢穴的结构，然后衔来芦苇、稻草等材料编制在缝隙中。

雄性褐鹈鹕负责找材料，雌性褐鹈鹕负责编织巢穴。雌性褐鹈鹕一窝产 2 到 3 枚白色的蛋，孵化时间在 1 个月左右。在美国大多数褐鹈鹕分布区域内——从南卡罗来纳到西部佛罗里达州，西至加利福尼亚南部以及亚拉巴马州、路易斯安那州和得克萨斯州海岸附近，产卵高峰期一般在三月至五月间。

雌雄褐鹈鹕共同孵化和养育幼崽。像大多数鸟类一样，刚出生的小褐鹈鹕双目紧闭，体毛稀疏，只能完全依靠它们的父母来存活。它们很快就会长得羽翼丰满，一般小褐鹈鹕在 75 天左右学会飞行。

3. 面临的威胁与保护工作

褐鹈鹕几乎没有天敌。尽管有时候地面的巢穴会被飓风、洪水或其他自然灾害摧毁，但褐鹈鹕目前面临的最大威胁来自人类。在 19 世纪末到 20 世纪初，人们捕猎褐鹈鹕以获得它们的羽毛来装饰女士的衣物，尤其是用作帽子的点缀。

人们在 20 世纪初叶做了很多的努力以遏制这种动物种群数量的下降。西奥多·罗斯福总统在 1903 年将佛罗里达州的一个褐鹈鹕生活的岛屿划为了第一个国家野生动物保护区，这一举措旨在减少那些为获得羽毛而进行的捕猎对褐鹈鹕造成的威胁。1918 年《候鸟条约法案》为褐鹈鹕及其他鸟类提供了保护，并帮助遏制了非法捕猎行为。

在第一次世界大战后出现的食物短缺时期，渔民们声称褐鹈鹕阻断了他们的生计来源，并以此为由对褐鹈鹕进行了屠杀。除此之外，人们还经常在褐鹈鹕的巢穴里寻找鸟蛋吃。

20 世纪 40 年代，DDT 等农药得到了广泛的使用，与此同时褐鹈鹕的种群数量也因极低的孵化成功率而大幅度下降。一旦褐鹈鹕吃了体内积累有 DDT 的鱼类，它们所产下的蛋的壳会变得十分脆弱，以至于在孵化期间经常被压碎。

到了 20 世纪 60 年代，褐鹈鹕在海湾地区几乎绝迹，在加利福尼亚南部地区几乎平没有新的小褐鹈鹕出生。后来科学研究证明褐鹈鹕并不会影响渔业的发展，因此，对褐鹈鹕的大屠杀有所减少。依据 1973 年《濒危物种法》的一项前期法案，美国鱼类及野生动植物管理局于 1970 年将褐鹈鹕列入了濒危物种清单，被列入该清单的动物都是在其整个分布区域或重要的分布区域内濒临灭绝的物种。

1972 年，环境保护署禁止了美国范围内的 DDT 使用，并限制了其他种类杀虫剂的使用规范。自那时起，褐鹈鹕卵中的化学污染物水平得到了下降，孵化成功率也相应提高。

4. 保护工作的成效

路易斯安那州野生动物与鱼类管理局通过 1968 年至 1980 年的再引进项目成功恢复了本地褐鹈鹕的种群数量，同时，得克萨斯州和加利福尼亚州的褐鹈鹕也凭借自身的繁殖和再引进工作地协助恢复到了历史水平。保护者们对褐鹈鹕栖息的岛屿进行管理，并开展疏浚工作以为它们创造新的栖息地，帮助提升褐鹈鹕的孵化成功率。在保护者们的共同努力下，褐鹈鹕的种群数量得到了快速的恢复。

1985 年，包括亚拉巴马州、佛罗里达州、格鲁吉亚、南卡罗来纳州在内的美国东部地区以及大西洋北海岸线地区的褐鹈鹕数量已经达到了从濒危物种清单中移除的标准。尽管得克萨斯州、路易斯安那州以及一些美国海岸地区的褐鹈鹕种群依然被划分为濒危状态，但最近的数据显示这些地区已有近 12,000 对褐鹈鹕夫妇生活。太平洋地区以及美洲中部和南部的褐鹈鹕种群也处于濒危状态。据估计，加利福尼亚南部地区（包括有一座褐鹈鹕栖息岛屿在内的墨西哥）现居住着超过 11,000 对褐鹈鹕夫妇。

得益于在美国范围内对 DDT 使用的禁止以及相得益彰的保护措施，褐鹈鹕的种群状况得到了大大的改善，鉴于其恢复的情况，甚至有人提议将它在所有分布范围内的内容都移出濒危类目。基于在秘鲁统计到的 400,000 只褐鹈鹕的数据，美国鱼类和野生动植物管理局估计全球褐鹈鹕的数量在 650,000 只左右。

（四）德玛瓦半岛狐松鼠的保护管理

德玛瓦半岛狐松鼠（Sciurus niger cinereus）体型较大，是普通灰松鼠的两倍，体长可达 30 英尺（其中一半是尾巴），体重可达 3 磅。历史上，这种狐松鼠生活在美国东海岸的一个半岛上。该半岛东北为特拉华州，南端属弗吉尼亚州，其余部分属马里兰州（德玛瓦是 3 个州名称的缩写），与切萨皮克湾、特拉瓦河、特拉华湾和大西洋相邻。

由于栖息地的丧失以及可能的 20 世纪初过度捕猎的原因，这种狐松鼠亚种的种群数量大幅度下降。为开垦耕地而对森林进行的砍伐以及短轮伐期的木材生产共同导致了德玛瓦半岛狐松鼠栖息地的减少，当它于 1967 年依据《濒危物种法案》被列为濒危物种时，其种群分布区域仅为历史分布的 10%。

经过几十年的努力，保护者们的工作已经扭转了德玛瓦半岛狐松鼠所面临的困境，现在它们的种群数量正在不断增长。

1. 形态特征、栖息环境以及生活习性

德玛瓦半岛狐松鼠是体型最大的树松鼠，它们的皮毛呈银白色或灰白色，并且有从银灰到黑色的颜色变化，尾巴大而蓬松，腹白。

德玛瓦半岛狐松鼠生活在郁闭度高、地表空阔的针阔混交林中。尽管它是一种森林动物，但它有大量的时间在地面进行觅食，尤其是在由火炬松等针叶树种和橡树、枫树、山核桃、山毛榉等阔叶树种组成的林分中，这些树种能为它们提供坚果和种子作为食物。德玛瓦半岛狐松鼠还会在农田里搜寻食物。春天时它们会吃树木的芽和花朵，以及真菌、昆虫、水果和种子。夏季到初秋，它们会吃新鲜的或成熟的松果。这种动物通常生活在农田周围的林分中，但不常出现在郊区。

由于没有普通的灰松鼠灵活，德玛瓦半岛狐松鼠通常会沿着森林地面行走，而不是在树枝上跳来跳去。它通常会避免在逃跑过程中爬树，但在躲避天敌时会这样做。德玛瓦半岛狐松鼠也比普通的灰松鼠更加安静。这种动物的活动范围不固定，但平均在 40 英亩范围内左右。

德玛瓦半岛狐松鼠会居住在树洞里，或用叶子筑成的窝里，在冬末春初进入发情期，经过 44 天左右的妊娠期，会在二月或三月产下 4 只左右幼崽。母松鼠一年能产两窝，它们自己哺乳幼崽。

2. 濒危成因

在 20 世纪初，德玛瓦半岛狐松鼠的分布范围缩小到了马里兰州的东海岸地区。当时面临的威胁有红狐、灰狐、老鹰以及大角猫头鹰等其他猛禽天敌的捕猎。除此之外，因车辆造成的意外死亡也偶有发生。

当美国鱼类和野生动植物管理局为德玛瓦半岛狐松鼠提供《濒危物种法案》保护时，它的分布范围只剩下马里兰州的 4 个郡——肯特郡、安妮皇后郡、托尔伯特郡和多尔切斯特郡。得益于美国鱼类和野生动物管理局、马里兰州自然资源部、特拉华自然遗产项目和弗吉尼亚州狩猎和内陆渔业部对松鼠的重新安置工作，现在它的分布范围已经恢复到了特拉华州、弗吉尼亚州以及马里兰州东海岸除西塞尔之外的所有城市。

3. 种群恢复工作

1945 年，马里兰州自然资源部收购了多切斯特县的勒孔特野生动物管理区，对德玛瓦半岛狐松鼠栖息地的保护工作就此开始。1971 年，对德玛瓦半岛狐松鼠的捕猎被禁止。在该物种被列入濒危动物清单后，保护工作者开始联合州和联邦政府的力量，共同致力于保护此物种。恢复工作的重点是通过再引进项目在整个原分布地区重新安置德玛瓦半岛狐松鼠，以达到增加种群数量、扩大分布范围的目标。

在特拉华州、弗吉尼亚州、马里兰州以及宾夕法尼亚州 16 个再引进项目中，有 10 个项目在 10 多年后取得了成功。目前新拓展的栖息地大部分由私人土地构成，但幸运的是，德玛瓦半岛狐松鼠能够在农田或可持续进行木材砍伐的环境中生存。农户可通过在树篱外留下未剥的玉米或大豆来当作松鼠冬天的食物，从而为其提供栖息地。营林者会保留一些能结坚果和果实的小树林，以及连接小树林之间的通道，还会在河流和林分间留下由树木或灌木组成的缓冲带。

除此之外，德玛瓦半岛狐松鼠还在 1984 年切萨皮克海湾《临危地区法案》下受到了额外的保护。该法案要求临危地区内的濒危物种栖息地不得被破坏——即从平均高潮位向内陆延伸 100 英尺范围内。

4. 种群监测

衡量种群恢复工作成效的主要标准之一是物种种群数量的稳定性或分布范围的广泛性。人们开始在新的地区发现这种松鼠，它们的分布范围正在扩大。对物种分布范围的确定取决于在何处观察、捕捉或用相机拍到它们。

"动态捕捉相机"为获得德玛瓦半岛狐松鼠出现的证据提供了一种新的监测技术，它使人们不必再花费时间去捕捉它们。另一项正处于实验阶段的技术是"毛发捕捉站"，这种仪器能被加以诱饵放置在森林中，并分析采集到的样本DNA。科学家们已经通过实验证明，他们能够依据获得的毛发区分德玛瓦半岛狐松鼠和普通灰松鼠。

在 1969 至 1971 年间，生物学家在奇科特格国家野生动物保护区再引进了30 只德玛瓦半岛狐松鼠，将它们安置在阿萨提各灯塔附近的栖息地中。自那时起，保护区内的狐松鼠通过自身不断繁殖，目前种群数量已达到了 300 至 350

只，分布范围遍及整个南部地区。保护区内的生物学家每年会排查一次狐松鼠的巢穴以监测其种群数量，并标记新出生的小松鼠以确定它们的寿命。

（五）虎猫的保护管理

1. 形态特征

虎猫（Leoparduspardalis）身形优美，体重 35 磅左右，体长可达 4 英尺（包括尾部）。皮毛呈黄褐色，有深浅不一的颜色变化，周身像链条状点缀着黑边环绕的暗褐色长方形斑块，背上有纵向的黑色条纹，两只眼上各有一条黑线从面部延伸到头后部。虎猫被很多人认为是美国最美丽的猫科动物，每只都拥有独一无二的花纹。

虎猫行踪难觅、喜独居、性警惕且濒危，十分罕见。它分布的范围包括得克萨斯州、亚利桑那州、墨西哥、美国中部及南美洲。目前美国现存虎猫数量不到 100 只，见于得克萨斯州西部阿拉莫（Alamo）附近的里奥格兰德河谷国家野生动物保护区（LowerRio Grande Valley NWR）和圣安娜国家野生动物保护区（Santa Ana NWR）、布朗斯维尔（Brownsville）附近的拉古纳阿塔斯科萨国家野生动物保护区（Laguna Atascosa NWR）以及几英里外的一个私人牧场。据悉，亚利桑那州也见有虎猫出没。虎猫于 1982 年被列入 FWS 濒危物种清单，受濒危物种法案保护；也被列 CITES 公约附录 I，该附录中物种的商业性贸易被严格禁止。

2. 栖息环境及习性

虎猫喜藏匿于茂密的丛林，但也能适应多种多样的栖息环境。它们既能在其北方分布区中浓密的灌木丛、半沙漠地带捕猎，也能在其南方分布区中热带雨林、山坡以及大草原上生存。虎猫的食谱广泛且富于变化，主要在夜间捕猎。它们吃野兔、鸟类、鱼、刺豚鼠（一种分布于美洲中部及南美洲的小型啮齿动物）、老鼠、蛇类以及其他中小型动物，比如蜥蜴。

虎猫在白天休息，常卧于树木的高枝或隐蔽的洞穴，这些洞穴可能是空心的树木、小山洞或者植被下的凹陷处。它们善于跳跃、爬树及游泳。依据沃克所著《哺乳动物》一书，秘鲁的一项研究表明，雄性虎猫的领地范围要大于雌性虎猫。虎猫是独居动物，但彼此间接触频繁，甚至可能维持着群落社会关系。它们通过叫声进行交流，且"在发情期会号叫"。妊娠期在 70 天左右，一窝可产 4 只，通常在秋天进行生产。像其他的猫科动物一样，小虎猫刚出生时是失明的，失明时间在一周或者更长的时间。小虎猫在 3 个月大时会开始和妈妈一起捕猎，并将一起生活一年左右。

3. 种群衰退原因及恢复策略

最初，导致虎猫种群数量濒临灭绝的原因是栖息地丧失和捕猎，现在，栖息地丧失的加剧、车辆的冲撞以及由于群落规模小且分散而引起的近亲繁殖是导致这一物种数量进一步减少的主要原因。该物种的恢复策略包括为连接得克萨斯州和墨西哥的虎猫群落而建立的迁徙走廊，以及虎猫基因库的扩建。

(六) 西印度海牛的保护管理

1. 分布范围和形态特征

西印度海牛 (Trichechusmanatus) 生活在加勒比和佛罗里达州的海岸地区。大多数成年西印度海牛体长 10 英尺左右，体重 800 至 1,200 磅，但也有记录表明，一些体型较大的西印度海牛体长超过 12 英尺，体重高达 3,500 磅。这些"温柔的巨人"的皮肤厚而紧实，表面粗糙有褶皱，有从灰色到褐色的颜色变化，并会不断地脱落更新。体毛稀疏，嘴角长着坚硬的胡须，西印度海牛的脸看起来就像没有长牙的海象。

2. 生活习性

西印度海牛通过在水中上下摆动尾部而前进，并利用前肢调整方向。相对于它这种巨大的体型，西印度海牛显得十分灵活，它们有时会在水里翻跟头甚至像滚筒一样旋转。

西印度海牛经常悬浮在水表之下只把吻部尖端露出水面。它们在水下生活，但需要定期地浮出水面换气。西印度海牛能在水下憋气长达 12 分钟，一般憋气时间在 4 分钟左右。

西印度海牛是食草性动物，它们只吃植物。西印度海牛每天要消耗相当于其体重 4% 到 9% 的食物，对于 800 磅体重的它们来说，意味着一天要吃掉 32 磅的植物。要做到这一点，西印度海牛每天要花 5 到 8 小时的时间来进食。它们主要吃非本土物种的水风信子和软水草，以及本土水生植物苦草和鳗草。

西印度海牛可以自由地往来于淡水与海水之间，它们对栖息地的选择倾向于平静、广阔的河流以及河口，或是浅海地区的海湾。这种动物会在冬夏迁移时游动非常远的距离。在冬季，它们会聚集在温泉或会排出温水的发电站附近。在夏季，它们曾被观察到出现在北至弗吉尼亚州和马里兰州的海域。

西印度海牛在 3 岁至 10 岁间达到性成熟，妊娠期约为 13 个月，小海牛可能会在一年中的任何时候出生，通常 1 胎产 1 崽，双胞胎相当少见。一头成年海牛每 2 至 5 年孕育一胎。如此低的出生率使它们更难逃离生存的困境。新出生的小海牛体重 60 至 80 磅，4 至 4.5 英尺长。母海牛在前肢基部处各有 1 个乳头，小海牛每次在水下喝奶的时间在 3 分钟左右。它们出生时就长有牙齿，在出生后几周内就能进食植物，小海牛会和母亲共同生活 2 年左右的时间。西印度海牛的寿命长达几十年。

西印度海牛通过在水下发出声波彼此间进行交流，且这种声波在人类的听力范围内。这种听起来像尖叫的声音对于海牛母子间保持交流非常重要，一项野外的报告记录到，一对被水闸分开的母子在不能接触的情况下通过这种叫声交流了 3 个小时，直到它们又重新团聚。

3. 面临的威胁

西印度海牛在其分布范围内面临着各种各样的生存威胁。历史上，人们为获得它们的肉、骨骼和皮而对它们进行猎杀。西印度海牛的脂肪可用来制作灯油，骨头可作药用，皮肤可制皮革。猎杀被认为是造成西印度海牛数量下降的最初原因，但在西印度海牛受保护的国家里，猎杀已不再被允许。

当前，西印度海牛所面临的最大生存威胁是和船只的冲撞以及佛罗里达温暖水域栖息地的丧失。

快速行进的船只会撞伤甚至撞死在水表下悬浮的西印度海牛。从这种事故中幸存下来的海牛会带有独特的伤痕，实际上，研究西印度海牛的科学家们会通过这种伤痕来辨别不同的海牛个体。为保护海牛，许多地区颁布了船只限速或禁行的条例。

在社会发展的压力下，人们对水的需求量不断提升，引起了天然温泉数量的减少，同时那些能为海牛提供温水的发电站也可能被关闭，这些都将减少海牛栖息地的范围。

洪闸和船闸可能会压死或溺死这些海牛。但最近操作程序的修改减少了这种恶性事故发生的数量。被弃置在水中的渔线或垃圾每年会造成少量海牛的死亡。

自然条件也对海牛有威胁。由于西印度海牛不能在冷水里长时间存活，佛罗里达寒冷的冬天对它们来说是一个巨大的威胁。当水温下降至 60°F 以下时，海牛的行动会变得缓慢并停止进食，小海牛对冷水更为敏感。

周期性的赤潮现象也与一部分海牛的死亡有关。与赤潮相伴的一种微生物可以分泌一种毒素，当西印度海牛呼吸或吃下这种毒素时就可能被杀死。

潜水者、渔民以及船员的行为可能会打扰西印度海牛的交配或哺乳。在冬季，西印度海牛可能会为避免这些打扰而不得不前往易使它们感染疾病的冷水水域。

由于较长的性成熟年龄以及较低的出生率，西印度海牛难以克服这些威胁以使种群数量上升。但得益于良好的保护措施，佛罗里达以及波多黎各地区的海牛种群状况正在不断改善。

4. 种群恢复工作

西印度海牛的种群数量一般通过高空摄影测量，但由于水质混浊与植物的遮蔽，难以获得准确的数字。佛罗里达的航空测量已经在全州统计到了 3300 头海牛。据估计，波多黎各地区的种群数量在 150～350 头之间。

生物学家们通过无线电追踪技术研究海牛个体的行为，对它们进行定位以掌握它们栖息地的情况，并学习其迁徙模式。

早在 1893 年，佛罗里达就通过了一项保护海洋哺乳动物的法律。从 1907 年起，规定任何杀死或伤害海牛的人都要被处以 500 美元的罚款。1978 年，在佛罗里达海牛圣域行动下整个佛罗里达地区被划为"海牛庇护所"，州政府可建立海牛保护区并划分船只航行区。

美国鱼类及野生动植物管理局也有权划立海牛保护区，尤其是在关键的冬季为这些海牛提供安全的温暖水域。

在联邦海牛庇护所范围内，船只只在特定的季节内允许航行，而在联邦海牛保护区内，所有的划船活动都被限制。例如，1989 年在佛罗里达西海岸地区设立的水晶河国家野生动物保护区就是专门为保护海牛而设立的联邦保护区。

1967 年，西印度海牛在《濒危物种法案》下被列入濒危物种清单，意味着它们在整个分布范围或在重要的分布范围内面临灭绝的危机。海牛同样在 1972 年海洋哺乳动物保护法下受联邦政府保护。

西印度海牛种群恢复工作的核心是提高公众意识和寻求与船主、潜水者、渔民、电力工业者以及其他所有使用海牛居住的河流和海湾的人的合作。随着保护意识的不断提升以及积极行动的开展，西印度海牛将会永远得到保护。

（七）北极熊的保护管理

北极熊（Artic Bear）是一种只生存于北极冰盖上的动物，一生中大部分时间都活动于沿海地区，种群规模为 20000～25000 头。北极熊广泛分布于北至北极群岛、南至哈德逊湾的加拿大地区，格陵兰岛、挪威海岸附近的岛屿、俄罗斯北部海岸以及美国阿拉斯加北部和西北海岸地区。

1. 形态特征

北极熊是除和它一样大的阿拉斯加科迪亚棕熊以外体型最大的熊类。雄性北极熊直立起来高达 8 至 11 英尺，一般情况下体重为 500 至 1000 磅，也可高达 1400 磅。雌性一般直立高达 8 英尺，体重 400 至 700 磅。北极熊体重如此高的原因之一是它们积累了约 4 英寸厚的脂肪层来抵御严寒。北极熊有比其他熊类更长、更窄的头部和鼻子，还有更小的耳朵。

尽管北极熊的皮毛呈白色，但实际上每一根毛都是无色透明的中空小管子，太阳光的一部分从毛发中反射出来，使北极熊整体看起来是白色的。每年夏季，成年北极熊的毛发会逐渐脱落并长出新的来，那时的北极熊看起来是纯白色的。到第二年春天，它们的毛发会因沾上海豹油而变得微微发黄。

北极熊的皮毛有助于它们与冰雪覆盖的环境融为一体，这是一种有用的为适应捕猎的进化。北极熊的前掌略呈弓形且内翻，并有皮毛覆盖在掌的底部，这些特征都有助于北极熊在冰面上滑行。

2. 食性

由于北极熊很少吃植物，因此它们被认为是一种食肉动物。环斑海豹是北极熊最主要的猎物，它们会事先在冰面上找到海豹为呼吸或为爬上岸休息而开的孔，然后静静地等待海豹露出头来。北极熊往往需要等上几个小时才能看到海豹出现。由于北极熊的皮毛在冰雪的映衬下十分隐蔽，海豹可能会发现不了北极熊。北极熊通常只会吃海豹的皮和脂肪，剩下的部分成为北极其他动物重要的食物来源。例如，一些北极狐在冬天几乎完全依靠北极熊剩下的猎物来生存。

北极熊也捕食海象，但是由于海象十分凶猛且体型较大，北极熊通常只能捕到小海象。鲸鱼、海豹和海象的腐尸也是北极熊重要的食物来源，它们灵敏的嗅觉使它们在几英里外就能发现动物的尸体。

北极熊可以在陆地上行走很远的距离，但是在海中行动最为敏捷。它们游泳技术高超，能在水中达到每小时 6 英里的速度。它们同样也擅长潜水，当在开阔的水域被猎人追捕时，它们会潜到水下 10 至 15 英尺深处，并在很远的距离外再重新露出水面。

3. 繁殖

北极熊在 3 到 5 岁左右性成熟，雄性北极熊可以行走非常远的距离去寻找雌性北极熊。尽管交配通常发生在四五月份，但胚胎并不一定会在来年继续发育，这取决于雌性北极熊是否有充足稳定的食物使它能够在养活自己的同时产生乳汁来喂养小北极熊。

在十月至十一月，雌性北极熊会在冰盖或海冰上寻找合适的位置挖一个小雪洞，它在里面生出小北极熊并度过冬季。小雪洞内的温度可比外部高 40 摄氏度。一般情况下会有两只小北极熊在十二月或一月出生。小北极熊刚出生时，双目紧闭，且毛发稀疏，只有一只松鼠那么大。但是在妈妈丰富乳汁的喂养下，小北极熊生长得十分迅速。

当春天到来时，北极熊妈妈会领着小北极熊前往开阔的沿海地区，那里将会有许多海豹和海象。母熊在感知到危险时会变得异常凶猛，以保护它的幼崽。小北极熊将会和它们的妈妈一起生活 2 年到 2 年零 3 个月的时间，正因为如此，通常一只雌性北极熊每三年生产一次。

4. 特殊适应

环斑海豹的脂肪为北极熊提供了所需的营养，使其能在恶劣的环境中保持体温。北极熊也可以通过其他方式获取食物，但是它们的体质要求它们必须从环斑海豹那里获取高热量的脂肪摄入，陆地上的食物不能满足北极熊对高热量的要求。北极熊在脂肪层储存的能量大部分都来自于进食环斑海豹。

一年中最佳的海豹捕猎时期是在春季和初夏（在冰退之前）以及秋季的开放水域时期。由于海冰的变化在夏季和秋季最为剧烈，这段时期可能是北极熊最难捕猎海豹的时间。海冰的融化将会延长北极熊不能靠近其猎物的时间。长时间的无冰期会使北极熊体质下降、繁殖活动减少、存活率降低以及种群规模缩小。北极熊的生存依赖于庞大且可接近的海豹种群，以及供其捕猎时活动的广阔结冰地区。

由于北极冰盖会在春天向北部消融，在秋天向南部拓展，一些北极熊会在这期间进行长距离的南北迁徙。它们也会在繁殖季节行走很长的距离以寻找配偶或搜寻食物。

5. 保护工作

北极熊在因纽特人以及其他北极原住民的文化和生活中都扮演着重要的角色，他们中的一部分人依赖于北极熊供给食物和衣服。

由于全球气候变化造成浮冰海域面积减小且有进一步缩小的趋势，北极熊于 2008 年 5 月在《濒危物种法案》下被列为濒危野生动物。除此之外，北极熊还在 1972 年《海洋哺乳动物保护法案》下受美国联邦政府保护。该法案禁止非原住民猎杀北极熊，并对进口北极熊及其制品颁布了特殊的条例。因纽特人及其他北极原住民允许出于生存或制作传统物品为目的猎杀一定数量的北极熊。联邦政府委任美国鱼类及野生动植物管理局依据《濒危物种法案》和《海洋哺乳动物保护法案》管理北极熊相关事宜。

一项由美国、俄罗斯、挪威、加拿大和丹麦（格陵兰岛）于 1976 年签署的国际保护协议还确定了北极熊联合管理的机制。美国鱼类及野生动植物管理局与美国地质调查局阿拉斯加科学中心共同负责阿拉斯加地区北极熊的监测工作，他们标记了近 3,500 头北极熊并研究它们的行为。联合管理还包括与加拿大协作对波弗特海域北极熊的监测以及与俄国政府协作对楚科奇海域北极熊的监测。

除此之外，美国还与俄国签署了《养护和管理阿拉斯加—楚科齐北极熊数量协定》，该协定下两国合作开展北极熊保护课题的研究。值得强调的是，这项协定积极支持当地居民与组织参与未来北极熊管理方案的制定。此项协议同样加强了两国合作，如共同保护北极生态系统以及北极熊重要栖息地、发展可持续利用资源分配模式、生物信息采集共享以及促进政府、当地居民和私人之间利益协调关系。美国鱼类及野生动植物管理局还承担对民众的宣传教育工作，告诉他们如何帮助北极熊免受过度捕猎的威胁。

由于北极熊在繁殖季节对洞穴外的打扰异常敏感，目前已经在北极熊沿海繁殖区域采取了多项减少人类活动的保护措施。例如，在修设石油、天然气管道以及道路时会避开这些区域。美国鱼类及野生动植物管理局还要求科学家在进行勘测活动时尽量减少与北极熊的冲突。通过继续不断的协作努力，相信这种神奇的哺乳动物，以及它们赖以生存的独特北极环境能够永远得到保护。

第二章 美国野生动物保护法律制度

美国联邦野生动物保护法律制度由法（Act①）、规定（Regulation）等组成。法由国会众议院和参议院通过并经总统签署发布，包括《1956 年鱼与野生动物法》《濒危物种法》《雷斯法》《1966 年国家野生动物庇护所管理法》《联邦土地游憩增强法》《全球反盗猎法》。后者由内政部等行政主管部门根据法进行制定，并在联邦注册系统（Federal Register）中公之于众，关于野生动物、野生植物、生物多样性保护的相关行政规定被该系统中属于第 50 章，代码表示为 CFR50。

一、《1956 年鱼与野生动物法》

（一）基本情况

《1956 年鱼与野生动物法》（*Fish and Wildlife Act* 1956）于 1956 年 8 月 8 日颁布，致力于建立健全和全面的鱼类与野生动物国家政策；增加鱼类与野生动物在国民经济中的比重；为在美国内政部内设立鱼类与野生动物局助理局长职务；为建立鱼类与野生动物管理局及其他目的。该法经国会参议院和众议院全体通过，法律编号为《1024 公共法》（*Public Law* 1024）。

（二）政策声明

国会声明，美国的鱼类、贝类和野生动物资源对国民经济和食物供应作出了实质贡献，并对公民的健康、消遣和福祉作出了实质贡献；此类资源是现有的且可再生的国家财富，合理的管理可使这类资源保持现有水平或大量增加，但疏于管理或不合理开发将使其遭受破坏；此类资源可在国内直接或间接向相

---

① Act 一词在国内已出版的文献中被翻译为"法案"，诸如 *Lacey Act* 被翻译为《雷斯法》。经咨询国内知名国际法专家，法案指没有被国会批准的立法法案，对应的英文为 Bill，而 Act 是颁布实施的法律，故本书中统一将 Act 翻译为"法"。

当数量的公民提供户外消遣和就业机会；捕鱼业通过训练有素的航海公民和航海船舶中准备就绪的船只加强美国的国防；鱼类和野生动物资源为数百万公民的健康和健全作出了贡献，他们能够进行训练，参与体育运动，增强了国防力量；鱼类与野生动物资源的合理开发，有助于稳步丰富国家公民生活。

国会进一步声明，只有在符合公众利益并符合政府宪政职能的前提下，满足某些基本需要，渔业在其几个分支内才能兴旺，从而实现其在国民生活中的适当职能。基本需要有以下几个方面。一是企业自由。基于理性经济原则下，自由开辟新区域，开发新方法和产品，开拓新市场；不受不必要且有悖于经济规律及需求的行政或司法制约。二是机会保护。维持经济环境，使国内生产业和加工业繁荣发展；保护国内产业免于与享受补贴的竞争对手进行不公平竞争；根据《国际法》保护公海捕鱼的机会。三是援助。与政府一般为行业提供的援助相一致，如促进良好的劳资关系，健全公平的贸易标准，促进和谐的劳动关系，建立更好的卫生标准和卫生设施体系。但并非仅限于提供有关生产和贸易、市场推广和发展以及推广服务的最新信息、经济技术开发和资源节约研究服务以及确保渔业可达最大持续生产的资源管理。

国会声明，为实现的资源合理开发的目标，本法的规定是必要的。本法应当适当考虑每一位美国公民和居民为自身的乐趣和提高而捕鱼的固有权利，以维持和增加公众利用鱼类与野生动物进行消遣的机会，刺激渔业及渔业加工业的强大繁荣发展。

（三）内务部内部的改组

根据该法，在内政部内设立负责鱼类和野生动植物管理局的助理部长职务，及鱼类和野生动植物管理局专员职务。该助理部长由总统任命，并经参议院建议和同意，且应当与其他助理部长薪资相同。专员应当由总统任命，并经参议院建议和同意，且应当与GS-18级的薪资相当。该部内还要建立美国鱼类和野生动植物管理局，由两个独立的机构组成，每个机构都与联邦局的地位相当。上述各机构应当设立局长，该局长由GS-17级的内政部部长任命。其中一机构应为"商业渔业局"，另一机构应为"休闲渔业与野生动物局"。除本法规定外，美国鱼类和野生动植物管理局应当接替和代替内政部中现有的鱼类和野生动物机构。

美国鱼类和野生动物管理局应由上述鱼和野生动植物局专员负责管理，并受鱼类和野生动物助理局长的监督。

内政部或受本法制约的官员，其所有职能和职责应包括在内政部部长的职能和职责之内，内政部部长作为本部门的负责人，如认为其指令可取且符合公众利益，需按程序或在权力机构的指导下实施。

为使在本法下建立的美国鱼类和野生动植物管理局中的两个机构合理分工，内务部中前鱼类和野生动物机构的职能、权力、义务、权威、职责、人员、记录及其他财产及事物，应当按如下分配：（1）商业渔业局应当负责本法所适用的有关事项，主要是与商业渔业、鲸、海豹和海狮有关的事项；（2）休闲渔业与野生动物局应当负责本法所适用的有关事项，主要是候鸟、捕猎管理、野生动物庇护、消遣类渔业、海洋哺乳类动物（除了鲸鱼、海豹和海狮外）有关事项；本款中第（1）项和第（2）项所涉事项的拨款和其他款项，由内政部部长在两机构之间分配。

除本法的条款或随后的法律或条例改变外，前鱼类和野生动物管理机构管理的相关事项，若与现行所有的法律和条例相关，仍然有效。

为有效执行该法案，内政部部长应遵循该法案，执行总行政权利，运用其权利促进该法案条款的有效实施，维护公众利益。为确保有充足时间根据该法案完成改组，内政部部长有权为该改组建立有效程序及时间节点，将相关通知刊登至《联邦公报》。改组应在该法案通过后的 90 个工作日内完成。

（四）贷款程序

内政部部长在法律、法规及他所规定的条款和条件下，发放贷款，为渔具及渔船的作业、维护、更换、维修及设备配备提供融资及再融资，以及为渔业所面临基本问题的研究提供融资及再融资。

在此条款下发放的所有贷款必须符合以下规定：（1）每年利息率不低于 3%；（2）贷款期限不超过 10 年；（3）财政援助申请若不满足相关条款，不得根据本条提供财政援助。

现设立渔业贷款基金，部长应将其作为循环基金，用于本条款下的融资及再融资贷款。部长于 1965 年 6 月 30 日当日或之前收回的全部本金和利息，应存入基金，用于本条规定下的其他贷款。1965 年 6 月 30 日之后收回的全部资金，以及截至 1965 年 6 月 30 日该基金的全部结余（此时该基金将不再存在），应作为杂项收入拨入国库。现授权向该基金拨款 10,000,000 美元，作为初始资本。

部长在遵守本条的相关规定的情况下，可同意对他所参与的任何借贷合同的利息率、本金分期还款的时间节点或担保期限进行修改。

（五）调查、信息和报告

内政部部长应持续调查、收集和公布相关信息，并就以下方面定期向公众、总统、国会提交报告：第一，国内鱼类产品的生产及市场流向，以及国外生产者生产地对国内渔业造成影响的鱼类产品；第二，鱼类和野生生物资源的可获取度、丰富度及生物需求；第三，各种鱼类产品之间的经济竞争状况，以及国内和国外竞争性产品之间的竞争状况；第四，商业渔业和休闲渔业的数据的收集及公布；第五，搜集并公布野生动物类别和可获取度相关数据、增设动物庇护所方面取得的进展，以及为开展旨在提升野生动物价值的协调发展项目所采取的措施；第六，商业渔业在生产和销售上所取得的进展，同商业渔业和休闲渔业有关的教育和推广服务，以及其他与野生动物相关的事宜；第七，其他一切部长认为涉及公众利益的鱼类及野生动物的相关事项；第八，职能转让，以及与其他机构的协助。

预算局局长认为农业部部长、商业部部长以及其他部门及机构负责人的职能若与商业渔业发展、管理与保护相关的，应当将职能移交给内政部部长，但不得将本条解释为，修改国务院、国务大臣谈判、缔结国际协议的权利，或修改其谈判、缔结渔业和野生动物资源开发、管理及保护的公约的权利，或是修改其谈判、缔结美国所参与的国际组织需遵循的公约的权利。与此同时，预算局局长认为与上述条款所规定的职能转移有必要联系的多数人员、财产、设备、档案、拨款及其他资金（可用或即将可用），应移交至内政部。此外，部长可要求并获得政府的任何部门、机构的建议、协助来执行该法案的各项条款，任何一个部门和机构为提供建议和协助所产生的开支，由部长和该部门及机构商定是否由部长报销。

（六）政策、程序及建议

内政部部长在鱼类和野生动物管理局助理局长的建议和协助下，应考虑和确定必要的和可取的政策和程序，以有效地实施符合公民利益的鱼类和野生动物的法律。部长在本部门授权人员的协助下，须制定和提议合理措施，确保鱼类产品的可持续生产达最大化，并防止不必要的、过度的生产波动；研究该行业的经济状况，当部分国内渔业严重受到渔业资源供给所造成的大幅度波动、不稳定渔业市场状况，以及其他因素影响时，部长应向总统提出建议，国会将以部长为准协助其稳定国内渔业；当鱼类产品有滞销倾向或滞销时，开展专属促销及宣传活动，以刺激鱼类产品消费；采取必要措施加强对渔业资源的开发、增殖、管理和保护；和通过调查研究、购置保护区土地、改良现有设施等手段，采取必要措施加强对野生动物资源的开发、增殖、管理和保护。

（七）与国务院的合作

部长应尽可能与国务卿合作，在美国代表与外国代表们参加的所有与鱼类和野生动物相关的会议上行使代表权。国务卿应指定内政部部长或助理局长来处理鱼类和野生动物资源问题，或由内政部部长指定某个人员代表内政部，作为参加此类会议的美国代表团成员，同时也作为这类代表团谈判小组的成员。国务卿以及所有负责对外技术援助和经济援助相关事务的官员，在遇到涉及鱼类和野生动物利益的情况时，应与部长进行协商，以确保这些利益得到充分体现。尽管有其他法律规定，但根据《1930 年关税法》修订法案第 350 条规定，部长应出席由美国组织的所有国际谈判，这些谈判在任何情况下都直接影响水产品的发展。涉及有关鱼类和野生动物的问题，部长应定期与相关政府组织，私营非营利组织以及其他组织和机构进行协商。

（八）活动及进口报告

内政部部长应根据本法向美国国会提交有关鱼和野生动物管理局活动的年度报告，并提出其认为必要的其他立法建议。部长有权向总统和国会提交报告。根据《1951 年贸易协定延展法》修订案第 7 条（67 Stat. 72，74）中美国关税委员会的要求，或根据《1930 年关税法》（19 U. S. C. 1332）进行调查时，部长有权向该委员会就美国进口的渔产品所涉及的以下事项提交报告，或者可以根据生产同类产品或直接竞争产品的国内产业任何部门的要求提交报告，包括国内产业同类产品或直接竞争产品的生产及员工雇佣率是否会呈下降趋势，价格或销售额是否会下降，美国渔业产品的进口量是否有所增加，目前是否存在或是与国内产业同类产品或直接竞争产品的生产相关。

（九）各州权利

本法中的任何内容均不得解释为：第一，以任何方式干涉《水下土地法》（公法第三十一号，第八十三次大会）规定的任何州的权利或法律规定的其他权利，或取代各州或州际契约规定的任何渔业管理权；第二，以任何方式干涉以美国为缔约方的任何条约或公约建立的任何国际委员会所行使的权力。

（十）授权拨款

现授权拨付执行本法规定所需的款项。农业部长有权向内政部部长转移资金，并且 1939 年 8 月 11 日颁布的法令经 1954 年 7 月 1 日修订后，双方持有独立资金将延续至 1957 年 6 月底，此后每年均为此。上述 1939 年 8 月 11 日颁布的法令相关条款修订如下："根据该法第 2 条第（a）款为内政部部长设立的独立基金及其年利息以后每年可供部长使用，直至用完。"

（十一）其他规定

一是为就条约授权进行谈判，以定义或重新定位亚利桑那州和加利福尼亚州之间的共同边界，由总统任命联邦代表参与谈判，制定条约。美参议院和众议院全体通过，现征得国会同意，亚利桑那州和加利福尼亚就定义或重新定位国家的共同边界进行谈判，并制定条约。

二是该同意书的条件如下：第一，美国的代表，并非亚利桑那州或加利福尼亚州的居民，应由美国总统任命；该代表应参加此类谈判，并向总统和国会就诉讼程序及所制定的任何条约提交报告；第二，该条约对任何州都不具有约束力或强制性，除非由该州的立法机构批准并得到美国国会的同意。

三是明确保留修改、修改或废除本法案的权利。

二、《濒危物种法》

（一）基本情况

1. 立法目的与背景

《濒危物种法》（*Endangered Species Act*）的立法目的是为濒危物种及受威胁物种的生态系统保护提供一种可行方法；为保护濒危物种及受威胁的物种采取措施提供保护程序；为实现本法案中涉及条约、公约的各项规定提供步骤。

立法的背景在于：一是经济的快速增长和无限发展，加之缺少应有的关注和保护，美国大量鱼类、野生动植物都处于濒临灭绝的状态；二是大量的鱼、野生动植物的数量正在急剧减少并处于濒临灭绝或受威胁的状态；三是濒危和受威胁物种对国民来说具有审美价值、生态价值、教育、娱乐及科研价值；四是美国在国际社会中承诺将以主权国家的身份保护各类面临灭绝的鱼类、野生动植物和植物，履行好《美国与墨西哥、加拿大候鸟条约》《美日濒危候鸟条约》《西半球自然保护和野生动物保护公约》《西北大西洋渔业国际公约》《北太平洋公海渔业国际公约》《濒危野生动植物种国际贸易公约》等公约；五是鼓励美国各州和其他利益方通过联邦政府财政援助和一系列激励机制，开发、维护符合国家标准及国际标准的保护项目是兑现本国国际承诺的关键。这既能更好地加强安全防范重点工作，也能保护鱼类、野生动植物造福于全体公民。

本法案法案由国会颁布，规定联邦政府各部门机构应当各尽其能，积极参与寻找、保护濒危物种和受威胁物种并竭力促成该法案的实施。该法案还规定联邦机构将与各州、各地方机构共同合作解决水资源问题与濒临灭绝物种的保护等问题。

2. 法律的发展与演变①

美国国会于1966年通过了《濒危物种保存法》(the Endangered Species Pres-ervation Act),为将本国的野生动物物种列为濒危物种提供了制度保障。该法赋予内政部、农业部和国防部在各自职能范围内承担濒危物种及其栖息保护职责,以实现物种保护目的。该法还授权渔与野生动物局可以取得土地,用作濒危物种的栖息地。1969年,国会对《濒危物种保存法》进行了修订,将"世界范围灭绝"(worldwide extinction)危险的物种纳入了保护范围,禁止这些物种的进口和在美国境内的出售。该法还号召召开一个国家会议,为保护濒危物种制定公约。国会将《濒危物种保存法》更名为《濒危物种保护法》(the Endangered Species Conservation Act)。

1973年,《国际濒危野生动植物种贸易公约》(CITES)在美国华盛顿特区签署,共有80个国家作为首批的缔约国。该公约要求监督,甚至是限制对植物和动物物种构成伤害的贸易活动。当年12月28日,国会通过了《濒危物种法》(Endangered Species Act 1973),在第三部分定义了"濒危的"(Endangered)和"受威胁的"(Threatened);将植物和所有适用的无脊椎动物纳入了保护范畴(见第三部分);将广义的"获取"(take)禁止适用于所有濒危动物物种,对于受威胁物种可以通过特殊规定予以"获取"禁止(见第九部分);要求联邦机构使用职权包括列出的物种,商量"可能影响"(may affect)的行动(见第七部分);禁止联邦机构授权、资助或执行任何可能危及列出物种、毁坏或改变它们重要栖息地的活动(见第七部分);通过合作协议为州提供配套资金(见第六部分);为保护外国物种获取土地提供资金授权(见第八部分);以及在美国境内实施CITES(见第八部分)。

国会于1978年、1982年和1988年三次对《濒危物种法》进行了显著修订,但1973年形成的法律框架没有进行修订。该法中关于资金的有关规定形成于1992年财政年度,国会据此每年批复资金。

1978年的修订主要有四点:第一,第七部分新增规定,允许联邦机构负责可能对名单上物种构成危害的活动;第二,当某一物种被列上濒危物种名单时,应同时指定该物种的栖息地,并考虑栖息地划定时可能构成的经济等方面影响;第三,农业部长(负责林务局)被指定加入内政部部长、商务部长、国防部长的委员会,共同制定保护鱼、野生动物、野生植物的政策,包括对于所有上述

---

① 资料来源:A History of the Endangered Species Act of 1973, https://www.fws.gov/endan-gered/esa – library/pdf/history_ ESA. pdf。

物种的土地获取事务（第五部分）；第四，与种群（population）相对应的物种（species）仅适用于脊椎动物，然而，本法也适用其他物种、亚种（第三部分）。

1982 年的修订主要有五点：第一，确定物种的境况只需要考虑生物学和贸易信息，不需要考虑经济等其他方面影响（第四部分）；第二，关于一个物种保护状况的最后原则需要在这个物种保护申请提交后的一年内做出，除非这个申请因故撤销；第三，第十部分包括一项规定，用作指定名单上物种的试验种群，但要遵循第四部分关于重要栖息地、第七部分关于跨机构协作、第九部分关于禁止规定的要求；第四，第九部分包括禁止在联邦管理权土地上移除野生动物，减少和占有野生动物；第五，第十部分引入了栖息地保护计划（habitat conservation plans），允许符合法律规定的名单上物种的"偶发获取"（incidental take）。

1988 年的修订主要有四点：第一，当候选物种和待恢复物种面临明显的风险时，可列入紧急名录（adoption of emergency listing），实行监测；第二，对于物种恢复事项，要求物种恢复计划公示和接受公众评议，有关联邦机构须考虑公众意见和建议，所恢复的物种须开展为期五年的监测，以及需要对恢复计划的实施情况撰写成效分析报告；第三，新增了第 18 部分，要求分物种，报告联邦政府支出和州政府得到的资金使用情况；第四，拓展了濒危植物保护范畴，禁止在联邦土地上恶意破坏植物，以及违法州法律的其他"获取"行为。

《濒危物种法》最近一次于 2004 年修订，是与《国防授权法》（公共法律号 108 - 136）进行的连带修订。第四部分的 a（3）条款免除了国防部在重要栖息地制定中的职责，前提是需要具备完整和符合法律规定及能得到内政部接纳的自然资源管理计划（an integrated natural resources management plan）。

3. 法律的基本结构

《濒危物种法》由 19 部分组成，其中第一部分章为目录（Table of Content），第二部分为裁决、目的和政策（Findings, purpose, and policy），第三部分为定义（Definition），第四部分为濒危物种和受威胁物种的确定（Determination of endangered and threaten species），第五部分为土地征用（Land acquisition），第六部分为跨州合作（Cooperation with the States），第七部分章为跨部门合作（Interagency cooperation），第八部分为国际合作（International Cooperation），第 8A 部分为《濒危野生动物植物种国际贸易公约》（CITES）履行（Convention Implementation），第九部分为禁止行为（Prohibities Acts），第十部分为特殊情况（Exception），第十一部分为处罚与执法（Penalites and enforcement），第十二部分为濒危植物（Endangered Plants），第十三部分为确认修正案（Conforming Amendments），第十四部分为撤销（Repealer），第十五部分为授权拨款（Authorization of appropriation），第十六部分为生效日期（Effecitve date），第十七部分为《1972年海洋哺乳动物保护法》（*Marine Mammal Proection Act of* 1972），第十八部分为鱼与野生动物保护服务年度成本分析（Annual cost analysis by the Fish and Wildlife Service）

（二）濒危物种和受威胁物种的确定

1. 物种定义

本法所指"鱼类或野生动植物"是指动物王国的所有成员，包括但不限于任何哺乳动物，鱼类，鸟类（包括任何迁移，不迁移，或由条约或其他国际协定增加的濒危鸟类的保护），两栖动物，爬行动物，软体动物，甲壳动物，节肢动物或其他无脊椎动物；包括该动物、植物的任何组成部分、产品、卵、后代，尸体或其组成部分。物种根据其危险状况分为濒危物种和受威胁物种。

2. 确定部门

内政部和商务部都被赋予确定濒危物种或受威胁物种的职责，但以内政部为主导。当某物种面临以下情形：一是当前栖息地或生活范围受到威胁、破坏、修缮；二是栖息地范围减少；三是过度商业化、娱乐化、过度用于科学或教育用途、遭遇疾病或捕食行为；四是现有监管机制的不足的；五是由于其他自然或人为因素而影响其继续生存；部长要启动程序确定以下物种是否为濒危物种或受威胁物种，对该物种的栖息地保护做出说明，并建议划定"关键生境"范围，以及根据物种保护需要对等级做适当调整和修改。商务部部长根据《1970年第4号重组计划》规定的授权，承担特定物种的项目责任：一是可决定该物种应当被列为濒危物种或受威胁物种，调整其受保护地位，或者从受威胁物种改变为濒危物种，并通知内政部部长按本条款规定调整该物种的保护级别；二是可将该物种从濒危物种或受威胁物种名单中清除，调整其受保护地位，诸如从受威胁物种调整为濒危物种，并向内政部提交提案，内政部部长若同意该提案，应当对该提议予以推行；三是在没有商务部长根据本节条款做出决定的前提下，内政部部长不得将该物种纳入保护名单或从保护名单中清除，并不得更改何该物种所属的任何保护级别。

3. 确定基本规定

部长①在对该物种进行考察、鉴定后，综合各州、各国家、各州或各国下属国家行政单位在其管辖范围内的任何地区或公海对该物种做出的保护行动

———————————

① 本章中的部长若无特别说明，指内政部部长或商务部长。

（无论是狩猎控制、栖息地保护、食物供给及其他行动）后，应当在最科学、经济的数据基础上，独立地做出决定。

在本法实施过程中，部长要对以下物种给予充分考虑：一是被国外商业贸易认定为需要保护的物种，买卖需要遵循国际协定的物种；二是由各州或各国外机构认定需要保护的鱼类、野生动植物；认定处于灭绝危险中的物种；在可预见的将来有可能灭绝的物种。内政部还应当对"关键生境"做出具体确定，在最科学、经济的数据基础上，并在考虑将该区域划定为关键生境产生的经济影响及其他影响后，对该区的状态发生变化做出决策。经过最科学、经济的数据分析，如果认为将该区域排除在外的利大于弊，并且不会导致相关物种的灭绝，可将该区域排除在"关键生境"范围以外。

根据《美国法典》（*United States Codes*）第五卷第 553 条第（e）款规定，在收到相关利害关系人提出从已有的濒危物种或受威胁物种名单里增加或去除某一物种的申请后，部长应在 90 天内就对该申请是否得到批准给出结论。如果申请书中包涵了上述请求，部长将立即对相关物种的地位进行复审并及时将信息公布在《联邦公报》上。在收到申请的 12 个月内，部长应当做出以下任何一种决定：一是若申请行动不被许可，秘书处应当迅速在《联邦公报》上公布这一结果；二是若申请行动得到许可，秘书处应当迅速公布一个执行该行动试行办法的原则声明和全文；三是若申请行为得到了许可，但是由于受到某些物种是否是濒危或受危物种的临时性建议而使申请行动最终调整方案的施行受到妨碍，或者应增加需保护的物种从已有名单中删去不再需要保护，部长应在《联邦公报》上尽快公布这一结果，并对产生这一结果的原因和数据进行详细说明。在审查与确认工作过程中，部长应对实质性的科学或商业信息进行合法性的评审，就任何可能存在的违法情况要提交司法部门进行审查。部长还应当推行有效的监控系统，监测与本法有关的所有物种，并采取行动阻止有害行为发生。此外，根据《美国法典》第五卷第 553 条第（e）款规定，在收到相关利害关系人提出修改"关键生境"申请后 90 天内，部长将就该申请是否显示实质性的科学或商业信息给出结论，做出该申请是否得到批准的决定，并及时将该信息通过《联邦公报》向公众公开。

部长对于促进物种保护决定、物种等级划定提案，应该做到以下几个方面。一是在该提案生效后不晚于 90 天内在《联邦公报》上发布提案总则及全文通告，将提案（包括提案的全文）事实通知给各州（即该物种确信会出现在该州）机构、各县或该物种确信会出现在有效管辖范围内的单位；二是与国务卿合作，将该提案通知会有该物种出现的外国，或在公海地区捕猎该物种的公众，并征求相应机构法务部门的意见；三是通知必要的专业科学组织；四是在该物种出现的美国境内各地的报纸上公布有关提案的总结报告；五是在总则发之日起 45 天内，如果有人提出要求举办有关该提案的听证会应及时举行听证会。

在提案总则通知之日起一年之内，部长应当在《联合公报》上发布公告告知公众：一是涉及对物种是否是濒危物种或受威胁物种的决定或修改其关键生境决定。如果涉及关键生境的划定，则该条例是推行该决定的最终条例，不得制定实行修改或发现关键生境的条例。如果提案被撤回，基于该提案做出的相关裁决也应该撤回。如果涉及关键生境的划定，则该条例是推行该决定的最终条例。如果部长没有足够证据证明提案所建议的行动合法，提案没有作为最终提案在一年有效期内被公布，秘书处应当立即撤回该提案。撤回的裁决及依据应当交予司法审查。如果没有足够的、新的证据资料支撑该提议，秘书处不得再次提议前期被撤回的条款。二是如果部长发现，与决议或相关修正案有关的数据在充分性或精确性上与提案有实质性冲突，在征集额外数据时可以延长原本规定的一年期限，但不超过 6 个月。如果该提案的依据被批准延长，那么在该延长期限到期之日前，部长应当在《联邦公报》上公布推行该决定的最终提案或相关修正案。部长不得作出修正，不能撤回发布的该条例的公告及上述两事的依据。三是有关濒危物种或受威胁物种关键生境的最终提案，应当与推行该决定的最终提案一起，同时公布在《联合公报》上。除非秘书处认为推行该决定的以保护该物种为最终提案应当立即公布；该物种的关键生境尚未确定；在此情况下，基于当时可用数据，部长可在最大限度上延长依据第（A）款规定的一年期限，但延长期限不得超过一年且不晚于公布最终提案的日期以确定该关键生境。

在鱼类和野生动植物的生存造成威胁的突发事件上不得适用于部长发布的提案。但以下情况除外：一是部长在《联邦公报》发布提案时附带说明发布该提案的必要的具体原因；二是就该提案适用的常驻鱼类、野生动植物，部长对该物种出现的各州机构给予了事实通知。

该提案由秘书处发布在《联邦公报》上之后应立即生效。任何依据本条规定授权下的条例应当在发布之日起 240 天内停止作用。除非在 240 天期限内，该规章条例的制定程序无须遵守本条规定。任何时候，秘书处部长决定发布紧急条例时，应当依据最适合的数据；如果没有实质性证据支撑，秘书处应当撤回该紧急条例。《联邦公报》公布的对推行本法案必要的或适合的所有提案或最终条例规定，都要涵盖一份由秘书处依据提案数据做出的总结，都要显示出此数据与该提案的关系。如果该提案设定或修改了关键生境，那么总结报告要在最大限度上对此活动（无论是官方还是个人活动）做简要描述和评估。如果该活动对该生境做不利变动或该生境受到此设定的影响，也需要做与上相同的总结。

4. 名单制度

部长应当在《联邦公报》上公布由其商务部长确定的，即将成为濒危物种的和即将成为受威胁物种的所有物种名单。每份名单都要包含该物种的学名、别名或俗名。具体描述该物种在所属濒危或受威胁物种范围内所占比例及该范围内关键生境的情况。基于本款规定的授权，部长应当逐渐修正每一份名单，以反映开展的最新测定、设定和修正工作。

部长应当每五年至少进行一次审查，审查根据名单中的物种及该物种在审查时的实际生存状况进行。在此审查下，决定某物种是否应当从该名单中移除；调整其所属地位，从濒危物种调整为受威胁物种；从受威胁物种调整为濒危物种。

5. 保护管理措施

（1）保护条例

当某一物种被列为濒危物种时，秘书处应当发布必要条例并提出保护该物种的建议。秘书处可禁止任何危害受威胁物种，如鱼类、野生动物的行动；以及禁止任何危害濒危植物的行动。取用常驻鱼类、野生动物的行为，应当遵守签订合作协议的各州条例规定。该州已经适用本保护条例的情况除外。

（2）外形相似案例

部长可通过贸易管理条例将任何物种视为濒危物种或受威胁物种，即使该物种的名称并未在发布的名单上。如果此类物种在外形上与某濒危物种或受威胁物种十分相似，使得执法人员在区分已列入和未列入的两个物种时面临困难；在物理学维度，也难以区分两个物种。通过该举措，有助于保护未纳入保护名单的物种。

（3）恢复计划

部长应当建立并推行此类计划（本款以下简称"恢复计划"）以保护列入名单中的濒危物种和受威胁物种的生存。部长认为的不能促进保护该类物种的计划除外。在推行恢复计划过程中，部长应当最大限度地给予那些能够从此计划中获益，或与建筑发展项目及其他形式的经济活动产生冲突的濒危物种、受威胁物种优先权，无须考虑分类学上的要求。

每一个恢复计划都应具体化：一是将"定位管理行动"的描述具体化对于实现保护该物种生存的行动目标十分必要；二是做出从名单中移除某物种的决定时，有切实客观的标准；三是由于对采取措施实现本计划的中间步骤和既定目标所需时间、成本做预算。

部长在制订推行恢复计划时，可向公众机构和私立机构及其他符合条件的个人引入适当的服务。组建"恢复计划"团队，无须遵循《联邦咨询委员会法案》要求。

部长应当向参议院环境和公共工程委员会及众议院商船和渔业委员会，就制定和实施物种（列入名单的物种及该计划实行中的物种）恢复计划所做努力，每两年报告一次。

部长也应当优先考虑支持新的或修订的恢复计划，引导公众关注并为公众就该计划发表观点、看法提供机会，并综合考虑公众意见咨询阶段出现的所有信息。每一个联邦机构都应当优先推行修正后的恢复计划，综合考虑公众意见咨询阶段收集到的所有信息。

（4）监测

部长应当与各州合作，推行不少于五年的有效监管系统，监测根据本法规定无须采取行动保护的所有物种的状况，以及已经从名单中移除的物种。对于物种保护恢复面临的威胁和危害因素，部长须迅速采取行动予以阻止。

（5）机构指南

部长应制订"机构指南"，并公开发布在《联邦公报》上，以确保本法有效实施。此类指南应包括但不仅限于：一是记录接收和处理递交的申请步骤；二是协助辨别应当接受优先权的物种排名系统；三是用于优先推行恢复计划。部长应当为公众提供公告、提交书面意见机会、指南草稿（包括此后的修正本）。州有关机构可提出意见，若与条例议案不符或部分不符，或与部长发布最终的条例议案相冲突，或者部长没有采用递交的机构行动申请，部长应当向州机构提交书面理由，说明其没有采用该申请的原因。

（三）物种栖息地保护规定

商务部部长、农业部部长及国家林业系统负责人应当实施计划，保护鱼、野生动植物等濒危物种或受威胁的物种。为推行该计划，部长一是应当利用土地认证和其他授权，如1956年《渔业和野生动植物法》以及修订的《渔业和野生动植物协调法》《候鸟保护法》等，授权通过购买、接受捐赠等方式取得土地、水及其他相关利益。根据1965年《土地和水资源保护基金法》修订案拨付的资金可用于土地、水域的取得或相关利益支出。

（四）物种保护机构规定

1. 跨州合作

（1）总则与管理协议

在推行本法通过的行动方案时，部长应最大限度地与各州合作。此类合作包括在获取土地、水域及相关利益前与各州协商，以保护不同种类的濒危物种或受威胁物种。

部长可与当地州管理当局签订协议，保护濒危物种或受威胁物种。本地区管理当局基于本协议获得的收入，须受 1935 年 6 月 15 日法令第 401 条规定的约束（49 Stat. 383；16 U. S. C. 715s）。

（2）合作协议

为促进本法实施，部长可与各州建立合适项目并维持该项目，以保护濒危物种和受威胁物种。部长在收到该提议项目的许可证书材料 120 天内，应当根据本法案对该项目做出决断。部长可与各州签订合作协议，协助实施该州项目，除非部长根据本条规定认为该州项目不符合本法案规定。

为了使该州项目更具实用性和积极性以保护濒危物种和受威胁物种，部长每年都须关注项目实施效益。一是基于州项目授权驻州机构保护由各州行政机关或部长确定的常驻濒危鱼类、野生动植物；二是各州行政机关成立与本法的宗旨和政策一致的、可接受的保护项目，保护该州常住的、由部长确定的处于濒危或受威胁状态的所有鱼类或野生动植物物种，并向部长提供该项目计划书的副本以及所有相关细节、信息和数据；三是各州行政机关有权进行调查以确定该区常住的鱼类和野生动物的生存状况和生存需求；四是各州行政机关受权建立保护项目，包括获取土地、水域栖息地及相关利益以保护区域内常驻濒危物种或受威胁的鱼类、野生动植物物种；五是为处于濒危或受威胁状态的鱼类或野生动植物制定公众参与政策，或各州保护项目。制订的计划包括由部长和各州行政机关共同确定的处于濒危或受威胁状态的常住鱼类和野生动植物，共同同意的最迫切需要保护的物种保护方案。

部长也可根据本章规定与各州建立合适项目并维持该项目以保护濒危物种和受威胁物种。秘书处在收到该提议项目的许可证书复印件 120 天内，应当根据该法案对此项目做出决断。秘书处可与各州签订合作协议从而协助实施该州项目，除非秘书处根据本段规定认为该州项目不符合本法案规定。为了使该州项目更具实用性、积极性以保护濒危物种和受威胁物种，部长须关注州项目实施情况。一是授权驻州机构保护由各州机构或部长确定的常住濒危鱼类、野生动植物；二是各州行政机关成立与本法的宗旨和政策一致的、可接受的保护项目，保护该州常住的、由部长确定的处于濒危或受威胁状态的所有鱼类或野生动植物物种，并向部长提供该项目计划书的副本以及所有相关细节、信息和数据；三是各州行政机关有权进行调查以确定该区常住鱼和野生动物的生存状况和生存需求；四是为处于濒危或受威胁状态的鱼类或野生动植物制定公众参与政策或各州保护项目。其中，制订的保护计划包括由部长和各州行政机关共同确定的处于濒危或受威胁状态的常住鱼类和野生动植物，并能够立即引起公众广泛关注；由秘书处和各州行政机关同意的物种有最迫切需要保护方案；但对于签订合作协议的州，在取用任何常驻濒危或受威胁物种时，不能违背法案中关于禁令的规定。

（3）资金分配

部长有权对任何州提供资金支持，通过与签订协议的各州相关机构合作，协助其促进保护濒危物种和受威胁物种项目，或在监测备选物种及恢复物种方面提供援助。

部长在分配各州年度拨款时，要考虑以下因素：一是美国向国际社会做出的保护濒危物种或受威胁物种的承诺；二是各州继续进行与本法目标相一致的保护项目的意愿；三是各州内濒危物种和受威胁物种的数量；四是各州重塑濒危物种和受威胁物种的潜力；五是启动以恢复并保护濒危物种或受威胁物种的物种生存项目的相对紧迫性；六是监测各州内备选物种状态的重要性，以防止任何威胁该物种状态的风险；七是监测各州恢复物种状态的重要性，确保该物种不会返回到根据本法采取必要措施时的状态。

部长分配给各州的年度拨款，在各财政年度结束时仍未承付的，可以转至下一财年结束前使用。任何分配给各州的拨款，在未承付的最后时期都可由部长根据本节规定进行调配。此类合作协议应当提供给以下方面：一是由部长和各州共同采取的行动；二是为保护濒危物种或受威胁物种谋取福利的行动；三是此类行动的预估成本；四是由联邦政府和各州分摊的成本。然而，在合作协议中，联邦政府承担的项目成本费用不能超过项目预期成本的75%；当有两个或两个以上的州在某一种或多种濒危、受威胁物种的保护上有共同兴趣时，联邦政府分摊费用可以增加至90%。对该类物种的保护可以通过加强与该州的合作，与部长签署合作协议来实现。部长按此规章、条例所规定，根据合作协议份额中商定比例为各州提供资金支持。为实施该条法例，非联邦政府承担的成本份额，各州可以由货币或不动产的形式承担。不动产价值将由部长确认并进行最终决定。各州项目审查工作由部长负责，每年进行至少一次的定期审查。

（4）联邦法与各州法律的冲突

当各州适用于濒危物种或受威胁物种进出口、州际、国外贸易的法律、法规在与本法所禁止的行为冲突时，州法在特定条件下可视为无效。此外，在禁止按本法规定提交的申请或准许时、践行本法的规定方面是无效的。

本法不得解释任何禁止保护迁徙、定居或引进鱼类或野生动植物，允许或禁止出售该种鱼类或野生动植物的州法律、法规。各州法律或法规在取用濒危物种或受威胁物种的要求，要比按本法规定的申请豁免或许可证的要求及推行本法案的法规上更为严格。

（5）过渡期

本法所称"成立期"是指各州在本法生效时开始，在以下任何日期首次发生时结束：一是开始施行本法的州第一次立法例会延期满120天之日；二是该法案实施生效之日起满15个月之日。

根据本法规定的禁止或授权规定，过渡期不得适用于任何栖息在各州内的濒危物种或受威胁物种，但是CITES公约附录名单中所列物种除外，以及其他条约或联邦法律所覆盖的物种也除外。设立期间的任何时间内，应各州要求，部长应当将该禁令应用于此类物种；部长也应当应用该项禁令，在发现并公布某一状况的存在对该物种的生存福祉构成重大威胁时，该项禁令必须适用于保护此类物种。部长的发现和公布不必遵从《美国法典》第5卷第553条规定或本法其他条款规定举行公众听证会或评论会。但此种禁令在发布之日起90日内有效，除非部长进一步延伸此禁令并发布有关延伸禁令的通告及司法声明。

（6）拨款

为实施本节条款规定，自1988年9月30日以后，拨款应存入特别基金即"濒危物种保护合作基金"，部长管理。存入数额相当于合并金额总数的5%，将每财年的投入都纳入联邦政府基于1937年9月2日颁布法案第3节规定的野生动物修复基金提供的财政援助中，或记入基于1984年7月18日颁布的法案第1016条规定下建立的"钓鱼运动恢复"账户下。

2. 跨部门合作

（1）联邦机构行动与协商

部长应当复审由其签发的项目，利用此类项目促进该法案的实施。其他联邦机构应当充分利用其职权，与部长开展协商，促进实施该法案，推动濒危物种、受威胁物种保护。

每一个联邦机构都应当与部长协商，如何协助部长开展行动，确保经授权的、有资金支持的或由联邦机构开展的行动（本部分此后简称为"机构行

6

动"），不会危害任何濒危物种或受威胁物种的生存，也不会导致由部长通过的该类物种栖息地的毁损或恶化。在与受法律规定影响的州进行协商后，该州要按照本法规定行事，除非该州收到由濒危野生动物保护管理委员会给予的豁免。在协作工作开展过程中，每一个机构部门都应当使用最科学的商业数据。

根据部长等机构提议建立的条例规定，如果申请人有理由相信某濒危物种或受威胁的物种可能在划定区域出现并会受到其项目的影响，该联邦机构应根据许可证申请人或执照申请人的要求，与部长就此事进行协商与合作。

每一个联邦机构进行行动之前都应与部长进行协商，不论其行动是否危及到物种的继续生存或导致为该物种设定的关键生境的破坏或恶化。

（2）《部长意见书》

任何机构行动都应在本法规定期限（90 天内）完成，超出时间范围限制的应当有部长和联邦机构双方共同出具同意书。

如果某机构行动涉及许可证或执照申请人，并且时长超过 90 天的部长和联邦机构不得互相同意结束协商，除非部长认为该机构行动协商结束日期在第 90 天前，按要求开展了以下工作。

一是如果经协商，最初的机构行动发起需要的时间多于 90 天且少于 150 天，申请人则需要按以下要求递交书面申请，包括申请延长期限的理由、完成协商需要的相关信息、协商结束的预期日期；如果协商日期得到允许，该日期将在最初行动日期发起后的第 150 天左右结束。在现行法律规定下，如果部长同意在该协商日期结束之前并且获得申请人同意延长日期的前提下，部长和联邦机构可以相互同意延长协商日期。

二是规定时间内进行的协商须获得部长、联邦机构及相关申请人的共同同意。

三是基于上款的协商结束后，部长应当根据《部长意见书》向联邦机构和申请人基于所采用的信息和观点，提交书面声明和总结，详述机构行动如何影响物种生存及其关键生境。如果在声明中有危害物种生存或不利于物种生存的因素，部长应给出合理解释，并给出替代选择，以供联邦机构或申请人采用。如果部长检查该行动是在联邦机构开始之前，并且发现该机构实施的行动并无大的显著变化，此类显著变化并无出现在最初协商时使用的信息中，协商及其相关的部长意见，应当视为独立协商。

四是部长可要求机构行动不能违法本部分规定或者由其提供的合理替代选择经部长审查后确认不违反法本部分规定，机构行动中采用的濒危物种或受威胁物种不违反法本部分规定。如果涉及濒危物种或受威胁物种属于海洋哺乳动物，该行动得到 1972 年《海洋哺乳动物保护法案》第（a）（5）条规定授权，补偿应当提供联邦机构和相关申请人的书面申请供参考，申请内容包括具体描述此附加行动对该物种的影响、部长认为必要或者能够将机构行动影响最小化的措施、遵循 1972 年《海洋哺乳动物保护法案》的必要措施。

（3）生态评估

每个联邦机构在任何机构行动没有进入合同施工及该建筑施工在 1978 年《濒危物种法修正案》规定日期开始前，应当要求部长就被列入保护名单或将被列入保护名单的某一物种是否在该区域出现做出说明。如果部长基于最科学、经济的数据认为该物种可能出现在该区域，那么该机构应当进行生态评估以确认该濒危物种或受威胁物种是否受该行为的影响。该评估应当自评估发起日起 180 天内完成，也可以在由部长同意，经双方负责人互相协商通过的日期内完成。如果评估涉及许可证、执照申请，180 天则为最长期限；该机构在结束日期之前提供手写申请说明并附带预估延长期限及原因的情况除外。评估应当在工程承建合同生效前、工程开工前完成。该项评估应当作为联邦机构履行 1969 年《国家环境政策法》第 102 条承诺的一部分。

申请豁免的个人都要进行生态评估以确认濒危物种或受威胁物种是否受到其行动的影响，但任何此种生态评估必须与部长进行协商，并在联邦机构的监督下进行。

（4）资源承诺限制

协商开始后，因机构行动对撤销计划或推行合理、周到的决策从而不违反本法规定，联邦机构、许可证或执照申请人不得作出对机构行动的任何不可撤销或不可挽回的资源承诺。

（5）野生物种委员会

委员会应由以下七人成员组成：一是农业部长，二是陆军部长，三是经济顾问委员会主席，四是联邦环保署署长①，五是内务部长，六是国家海洋大气局局长，七是总统。在综合考虑根据本法推荐后，任命一人作为州代表，经由部长同意后担任委员会成员。委员会成员主要负责机构行动中的豁免申请事宜，在收到递交申请后 30 天内开展工作。

委员会成员任职后，不得接受单位其他聘请，担任其他职位；委员任职期间，离家或离开常住区域外出工作的成员，由委员会给予一定的差旅费，包括

---

① 原文本中有．在 1973 年《濒危物种法》第 7 章（e）（3）（D）款规定结尾处，该机构被排除在外。

出差期间每日津贴补助。同样，根据《美国法典》① 第 5 卷第 5703 条规定，在政府机构任职的委员允许有同样花销补助。

委员会发挥其功能进行制裁时，应由委员会五位成员或其代表组成法定代表人数，特殊情况除外：如为了委员会功能的转变且该功能涉及委员会任何会前事项的投票，则在决定法定人数时不应当考虑任何代表。内政部部长任委员会主席。委员会会议应当由主席或者五位委员会成员召集。委员会所有会议和记录都应当对公众公开。基于委员会要求，任何联邦机构负责人都有权获知细节，无偿协助委员会履行其职责。

根据本条规定，为履行好委员会职能，委员会可举行其认为适当的听证会、座谈会，在适当的时间和地点，搜集相关证词、证据。当接到授权时，委员会任何成员或下属机构可采取由委员会根据本段规定授权的任何行动。根据《隐私权法》，委员会可从联邦机构提取任何必要信息以保证其能够顺利履行其职责。根据委员会主席要求，该联邦机构的负责人应向委员会提供此类信息。委员会可使用美国的邮箱域名，在同样的条件下可作为联邦机构的一个组成部分。总服务局在有偿回报的基础上，应当按委员会要求向其提供行政支持服务。

在根据本部分要去履行其职责时，委员会必要的时候可颁布新的规定或修改此类规则、规定、步骤、问题。为了获得豁免申请必要信息，委员会可向证人发放传票及证人证词和和相关资料、书籍、文件。任何情况下，任何代表，包括委员会成员委派的代表，都不得代替行使投票权。

（6）规章制度

在 1978 年《濒危物种修正法案》颁布之日起 90 天内，部长应当发布需要提交给豁免审核申请的形式和格式要求，及该申请涵盖的信息要求的法规。该法规规定的涉及机构行动方面的申请信息由各州机构负责人提交，包括记录联邦机构和秘书处之间协商过程的信息，该行动不能被改变或修改成符合规定的原因的声明信息等。

如果根据本法规定进行协商后，部长认为该机构的行动会违反法律规定，任何联邦机构、相关州的州长、许可证或执照申请人可向部长申请取消该机构的行动。豁免申请应被认为是由部长在本款规定下最先发起的，并被认为是委员会提交报告后做出的最终决定。在申请豁免的人可简称为"豁免申请人"。

豁免申请人在协商完成后 90 天内，向部长提交书面申请。如果机构行动涉

---

① 原文本中有．在 1973 年《濒危物种法》第 7 章（e）（4）（B）款规定结尾处，该条规定期限已被删除。

及许可证申请或执照申请，此类申请应当在相关联邦机构获得许可证或执照后，采取最后机构行动后90天内提交。其中，最后机构行动指：第一，该机构对许可证或执照的处理，无论该处理是否进行司法审查都包括在其中；第二，如果对此处理进行行政复议，则要在行政复议后做决定。就此类申请而言，豁免申请人应当说明其机构行动豁免符合本条款规定的理由。在收到豁免申请后，部长应当及时通知各受影响的州并要求州长推荐个人到濒危物种委员会任职，负责该申请有关事宜；在《联邦公报》上发布收到申请通知，包括该申请中此信息的汇总及已提交豁免申请的机构行动情况。

部长在收到豁免申请20天内或由申请人和部长协商通过的时间内，开展以下工作：第一，确定相关联邦机构和豁免申请人已经如实履行协商责任并作出合理积极的努力；在制定、修改代理机构行动时，公平考虑、合理谨慎地确保不会违反本章规定。第二，依据本法进行生态评估。第三，在最大程度上，限制任何违反本法规定的不可撤销或不可逆转的资源使用行为。第四，如果认为相关联邦机构和豁免申请人符合本法规定，部长应当与委员会成员进行协商，依据《美国法典》第五卷相关规定举行豁免申请听证会，并提交报告。

最终决定作出后140天内或秘书处和申请人共同同意的其他豁免申请期限内，秘书处应当向委员会提交报告，讨论以下事务：一是机构行动替代方案的可用性、合理性及谨慎性，以及机构行动获利及保护物种关键生境的替代行动的性质和程度；二是该机构行动是否符合公共利益，是否具有区域性或全局性意义的证据；三是委员会应考虑采取适当的、合理的减轻和强化措施；四是相关联邦机构、豁免申请人是否做出了任何不可逆转或不可撤销的违反本章规定的资源承诺。

在本章规定的行动所需最大时间范围内，与本条规定不符的时间除外，提交的豁免申请，举办的听证会应当符合《美国法典》规定。根据本条及根据本款而进行的任何聆讯，也须符合上述规定。

根据部长要求，各联邦机构负责人在无薪的基础上受权选派该机构的员工以协助部长履行本章规定的职责。依据本条规定，该活动的所有会议记录都应当对公众开放。

（7）豁免

在收到部长依据做出的报告后30天内，委员会就是否同意该豁免做出最后裁决。如果投票同意人数多于5人，委员会应当同意该机构行动的豁免申请。

根据部长的报告、举行的听证会会议记录，收到的其他证词、证据，可以通过的豁免理由包括：一是认为该机构行动并无合理谨慎的备选方案。二是在保护濒危物种及其关键生境方面，该行动的益处明显大于备选方案。实行该行动确实符合公众利益。三是该行动具有区域性或全局性意义。四是相关联邦机构和豁免申请人都没有做出任何不可逆转或不可撤销的资源承诺。

采取适当的、合理的减轻和强化措施包括但不仅限于活传、移植、获得并改善栖息地环境，将该机构行动对濒危物种、受威胁物种或其关键生境的不利影响最小化。由委员会依据本条款规定做出的最终决定应当被视为最后的机构行动，以践行《美国法典》第 5 卷第 7 章规定。

依据特定规定授权的所有涉及濒危或受威胁物种方面的机构行动的豁免申请应当具有永久豁免权，无论该物种是否在生态评估被确认，或是已经对该机构行动进行过生态评估。但以下情况除外：一是部长基于最科学、最经济的数据发现，该豁免可能导致不在特定协商讨论范围内或特定规定下进行的生态评估识别物种内的某物种的灭绝；二是部长发现之日起 60 天内，委员会决定该豁免的永久性丧失。如果部长做出发现，委员会应在发现之日起 30 天内就此事进行会晤。

除本法其他条例另有规定外，如果国务卿在审查提议的机构行动及该行动潜在的影响、听证会、资质后认为，委员会依据本章规定 60 天内决定授权实施该豁免申请下的行动，可能会使美国处于违反国际公约义务或其他国际义务的境地，委员会不得通过该豁免申请。国务卿应当在《联邦公报》上公布该资质鉴定的复印件。如果国防部长认为该豁免对国防安全十分重要，委员会应当授权通过该机构行动的豁免申请。

由委员会基于本章规定做出的豁免决定，依据 1969 年《国家环境政策法》（42U. S. C. 4321 et seq. ），不得是主要联邦行动。如果某一环境影响声明讨论了对濒危物种或受威胁物种或其关键生境的影响，受该命令规定豁免的机构应事先准备好该声明。

如果委员会依据规定认为，应当授予某机构行动豁免，委员会应当颁布授权豁免令，详细叙述依据的规定，在实行机构行动中由豁免申请人付费的减轻和强化措施。在推行该机构行动时、资助其他项目时，所有必要的减轻和强化措施都应当享有优先权。

申请人收到的豁免中，应当包括在继续推行该行动过程中采取该类减轻和强化措施花费费用。尽管上句如此规定，但在计算该提议行动的效益成本或其他比例成本时，此类措施的花费不能算作项目花费。任何申请人都可要求部长实施该类措施。由秘书处推行该类措施形成的花费应当由收到豁免申请的申请人支付。收到豁免授权后不晚于一年内，申请人须向环境质量委员会提交一份报告，报告其符合本条规定的减轻及强化措施。此类报告应每年提交，直至所有此类措施完成。有关公众可获得性的报告须由环境质量委员会公报在《联邦公报》上。

任何个人都要接受《美国法典》第5卷第3章规定的司法审查。濒危物种委员会根据"联邦上诉法院"规定为相关机构行动，所在巡回审判区将要做出的、正在做出的任何决定；各州将在、正在巡回审判区、哥伦比亚特区范围外的区域采取的行动；委员会在做出决定后90天内需提交一份书面申请以供进行司法审查。法院书记员应当向委员会提交此类请愿书的副本。委员会应《美国法典》规定的将这一过程记录在案。在根据本条款规定进行审查的活动中，濒危物种委员会指定律师可代表该委员会出庭。

由总统依据《救灾紧急援助法案》宣布为重大灾害区的区域，可决定任何公共设施的修复或替代项目优先在灾区实施。总统的决定对于防止该自然灾害再次发生及降低人民生活的潜在损失是十分必要的。由于情况特殊，该区域无法实行正常的项目实施程序。除本法另有规定外，委员会应当接受总统基于本条款规定做出的决定。

（五）物种保护国际合作与 CITES 履行

1. 关于国际合作的规定

根据《补充拨款法案》第1415条规定，美国总统可根据1954年《贸易发展与援助法》或其他法律规定，向该国部长认为有必要接受援助或对列入的濒危物种或受威胁物种的保护有用国家的项目发展管理提供援助，以向全世界展示其保护濒危物种和受威胁物种的决心。总统认为合适的项目，包括但不仅限于以土地获得、租赁或其他方式得到的土地、水及相关利益。

为了进一步推行该法案相关条款，商务部长应当通过国务卿鼓励其他国家保护鱼类或野生动植物，特别是本法规定的濒危物种和受威胁物种。具体可通过与其他国家签订双边或多边协定，以提供此类保护。从国外或公海以商业目的或其他目的向美国出口，直接或间接捕获鱼类或野生动植物的外国商人需要为这些援助提供支持，以通过开展保护管理活动加强对鱼或野生动植物及其栖息地的保护。

在与国务卿协商之后，部长可以基于提升个人资源和项目，从其部门中分派或挑选适合的官员或员工，与其他国家和国际组织合作，以促进保护鱼类和野生动植物；同时，对本国内或国外的外国人在鱼类、野生动植物管理、研发和执法方面提供专业帮助，为其野生动物保护方面的教育培训提供财政支持。

在与国务卿和财政部部长磋商后，商务部长应当开展或牵起他认为对推行该法案有必要的国外执法调查研究。

2. CITES 公约履行

内政部部长被指定担任 CITES 公约履约负责人，负责履行该公约，通过美国鱼类和野生动物局行使该机构的各项职能。内政部部长应根据公约规定，竭尽全力行使其管理权，以及相关的科学职能。诸如，部长应当依据《西半球自然保护和野生动物保护公约》关于野生动物的规定，基于由专业的野生动物管理实践中得出的，最能接受的生物信息，做出的决定和建议。但在做此决定或建议中并不要求各州做物种种群规模估计。

如果美国反对公约附录 I 或 II 中规定的任何一个物种，并因此没有签署公约第 XV 章第（3）条规定的物种做出保护，在该保护实施生效日期最后一天的前 90 天内，国务卿应当向众议院商船和渔业委员会、参议院环境和公共工程委员会提交书面报告，阐明其原因。

内政部部长与国务卿合作，代表美国履行《西半球自然保护和野生动物保护公约》（简称《西部公约》），开展相关保护行动。在履行责任方面，部长应当与国务卿、农业部长、商务部长及其他机构负责人进行协商，就有关或影响其区域内的事宜进行协商。部长和国务卿还应当与《西部公约》签署方合作，在最大适用程度上与各州机构合作，采取必要步骤履行《西部公约》。此类步骤包括但不仅限于：一是与公约签署方及其他国际组织在发展个人资源项目，促进《西部公约》的履行方面合作；二是识别在美国和合约方国之间出现的候鸟及该候鸟的栖息地，并监督合作措施的履行，以确保此类物种不会成为濒危或受威胁物种；三是辨别履行《西部公约》条款规定的保护野生植物方面必要的、合适的措施。内政部部长和国务卿向国会提交报告应当不晚于 1985 年 9 月 30 日，叙述其依据法律要求规定采取的行动，及对全面履行《西部公约》有影响的主要余下行动。

本部分规定内容不得用于解释行政和司法，以及各州依据本州法律法规在管理、控制、规范鱼类、野生动植物方面的职能。

（六）物种保护禁止行为与特殊情况

1. 禁止行为

（1）总则

除本法案第六章（g）（2）款和第十章涉及物种外，对于本法案所列各种濒危鱼类和野生动物，在美国管辖范围内，以下任何行为均视为违法：一是从美国进出口濒危物种；二是在美国国内或领海占有濒危物种；三是在公海占有濒危物种；四是违反前两条的同时以任何方式占有、出售、运送、携带或运输违法获得的濒危物种；五是在州际或国际贸易以及在商业活动中，以任何方式运送、接收、携带或运输违法获得的任何濒危物种；六是在州际或国际贸易中以任何方式出售或邀约出售濒危物种；七是违反由主管机关颁布的任何有关此类物种以及本法所列其他濒危物种的条例，以及由本法案授权的秘书处颁布的条例。

除本法案第六章（g）（2）款和第十章涉及物种外，对于本法案第四章所列各种濒危植物，美国管辖范围内任何人不得采取以下违法行为：一是从美国进出口濒危物种；二是从联邦土地上消除或减少此类物种，在联邦土地上恶意损害或毁灭此物种，故意违反任何州法或条例以及在参与刑事犯罪活动，在联邦土地上消除、砍伐、控制、损害或毁灭此类物种；三是在州际或国际贸易中，以及在商业活动中，以任何方式运送、接收、非法携带、运输此类物种；四是在州际或国际贸易中出售或邀约出售此类物种；五是违反由主管机关颁布的任何有关此类物种或第四章所列任何濒危植物的条例，以及由本法案授权部长颁布的条例。

（2）捕获或人为控制环境中的物种

上述规定不适用于处于捕获或人为控制环境中的物种，如果能满足以下条件：1973年12月28日处于该状态，或《联邦公报》最终发布之日处于该状态。最终版本条例中增加了公开发布的任何鱼类和野生物种，前提是此类捕获行为以及相关捕获行为，以及对鱼类和野生物种的使用情况非商业活动。对于自1973年12月28日或《联邦公报》最终版公开发布的任何鱼和野生物种生效之后的180天内任何违反本法规的行为，其活动涉及的鱼类和野生物种符合本条豁免的推断不被支持。

上述规定也不适用于以下情况：一是1973年《濒危物种保护法》修订案生效之日起，处于捕获或人为控制环境中的猛禽类；二是直到此类猛禽及其后代人为放生到自然状态为止；三是猛禽及后代的捕获人应如实陈述所养鸟禽符合本条范围及其规定并上报秘书处，捕获名录、文件和记录应按要求作为法案实施的依据。此类要求不可替代秘书处其他规定。

（3）违反约定

美国管辖范围内不允许任何人在任何交易中违反公约中的相关规定，进行标本交易，或非法占有条款 I 名录中的标本。

美国进口的鱼类或野生动物应符合以下条件：一是涉及的鱼类或野生动物不在法案第四章所列濒危物种范围内，但包括在公约附录部分；二是携带或出口的鱼类或野生动物符合公约规定，且同时满足公约中的其他适用性要求；三是满足上文的适用性要求；四是此类进口活动为贸易行为。此外非常重要的一点是，不违反本法案条款及本法案各条例下的规定。

（4）进出口

任何人，未经部长允许，不得参与如下商业活动：一是进出口鱼类、野生动植物，但不包含未被本法案列为濒危物种的贝类和水产品，以及在美国海域范围内和公海范围内供自然消费和娱乐等目的的贝类和水产品；二是进出口已加工和未加工的非洲象牙。

获得许可进行所述活动的行为者应遵守以下要求：一是对于行为人参与的进出口鱼类、野生动物植物和非洲象牙及其后期处置保留完整、准确的记录；二是部长合法授权人在授权期限内，有权进入行为人经营地点，对其管辖范围内的进口鱼类、野生动植物、非洲象牙名录等要求的记录进行核查，并留档备份；三是如部长有要求，应对相关行为进行书面报告并存档。

部长应出台相关必要的条例，列清鱼与野生动植物进口的详细要求，确保相关规定得以顺利实施。对于非洲象牙进口的限制，要综合考虑数量和价值的双重影响，保障非洲象牙进出口活动的许可公平和公正，不会因为非洲象牙的进出口而影响非洲象种群数量。

进出口鱼和野生动植物，应依照法律和秘书处要求提交规定的声明或者报告，以证明其行为按照本法案实施或符合公约的要求。但不包含未被本法案第四章列为濒危物种的贝类和水产品，以及美国海域范围内或公海范围内供自然消费和娱乐等用途的贝类和水产品。

在美国管辖范围内，任何人不得违法和未经授权进出口鱼和野生动植物，内政部指定港口用作许可进口的鱼和野生动物进出口，以保证法案实施和减少成本。财政部审批并下达通知后，内政部可召开听证会，根据相关规定，指定以及变更港口。内政部在其制定的相关条例和条件下，有权许可在非指定港口进行鱼类、野生动植物的进出口行为，以保证鱼类、野生动植物的健康状态，或由于其他原因，许可其认为合理且不违反本条规定的行为。内政部根据1969年12月5日法案指定的港口在本法案生效前仍然有效，直至部长对其进行调整。

在美国管辖范围内的任何人不得试图违反、招揽他人违反或帮助他人违反本章所述违法行为。

2. 特殊情况

（1）许可证发放

部长根据其制定的相关条例和条件可许可以下行为：一是出于科学目的或为了加强相关物种繁衍生存而禁止的行为，包括但不限于建立或维护实验种群；二是携带行为目的并非携带，而是与其他合法行为伴随产生的行为。就此，部长需要根据携带申请人向提交的保护计划进行核定。计划应包括：一是此类携带行为可能导致的后果；二是申请人采取何种措施减缓影响或使影响最小化，以及保障实施的可用资金；三是针对此类携带，其他可选择的办法以及未被采用的原因；四是秘书处认为保障计划实施而有必要采取的其他措施。

部长公布许可申请和保护计划时，面对如下情况，而且申请人采取其他保障措施保证计划实施，应发放许可证。一是携带行为属少数情况；二是申请人会最大化结合实际情况，减少或缓和该携带行为的影响；三是申请人会保证计划实施的资金充足；四是携带行为不会过分减少物种生存数量和野生环境中物种种群恢复；五是采取了法律规定的措施。许可中包含部长认为应当遵守的条例和条件，包括但不限于提交报告，以便部长决定该行为是否符合规定的条例和条件。如部长发现被许可人未能按照许可证规定的条例和条件行事，有权撤销该许可证。

（2）困境豁免

如果当事人在《联合公报》生效前签署协议，且协议中涉及的鱼类或者野生动植物在《联合公报》发布通知列出濒危物种且本法案第四章将其列为濒危物种范围内，此类情况会导致当事人陷入不可预期的困境。未将此类困境最小化，部长可视情况不同程度地豁免当事人的申请，前提是当事人符合此类豁免条件，具备申请豁免的信息，如证明困境。

任何豁免期限不得超过一年以上，自《联邦公报》针对涉及的物种发布通知起。任何豁免不得适用于超出部长特定范围的大量鱼类或野生动植物。对于法案生效前被部长所列的濒危物种，该一年的豁免期应符合1969年12月5日法案规定。对公约附则Ⅰ所列商业活动专用标本进出口的情况不能得到豁免。

上文的"不可预期的困境"包括但不限于：一是由于本法案的实施导致无能为力，并造成大量经济损失，比如《联合公报》公布通知列出濒危物种之前，当事人对涉及的鱼和野生动植物签署了协议；二是公布通知列出濒危物种前，当事人收入中的大部分来源于合法携带涉及的物种，而此类携带在本法案下属于违法行为，而且此类情况面临大量经济损失；三是限制生存捕猎行为，此类行为在本法案下为违法行为，此类行为人没有足够能力保障其他生存来源，依赖打猎或捕鱼作为生存来源，只能依靠限制后的捕猎行为生存。部长对其他不可预期的困境须加以说明。相关的特例情况由部长根据时间、地域或者其他适用性因素酌情处理。

（3）通告与说明

部长应对豁免或许可证的所有申请在《联邦公报》发布通告。每条通告都应征求各利益方意见，通告发出之日起30天内，利益方提交纸质材料，包括其对该申请所做评论或意见；如遇紧急情况如濒危物种生存状况受到严重威胁，或申请人无其他可行方案时，部长可废止该30天的期限，并在颁发豁免或许可证10天之内在《联合公报》发布废止通告。部长接收的任何申请材料应在整个过程中公开。

秘书处有权允许许可证和豁免的特例情况，须在《联邦公报》发表声明。特例情况需满足条件：一是申请的特例情况真实有效；二是特例情况得到允许和公正，其实施过程中不对濒危物种造成威胁；三是符合本法案的相关规定和政策。

（4）阿拉斯加原住民

如果获取的目的主要是为了生计需要，除了关于非洲象牙等物种及其产品的特殊规定，本法案有关捕获濒危和受威胁物种的规定，以及进口此类物种的规定对于以下原住民没有约束性：一是定居在阿拉斯加的印第安人、阿留申人和因纽特人；二是定居阿拉斯加本土村庄的非原住民。涉及的物种所制不可食用产品，诸如正宗本土物件中的手工艺品和服装，也可用作州际贸易。值得注意的是，本条规定不适用于阿拉斯加本土村庄非原住民，如秘书处调查该村庄生存并非主要依赖捕鱼打猎、制作本土手工艺物件或服装等。但是，任何符合本规定的任何捕获行为须有节制。

本条中提到的术语含义如下：一是生计考量指阿拉斯加当地村庄或者乡镇售卖可使用的鱼类、野生动物以满足当地消费；二是正宗本土物件中的手工艺品和服装指全部或大部分采用自然材料的产品，实际的生产、装饰、加工过程为传统手工艺品工艺，不使用放大尺、多轴雕刻机或其他批量生产设备。传统本土手工艺品技术包括但不限于编织、雕刻、压合、缝纫、束带、卷边、素描和绘画。

无论何时，如对某种鱼类或野生物种的捕猎行为牵扯濒危或受威胁物种，并且此种捕猎行为实际对濒危或受威胁物种起消极影响，秘书处可对此类物种的捕猎行为施加规定，限制相应的行为人包括印第安人、因纽特人或者阿拉斯加本土村庄的非原住民。所依条例应考察所涉物种、地理环境、捕猎季节以及

53

其他有关规定设立的因素，并与本法案政策一致。规定颁布前要有通告，在阿拉斯加管辖范围内召开听证会，以及根据 1972 年《海洋哺乳动物保护法》第 103 章的内容要准备的其他事宜，且部长确定条例无实际效用后应立即撤销。

（5）管理要求

本条用语解释如下：第一，案前濒危物种部分组织指 1973 年 12 月 28 日之后在美国贸易活动中属合法交易产品的抹香鲸油及其产品，或者成品及其原材料于 1973 年 12 月 28 日之后在美国贸易活动中合法交易的解闷手工制品；第二，解闷手工制品包括使用大量蚀刻或雕刻技术加以设计，用鲸类海洋哺乳动物的骨或牙齿进行大量雕刻而成的结构、形状或者设计制成的产品。根据本法规定，抛光或添加小的表面装饰不作为雕刻、蚀刻工艺的一部分。

部长在不违反公约的条件下，可对用案前濒危物种部分组织进行的违法行为进行豁免，具体包括：一是根据本法案第九章（a）（1）（A）款部分禁止从美国出口的活动；二是第九章（a）（1）（E）款或者（F）款涉及的禁止行为。

豁免申请人要按照规定格式、方式向秘部长提出申请，且申请除非满足下述条件，否则部长不予批准。一是部长为实施本条法案所颁布的规定初次生效一年期结束之前收到的申请；二是申请包含完整而详尽的名录，涉及所有申请豁免的案前濒危物种部分组织；三是按照部长要求，有材料证明申请豁免的濒危物种组织或产品属于案前濒危物种部分组织；四是包含部长认为有必要出具的其他信息以满足本条规定。

如部长同意豁免申请，需提供申请方证明，证明内容包括：一是法案第九章（a）条禁止行为得到豁免；二是案前濒危物种部分组织得到豁免；三是豁免有效期，且自生效之日算起，有效期不得超过三年，特殊情况为根据有关豁免重新生效；四是部长认为有必要说明的其他事宜。

部长应根据法案要求出台相关规定，以实施本条内容。规定内容应包括：一是制定的申请豁免的相关条款和条件，包括但不限于要求申请人注册、提交名录、保留完整的销售记录的相关材料，允许秘书处授权的机构审查名录和记录，定期向秘书处提交报告；二是对有可能购买符合本条下豁免条件的案前濒危物种部分组织的购买商规定条款和条件。此类规定以保证涉及的物种组织得到豁免并有充足证明，并且没有违反本法案的规定。

综合管理处通过的案前濒危物种部分组织交易协议，如在本条生效之日前，又符合 1973 年 1 月 9 日《联邦公报》通告内容，不因其有可能被列为第九章（a）（1）（F）款中的禁止行为而失效。如本款内容失效，本法案其他内容有效性不受影响，本条其他内容也不受影响。

凡是于 1982 年 10 月 13 日之后重申并于 1988 年 3 月 31 日生效的豁免证明，默认重申有效期为自 1988 年《濒危物种法案修订案》颁布之日起的 6 个月。证明持有人需向秘书处重申豁免，且有效期不得超过五年，有效期自豁免生效之日起。如部长根据本款规定同意豁免重申，需向申请者提供重申证明文件，证明内容包括之前证明上的所有条款、条件、禁例以及其他规定在重申期内有效。依据本款办理的重申豁免证明失效后，豁免丧失原有效力，针对该豁免的重申也失效。自 1984 年 1 月 31 日起，任何人不得跨州、跨国进行商业售卖案前组织所制解闷手工艺品。特例为持有部长根据本条内容颁发的有效豁免证明，或者该产品本身或其原材料为 1982 年 10 月 13 日当天获得。对于任何违反第九章内容的行为，若行为人宣称依照本法案得到豁免或有许可证保障，有义务证明其豁免或许可证的适用性，并且得到认证，有效且在违法行为发生时有执行力。

（6）特定古董商品条款

本法第四章（d）款，第九章（a）款和第九章（c）款规定不适用于以下古董商品：一是现存时间不短于 100 年；二是由本法案第四章规定所列的濒危或受威胁的物种部分或全部组成；三是该古董商品在法案颁布当日及之后未用任何物种的任何部分加以修补或更改；四是该古董商品被运入符合规定的港口。

任何人需要进口商品，且处于本条特殊情况时，应在商品进入时向海关提交相关文件，即财政部与内政部商议后按规定要求提交的文件，以确保所有名录中的物种符合进出口许可证发放和豁免的相关规定。财政部根据与内政部协商的结果，应在各个海关区域内指定港口，古董商品必须通过此类港口进入美国海关区域。

自 1973 年 12 月 27 日之后，以及 1978 年《濒危物种修订案》颁布之日及其后，任何人进口古董商品应符合：一是出口之日后未用第四章所列濒危或受威胁物种的任何部分加以修补或更改；二是根据民事处罚规定，在法案生效前或生效之日没收为美国国家财产；三是在法案生效之日仍在美国管辖范围内。

进口商需在法案颁布一年期内向部长提出商品收回申请，申请需根据部长的相关规定，按指定格式、指定方式进行。如及时提交的申请得到部长认可，即符合本款下对涉及商品的要求，部长应归还商品给申请者，且归还之日及之后，对该商品的进口行为视为本法案下的合法行为。

任何进口到美国境内的鱼或野生动物需符合以下条件，可视为非商业转运。一是该鱼或野生动物为合法携带及运输，在其出口国或转运出口国内属合法活动；二是该鱼类或者野生动物途经美国，只是在美国管辖范围内转运，其目的国内对该鱼类或野生动物的进口或接收为合法行为；三是出口商或物种监护人出示明确说明，此类鱼类或野生动物不在美国管辖范围内运输，并尽一切可能避免出现转运，由其他原因导致的转运纯属该出口商或监护人控制之外事件；四是满足公约规定的适用要求；五是此类进口活动未参与任何商业活动。

进口行为不违反本法案内容，也不违反本法案下其他规定的内容的情况下，此类鱼类或野生物种仍应受到美国海关管辖。

(7) 实验种群

实验种群指秘书处授权放归的种群，包括所有独立成长的后代，条件是此类种群与同类物种的非实验种群有绝对的地理隔离。

部长有权受理濒危或生存受威胁物种种群（包括卵、繁殖体或者个体）释放（或其他相关转移活动）以脱离其现存群体，如果该放归有利于该物种存活。在行使种群释放权时，秘书处应根据规定考察相应种群，根据现有的最权威信息决定该种群对濒危或生存受威胁的物种的延续是否至关重要。

根据本法案条例，所有实验种群中的个体均视为濒危物种。实验种群对物种延续并非至关重要，在国家野生动物保护系统或国家公园系统内出现的种群应列为濒危物种。关于对物种延续并非至关重要的实验种群，不为其指定特定栖息地。

对于部长认定的濒危或生存受威胁的物种，以及部长在法案颁布前为了在特定放归并与其他种群隔离的物种，应根据相关规定，在各种群中确定其中的实验种群范围，并考量每个种群对濒危或受威胁物种生存的重要性。

(七) 处罚与执法

1. 民事惩罚

在知情情况下，违反法案规定，以及作为进出口商参与贸易活动进出口鱼和野生植物者违反本法案的任何内容，或者本法案签发的任何许可证或证明上的内容，或任何与第 (a)(1)(A) 款，(B) 款，(C) 款，(D) 款，(E) 款，或者 (F) 款，(a)(2(A) 款，(B) 款，(C) 款，或者 (D) 款，(c) 款，(d) 款（保留记录，收集文件，报告相关规定除外），以及本法案第九章 (f) 款或者 (g) 款等规定，将由部长对其进行民事惩罚，每起不超过 25000 美元。在知情情况下违法法案其他规定，或者作为进出口商参与鱼和野生植物的贸易活动，违反法案下其他规定的内容，由秘书处对其进行民事惩罚，每起不超过 12000 美元。其他违反法案下相关规定，以及违反针对许可证和证明上的规定，由秘书处对其进行民事惩罚，每起不超过 500 美元。惩罚不可依据本条内容评定，除非当事人受到统治并有权利针对其违法行为召开听证会。违法行为单独立案。秘书处有权免除或减缓民事惩罚。对于依照本条评定的处罚，如当事人拒绝执行，内政部部长或商务部部长向司法部部长申请在美国地区法院采取民事诉讼，即在当事人停留、居住或进行交易的地区执行处罚。法院有接收和办理此类诉讼的权力，法院须依据介入前记录进行判决，并在记录证据充足的情况下，支持诉讼行为。

民事惩罚评定听证会须依据《美国法典》第 5 卷第 554 条内容执行。司法部部长签发传票，传唤证人，准备相关的材料、手册、文件以及主持正式声明。被传唤的证人获得与美国法庭证人同等数目的报酬和交通补助。抗命或拒绝执行传票的相关人，在美国境内任何地区，其停留、居住或进行交易的地区法院在对该人进行通知后，有权力执行命令，强制当事人在秘书处履行职责前出席或（并）完成材料。不服从执行令者将被视为藐视权威。

与本法案其他内容不同的是，如果民事违法行为的一个优势在于被告出具证据证明其行为是基于有利目的，即保护自身、家人或者其他人免受来自濒危或受威胁物种造成的身体伤害，被告可免于民事处罚。

2. 刑事违法行为

在知情情况下违反法案规定，以及违反本法案签发的许可证或证明上的规定，以及本法第（a）（1）（A）款，（B）款，（C）款，（D）款，（E）款，或者（F）款，第（a）（2）（A）款，（B）款，（C）款，或者（D）款，（c）款，（d）款（保留记录，收集文件，报告相关规定除外），以及本法案第九章（f）款或者（g）款的规定，将承担刑事处罚，每起不超过 50000 美元，或（并）拘禁一年以内。在知情情况下违反法案其他规定，承担刑事处罚，每起不超过 25000 美元，或（并）拘禁 6 个月以内。

若联邦机构如已经发放租赁凭证、执照、许可证或者其他协议文件允许当事人进出口鱼类、野生动物或者植物，或从事进口动物检疫活动，或者授权使用联邦政府土地繁育野生动物，且当事人违反法案或其他相关规定，以及违反许可证或证明上的规定造成刑事违法，其租赁凭证、执照、许可或者其他协议文件应立即更改、延迟生效或撤销。部长应延缓（不超过一年）或撤销任何在联邦土地捕猎或捕鱼的许可证或者对任何人签发的许可证，如该人违反本法案或其他相关的规定，以及许可证或证明上的规定，造成刑事违法。国家不负责赔偿或补偿由于租赁凭证、执照、许可证的更改，延缓生效或撤销而产生的任何费用。

在本条内容下，被告处于正当防卫或自我保护，做出违法行为，但是出于有利目的，即保护自身、家人或者其他人免受来自濒危或受威胁物种造成的身体伤害，其可以免于刑事处罚。

3. 地区法院管辖权

美国地区法院，包括《美国法典》第28卷第460条所列法院，对本法案提到的行为都具有管辖权。且根据本法案内容，萨摩亚地区应属于夏威夷区内，受到美国地区法院的管辖。

4. 奖励以及额外支出

内政部、商务部或者财务部应从收缴的处罚、罚款和因违反本章及其相关规定收缴的财产中分出部分用于：一是奖励提供有效信息的人，帮助逮捕当事人，检举刑事违法行为，评定民事违法行为，或帮助收缴因违反本章及其相关而受到处罚的财产；二是支付合理且必要的支出。在对刑事违法行为或民事违法行为判定期间，负责人临时看管所涉鱼类、野生动植物的费用。如有奖励情况，奖励的额度由内政部、商务部或财政部协商确定。国家官员或职员以及州立、地方政府工作人员提供此类信息或提供服务属工作职责，不在奖励范围内。无论何时，当根据本条规定以及1981年11月16号法案第六章（d）条收缴的处罚、罚款和因违法收缴的财产金额总数超过500000美元时，财政部须设立与超出部分同等金额的濒危物种保护基金。

5. 执行

本法案及其颁布的相关条例和许可证须经过内政部、商务部、财政部、总务处（海岸警卫队实际操控）和其他相关部门共同执行。根据协议，各部门执行法案规定过程中，可调用联邦其他机构或州立机构的人员、服务、设施，不论是否有偿。

美国地区法院法官或美国地方法官在行使其合法管辖权的同时，应有正式委任令或说明合理的根据，公布其合法授权以及其他事宜，以保证本法案及其相关规定的实施。

任何人经过内政部、商务部、财政部、总务处（海岸警卫队实际办公）授权实施法案时需检查所有进出口的包裹、箱子以及其他容器及内容物、随带的文件，或保留以便进一步查验。检察人员对于违反本法案的行为如确信行为人当前或在观察范围内正实施违法行为，无须逮捕令即可实施逮捕，或者行使逮捕令、搜查令以及其他有合法管辖权的法院或官员签发的针对刑事或民事违法行为的搜查证明，以保障法案实施。此类执行者可直接进行搜查或逮捕，无论是否持有搜查令均视为已获法律授权。在民事和刑事犯罪行为处理期间，任何鱼类、野生动植物、财产或其他截获的物件，应由内政部、商务部、财政部或者总务处（海岸警卫队实际操控）授权人保管，或者由针对此鱼类、野生动植物、财产或其他物件进行收缴诉讼的机构进行保管；特殊情况除外，即内政部、商务部不扣留此类鱼、野生动植物和财产以及其他物件，而是要求持有者或委托人提交保证或其他内政部、商务部认为合理的担保，但是没收财产交给国家。如放弃对此类财产加以声明和保证的情况，财产由内政部、商务部根据法案相关规定，通过合适的途径（不得向公众出售）按规定进行处理。

任何携带、占有、出售、购买，提供出售或购买，或运输、传递、接收、通过海运陆运空运进出口鱼类、野生动植物的行为如违反法案及其相关规定，或违反根据法案内容签发的许可证或证明的规定，其财产应由国家没收。

所有枪支、行李、网以及其他设备、船舶、车辆、飞机等其他交通工具如用于辅助携带、占有、出售、购买，提供出售或购买，或运输、传递、接收，以及各种形式进出口鱼类、野生动植物的行为，如违反法案及其相关规定，或违反根据法案内容签发的许可证或证明的规定，构成违法犯罪行为，其财产应由国家没收。

没收、驱逐以及处分违反海关规定的船只的相关法律，或者对于此类船只或其参与的销售行为处置的法律，以及对没收财产的减缓或豁免的法律，都针对截获或没收的，或者应当截获或没收的财产，并根据本法案的内容执行，且所依据的相关法律具有适用性，不与本法案内容相冲突；此外，海关法律授予或要求财政部官员以及职员的权力、权利和职责，在法案约束下，由秘书处或秘书处代理人执行。

司法部部长有权勒令禁止行为人从事违反法案规定以及法案授权范围内的相关规定的活动。内政部、商务部、财政部和总务处（海岸警卫队实际操控）有权宣传相关规定以便法案施行，并向持有本法案授权的许可证或者证明的政府收取合理费用，涉及相关申请和审查程序，以及用于转移、运输或者安置依照本法案没收或收缴的鱼类、野生动植物和其他持证据收缴或没收的物件。所有根据本条收取的此类费用需上交财政部以备随时、及时拨款，提供服务。拨款费用可用于补偿相关方。

6. 民事诉讼

除了属于政府的职能之外，任何人有权提起以下诉讼：一是检举涉嫌违反本法案任何条例或者本法案授权范围内的任何规定的任何人，包括国家部门和其他政府机构或办事处；二是要求部长实施本法案第六章（g）（2）（B）（ii）款规定，以及法案第四章（d）款和第九章（a）（1）（B）款当中禁止以及规定的内容，即禁止在各州占有常住濒危和生存受威胁物种的相关规定；三是与部长行为相悖，即如果秘书处行为不当，未按照本法第四章内容履行相应职责或义务（秘书处无权自由决定），公民有权诉讼或检举。

地区法院有管辖权，且不受限于纠纷程度和利益方身份，有权行使各项规定和条例并要求秘书处履行相应事件中的职责或义务。发起的民事诉讼，地区法院应强制秘书处实施禁令，如法院确定有确凿证据证明情况紧急。

以下情形不属于公众诉讼范围：一是违法行为的书面通知已发至部长，法案任何内容和规定的违反者六天内不得采取措施；二是部长依据有关规定处以罚金；三是国家开始采取行动，并在美国法院或州立法院对违法犯罪行为开展处分，以纠正违法行为。

此外，以下情况不得采取诉讼措施：一是书面通知发至秘书处说明关于国有濒危或受威胁物种存在紧急情况的原因，六天内不得采取措施；二是部长处开始实施并严格采取措施核实紧急情况是否存在。然而，如果发布通知后需立即根据本条规定的紧急情况采取措施，否则会严重威胁到任何鱼类、野生动植物的安全的紧急情况，那么不受六天内不得采取措施的限制。

诉讼应在违法行为发生的管辖区域内提出。本法涉及的诉讼情形中，如美国当局不作为相关方，则应部长要求由司法部部长代表国家介入。

法院在判决任何终审裁定时，应在其认定合适时，酌情对诉讼相关方支付一定费用，用于合理范围内的律师和鉴定及证人费。

本法不限制任何人（或任何群体）享有在任何法律权利或习惯范围内寻求任何标准或限制措施的权利，且不约束其寻求其他援助，包括与秘书处或州立机构相对的法律援助。

7. 与其他法律相协调

农业部和内政部与商务部协调执行本法案和《动物检疫法》以及 1930 年《关税法》第 306 条。在禁止动物和其他物件进口交易、占有的法律法规方面，本法案及其修订案不视为取代或限制农业部根据其他在禁止或限制进口，占有动物和其他物件相关法律中的职能。本法规定下的受理过程与决议不视为对任何其他过程的否定，也不视为农业部对任何事实或法律规定做出的决定结论。依据 1930 年《关税法》规定，涉及方面为违反其他国家有关野生动物进口、捕杀、占有或出口的法律法规的情况时包括但不限于法案第 527 条内容，本法案下的任何内容不视为对财政部的职能与责任的限制或逾越。

（八）授权拨款与年度成本分析

1. 授权拨款

授权拨款范围为：第一，1988 财年内不超过 3500 万美元，1989 财年内不超过 3650 万美元，1990 财年内不超过 3800 万美元，1991 财年内不超过 3950 万美元，1992 财年内不超过 4150 万美元，以保障内政部履行法案授予其的职责。第二，1988 财年内不超过 575 万美元，1989 年和 1990 财年内分别不超过 625 万美元，1991 年和 1992 财年内分别不超过 675 万美元以保障商务部履行法案授予其的职责。第三，1988 财年内不超过 220 万美元，1989 年和 1990 财年内分别不超过 240 万美元，1991 年和 1992 财年内分别不超过 260 万美元，以保障农业部根据本法案和公约规定履行职责，控制野生植物进出口相关活动。

此外，部长有权享受拨款或拨款给濒危物种委员会，以便其实施法案内豁免的相关规定，拨款额度在 1988 年、1989 年、1990、1991 和 1992 财年内每年不超过 600000 美元。

内政部还有权为保障实施履行 CITES 公约的相关规定进行拨款，拨款额度在 1988、1989 和 1990 财年间每年不超过 400000 美元，1991 年和 1992 财年每年不超过 500000 美元。每年的拨款总额在花费用尽前应保持随时可用状态。

2. 年度成本分析

1990 年 1 月 15 日当天及以后的每年 1 月 15 日，内政部需向国会做先前一财年鱼类及野生物种保护服务年度成本分析，内容涵盖以下方面：第一，联邦账目明细，对所有物种进行逐一明细，包括所有合理范围内的无法明确的支出，主要用于对法案所列濒危或受威胁物种进行保护的费用。第二，各州账目明细，对所有物种进行逐一明细，包括所有合理范围内的无法明确的支出、各州根据获得的资金资助、法案涉及濒危或受威胁物种的保护支出。

（九）确认修正案

1966 年 10 月 15 日，本法案第四章（c）款对第二款进行修改内容如下："关于 1973 年《濒危物种法》第四章列举的濒危和受威胁物种，该法案第六章（c）款不涉及合作协议。因此除该类物种外，本法案任何内容不得解读为授权秘书处控制或管辖系统外对常驻鱼类和野生动物的捕猎行为。

《候鸟保护法》第十章（a）款以及 1935 年 6 月 15 日法案第 401 条（a）款分别加以修改，强调了"面临灭绝的威胁"，并且补充了"1973 年《濒危物种法》第四章所列的濒危或受威胁物种"。

1965 年《土地和水资源保护基金法》第七章（a）（1）款修改后强调如下内容："濒危物种——在国土范围内被授权保护的有灭绝可能的鱼和野生动植物"，并且替代了"濒危物种和受威胁物种——获取土地和水资源及其附带资源须得到 1973 年《濒危物种法》第五章（a）款规定的授权，以保护濒危或受威胁的鱼和野生动植物"。

1962 年 9 月 28 日法案第二章第一条，修订后内容为"部长有权征用土地及其附带资源：一是以便适合发展鱼类和野生物种相关的娱乐活动；二是保护自然资源；三是保护秘书处根据 1973 年《濒危物种法》第四章所列濒危或受威胁物种；四是在受保护领域内及其周边实施本章第（3）条（1）款规定至少两项内容，获得本章涉及的任何土地或附带资源应由国会提供基金支持或捐赠所得，但是不得使用联邦候鸟猎捕纪念票所售资金获得此类财产。

1972 年《海洋哺乳动物保护法》修改后：一是在其第三章（1）（B）款强调 1969 年《濒危物种保护法》由 1973 年《濒危物种法》替代；二是在其第 101 章（a）（3）（B）款中的"列于 1969 年《濒危物种保护法》中的濒危物种"由"列于 1973 年《濒危物种法》中的濒危物种"替代；三是第 102 章（b）（3）款的"列于 1969 年《濒危物种保护法》中的濒危物种"由"列于 1973 年《濒危物种法》中的濒危物种"替代；四是其第 202 章（a）（6）款中"根据 1969 年《濒危物种保护法》授权，在内政部管辖范围内修订的濒危物种名单"由"根据 1973 年《濒危物种保护法》第四章（c）（1）款，公布此类对濒危物种名单和受威胁物种名单的修订"替代。

《1972 年联邦杀虫剂控制法》第二章（1）款（国际公法 92 – 516）修改为强调"内政部根据国际公法 91 – 135 认可的"由"内政部根据 1973 年《濒危物种法》认定为濒危的"替代。

三、《雷斯法》

（一）《雷斯法》基本情况

《雷斯法》（the Lacey Act）首次颁布于 1900 年，并于 1901 年作了重大修订，是美国最古老的野生动植物保护法令。该法案的目的是授权内政部、商务部打击野生动植物、鱼类、植物的"非法"贩卖。

2008 年 5 月 22 日生效的《食品、环境保护和能源法》对《雷斯法》进行了修正，将更多植物和植物产品列入其保护范围。经修订，凡是违反美国、美国某州、印第安部落有关法律、或者违反任何外国植物保护法获取、占有、运输或销售的植物，按照《雷斯法》，在美国各州之间或对外贸易中进口、出口、运输、销售、接收、获得或者购买都将是违法的；同时，对任何该法案涵盖的植物提供虚假记录、说明、标签或鉴定的，都属违法。

此外，经修订后的《雷斯法》第 3 条规定，从 2008 年 12 月 15 日起，进口某些植物和植物产品时，进口商需提交申报表，未作进口申报也将是违法的。申报表中除其他信息外，还必须注明该植物的学名、进口货值、植物的数量、该植物收获的国别名称。目前，正如我们在联邦纪事（74 FR 5911－5913 和 74 FR 45415－45418，档案号 No. APHIS－2008－0119）中公布的两份公告所述，该法案的相关规定正在逐步实施中。

按照修订过的《雷斯法》，"植物"是指"植物界的所有野生植物，包括根、种子、组成部分及其产品，包括自然生长的或是种植在林地的树"，但以下三类植物除外：第一，除树以外的常规栽培植物和常规粮食作物（包括根、种子、组成部分及其产品）；第二，仅供实验室或田间试验研究使用的植物繁殖材料的科学样本（包括根、种子、胚质、组成部分及其产品）。

（二）动物、鸟、鱼和植物

1. 物种进口与运输规定

此条法规全称为：进口或运输受伤的哺乳动物、鸟类、鱼类（包括软体动物和甲壳纲动物）、两栖类、爬行动物；许可、博物馆标本；法规（Importation or shipment of injurious mammals, birds, fish, including mollusks and crustacean, amphibian, and reptiles; permits, specimens for museums; regulations）。

（1）基本要求

对于进口到美国境内、美国任何领土、哥伦比亚特区、波多黎各联邦或美国所属地区，或者美国大陆、哥伦比亚特区、夏威夷、波多黎各联邦或美国所属地区之间运输的任何猫鼬、红颊獴等物种，所谓"飞狐"或果蝠等狐蝠属物种，斑马贻贝等物种，以及类似的其他野生哺乳动物、野生鸟类、鱼类（包括软体动物和甲壳纲动物）、两栖动物、爬行动物、棕色树蛇或上述物种的后代或蛋类，内政部部长可以通过法律规定予以禁止，避免可能危害人类、农业、园艺、林业或美国野生动植物资源的利益。此类禁止的所有哺乳动物、鸟类、鱼类（包括软体动物和甲壳纲动物）、两栖动物、爬行动物及其蛋类或后代，应及时出口或销毁并由进口商或收货人付费。本条款之任何规定不得废除或修改公共卫生服务、联邦食品、药品和化妆品法案的任何条款。此外，本条款不得授权任何被联邦有害动植物法案定义物种的进口，进口必须在法案的监管范围内。

本部分使用的术语"野生"与任何生物有关，是否圈养长大，还是通常存在于野生状态；术语"野生动植物"和"野生动植物资源"包括野生哺乳动物，野生鸟类，鱼类（包括软体动物和甲壳纲动物）和所有其他类型的野生动物，以及野生动物资源依赖所有类型的水生和陆地植被。

尽管有上述规定，当内政部部长发现已经有一个恰当的责任，并且继续保护公共利益和健康时，应当允许进口的哺乳动物、鸟类、鱼类（包括软体动物和甲壳纲动物）、两栖类、爬行类及其后代或蛋类作为生物、教育、医疗和科学用途，否则依照本条例这样的进口将被禁止，并且本条例不得限制由联邦机构供自己使用的进口。

本法的任何规定不得限制进口博物馆科学收集自然历史死标本，或进口驯养的金丝雀、鹦鹉（包括所有其他鹦形目鸟类物种）等其他笼鸟，正如内政部部长可以指定的那样。

财政部部长和内政部部长应执行本条例规定，包括依此发布的任何规定，当需要确保遵守这样的规定时，内政部部长和财政部部长可以要求提供一个适当的约定。

（2）法律责任

凡违反本条款或根据发布以外的任何条款，均处以不超过 6 个月的监禁或罚款，或既监禁又罚款。

（3）运输规定

在 1981 年《雷斯法》的修正案颁布的 180 天内，内政部部长应提出这样的要求和许可，在人道和健康的情况下可以开展必要的野生动物和鸟类运输，但是对于在不人道或不健康的条件下故意造成或允许任何野生动物或鸟运往美国任何领土和区域，或违反这些要求的任何人（包括进口国）均不合法。针对违反本条款的任何刑事起诉和终止颁发进一步许可的任何行政诉讼。一是任何船舶或其他运输工具，或者野生动物或鸟类被关的围场，一旦到达美国任何领域或地区的要求，应当构成决定是否违反本条款规定的有关证据；二是有相当比例的死亡、受损、病变、饿死的野生动物或鸟类的时候，船舶或其他运输工具出现应被视为违反本条款规定的初步证据。

2. 动物企业恐怖主义

（1）犯罪

以下两种行为可以被视为犯罪：一是任何人在州际或对外贸易过程，或在州际或对外贸易中使用或引起使用邮件或任何设施，以破坏动物企业的整体运行为目的；二是故意损害或通谋造成动物企业财产损失，包括动物或有关文件损失，应该受到处罚。

（2）处罚

第一，对于一般经济损失的处罚。任何人造成动物企业经济损失不超过 10，000 美元，处以罚款或不超过 6 个月的监禁，或两者兼而有之。

第二，对于重大经济损失的处罚。任何人造成动物企业经济损失超过10，000美元，处以罚款或不超过3年的监禁，或两者兼而有之。

第三，对于严重身体伤害的处罚。任何人造成另一个人严重身体伤害处以罚款或不超过20年的监禁，或两者兼而有之。

第四，对于导致死亡的处罚。任何人造成另一个人死亡的，要被处以犯罪，已经处以终身监禁或其他年份的监禁。

(3) 赔偿

关于违反本条款订单的赔偿包括以下三类：一是犯罪导致中断或失效重复实验的合理成本；二是由于犯罪导致的食品生产或农场收入的损失；三是其他犯罪所引起的经济损失。

(4) 动物企业界定

"动物企业"包括以下三类：第一，一个使用动物作为食物、纤维生产、农业、研究或监测的商业或学术企业；第二，动物园、水族馆、马戏团、竞技表演或合法的动物比赛；第三，任何旨在推进农业和自然科学的公平或类似活动。

"运行中断"指不包括任何来自合法的公共政府、企业员工对动物企业信息披露反应的合法中断。

"经济损失"指丢失或损坏财产、档案的重置成本，重复一个中断或失效实验的成本及其导致的利润损失。

3. 非法获取的鱼和野生动植物控制

(1) 定义

"鱼和野生动物"是指任何野生动物，不管是活着还是死的，包含但是不限于任何野生哺乳类、鸟类、爬行类、两栖类、鱼类、软体类、甲壳类、节肢类、腔肠类和其他无脊椎动物，不管是否有能力呼吸、孵化或者生产，同时也包括任何部分、产品、卵或后代。

"进口"是指着陆、携带、引进美国管辖的任何地方，不管这些着陆、携带、引进等行为是否符合美国海关法的进口。

"印第安部落法"是指印第安部落或者联合部落的所有规章或者行为规范，仅限于《美国法典》第18卷第1151节所界定的印第安地区。

"法律""公约""规章"和"印第安法"是指有关规范取得、拥有、进口、出口、运输或者出售鱼类、野生动物和植物的法律、公约、规章和印第安部落法。

"人"（person）包括自然人、合伙、协会、公司、信托，或者联邦政府、各州或者其相应的政治机构里的任何官员、雇员、机构、部门或者任何组成成分，或者其他受到美国法律管辖的实体。

"植物"界定如下：一是一般而言，"植物"或者"植物群落"包括植物界所有野生组成部分，包括根茎、种子、切部和相应制品，包括所有不管是天然起源还是人工起源的林木；二是特殊情况如下，"植物"或者"植物群落"概念不包括普通培育林（除了林木）和农作物（包括根茎、种子、切部，或者产品本身），也不包括用于实验室或田间研究的基因种质资源的科学标本以及移植或者更新的植物；三是特殊情况规定对于《濒危野生动植物种国际贸易公约》（CITES）名录、《濒危物种法》所规定的濒危或者受到威胁的物种、依据任何一州法律属于受保护且濒临灭绝的本土物种不具有约束作用。

"禁止的野生动物物种"指狮子、老虎、美洲豹、猎豹、美国虎、美洲狮的活体，或上述物种杂交所得的活体。

"部长"是指除了本法案所注明之外，根据《机构重组方案（84 Stat. 2090）》1970 第 4 条确定其职责的内务部部长或者商务部部长，在涉及植物进出口时，也指农业部部长。

"州"不仅指 50 个州，还包括哥伦比亚特区、波特黎哥、维京岛、关岛、北马里亚纳群岛、美属萨摩亚，以及属于美国的所有其他领土、邦联、占据的地方。

"取得"和"取得行为"定义分别如下：一是取得指捕猎、捕杀，或采集，针对植物而言，还包括收割、采摘、采伐、搬运等。二是取得行为指"取得"鱼类、野生动物或者植物的所有行为。

"运输"是指所有方式的搬运、传带、携带或者航运，或者为了搬运、传带、携带或者航运为目的的交付或者接收。

（2）禁止规定

一是标识之外的违法犯罪行为。第一，在鱼类、野生动物或者植物的取得、持有、运输、出售违反了美国法律、规章、公约或者违反任何印第安部落法的情形下，进口、出口、运输、销售，接收、获得或者出售这些鱼类、野生动物或者植物。第二，在州际或者涉外商务中，如果鱼类、野生动物或者植物的取得、持有、运输、出售违反了美国法律、规章或者违反任何外国法，进口、出口、运输、销售、接收、获得或者出售任何鱼类或者野生动物。具体到对植物而言，如果植物属于盗窃植物、从公园和森林保护区或其他官方保护区取得植物、没有获得官方许可或者与官方许可相悖而取得植物，与其相关的任何活动都可被视为非法。此外，取得、持有、运输、或出售植物活动没有按照美国各州法律规章或者外国法缴付税费等，或者是违反了美国各州或者其他国家关于出口或者转运植物的法律都应被视为违法。第三，美国有权管辖的陆地和海洋物种管辖范围如下（《美国法典》第18卷第7节）。获得任何鱼类或者野生动物，而之前这些鱼类、野生动物或者植物的取得、持有、运输、出售违反了美国各州法律、规章或者违反任何外国法或者印第安部落法。

二是标识犯罪。任何人在州际贸易中，进口、出口或者运输装载鱼类或者野生动物的集装箱或者包装，均属犯罪行为，除非这些集装箱或者包装事先已经按照本法案第33767（a）节中的第（2）款的规定明确了标识、加贴了商标或标签。

三是出售或者购买引导和配套服务，无效执照和许可证的违法行为。第一，违法出售。任何人如果为了牟利或其他目的，即为了非法取得、获得、接收、运输或者持有鱼类或者野生动物，而出售引导和配套服务，则将视为违反本法案的出售行为；第二，购买。任何人如果为了牟利或其他目的，即为了非法取得、获得、接收、运输或者持有鱼类或者野生动物，而购买引导和配套服务，也将视为违反本法案的购买行为。

四是虚假标识行为。任何人只要制造或递交有关鱼类、野生动物或者植物的虚假记录、报告或者标签，或者任何虚假确认证明，或者预备实施下列行为，将属于违法犯罪行为。第一，已经或计划从国外进口、出口、运输、销售、购买，或接收的鱼类、野生生物或植物；第二，在州际或对外贸易中运输的鱼类、野生生物、植物。

（3）特殊规定

一是2003年12月19日之后的180天内，部长应与动植物卫生检验局局长一起颁布描述第（2）条中"个人"的法规。

二是本条中的规定并不能优先于或取代州主管部门管理本州内野生生物物种。

三是2004年到2008年，经授权每个财政年度拨款300万美元执行规定。

4. 处罚与制裁

（1）民事处罚

一是任何人从事本章规定的禁止行为，且被赋予了"应有的注意"责任的时候，应了解鱼类或野生动植物的取得、占有、运输或销售违反了法律或违反间接法律、条约或规定，任何人故意违反本章第3372（d）或（f）条，由部长酌情对各项违法处以最高10000美元的民事处罚：如违法行为涉及市场价值不超过350美元的鱼或野生动植物，或只涉及违反法律、条约或美国法规、印第安部落法、国外法律以及州法规取得或占有的鱼类或野生动植物的运输、取得或接收，处罚不应超过上述法律、条约或法规的最高处罚金额，即 10000 美元。

二是除上述规定外，任何违反 3372 节中（b）或（f）款的个人应由部长酌情处以不超过 250 美元的罚款。

三是为达到上述两款规定的目的，提到本章任何规定或本章任何条款应包括为执行上述规定或章节颁布的任何规定。

四是除被控违法的个人得到通知或有机会召开关于违法的听证会，根据本条款不得进行民事处罚评估。每次违法应为独立的违法行为，违法的地理区域不仅包括在首先发现违法行为的区域，并且包括取得或占有上述鱼类或野生生物或植物的行为可能发生的任何区域。

五是根据本条款酌情处以的民事处罚可由部长进行豁免或减轻。

六是在确定处罚金额时，部长应考虑违法行为的性质、情况、程度及严重性，就违法者而言，要考虑过失程度、支付能力以及司法要求的其他事项。

（2）听证

在评估民事处罚过程中，应根据《美国法典》第 5 卷第 554 节召开听证会。行政法官会为出席者签发传票，证人证词，以及相关文章、书籍或文件等出版物，并主持宣誓。应给召集的证人支付与美国法庭证人相同的费用及路费。如拒不服从或拒绝遵照根据本款签发的传票或签发给任何人的传票，在发现上述个人，或其居住或从事交易的区法院根据美国要求或向上述个人发布通知后，有权签发命令，要求上述个人出席并在行政法官面前提供证词，或出席并在行政法官面前提交有关文件，或要求其进行上述两项工作，不服从上述法庭命令可由该法庭以藐视法庭罪对其进行处罚。

（3）民事处罚复议

在判决做出之日起 30 日内，被判处民事处罚的任何人可根据本段向适当的美国地区法院提起复议，同时复议申请将送达以挂号邮件向部长、检察长及适当的美国检察官。根据《美国法典》第 28 卷 2112 节，部长应及时将有关违法犯罪行为的发现或者相关处罚的做出等证据资料记录提交给法院。在终审而且不可上诉的判决做出之后，或者适当的地区法院已经得出了部长赞同的最终判决后，任何人拒不支付罚款的，部长将要求检察长向适当的美国区法院提出民事强制执行，该法院有权采取听证或者决定是否执行。听证时，法院有权对此违反犯罪行为及相关民事处罚进行复议审查。

（4）刑事处罚

一是任何个人故意违反本章规定进口或出口任何鱼类或野生生物或植物〔除本卷第 3372 节（b）、（d）及（f）小节外〕，或者故意从事涉及鱼类或野生动植物市场价值超过 350 美元的销售与采购，或提供上述物种销售与采购，或企图销售或购买上述物种，违反本章规定［除本卷第 3372 节（b）、（d）及（f）小节外］的行为并且明知鱼类或野生动植物的取得、占有、运输或销售直接或间接地违反了法律、条约或规定，应被处以 20000 美元以下罚款，或处以五年以下监禁，或上述两项处罚。每次违法行为应为独立违法，违法所属的区域范围不仅包括违法行为最先出现的区域，还包括被告取得或占有上述鱼类或野生动植物的区域。

二是任何人故意从事本章禁止的任何行为［除本卷第 3372 节（b）、（d）及（f）小节外］，且在履行"应有的注意"情况下，应了解鱼类或野生动植物的取得、占有、运输或销售违反了法律或违反间接法律、条约或规定，应被处以 10000 美元以下罚款或一年以下监禁，或上述两项处罚。每次违法行为应为独立违法，违法所属的区域范围不仅包括违法行为最先出现的区域，还包括被告可能取得或占有上述鱼类或野生动植物的所有区域。

三是故意违反本卷第 3372 节（d）或（f）小节规定的个人，如果违法进口或出口鱼类或野生动植物，销售或购买、提供销售或购买、委托销售或购买市场价值超过 350 美元的鱼类或野生动植物，应被处以《美国法典》第 18 卷规定的罚款或 5 年以下监禁，或同时处于两项处罚。如存在其他违法行为，应根据《美国法典》第 18 卷处以罚款或 1 年以下监禁，或上述两项处罚。

（5）撤销许可

部长还可以中止、变更或取消签发给违反本章规定或颁布的任何法规、构成刑事违法的个人联邦打猎或捕鱼执照、许可或官方印鉴，或授权个人进出口鱼类或野生动植物的执照或许可（除根据《马格努森—史蒂芬斯渔业保护和管理法案》办法的许可或执照外），或经营进口野生动植物检疫站或援救中心的执照或许可。依据本条规定，部长不负责与变更、中止或撤销任何执照、许可、官方印鉴，或协议相关的补偿、退款或损失款的支付。

5. 没收

（1）通则

一是所有违反本卷第 3372 节规定［除本卷第 3372（b）条外］以及根据本法案颁布任何法规进口、出口、运输、销售、接收、获得或购买的鱼类或野生动植物均应由美国政府没收，同时要求进行民事处罚评估或本卷第 3373 节中规定的刑事诉讼。

二是判决为重罪的违反本章活动中用于协助进口、出口、运输、销售、接收、获得或购买鱼类或野生动植物的船只、车辆、飞机及其他设备，如果上述船只、车辆、飞机或设备的所有者在指控的非法活动中同意使用上述设备，或与上述非法行为有利害关系的个人，或应该了解上述船只、车辆、飞机或设备将用于违反本法案的犯罪活动，并且违法活动涉及鱼类或野生动植物的买卖、买卖供应或买卖意图，则上述设备应由美国政府没收。

(2)《海关法》的适用

所有相关因违反《海关法》的财产查封、没收及征用，上述财产的处理或因上述财产的出售引起的诉讼，以及上述没收处置的免除或减轻等问题的法律规定，在上述法律规定适用且不与本法案矛盾的范围内，均适用于引发的查封与没收或声称根据本法案规定引发的查封与没收；除了为了遵守本法案，《海关法》授予或强加给财政部任何官员或员工的权力、权利及职责也由部长或部长指定的个人行使或完成的情况外：搜查或查封授权应根据《联邦刑事诉讼程序法规》第41条规定授予。

(3)提存费用

根据本卷第3373节规定被认定违法或需执行民事处罚的个人应负担因违法查封的鱼类或野生动植物在仓储、保管及维护过程中产生的成本费用。

6.执法

(1)通则

本章规定及据此颁布的法规应由部长、交通部部长或财政部部长实施执行。部长可以协议方式，有偿、无偿调用其他联邦机构或州机构或印第安部落的人员、服务及设施执行实施本法案。

(2)职权

根据本节(a)款授权执行实施本章的个人可携带武器；在实施本法案时，可依据检察长签发的指南，对违反美国法律行为发生时在场的个人、犯有美国法律规定的重罪的个人，如有充分的理由相信即将被逮捕的个人已经或者正在从事严重犯罪活动，无须取得逮捕证即可对其执行逮捕；可根据检察长签发的指南，有无授权均可进行搜查及查封；违反本章的重罪如并非在上述个人在场时发生或并非上述个人所为，并且犯罪行为仅涉及违反美国州法律、法规取得或占有的鱼类、野生生物或植物运输、获得、接收、购买或出售，逮捕需要经过授权方可进行；如执法人员有充分的理由相信即将被逮捕的个人正在参与或从事违法活动，则可不经授权执行逮捕；执法人员可执行并提供根据《联邦刑事诉讼程序法规》第41条签发的传票、逮捕证、搜查证，或为执行本章由具有权限的官员或法院签发的民事或刑事诉讼程序授权。

获得上述授权的个人可与财政部部长合作执行检查扣押，并在运输工具或包装箱从美国以外的任意地点或海关海域到达美国或美国海关海域时，如上述运输工具或包装箱作为出口目的使用，则在其离开美国或美国海关海域之前，对船只、车辆、飞机或其他交通工具以及任何包装、板条箱或其他包装箱进行检查，包括其包装内内容。上述执法人员还有权检查并要求提交鱼类或野生生物原产地、出生或再出口国家要求的许可证及文件。查封的鱼类、野生生物、植物、财产或物品在民事及刑事诉讼程序处理过程中应由部长授权的个人，或根据本章第3374节执行鱼类、野生生物、植物、财产或物品没收行动的机构保存；除非部长代为保管上述鱼类、野生生物、植物、财产或物品，允许所有人或收货人向部长提交符合其要求的合同或其他担保的情况外。

（3）地区法院管辖权

美国的联邦地方法院，包括《美国法典》第28卷第460节列举的法院，有权处理本章引发的各种情况。《美国法典》第18卷及第28卷的犯罪地点规定适用于违反本章的任何行为。美国联邦地方法院的法官以及美国地方官员可在权限范围内，在宣布或证明有可能的诱因后，签发授权或其他执行本法案及据此颁布的法规必须程序。

（4）奖励及相关发生费用

自1983财政年度开始，部长或财政部部长应从收到的罚金、罚款、因违反本法案或据此颁布的法规没收的财产中，对下面两种情况进行支付：一是对提供信息、从而对违反本法律或据此颁布法规的违法行为实施了逮捕、刑事宣判、民事处罚评估或财产没收的个人给予的奖励。奖励的金额应由部长或财政部部长决定。美国各州及当地政府提供信息或在履行职责中提供服务的官员或雇员有资格取得本条规定的款项。二是在指控违反本章关于鱼类、野生生物或植物的民事或刑事诉讼处理过程中临时照管鱼类、野生生物或植物产生的合理及必要费用。

7. 管理

一是管理规定。在与财政部部长协商后，内政部部长及商务部长有权颁布执行本法案，还应一起颁布具体的法规，执行关于鱼类或野生生物集装箱或包装标识及标签规定。法规应符合现有的商务规定。

二是协议授权。自1983财政年度开始，在拨款法案预先规定的范围及金额范围内，部长可与任何联邦或州立机构、印第安部落、公有、私营机构或个人为执行本章，签署合同、租约、合作协议或从事其他活动。

8. 豁免

本法内容不适用于根据《马格努森—史蒂芬斯渔业保护和管理法》（美国法

典第 16 卷第 1801 节起）生效的渔业管理计划规定的活动，以及根据《金枪鱼公约法》规定的活动、公海捕捞高度迁徙物种。

具体不适用的内容包括：第一，1950 年《金枪鱼公约法》（美国法典第 16 卷第 951—961 节）或 1975 年《大西洋金枪鱼公约法》［美国法典第 16 卷第 971 -971（h）节］规定的活动；第二，在公海［第 3 节第（13）段定义范围］进行的高度迁徙物种［1976 年《马格努森—史蒂芬斯渔业保护和管理法》第 3 条第（14）段定义的物种］捕捞活动，如上述物种的捕捞违反了国外法律，且美国法律不认可其他国家在上述物种的权限范围；第三，印第安部落具有合法目的州际鱼类、野生生物，植物的航运或转运。

9. 其他条款

（1）对各州权力的影响

本法案并不阻碍各州或印第安部落指定或实施与本法案规定不相一致的法律或法规。

（2）废止

下列法律规定被废止：

第一，1926 年 5 月 20 日的法案（《黑巴斯法案》；《美国法典》第 16 卷第 851—856 节）。

第二，《美国法典》本卷 667e，第 18 卷第 43 及 44 节（《雷斯法》规定）。

第三，《美国法典》第 18 卷第 3054 及 3112 节。

（3）免责条款

本法案的任何条款均不具有以下作用：

第一，对联邦法律规定地废止、取代或变更，第（b）条说明的法律除外；

第二，根据条约、法令或针对任何印第安部落、团体或社区的行政命令批准、保留或制定之权利、特权或豁免权地废止、取代或变更；

第三，管理州或印第安部落在印第安保留地范围内人类活动权力地扩大或减少。

（4）差旅和运输费用

内政部部长有权从机构拨款中支付新指定的美国鱼类与野生生物管理局特别人员差旅费用，以及 1977 年 1 月 1 日后指定的所有特别人员从住所到第一值班站点，在第 5 卷第 5724 节规定范围内的日用品及私人物品运输费用。

（5）内政部拨款预算提案

部长应将用于执行本卷及法规的资金作为内政部向国会提交的拨款预算提案中具体的拨款项目。

四、《1966 年国家野生动物庇护所管理法》①

《1966 年国家野生动物庇护所管理法》（*National Wildlife Refugee Administration Act* 1966）于 1966 年 10 月 15 日颁布，在联邦法律中的代号为 16USC6688dd，主要由以下四部分内容组成。

（一）庇护所指定、管理与特殊情况

第一部分内容主要规定了什么是庇护所体系、哪些区域应列入庇护所体系，内政部部长的庇护所管理职责与阿拉斯加保护区资源管理计划的关系，以及如何处理已获土地和庇护所收益。

为加强对内政部部长所管辖用作保护鱼和野生动物的不同类型区域的管理，基于这些区域建立"国家野生动物庇护所体系"（National WildlifeRefuge System，中文简称"庇护所体系"）。庇护所体系保护对象包括受威胁和濒危的鱼及野生动物、所有的土地、水域和相关利益。换而言之，各类野生动植物保护区、狩猎区域、野生动植物管护区，及各类水禽繁育区，均纳入庇护所体系的管理，受本法相关规定约束，并由部长通过鱼及野生动物管理局开展具体的保护管理工作。至于阿拉斯加州境内的保护区土地，如已有美国联邦政府其他机构负责对其资源管理负责，且同意继续履行其管理责任，则原合作管理协议继续有效，但须接受鱼及野生动物管理局监管。

庇护所体系的使命是建立一个全国性的土地、水域保护和管理网络，对鱼、野生动物、植物资源及其栖息予以保护，并在适宜的条件下促进其恢复，以为当下和未来后代谋福。

庇护所体系的具体政策如下：一是各保护区管理宗旨应符合该体系总体使命及本保护区具体目标；二是利用野生动植物资源开展适宜的游憩活动是公众对该体系资源的一种合理利用活动，符合法律规定，也与庇护所及其他众多保护地的总体使命直接相关，总体上既有利于促进保护区管理，又有助于公众加深对鱼类及野生动植物的认识和认知；三是基于野生动植物资源的适宜游憩活动是庇护所体系为公众服务的首要功能，在保护区设立、管理过程中应优先考虑；四是若部长认为基于野生动植物资源的某项游憩活动与该保护地保护目标相符，则此项活动就应得到支持，但须制定必要、合理、妥善的规章制度对其予以管理和约束。

---

① 资料来源：National Wildlife Refuge System，https：//www.fws.gov/refuges/policiesandbudget/16USCSec668dd.html，2018－10－16。

在对庇护所体系行使管理职责过程中，部长的具体义务如下：一是为体系内鱼类、野生动物、植物及其栖息地保护项目提供必要的经费支持；二是确保体系内生物完整性、多样性及环境健康，保障当代和未来后代的福利；三是制订计划，引导体系持续发展，做出最优规划，保障完成体系任务，促进美国生态系统保护，帮助各州和其他联邦机构来保护鱼类、野生动植物及其栖息地，增强体系能力以及保护区项目合作伙伴和公众的参与；四是确保上述体系总体使命、各保护区具体保护目标能够得以顺利实现；如某保护区具体保护目标与体系总体使命相冲突，应优先关注该保护区具体目标，同时采取一切可能措施，最大程度完成总体使命；五是确保高效协调互动，确保与毗邻土地所有者、体系所在地的鱼及野生动植物保护机构高效合作；六是协调维持水源充足，保证水质，以完成体系任务，符合各保护区目标；七是在符合州法律前提下，获得完成保护区目标的用水权；八是认可基于野生动植物资源的适宜游憩活动，视其为体系为公众服务的首要功能，通过这些娱乐活动，公众能加深对鱼类及野生动植物的认识和欣赏；九是确保基于野生动植物资源的适宜游憩活动有机会在体系内进行；十是制订和实施体系管理规划过程中，优先考虑公众的上述利用需求，其次再考虑其他需求；十一是增加机会，使更多家庭能体验基于野生动植物资源的适宜游憩活动，尤其是能使家长和孩子安全融入传统户外活动的项目，比如钓鱼和打猎；十二是继续遵守现有法律和跨部门间协定，批准或允许其他联邦机构使用"体系"内的资源，包括促进军备的必要内容；十三是在保护区建立和管理过程中，确保与联邦机构、州立鱼类野生动植物保护机构进行及时有效合作联合；十四是监测各保护区鱼、野生动物和植物的状态和发展趋势。

对通过购置或其他途径纳入庇护所体系的所有土地，不得以其他任何法规条例为由对其转让或以其他方式处置。符合下述情况的除外：一是在候鸟保护协会的同意下，部长认定此类土地已经不符合庇护所设立初衷；二是以转让或其他方式处置该地块所得收益金额不低于该地块购置费用或是该地块在转让或处置日的合理市场价格。对于前者，需满足的条件是该地块以候鸟保护基金所提供的经费或通过公平市场竞价方式（以价高者为准）购得；对于后者，需满足的条件是该地块为"体系"以受赠方式所得，同时需要得到部长同意。通过上述条款转让或处置地块所得全部收益，应由部长全额纳入候鸟保护基金。

庇护所体系内所包含区域指1975年1月1日或其后加入的保护区域，或根据如下情形加入的区域：一是根据法律、行政命令或署长命令，被指定为庇护所的土地；二是由公共土地回收、捐赠、购买、交换或与任何州、当地政府，任何联邦部门、联邦机构，或者其他任何政府实体签订的合作条约收购并纳入庇护所体系中的土地；三是上述各区域将作为体系所含部分继续保留，直至国会法案另有其他规定。

（二）庇护所设施及基金管理

内政部部长在管理庇护所体系时，有权采取以下行为：一是通过协商公共设施条款，与任何个人、公立或私立机构签订合同，但不得与受影响区域设立初衷的首要目标冲突。二是接受基金捐赠，使用基金收购或管理土地及其相关利益。三是收购土地及其附属利益可通过两种置换方式做到：第一，置换已获得土地、公共土地，或置换其盈利，署长有管辖权来做最佳处理；第二，根据部长的规定，置换从庇护所内已获或公共土地中移除某物的权利。置换的财产价值须大致相等，若未大致相等，此价值须通过现金支付给让与人，或按情况所需支付给署长，以达相等。四是接受董事设立的规范约束、全面监管，行为符合本法案准则，与州立鱼类及野生动植物保护机构签署合作协定，对保护区进行管理。五是颁布条例，执行本法。

（三）进入及资源利用活动管理

任何人在庇护所体系内的任何区域，不得干扰、伤害、砍伐、烧毁、移动、破坏或占有美国任何实体财物或个人财物，包括自然生长的财物；不得在该类区域内任何区地方取走或占有任何鱼类、鸟类、哺乳类或其他野生脊椎无脊椎动物，或者动物成分、巢穴或幼卵；不得以任何目的进入、使用或者占领此类区域；除非活动举办方由已获授权管理该地区的人执行，又或者活动得到审批，审批条件可以是本法律规定，也可以是法律、公告、行政命令或区域建立时的公共土地条款，或者是其中的修订条款的明示规定。前提为，美国采矿和矿产租赁法的效力与 1966 年 10 月 15 日前效力等同，继续适用于庇护所体系的土地。若相关法律已经当事主管机构废止或撤回，则另当别论。

本法中任何内容均不得解释为内政部部长有权对庇护所体系之外土地上的本土鱼类及野生动物进行捕猎。即使允许在庇护所体系内捕猎本地鱼及野生动物，也应尽最大程度确保不与相关州的鱼类及野生动植物保护法和规定相悖。

（四）区域的使用

根据本法规定，内政部部长有权采取如下行动：一是允许在庇护所内任何区域进行活动，包括但不限于狩猎、捕鱼、公众娱乐和住宿，这些活动与此地建立初衷和主要发展目标一致即可。但是上述活动的区域在任何时候、在任何已被划定或将来可能经各种法令、宣言、行政命令或公有土地令购得、保护或划定为不可侵犯的候鸟保护地区域中占比不得超过40%，且经内政部部长确定和认定允许开展相关捕猎活动。如果经部长判定，某候鸟被捕猎的数量超过其种群数量的40%反而对该候鸟物种有利，则可以作为特殊情况予以许可。允许或授权使用庇护所内任何区域域内、地面、空域、地下等，用于如下目的（不限于）：铺设输电线、电话线、灌溉渠、壕沟道、输油管和公路，包括这些设施的建设、运行和维修，前提是内政部部长认定这些设施与此地建设初衷和发展目标一致。

即使其他任何法律条款另有规定，内部部部长也有权拒绝授予任何联邦机构、州立机构、当地机构、私人或任何组织以任何通过权、地役权、预定权，不可以在庇护所任何区域内部、上空、上方、下部，或穿过区域，或与上述条款相关的各项权利，除非被授予者对于内政部进行补偿，具体补偿方式由部长选择，最少需要符合以下一个条件：一是按照公平市价金额，来决定通过权、地役权或预定权；二是每年提前收取公平市价的通过权、地役权或预定权。

若任何联邦机构、州立机构或当地机构要通过其他任何联邦法律规定来免除此项费用的话，这些机构须通过部长同意的其他方式进行补偿，包括但不限于让渡其他土地、借用设备或人才。但是有两个条件例外：一是赔偿措施涉及国家野生动植物保护体系利益，或与其目标相符；二是部长认为此类要求不可操作或不必要时，他可放弃赔偿要求。

部长收到的所有款项，在减去此段中管理必要支出后，都须纳入候鸟保护基金，也须执行《候鸟保护法案》和《候鸟迁徙印花法》的土地征用条款。

部长不得启用或允许新保护区建立，或者扩大、更新、增加保护区使用现状。除非部长认为，此项应用与保护区相和谐，也与公众安全不相违背。部长可根据此段关于保护区的内容来做决定，同时兼顾到保护区发展计划。

关于1996年3月25日后加入到"体系"内的土地，部长须进行认证、优先获得、收回、转移、重新分类或捐赠任何此类土地，对于基于野生动植物资源的适宜游憩活动用途，在保护区项目完成前，允许其继续临时存在。

基于野生动植物资源的适宜游憩活动应获得保护区认可，活动应符合公众安全，与公众安全保持一致。此外，应该考虑到与州立法律和规定保持一致外，其他决定和发现都必须由保护区工作人员进行，他们要在此项法案或者基于野生动植物资源的适宜游憩活动的保护区娱乐法案下进行。

1997年10月9日开始执行与保护区发展和谐的决定，将继续保持有效，直至另行修改。1997年10月9日后24个月内，部长须颁布最终规定，敲定保护区用途是否符合和谐保护区目的的确认步骤。一是确定保护区官员的责任，初步制订与保护区和谐发展的计划。二是预估保护区每项用途的用时、地点、方式和目的。三是确认每项用途对保护区资源的影响，确保与保护区发展目的一致。四是要求以书面形式呈现每项与保护区和谐发展的决定。五是对于"体系"的使命和保护区目标并无弊处的使用方式，审批应该简化快速。六是若认定某使用方式与保护目标不符，一经发现，应立即终止或对该使用方式予以调整。七是除上述特殊说明的使用方式外，若审批某使用方式的情况已经发生重大变化，或该使用方式的影响有最新重大信息变化，则对现有使用方式的评价、重估系统将对公众开放，频率不低于 10 年一次；该使用方式应仍与保护区发展相谐调，除了某些获准时限超过 10 年的使用方式（比如电气设施通用权），本条款中的重估须检视是否该使用方式符合授权时的条款和情况，而不是检视授权条目本身。八是若审批某基于野生动植物资源开展适宜游憩活动的条件已经发生重大变化，或该使用方式的影响有最新重大信息变化，则对现有使用方式的评价、重估系统将对公众开放，频率不得低于保护规划准备或修正进行的次数，或至少 15 年一次（以较早者为准）。九是向公众开放评价某使用方式评估的系统，除非保护区保护规划评估和发展期间此系统已开放过，或在基于野生动植物资源开展适宜游憩的预定性和周期性做决定时，已经以另外形式开放过。

在决定某使用方式是否与保护区发展和谐时，本法案规定不适用于以下两种情形：一是飞越保护区上空；二是由对保护区或保护区某部分享有初步管辖权的联邦机构（鱼及野生动物管理局除外）授权、投资或指导的活动，若这些活动管理符合部长与联邦机构签署的理解备忘录，同时这些联邦机构对保护区使用有初步管辖权。

（五）对非阿拉斯加保护区土地的保护区计划

除阿拉斯加保护区土地应受《阿拉斯加国家土地利益保护法》的保护区计划条例治理，内政部部长须加强对其他庇护所土地的管理。一是针对庇护所体系内各保护区或相关某些保护区，即计划单元，做一份全面保护计划提案；二是在联邦公报上刊登通知，公众可以评价各项计划区提案；三是针对每项符合本法案条例、可行性符合保护区所在地鱼类及野生动植物保护计划的计划单元，发布最终保护计划；四是自保护计划发布之日起，对保护计划进行必要检视，频率不低于每 15 年一次，此后每隔 15 年一次。1997 年 10 月 9 日后的 15 年内，部长须根据本节规定为各保护区制订全面保护计划。

部长须安排各保护区或计划单元在 1997 年 10 月 9 日发生效力，各项计划应按照本法案执行，直至另有最新全面保护计划出台，原计划被修改或废除。在本条规范下最新全面保护计划出台前，或者现有计划修改前，任何保护区或计划单元都有可能增加使用方式，或举办活动。在本保护区或计划单元规定下的全面保护计划未完成前，部长须使保护区或计划单元与计划保持一致，若部长认为影响保护区或计划单元的情况已经发生重大变化，须对计划进行修改。

按照本小节关于计划单元的规定发展各项全面保护计划时，部长（以执行主管的身份）须确认并且描述以下事项：一是包含计划单元的各保护区发展目标；二是计划单元内鱼类、野生动植物的分布情况、迁徙方式和数量变化、植物数量及其生长环境变化；三是计划单元的考古价值和文化价值；四是计划单元内，适宜用作管理用地的区域，适宜用作游客设施用地的区域；五是严重问题的发生，会对计划单元内的鱼类、野生动物和植物数量产生负面影响，必须采取必要措施纠正错误或减轻问题严重性；六是提供机会，举办基于野生动植物资源的适宜游憩活动。

在根据本小节规定准备全面保护计划时，部长须在最大可行性范围内与本法案保持一致；与毗邻土地所有者商议，不论土地是联邦、州立、地区或者私人所有，也与受影响的州立保护机构商议；并且使保护计划的发展和修改与相关州立鱼和野生动植物与其栖息地保护计划协调进行。

部长制定并执行一项流程，使得在按规定准备和修改全面保护计划时，公众能积极参与其中。至少，部长须要求最终计划包含一份对州、毗邻或有可能受影响土地所有者、当地政府和其他受到影响的个人所做评价的总结，以及对评价中提及事宜的处理陈述。

在制订的各全面保护计划实施前，部长须发布计划初稿，将计划副本送到受影响地区和鱼及野生动物管理局的地区办公室，为公众做评价提供机会。

（六）处罚条件和具体处罚

若违反或未遵守本法案任何规定或根据本法案颁布的条款，将处以罚款，或处以一年以下徒刑或两罚并举。

由部长授权执行本法案规定或根据本法案颁布的条例的执行者，有权在无拘捕令情况下，对他在场或他看到的违反本法案或条例的任何人，施以拘捕；或出示由有合法管辖权的官员、法院开具的拘捕令或其他证明，强制实行本法案规定和条款；也可出示搜查令，搜查违反本法案或依据本法案颁布的条例而获得财物、鱼类、禽类或哺乳动物，其他野生脊椎、非脊椎动物，以及这些动物的成分、巢穴或幼卵。

搜查出的任何财物、鱼类、禽类或哺乳动物，其他野生脊椎、非脊椎动物，以及这些动物的分肢、巢穴或幼卵，都须由搜查者保管，不论他是否有搜查证或者由美国警察局局长保管。一旦定罪，所有物品依法经美国没收，由部长处置。鱼类和野生动植物管理局局长经协议授权，无论是否有偿，均可利用其他联邦或州立机构人员及服务，加强本法案施行。

（七）持续生效、修改变化和废除终止

适用于"体系"所有区域且已于1966年10月15日起生效的规章制度将继续有效，直至另行修改或废除。

本法任何内容不得解释为修正、废除或以其他形式修改1962年9月28日法规定。该法授予部长权力，管辖"体系"区域内的公共娱乐活动。本部分对娱乐活动的规定须按照上述规定进行。

（八）其他规定

第一，州立水法豁免权。本法任何内容均不代表联邦政府明示或暗示享有或不享有对相关州水法的豁免权。

第二，应急权限。尽管本法未明确规定，但在为保护公众、鱼类或野生动植物的健康和安全的特殊情况下，署长有权在庇护所体系保护区范围内暂时叫停、批准或举办任何应急活动。

第三，庇护所体系外陆地和水域中的狩猎和捕鱼。本法案内不得解释为授权署长对在"体系"以外的陆地和水域中，狩猎本土野生动物和捕鱼行为进行管理规范。

第四，州立权力机关。本法内容不得解释为限制相关各州依据其州立法律或条例管理、控制或规范"体系"内区域的鱼和当地野生动物的权威、司法权或责任。允许在"体系"内狩猎本土野生动物或进行捕鱼，这些条例从可行性上讲，须符合州立鱼及野生动植物保护法律、条例和管理计划。

第五，水权。本法内容均不构成在美国境内享有某种明示或暗示的特别用水权的借口；也不影响1997年10月9日颁布的现行水权与影响联邦或州立自1997年10月9日以来已经生效的关于水质和水量方面的任何现行法律；参与相关用水权裁决过程的权利，不因本法案任何内容受影响或有所减损。

第六，与相关州立机构协调。依照本给规定，与相关各州的鱼类及野生动植物机构、其他相关州立机构协调合作，该合作不受联邦咨询委员会法约束。

五、《联邦土地游憩增强法》

（一）基本情况

《联邦土地游憩增强法》（Federal Land Recreation Enhancement Act）2004 年经国会批准通过，指允许土地管理局（BLM）、开垦局（BOR）、鱼类和野生动植物管理局（FWS）、国家公园局（NPS）和森林服务（USFS）管理的公共土地收取游憩使用。

所收取的大部分费用将会重新投入收集地点，以加强旅客的服务，并减少维修保养设施、厕所设施、船坡道、狩猎窗帘、解说标志和项目等积压的维修需求。管理局和机构不得使用娱乐费对濒危的物种进行生物监测。

法律对这些联邦土地的管理机构进行区别对待。国家野生动物庇护所系统中的鱼类和野生动植物管理局、国家公园局可以收取门票费，其他机构可以在符合具体标准的情况下收取设施使用费。鱼类和野生动植物管理局也可以收取"拓展的设施费"，以便使用专门的设施、设备或服务。其他机构可以在提供附加设施的地区，收取"扩大的设施费"。附加设施包括船舶使用、出租小屋、电气接线、自卸车站、专业口译服务、预订、交通服务、游泳设施和野餐等。特殊的娱乐许可费用也将被允许用于专业娱乐用途，例如团体活动、娱乐活动和机动车辆使用。

该法还要求为土地管理机构建立资源咨询委员会，确保公众缴纳的游憩费能够用于改善游憩场所和设施，增加游憩项目，向公众提供更多的服务，更好地满足公众的休憩需求。

（二）法律的影响

唯一的变化是取消南达科他州（Gavin's Point）国家鱼类孵化场的入场费。该法案不允许孵化场收取入场费，但孵化场可能收取扩大的设施费。

该法案指示联邦土地管理机构制定一个通行证，涵盖联邦休闲土地的入场费和标准设施费。它取代了目前的"金鹰""黄金时代""黄金通行证"以及国家公园通行证。这个通行证将让参观者有机会进入由联邦政府机构管理的联邦土地，参与游憩活动。现有的国家公园通行证、"金鹰"、"黄金时代"和"黄金通行证"将在其现有利益的基础上实施，并保持有效期至期满。这些通行证将继续销售，直到新的通行证可用使用。通行证的细节仍然有待商榷，并且直到 2007 年，通行证才被正式印发。

公众仍然可以使用联邦邮票进入国家野生动植物庇护所。联邦邮票出售获得的收入产生了积极作用，用于收购和租赁了逾520英亩的水禽栖息地，总支出6.7亿美元。

（三）收入用途

该法废除了《水土保持基金法》和《紧急湿地资源法》下设的收缴机构，一些在这些机构下收取娱乐费的场所可能会加入"娱乐费计划"。在特定地点收取的所有费用中，至少有80%用于该地点的支出，余下的部分用于该地域范围内的建设。在鱼和野生动物管理局管理的地区中，有3个地区采取了80：20的分配方式。其他4个地区将收取的全部娱乐费用于该地区的建设。各机构将在每个休憩场所张贴通知，告知公众前一年在该场所收取的游憩费的使用情况。

六、《全球反盗猎法》

（一）基本情况

1. 立法背景

为支持全球反偷猎行动，增强伙伴国家打击野生动物非法交易的能力，确定主要的野生动物非法交易国及其他目的，美国国会参议院和众议院代表联合制定本法案。

濒危野生动物物种的偷猎和非法交易是世界范围内最有利可图的违法行为，每年牟利预计在70亿美元到100亿美元之间。偷猎和野生动物非法交易的规模、复杂性和武装冲突在不断升级，加剧了一些世界上最具标志性意义物种的灭绝风险。野生动物偷猎和非法交易对大象、犀牛和老虎威胁巨大，同时也对包括鲨鱼、大猩猩、乌龟在内的一些其他物种具有毁灭性的影响。研究人员保守估计在2012年，大约22000头非洲象被猎杀，目前大象种群数量约在400000万头，比1979年减少了约130万头。在1990—2005年间，南非平均每年有14头犀牛被偷猎者猎杀，但在2014年仅仅一年间，就有超过1200头犀牛在南非被猎杀。现存野生虎少于3200只，这些野生虎仍然因它们的虎皮、虎骨和身体其他部分面临着被偷猎者猎杀的严重风险。

对于稀缺的野生动物制品的强烈需求驱使这些制品的价格达到历史高点。对于野生动物制品的大部分需求来自亚洲，他们看重这些制品珍贵的药用价值及与之相关的社会地位。报道表明一些反叛团体和恐怖组织，包括苏丹的贾贾威德民兵组织、圣主抵抗军、中非共和国的马六甲反叛运动以及索马里青年党，或参与到野生动物非法交易中，或从野生动物非法交易活动中牟取资金。分析人士称野生动物非法制品的高需求与执法和安保措施不严、腐败和治理失败有关，这些导致了国际犯罪组织参与野生动物非法交易活动的增加。联合国安理会已经批准多边共同制裁在刚果民主共和国和中非共和国，除其他自然资源外，还有为参与野生动物非法交易提供武装力量的个人和组织。美国国家情报委员会分析野生动物偷猎造成的威胁时发现某些非洲政府官员帮助野生动物制品运送，这些政府减少偷猎和野生动物非法交易的能力被腐败和不严格的法律规定所削弱。

2013 年 11 月 13 日，国务卿宣布跨国组织犯罪奖励计划下第一个奖励是导致塞萨旺集团的解散。塞萨旺集团是一个基地在老挝，跨越非洲和亚洲的野生动物非法交易重大犯罪集团。2013 年 7 月 1 日，奥巴马总统下发 13648 行政命令，打击野生动物非法交易，组建了负责制定打击野生动物非法交易国家战略的总统工作队。2014 年 2 月 13 日，包括美国、欧盟、非洲、亚洲、中东和拉丁美洲的国家在内的超过 40 个国家，参与野生动植物非法贸易的伦敦会议，对野生动物非法贸易显著的规模、对经济、社会和环境造成的不良影响达成共识。

加强打击全球野生动物盗猎成为美国野生动物保护工作中的重要组成部分，也得到了立法给予的支持。

2. 立法过程

《全球反盗猎法》（Global Anti - poaching Act）始于众议员罗伊斯·爱德沃德（Royce Edward）于 2015 年 5 月 21 日提交的提案，要求对打击全球野生动物非法贸易出台规定。提案提交给了众议院外事委员会和司法与自然资源委员会等有关部门。2016 年 6 月 25 日，外事委员会举行了讨论会，并进行了匿名表决。2015 年 11 月 2 日，罗伊斯终止了该规定，将其修订成为法案。当日，众议院开展了为期 40 天的讨论，通过了该提案。第二天，该法案提交到参议院。经过了众议院外事委员会的报告、参议员讨论、法案修订，2016 年 9 月 15 日，参议院口头通过了修正案，并于 9 月 19 日将结果通知了众议院。众议院经过内部讨论和进一步修订后，于 9 月 29 日将法案呈送给了总统。2016 年 10 月 7 日，总统签署了该法案，该法案即成为 114—231 号公共法（public law）。

（二）扩展野生动物执法网络

1. 主要发现

野生动物执法网络是政府主导、区域聚焦，帮助执法部门和环境机构，以及致力于打击野生动物非法交易的成员国增强打击能力和强化协作机制为目的。

当前，在美国政府的支持下，东南亚、南亚和中美地区均有活跃的野生动物执法网络。比较而言，东南亚野生动物执法网络是一个更加成熟的野生动物执法网络，在打击传统的野生动物非法交易网络方面非常有效，能将参与濒危物种非法贸易的个人绳之以法。

在中非、索马里和埃塞俄比亚、南美、中亚和西亚地区，美国政府正在致力于构建新的野生动物执法网络。

2. 政策声明

美国国务卿、美国国际开发署署长、美国鱼和野生动物局局长和其他相关机构长官应共同应对区域生物多样性和保护的威胁，加强现有的野生动物执法网络建设及其他区域新网络的建设。

3. 国会观点

在强化和扩展野生动物执法网络的进程中，国会建议相关机构应当：第一，评估野生动物执法网络成员国在收集可能用于发展野生动物执法网络项目活动的基线数据的现有能力；第二，在每个野生动物执法网络中建立中央秘书处，以协调每部分网络的运行；第三，在野生动物执法网络中每个成员国建立焦点机制，其中包括来自环保和野生动物保护机构、执法机构、金融情报中心、海关、边防机构和司法部门，这些机构部门将作为信息沟通渠道服务于更大的野生动物执法网络和中央秘书处；第四，增强野生动物执法网络中执法机构的合作和执法能力；第五，促进野生动物执法网络中机构间情报和有关案件信息的分享；第六，支持不同区域野生动物执法网络的合作和协调；第七，吸纳并采用来自具有相关学科知识专长的国际团体和民间社会组织的专业知识；第八，最终建立一个制度化、可持续化、可以自给自足的平台。

（三）支持野生动物执法部门专业化建设

国务卿、国际开发署署长、鱼和野生动物局局长和包括国家公园局、林务局在内的其他相关机构长官共同应对当地和区域生物多样性和环境保护威胁，支持法律规定和良性治理，促进野生动物执法部门的专业化以及增强伙伴国管理员的培训机制，主要通过以下技术援助：

一是制定并通过专业的管理员培训和认证，包括相关的国际论坛和多边协议。

二是基于上一条中提到的要求建立训练及认证体系，不管是通过现有的美国机构，如国际执法学院，或通过国内或区域化培训机构的合作，培养专业化受训和认证的巡护管理员，促进管理队伍的全面专业化。

三是在必要的地方进行法律改革，向管理者授予扣押和逮捕嫌疑犯、处理犯罪现场、当庭呈递证据、在危险情况下自我防卫的权力。

四是建立基于巡护管理员表现和应对能力的奖励和激励体系，并使之制度化。

五是在国内建立给管护员和其家人提供保险、并对那些因公殉职的管护员提供补偿的体系，并使之制度化。

六是增加肩负野生动物或公园保护职责的执法部门与自卫队间的协作，必要时，包括培训机会、后勤保障或设备供给。

（四）确定野生动物非法交易主要国及保留援助权力

这部分要求国务卿与内政部部长、商务部部长磋商，每年给国会提供一份确定为非法交易的野生动物制品的主要来源国、中转国、消费国的境外国家名单，并特别指定显著违反了保护濒危物种国际公约的那些国家。国务卿被进一步授权可以保留对收到特别指定国家的某些援助。

第一，报告制度。在每年 9 月 15 日当日及之前，国务卿在与内政部部长与商务部部长商谈后会向国会提交一份报告，陈述清楚野生动物制品及其衍生产品主要的来源国、中转国以及消费国。

第二，特别说明。在每年递交的报告中，国务卿将与内政部部长与商务部部长商谈确定在过去 12 个月时间内在履行《濒危野生动植物种国际贸易公约》时显著失败的国家及简短的理由，以及是否对其保留援助。援助内容根据 1961 年颁布的《对外援助法案》中 516、524 和 541 条款（22 U. S. C 2321j，2344，or2347），《对外援助法案》第二部分第六章（22 U. S. C 2348 及以下），以及《武器出口控制法案》中第 23 条款（22 U. S. C 2763）确定。

第三，通知事项。由国务卿通知，报告中所列举的履行公约显著失败的境外国家政府，以及对其保留援助的境外国家政府。

（五）授权为打击野生动物非法交易和盗猎的非洲国家提供安全援助

这部分表示奥巴马总统有权为以打击野生动物非法交易和偷猎为目的的非洲国家提供安全援助。这部分援助包括情报和侦查资产、通信和电子设备和其他国防物资。这些援助必须依照《武器出口控制法案》《对外援助法案》的使用规定和其他相关法律的规定。此外，为防止从事野生动物非法交易或偷猎的境外军队和警察部队接收到这些安全援助，除非奥巴马总统确定该国的主持政府正采取有效措施遏制野生动物植物非法交易，才会给予安全援助。

1. 总则

奥巴马总统有权向以打击野生动物非法交易与偷猎为目的的非洲国家提供防御物资、服务以及对安全部队的有关培训。

2. 援助类型

给非洲国家提供的援助可依照《武器出口控制法案》《对外援助法案》和其他法律法规的有关条款，援助包括情报和侦查资产、通信和电子设备，流动资产、夜视镜和热成像装置、统一的服装和个人设备。

3. 特别规定

上文所述的援助内容应除去受援国家在其他相关法律规定中所受到的援助。

4. 援助禁止

第一，原则。如果总统发现受援国家的安全部队参与野生动物非法交易或偷猎，那么提到的援助将中止。

第二，例外。如果总统认为非洲受援国政府正在采取有效措施使当地安全部队可信赖，并防止其参与到野生动物非法交易和偷猎活动中，那么将不采取停止援助的禁令。

5. 术语

在本节中涉及的专有名词如下：

第一，"防御物资"、"防御服务"和"培训"的概念与《武器出口控制法案》中 47 条款相同（22 U. S. C 2794note）。

第二，"安全部队"指军队、执法部门、国家宪兵、公园管理员及任何其他有责任保护野生动物和天然栖息地的安保力量。

（六）1967 年《渔民保护行动法案》的更新

1967 年出台的《渔民保护行动法案》，普遍被称为《培利修正案》，其中要求无论何时发现从事违反国际保护濒危物种项目相关贸易的境外国家，商务部部长或内政部部长都要向总统核证此事。此部分内容包括在遵循《培利修正案》前提下国务卿的核证过程，以及正式要求商务部部长或内政部部长向国会汇报任何有关的核证情况。

对《渔民保护行动法案》（22 U. S. C. 1978）第 8 条款进行更新的具体内容如下：第一，在（a）节的第（1）段中，在"商务部部长"后面插入"，与国务卿协商"；在第（2）段中，在"发现"前面插入"，与国务卿协商"；在第（3）段中，在"适当的时候"后面插入"，与国务卿协商"；将第（4）段作为第（5）段，在第（3）段后面插入如下文字："（4）在核证做出后 15 天内，由商务部部长和内政部部长各自向国会报告此环节，由部长向总统做出的核证事项"。第二，在（d）节，在"视情况而定"后面插入"与国务卿协商"。

（七）野生动物非法交易行为被定义为刑法中的上游犯罪

这部分内容表明野生动物非法交易被认为是洗钱和诈骗的上游犯罪行为，

并要求在切实可行范围内，任何从事违法行为被判处的罚款、没收的财产和赔偿将被用作以资助保护或反偷猎为目的的联邦基金。

1. 旅行法案

对《美国法典》中标题 18 的 1952 条款做以下修正。

一是在（b）节，将"or（3）"更改为（3）；将"of this title 及（ii）"更改为"of this title，或（4）任何违反 1973 年《濒危物种法》［16 U. S. C. 1538（a）（1）］第 9 条款（a）（1）以及《非洲象保护法案》（16 U. S. C. 4233）第 2203 条款，或 1994 年的《犀牛和老虎保护法案》［16 U. S. C. 5305a（a）］中第 7 条款（a）的犯罪行为，如果在犯罪中或有关行为中涉及的濒危物种、制品、物件或成分总价值超过 10000 美元及（ii）"。

二是在最后添加如下文字："（f）与野生动物非法交易行为有关的罚款、查没物品及赔偿总额的使用。——对（b）（i）（4）中描述的违法活动造成的符合本条款的违法行为判处的罚款、没收的资产和财产以及交给政府的赔偿要转交给财政部部长，在切实可行的程度上，交给物种多样性保护基金会，用于对违法行为造成的濒危物种进行保护"。

2. 洗钱

对《美国法典》标题 18 下 1956 项条款进行修正如下。

一是在（c）（7）节，删除（E）小段中最后位置的"or"，并在（F）小段末尾添加"or"，以及在（F）添加"or"之后再添加如下文字："（G）任何违反 1973 年的《濒危物种法》［16 U. S. C. 1538（a）（1）］第 9 条款下（a）（1）项，《非洲象保护法案》（16 U. S. C. 4233）第 2203 条款，或 1994 年的《犀牛和老虎保护法案》［16 U. S. C. 5305a（a）］中第 7 条款（a）项的犯罪行为，如果在犯罪中或有关行为中涉及的濒危物种、制品、物件或成分总价值超过 10000 美元"。

二是在法案最后添加："（j）与野生动物非法交易行为有关的罚款、查没物品及赔偿总额的使用。——对（c）（7）（G）中描述的违法活动造成的符合本条款的违法行为判处的罚款、没收的资产和财产以及交给政府的赔偿要转交给财政部部长，在切实可行的程度上，交给物种多样性保护基金会，用于对违法行为造成的濒危物种进行保护"。

3. 反诈骗腐败组织集团犯罪法案

对《美国法典》标题 18 中 96 章进行修正：

一是在 1961 条款中（1）项，将"or（G）"更改为"（G）"，以及在末尾分好前添加："，or（H）任何违反 1973 年的《濒危物种法》［16 U. S. C. 1538 （a）（1）］第9条款下（a）（1）项，《非洲象保护法案》（16 U. S. C. 4233）第2203条款，或1994年的《犀牛和老虎保护法案》［16 U. S. C. 5305a（a）］中第7条款（a）项的犯罪行为，如果在犯罪中或有关行为中涉及的濒危物种、制品、物件或成分总价值超过10000美元"。

二是针对第1963条款，在最后添加："与野生动物非法交易行为有关的罚款、查没物品及赔偿总额的使用。——对1961条款下（1）（H）项中描述的诈骗活动造成的符合第1962条款规定的违法行为所判处的罚款、没收的资产和财产以及交给政府的赔偿要转交给财政部部长，在切实可行的程度上，交给物种多样性保护基金会，用于对违法行为造成的濒危物种进行保护。"

4. 技术和一致性修订

一是关于大量罚款的使用。对1984年颁布的《犯罪受害者法案》［42 U. S. C. 10601（b）（1）（A）］中第1402条款下（b）（1）（A）项进行修正，在（i）条款中，删除末尾的"and"；以及在文末添加："（iii）《美国法典》中标题18下的1952（e）、1956（j）及1963（n）"。

二是关于大量没收财产的使用。对《美国法典》中标题28下524（c）（4）（A）进行修正，在"或邮政大臣"前添加："在遵循法典标题18下的1952（f）、1956（j）或1963（n）前提下。"

七、野生动物保护行政规定①

（一）基本情况

基于联邦法律，美国联邦政府制定了相应的行政规定，用作各部门的具体管理工作。全部的行政规定都进行统一登记，形成联邦行政规定代码（Code of Federal Regulation），其中第50条（Title 50）为"野生动物与渔业"（Wildlife and Fisheries），在联邦注册体系（Federal Register）中的代码为：法规50。

"野生动物与渔业"行政规定部分由六章组成：第一章题名为"美国内政部鱼类和野生动植物管理局"；第二章题名为"商务部国家海洋和大气局国家海洋渔业管理局"（National Marine Fisheries Service, National Oceanic and Atmospheric Administration, De 部分 ment of Commerce）；第三章题名为"国际渔业及其相关活动"（International Fishing and Related Activites）；第四章题名为"联合规定；濒危物种委员会规定"（Joint Regulations；Endangered Species Committee Regula-

---

① 资料来源：https：//www. law. cornell. edu/cfr/text/50/13. 11。

tions）；第五章题名为"海洋哺乳动物委员会"（Marine Mammal Commission）；第六章题名为"商务部国家海洋和大气局渔业保护和管理"（Fishery Conservation and Management, National Oceanic and Atmospheric Administration, De 部分 ment of Commerce）。

"美国内政部鱼与野生动物管理"章由七小章组成：第一小章为"总则"（General Provisions）；第二章为"获取、持有、运输、销售、采购、物物交易、出口、进口野生动物和植物"（Taking Possession, Transportation, Sale, Purchase, Barter, Exportation, and Importation of Wildlife and Plants）；第三小章为"国家野生动物避难所体系"（the National Wildlife Refuge System）；第四小章为保留章节（Reserved）；第五小章为"渔业保护区管理"（Management of Fisheries Conservation Areas）；第六小章为"财务协助—野生动物和运动鱼恢复项目"（Financial Assistance – Wildlife and Sport Fish Restoration Program）；第七小章为"杂项条款"（Miscellaneous Provision）；第八章为"国家野生动物遗迹"（National Wildlife Monuments）。因为篇幅问题，下文主要介绍第一、二章的内容。

（二）总则部分

第一小章为"总则"包括定义（Definitions）、机构和位置（Agency Organization and Locations）、关于设施合同和许可与使用的非歧视规定（NONDISCRIMINATION – CONTRACTS, PERMITS, AND USE OF FACILITIES）等三部分。

1. 定义

第一部分定义包括术语意义（Meaning of Terms）、授权代表（Authorized Representative）、管理局（Service）、主任（Director）、管理人员（Officer in Charge）、人员（Person）、区域主任（Regional Director）、部长（Secretary）等八节。第二节为授权代表，指出鱼类和野生动植物管理局主任是内政部部长的授权代表，区域主任或管理人员也可以是野外有此类机构的授权代表。第三节中的管理局专指鱼类和野生动植物管理局，隶属于内政部。第五节中的管理人员指任何国家养鱼场、国家野生动物避难所、研究中心、其他鱼类和野生动植物管理局设施的管理人员或授权代表。第六节的人员包括个人、俱乐部、协会、合作伙伴、公司、私有或共有实体等。第八节指出该部分行政规定中的部长专指内政部部长或其他授权代表。

2. 机构和位置

第二部分机构和位置包括总部（Headquarters）和区域办公室（Regional Offices）两节。

第一节规定了美国鱼类与野生动植物管理局的总部设在华盛顿特区，同时设有 8 个区域办公室，以及众多的野外设施，全国性的执法机构网络，开展生物学和生态学的实地研究团队。总部包括主任办公室（the Office of the Director），以及由助理主任（Assistant Directors）领导的项目。具体的项目包括：商务管理和运作（Business Management and Operations）；预算、规划、人类资本（Budget，Planning and Human Capital）；外部事物（External Affairs）；生态服务（Ecological Services）；鱼和水生保护（Fish and Aquatic Conservation）；国际事务（International Affairs），具体包括管理机构（Management Authority）和科学机构（Scientific Authority）；信息资源和技术管理（Information Resource and Technology Management）；候鸟（Migratory Birds），具体包括候鸟管理（Migratory Bird Management）和鸟栖息地保护（Bird Habitat Conservation）；国家野生动物避难所体系（National Wildlife Refuge System）；多样性和包容性劳动力管理（Diversity and Inclusive Workforce Management）；执法（Law Enforcement）；科学应用（Science Applications）；野生动物和运动鱼恢复（Wildlife and Sport Fish Restoration）。

第二节规定了 8 个区域办公室负责实施国家政策。每个区域主任负责所在区域由鱼类和野生动植物管理局所有的实地设施及其使用。实地设施包括生态服务站、濒危物种站、渔业协助办公室、国家渔场、国家野生动物避难所、研究实验室和野生动物协助办公室。8 个区域办公室的管理范围如下。

太平洋区域作为第一区域，包括夏威夷州、爱达荷州、俄勒冈州、华盛顿州，北马里亚纳群岛联邦，美国萨摩亚、关岛和其他太平洋属地。第一区域办公室设在俄勒冈州的波特兰市。

西南区域为第二区域，包括亚利桑那州、新墨西哥州、俄克拉荷马州、得克萨斯州，区域办公室设在新墨西哥州的阿尔伯克基市。

中西部区域为第三区域，包括伊利诺伊州、印第安纳州、爱荷华州、密歇根州、明尼苏达州、密苏里州、俄亥俄州、威斯康星州，区域办公室设在明尼苏达州的布鲁明顿市。

东南区域位第四区域，包括亚拉巴马州、阿肯色州、佛罗里达州、佐治亚州、肯塔基州、路易斯安那州、密西西比州、北卡罗来纳州、南卡罗来纳州、田纳西州、波多黎各联邦、维尔京群岛和加勒比属地，区域办公室设在佐治亚州的亚特兰大市。

东北区域为第五区域，包括康涅狄格州、特拉华州、缅因州、马里兰州、马萨诸塞州、新罕布什尔州、新泽西州、纽约州、宾夕法尼亚州、罗德岛州、维尔蒙特州、弗吉尼亚州、西弗吉尼亚州、哥伦比亚区，区域办公室设在马萨诸塞州的哈德利市。

山地—草原区域为第六区域，包括科罗拉多州、堪萨斯州、蒙大拿州、内布拉斯加州、北达科他州、南达科他州、犹他州、怀俄明州，区域办公室设在科罗拉多州的雷克伍德市。

阿拉斯加区域为第七区域，仅包括阿拉斯加州，区域办公室设在该州的安克雷奇市。

太平洋西南区域为第八区域，包括加利福尼亚州和内华达州，区域办公室设在加利福尼亚州的萨克拉门托市。

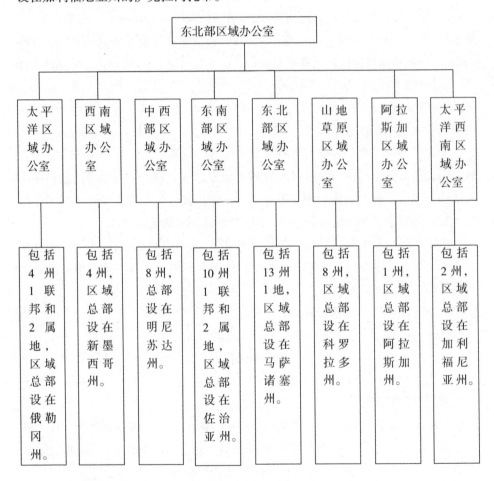

3. 关于设施合同和许可与使用的非歧视规定

该条款要求任何人通过许可证、合同、特许经营合同或其他形式的服务协议，在向公众提供住宿、设施、服务，经过授权开展任何土地的管理时，禁止因为种族、肤色、信仰和国籍，歧视性地提供或拒绝提供住宿、设施、服务。

禁止歧视条款也体现在许可、合同或协议中。

（三）获取、持有、运输、销售、采购、物物交易、出口、进口野生动物的相关规定

此章为第二小章，由 15 部分组成，依次为总则、民事程序（Civil Procedures）、截获和没收程序（Seizure and Forfeiture Procedure）、一般许可证程序（General Permit Procedure）、野生动植物进出口和运输（Importation, Exportation, and Transportation of Wildlife）、野鸟保护法（Wild Birds Conservation Act）、受伤野生动物（Injurious Wildlife）、受威胁和濒危的野生动物与植物（Endangered and Threatened Wildlife and Plants）、海洋哺乳动物（Marine Mammals）、航空器狩猎（Airborne Hunting）、候鸟狩猎（Migratory Bird Hunting）、候鸟许可证（Migratory Birds Permits）、鹰许可证（Eagle Permits）、濒危野生动植物种国家贸易公约（华盛顿公约）、植物进出口（Importation and Exportation of Plants）。下文仅重点介绍总则、民事程序、截获和没收程序、一般许可证程序、野生动植物进出口和运输等五部分内容。

1. 总则

总则由三部分组成，分别是引言（Introduction）、定义（Definition）和地址（Address）。

（1）引言

引言包括四小部分内容：第一小部分为规定目的（Purpose of Regulations）。该小部分指出，此章的规定用作鱼类和野生动植物管理局执法工作。规定制定的法律涉及《雷斯法》（Lacey Act）、《雷斯法 1981 年修正案》（Lacey Act Amendments of 1981）、《候鸟协定法》（Migratory Bird Treaty Act）、《白头海雕保护法》（Bald and Golden Eagle Protection Act）、《濒危物种法》（Endangered Species Act of 1973）、《关税分类法》（Tariff Classification Act of 1962）、《鱼和野生动物法》（Fish and Wildlife Act of 1956）、《海洋哺乳动物保护法》（Marine Mammal Protection Act of 1972），以规范获取、持有、运输、销售、采购、物物交易、出口、进口野生动物等行为。第二小部分为规定范围。该小部分指出，第二小章里不同部分的内容存在相互关联，在使用时候需要进行解释。第三小部分为其他使用法规，明确指出各州的法律法规不得已用作解释本行政规定。第四小部分为使用时期，规定该行政规定自颁布实施日之后生效，适用于所有根据该行政规定开展的申请活动。

（2）定义

定义包括定义范围（Scope of Definition）、定义和候鸟名录（List of Migratory

Birds）等三小部分内容。

第二小部分定义中对飞行器（Aircraft）、两栖动物（Amphibians）、动物（Animal）、鸟（Birds）、出口国（Country of exportation）、原产国（Country of Origin）、甲壳动物（Crustacean）、主任（Director）、濒危野生动物（Endangered Wildlife）、鱼（Fish）、外国商务（Foreign Commerce）、化石（Fossil）、进口（Import）、受伤野生动物（Injurious Wildlife）、哺乳动物（Mammal）、候鸟（Migratory Bird）、软体动物（Mollusk）、许可证（Permit）、人员（Person）、占有（Possession）、公共的（Public）、爬行动物（Reptile）、部长（Secretary）、管理局（Service）、贝类（Shellfish）、州（State）、获取（take）、运输（Transportation）、美国（United State）、任何人（Whoever）、野生动物（Wildlife）等概念进行了界定。部分定义如下：一是飞行器为任何在空中飞行的发明物。二是出口国指动物在进口到美国之前出口的最后一个国家。三是原产国指动物取自野生动物或出生地国的国家。四是进口指在美国管辖范围内的任何地方登陆、引进、引进或企图登陆、引进或引进，不论这种登陆、引进或引进是否构成美国关税法含义的进口。五是外国商务包括任何在一个外国内两个美国人员（Persons）之间，或者两个及两个以上美国人员之间，或者在一个美国境内人员和一个境外人员之间，或者在美国境内的人员之间针对将鱼或野生动物移入或移出美国的交易活动。六是共同的指博物馆、动物园和科学或教育机构对公众开放的，是建立、维持和经营政府服务的，或者是私人组织的，但不是为营利而经营。七是占有指对财产的所有权、使用权和享有权，无论是作为所有权人，还是作为所有权人的所有权人，无论是个人还是其他人，都是在自己的位置和名称上进行的，对财产的占有、使用和享有，或是对其进行人工或理想的保管。

第三小部分给出了全美国的鸟名录，共记录了1026种鸟。该名录制定的依据为《候鸟协议法》《鱼和野生动物改进法》（the Fish and Wildlife Improvement Act of 1978）、《鱼和野生动物法》（the Fish and Wildlife Act of 1956），美国与加拿大、墨西哥、日本、俄罗斯分别签订的候鸟保护协定。发布名录的目的在于告知公众哪些鸟受到保护，不得随意获取、持有、运输、销售、采购、物物交易、出口、进口。

（3）地址

该部分包括两小部分内容：一是主任地址；二是执法办公室地址。执法办公室设在6个区域办公室中，作为特别的执法机构，电话向公众开放。

2. 民事程序

民事程序由四小部分组成，分别是引言、评估程序（Assessment Procedure）、听证和申述程序（Hearing and Appeal Procedure）、民事罚款的通胀调整（Civil Monetary Penalty Inflation Adjustment）。

（1）引言

该部分包括三小部分内容，分别是规定目的、规定范围、归档文件（Filing of Document）。

规定范围小部分指出民事程序相关规定根据以下法律制定：《雷斯法》《雷斯法 1981 年修正案》《白头海雕保护法》《濒危物种法》《非洲象保护法》（African Elephant Conservation Act）、《犀牛和虎保护法》（Rhinoceros and Tiger Conservation Act）、《考古资源保护法》（Archaeological Resources Protection Act）、《美国原住民墓穴保护与遣返法》（The Native American Graves Protection and Repatriation Act）、《休憩狩猎安全法》（Recreational Hunting Safety Act of 1994）、《野鸟保护法》（Wild Bird Conservation Act）。

（2）评估程序

该部分包括七小部分的内容，分别是违规通知（Notice of Violation）、救济请愿（Petition for Relief）、主任决策（Decision by the Director）、评估通知（Notice of Assessment）、听证会请求（Request for a Hearing）、最终行政决定（Final Administrative Decision）、最终评估支付（Payment of Final Assessment）。

第一，违规通知。违规通知应由主管签署，当面呈送，或送过经注册或认证的信函送达，同时获得签收收据，确保违规当事人人收到通知。通知应该包括三方面内容：一是被认为违规的行为的简要描述；二是被认为违反的法律或规定的具体条款；三是提议进行评估的罚款数额。通知还可以包括关于和解或解决违规的初始建议。通知应告知当事人具有听证、申述的权利。当事人应在收到通知的 45 天内进行回应。在此时间内，他可以与签发通知的主管进行非正式的讨论，接受处罚或和解建议，提出请愿、听证或申述；他也可以什么都不做，等候主管最终的决定。如果接受了处罚或和解建议，那么意味着当事人放弃了进行评估的权利，也放弃了请愿、听证或申述的权利。反之，如果提出要求进行请愿、听证或申述，则意味放弃了接受处罚或和解建议。

第二，救济请愿。当事人如果认为不应该进行处罚或者处罚金额过高，他可以在收到通知的 45 日内选择承认或者挑战根据相关法律规定做出的处罚规定，开展救济请愿。如果当事人是一个企业，需要能够代表企业的人员作出请愿。

第三，主管决定。在申请救济或准予救济的期限届满后，主任应根据给他提供的信息，包括当事人做出的回应，推进对民事罚款的评估。

第四，评估通知。主任应该通过书面的评估通知告知当事人，通知应通过经注册或认证的信函送达，并获得签收收据。在通知中，主任应说清事实和结论，包括当事人确实违规和评估罚款金额的合理性。

第五，听证会请求。除非放弃举办听证会的权利之外，当事人可以在收到通知的 45 日之内提出召开听证会。听证会的请求统一寄到犹他州盐湖城市的内政部听证和申诉办公室。

第六，最终行政决定。如果没有请求召开听证会，主任签发的评估罚款金额在评估通知发出的第 45 日起就生效，也成为最终行政决定的组成部分。如果召开了听证会，那么最终行政决定的生效日期应该在听证会的决定中给出。

第七，最终评估支付。当事人人在最终决定通知的 20 日之内完成支付。如果支付没有在 20 日完成，那么将通过总检察长提起民事诉讼和通过区域法院获得罚款。

（3）听证和申述程序

该部分包括六小部分内容，分别是听证会程序开始（Commencement of hearing procedures）、出席与实践（Appearance and practice）、听证会（Hearings）、最终行政行为（Final administrative action）、申述（Appeal）、报告（Reporting service）。

第一，听证会程序开始。本部分的工作在当事人提出听证会的请求后随即开始。根据当事人提交的请求收据，听证管理处会指定一名行政法法官负责该案件，并立刻将其决定告知相关方。此后，所有的诉状、文件都直接与该行政法法官签署，并将副本提供给当事人。

第二，出席与实践。当事人可以自行参加，或指派代表或律师全程参加听证会。法律部门指派律师带代表主任参加听证会。

第三，听证会。行政法法官依法享有充分权利，主持相关当事人的诉讼，并作出最后决定。当事人若没有出席听证会，相关权利自行终止。最后的判决副本可以被检验或复印。

第四，最终行政行为。除非当事人做出申述，否则听证会的决定在做出后的第 30 天后开始生效，并成为最终行政行为的一部分。

第五，申述。对于行政判决不服从的当事人，可以提出申述，即申述人既可以是管理方，也可以是违规方，但是申诉需要在判决做出后的 30 日内提交。就当事人提交的申请，听证和申诉办公室需要成立申诉委员会，决定是否接受还是拒绝申诉，该决定也被作为最终行政决定的一部分。

第六，报告。民事诉讼的结果需告知内政部听证和申诉办公室，相关费用也由该办公室负责。

（4）民事返款的通胀调整

该部分由四小部分组成，分别是定义、目的和范围（Purpose and Scope）、罚款调整（Adjust to Penalties）、后续调整（Subsequent Adjustment）。

第一，定义指出，民事罚款指根据联邦法律有着既定金额和上限的，基于联邦法律进行评估或执行，或者基于联邦法院的行政诉讼或民事行为进行评估或执行的罚款。

第二，目的和范围指出，此部分主要是根据《通胀调整法》（Inflation Adjustment Act）对罚款受到通货膨胀的影响进行调整。

第三，罚款调整的具体规定如下，违反《非洲象保护法》的行为，最大罚款金额为10055美元；违反《白头海雕保护法》的行为，最大罚款金额为12705美元；违法《濒危物种法》的行为，最大罚款金额为50276美元；违反《雷斯法1981年修正案》的行为，最大罚款金额为25409美元；违反《海洋哺乳动物保护法》的行为，最大罚款金额为25409美元；违反《休憩狩猎安全法》的行为，最大罚款金额为16169美元；违反《犀牛和虎保护法》的行为，最大罚款金额为17688美元；违反《野生鸟保护法》的行为，最大罚款金额为42618美元。

第四，后续调整部分指出，2016年8月1日之后，内政部部长将制定专门开展罚款调整工作，并更新相关的表格。

3. 截获和没收程序

该部分包括六小部分内容，分别是总则、基本要求（Preliminary Requirements）、罚没诉讼（Forfeiture Proceedings）、罚没或丢弃的财产处置（Disposal of Forfeited or Abandoned Property）、恢复收益和收回储存费用（Restoration of Proceeds and Recovery of Storage Costs）、财产返回（Return of Property）。

（1）总则

总则部分由六节组成，分别是规定目的、规定范围、定义、归档文件（Filing of Documents）、其他机构的截获（Seizure by other Agencies）、有担保的释放（Bonded Release）。

第一，该规定的目的指出，为由鱼类和野生动植物管理局执法截获或没收的财产建立程序。

第二，规定范围指出，截获和没收程序相关规定根据以下法律制定：《鹰保护法》《国家野生动物避难所体系管理法》（the National Wildlife Refuge System Administration Act）、《候鸟协定法》《候鸟狩猎邮票法》（the Migratory Bird Hun-

ting Stamp Act)、《飞行器狩猎法》(*the Airborne Hunting Act*)、《黑鲈鱼法》(*the Black Bass Act*)、《海洋哺乳动物保护法》《濒危物种法》《雷斯法》《雷斯法1981 年修正案》。

第三，定义部分对总检察长（Attorney General）、处置（Disposal）、国内价值（Domestic Value）、律师（Solicitor）等概念进行了界定。处置包括但不限于豁免、放归野外、鱼类和野生动植物管理局使用、转交给别的政府职能部门用作官方用途、捐赠或贷款、销售、毁坏等。国内价值指被截获的财产或者相似的可以自由交易的财产在评估时间和地点的价格。如果在评估地点没有被截获的财产交易市场，可以采用评估地点周边主要市场的价格。

第四，归档文件要求在特定时间内对文件进行归档，或者在文档收到时就开展文件归档工作。特定时间的选择取决于文件归档所需时间。如果在特定时间无法完成归档，需要在截至时间前，通过口头与书面请求，延长归档时间。

第五，其他机构的截获需要按照相关法律规定，移交给负责该事务的部门，或者根据法律规定进行处置。

第六，有担保的释放指出，在符合《濒危物种法》等法律规定的基础上，当事人进行了评估价格等额或其他金额的担保后，可以将涉案的野生动物返还给所有人或收货人，但是其后的野生动物占有不得违法。

（2）基本要求

此小部分由两节组成，分别是截获通知（Notification of Seizure）和评价（Evaluation）。

第一，截获通知指出，除了货主或收货人是被亲自通知或者通过搜查令进行的截获，鱼类与野生动植物管理局应尽快通过挂号信等方式将截获告知与之相关的当事人。通知应包括野生动物等被截获财产的基本情况，时间，地点，截获原因等信息。

第二，评价规定，对于无法在市场上进行合法销售的截获野生动物，对其进行评估得出价格。对于可以在市场上合法销售的截获野生动物，则以市场价格作为其价值。

（3）罚没程序

此小部分内容由五节组成，分别是刑事诉讼（Criminal Prosecutions）、民事诉讼罚没（Civil Actions to Obtain Forfeiture）、行政罚没程序（Administrative Forfeiture Proceedings）、申述罚没豁免（Petition for Remission of Forfeiture）、民事赔偿权的转移（Transfers in Settlement of Civil Penalty Claims）。

第一，刑事诉讼指出，如果某财产适用于刑事罚没，那么要根据《联邦刑事程序规定》（*the Federal Rules of Criminal Procedure*）办理。

第二，民事诉讼罚没指出，鱼类和野生动植物管理局律师可以请求总检察长提起民事诉讼，获得根据《飞行器狩猎法》《雷斯法 1981 年修正案》《黑鲈鱼法》等法律罚没的财产。在进行民事诉讼之前，可以先对开展民事处罚进行评估，提起民事诉讼应在评估程序结束后 30 天内作出。

第三，行政罚没程序指出，对于罚没的价值低于 10 万美元的财产，鱼类和野生动植物管理局律师可以根据本程序规定获取罚没的财产。具体程序如下：一是拟议罚没通知（Notice of Proposed Forfeiture）。罚没通告需要在连续的 3 个礼拜中，每个礼拜最少一次刊登在财产截获所在的发行量最大的报刊上。如果截获的财产价值低于 1000 美元，通知可以通过张贴的海报发布，而不用发布在报刊上。但是海报须连续张贴 3 个礼拜，张贴地为离截获最近的鱼类和野生动植物管理局执法办公室、美国地区法院或者美国海关。张贴的海报上须标清楚张贴的起始日期。无论是在报刊刊登，还是通过海报发布，都需要确保罚没的每一位利益相关方切实知道要开展的罚没。二是提交声称和担保金。在收到拟议罚没通知书后，任何声称与截获财产相关的人员都可以向律师办公室申领财产，并提交 5000 美元的担保金，或者声称的财产价值的 10%，取两者较低的一个金额，但不得低于 250 美元。任何的声称和担保金需要在通告发布首日后的 30 日提交。三是律师办公室收到声称和担保金后，需及将其转交给总检察长，推进地方法院的罚没程序。四是保持不动（Motion for Stay）。任与截获财产相关的人员若寻求保持在行政处罚程序中，需要在通告发布首日后的 30 日提交。如果保持不动的申请被拒绝，当事人需在 30 日之内完成提交声称和保证金。总而言之，如果一项关于截获财产的声称和担保金没有在通知发布的 30 日内收到，鱼类和野生动植物管理局律师可以宣布没收财产。

第四，为申述罚没豁免。截获财产的当事人可以向鱼类和野生动植物管理局的律师或者向地区法院申述罚没豁免。当事人需要提交充分的材料，来证明申述的合理性。无论是作出同意豁免，还是不同意豁免的决定，律师或者法院都需要书面告知当事人结果。

第五，为民事赔偿权利的转移。在律师的自由裁量权下，负有民事罚款责任的野生动植物所有者被赋予一个机会，可以全部或者部分地通过向美国转让所有权利、头衔和利润来解决民事赔偿请求。

（4）罚没或丢弃的财产处置

此小部分由十节内容组成，分别为目的、责任制（Accountability）、前违法行为的影响（Effect of Prior Illegality）、处置（Disposal）、回归野外（Return to

Wild)、鱼类和野生动植物管理局使用或者移交给其他政府职能部门作为官方用途（Use by the Service or Transfer to Another Government Agency for Official Use）、捐赠或出借（Donation or Loan）、出售（Sale）、销毁（Destruction）、可处置财产信息（Information on Property Available for Disposal）。

第一，目的指出，对于在美国没收或者丢弃的财产，需要按照本部分规定进行处置。

第二，责任制要求，符合本部分规定的所有没收或者丢弃的财产，需要进行查明和正式登记。登记信息要包括财产描述、截获和没收或丢弃的时间与地点、调查案件编号、相关利益者名称、该财产初次处置的时间和地点与方式、初次处置的官员名称、财产的国内价值。

第三，违法行为的影响指出，经过处置的野生动植物财产原本的违法行为被消除，即野生动植物财产被合法持有，但是持有人要遵循针对该野生动植物财产的相关法律规定，诸如对于濒危野生动植物的进出口限制或禁止规定。

第四，从部分内容为处置的规定。鱼类和野生动植物管理局主任就可以依次采取以下方式处置没收或丢弃的野生动植物：一是回归野外；二是鱼类和野生动植物管理局使用或者移交给其他政府职能部门作为官方用途；三是捐赠或贷款；四是出售；五是破坏。除了处置没收或丢弃的野生动植物，主任还看而根据《联邦财产管理规定》（Federal Property Management Regulation）和《内部财产管理规定》（Interior Property Management Regulation），处置其他相关的汽车、舰船、飞行器、货物、枪支、网、圈套等设施。对于任何活动植物或野生动植物，都有可能因保管而死亡、变质、腐烂、浪费或价值大幅度下降，或保管费用与其价值不成比例，主任可在没收或放弃后立即处置；其他的财产需要在 60 天内完成处置。对于在进行申述的截获财产，主任需要在代理律师或者总检察长作出最后不支持免除的决定后进行处置。

第五，回归野外要求，一是只有本地的野生动物活体才能放归其原来生存的栖息地，并得到土地所有者的统一，并做好意愿疫病防控工作，避免造成人们身体健康威胁；二是只有野生植物活体才能一直到野外原有分布的地区，并得到土地所有人统一；三是所有外来物种一律不得回归野外，但如果得到原分布国同意，并由原分布国承担运输费用，可以送回其原来的分布国。

第六，为鱼类和野生动植物管理局使用或者移交给其他政府职能部门作为官方用途，规定了具体用途如下：一是训练政府工作人员以更好履职；二是确定受保护的野生动物或植物，包括法医鉴定或研究；三是教育公众关注野生动植物保护；四是执行公务时的执法活动；五是提高物种扩展或存活及其他科学目的；六是在包括野生动植物的法律诉讼时出示证据；七是放归野外。每次的移交都需要有书面记录。接受野生动物或植物的机构承担照顾、存储、运输等相关费用。

第七，捐赠或出借规定。野生动植物可以捐赠或出借用作科学、教育、公众展示等公益性目的，但须确保野生动植物的安全和得到妥善保管。无论是捐赠，还是出借，在鱼类和野生动植物管理局与受赠人（借入人）之间需要签署书面文件，阐述清楚使用目的。若受赠人（借入人）的使用超过了所阐述的使用目的，鱼类和野生动植物管理局有权立即收回捐赠或借出的野生动植物。由受赠人（借入人）承担相关的费用，包括保管、存储、运输、归还等费用。受赠人（借入人）还有义务定期报告野生动植物的状况，并遵循关于这些野生动植物的法律规定。对于试图再次转让捐赠的野生动植物的，若是违反关于再次转让的时间规定，鱼类和野生动植物管理局有权收回该野生动植物。对于任何试图转让借入野生动植物的，鱼类和野生动植物管理局应立刻收回该野生动植物。鱼类和野生动植物管理局在所有适宜的时间内都有权进行捐赠或借出的野生动植物的存放地点，进行检查野生动植物状态。通常出借没有时间规定，除非在出借文件中规定了有效时间，但是出借的野生动植物仍属于美国政府所有，鱼类和野生动植物管理局有权随时要求返还。为了传统印第安宗教的实践，野生动植物可以捐赠给美洲印第安个人，但白头海雕的捐赠需要得到许可。食用野生动物可以捐赠给非营利、免税的慈善组织用作食物，但不得用作货货交换或销售。

第八，此部分是关于出售的规定。野生动植物可以用作销售，但是列入《候鸟保护协定法》《鹰保护法》、华盛顿公约附录 I、《濒危物种法》濒危及受威胁物种名录、《海洋哺乳动物保护法》的除外。出售通常要遵循《联邦财产管理规定》《内部财产管理规定》、美国海关法和规定等设定的程序，但如果拟出售的野生动植物如不仅进行尽快处置，可能会死亡、退化、腐烂和贬值，鱼类和野生动植物管理局可以根据市场价格进行出售。鱼类和野生动植物管理局可使用销售收益偿还服务获授权收回的任何费用，或按服务收取的款项支付法律支出。

第九，此部分是关于销毁的规定。没有得到妥善处置的野生动植物都需要进行销毁，同时记录好销毁时间、方式、数量等信息。

第十，此部分是关于可处置财产信息。对于可处置信息感兴趣的人员可以向管理部门索要信息，管理部门联系方式予以公开。

（5）恢复收益和收回储存费用

此部分规定由两部分组成，分别是恢复收益的申述（Petition for Restoration of Proceeds）和收回特定储存费用（Recovery of Certain Storage Costs）。

第一，恢复收益的申述。与鱼类和野生动植物管理局代表提出的申述没有特殊格式，但需要在财产出售后的三个月内提交。申述须包括对财政的描述、截获时间和地点、请求人的相关利益及合同、收据、许可证等证明材料、对恢复收益作出的申请、关于恢复收益申请的正当理由（诸如不知道发生截获的证据）等。申述应由申述人亲自签署或由其律师签署。如果申述方为公司，则需由其制定的合法代表进行申述。就不真实的申述，申述人要承担相应的法律责任。就受到的申述，鱼类和野生动植物管理局律师要决定是否支持申述提出的免除申请。如果申述人的确有正当理由要求恢复收益，即申述人因客观因素无从知晓发生了截获或者没收，代理律师可以可将所得或其任何部分裁定归还申述人，其中需要截获、储存、没收、配置、税收等成本。如果代理律师不支持该申请，则需要书面告知申述人拒绝的原因。申述人可以在 60 天之后再次提交一次申请。

第二，收回特定储存费用。对于根据《濒危物种法》和《雷斯法 1981 年修正案》开展的截获和没收，任何当事人要承担转送、搬运、处理、存储这些财产的成本。在截获或没收这些财产的特定时间后，鱼类和野生动植物管理局要将这些账单通过挂号信寄送给当事人。账单须包括成本费用的说明，支付时间与方式的说明。就收到的账单，当事人可以在 30 天内提出异议。就收到的异议，区域主任应在 30 天内做出回复，作为最终的行政决定。

（6）财产返还

此小部分仅一方面内容，为返还程序（Return Procedure）。如果根据相关诉讼的结果，被截获的财产需要返回给所有者或者收货人，那么鱼类和野生动植物管理局代理律师应签署信件或其他文件，授权返还。信件或文件需要通过当面送达或者通过挂号信送达，获得签收收据，并确认所有者或收货人身份，核对被截获的财产，以及必要的受托人。

4. 一般许可证程序

该部分包括四小部分内容，分别是引言（Introduction）、许可证申请（Application for Permits）、许可证管理（Permits Administration）、约束条件（Condtions）。

（1）引言

总则首先规定了：一是相关人员必须在开始一项活动前获有效用的许可证，除非对许可证的获取有其他规定；二是必须根据本部分的通行许可程序和其他适用规定申请许可证。

许可证分别使用于人工繁育、进出口等活动。许可证类型包括非指定港口进口、包装或容器的标记，羽毛进口配额，受伤野生动物进口，濒危野生动植物许可证，受威胁的野生动植物许可证，海洋哺乳动物许可证，候鸟许可证，鹰获取许可等九种。

（2）许可证申请

许可证申请必须以书面形式给联邦鱼类和野生动植物管理局提高规定的许可证申请表，并提交给该局指定的地址。部分许可证申请应提交到特定的批准机构。诸如，白头海雕和金雕许可证和候鸟许可证获得申请，除标识许可外，须向申请人所在地区的"候鸟许可证计划办公室"提交填写。

鱼类和野生动植物管理局承诺尽快审批所有申请，但不保证在申请人要求的时限内给出审批结果。申请人应该确保海洋哺乳动物许可申请和/或濒临灭绝和受威胁的物种在所要求的审批日期做出前至少90个工作日寄出，申请提交的日期以寄出的邮戳日期为准。提交其他许可证申请的，须在审批日期做出前至少60个工作日寄出。许可证审批做出时间会因国家环境政策法案（NEPA）的程序要求而延长。对于某些类型的许可证申请审批，要在联邦公报上发布通知开展为期30天的公众意见征询，或与其他联邦机构和/或本国或外国政府进行磋商。在适用的情况下，会要求许可证申请人提供有关该申请环境影响的补充信息，以满足国家环境政策法案的程序要求。

许可证申请一般不需支付申请费，但特殊情况的除外。申请费的支付必须采用美元。一旦受理部分开展了正式审批工作，申请费不予退还；但是申请未进入审批程序，申请费可以退还。对于多项申请活动合并为一个许可证的，审批机构对所允许的活动收取单项费用。印第安部落和政府机构的所有申请一律免费。对于得到副局长级或许可证管理办公室批准的豁免申请费的，申请人可以不用缴纳申请费。

许可证申请收费的具体法律依据包括《候鸟协定法》（*Migratory Bird Treaty Act*）、《白头海雕及金鹰保护法》（*Bald and Golden Eagle Protection Act*）、《濒危物种法》（*Endangered Species Act*）、《濒危野生动植物种国际贸易公约》（CITES）、《雷斯法》（*Lacey Act*）、《野生鸟保护法》（*Wild Bird Conservation*）、《海洋哺乳动物保护法》（*Marine Mammal Protection Act*）。根据《候鸟协定法》，候鸟的捆绑和标记、加拿大鹅处置等申请不收费用，候鸟康复、房主迁走候鸟等申请收取50美元，候鸟的进出口、水鸟销售和处置等活动收取75美元，候鸟科学目的的收集、制作标本等申请收取100美元。根据《白头海雕和金鹰保护法》，鹰附带占有 5～30 年（Eagle Incidental Take－5－30 years）须支付 36000 美元申请费，若申请批准每五年还需支付 800 美元管理费；若鹰的附带占有不超过 5 年，社区申请费为 2500 美元；鹰巢占有（Eagle Nest Take）须支付 8000 美元申请费；因美国本土宗教问题占有、运输鹰可不支付申请费；但是因为科学目的运输鹰需要支付申请费。根据《濒危物种法》《濒危野生动植物种国际贸易公约》《雷斯法》，绝大多数的申请费用为 50 美元（更新 CITES 文件补办等）、75 美元（旅游展示和宠物的 CITES 通行证等）或 100 美元（申请进出口证书等）；根据 CITES 参与植物救护中心、印第安部落出口美国人参、皮毛熊、短吻鳄申请实行免费；CIES 主文件（Master File）、人工繁育名录物种注册申请收取 200 美元。根据《野生鸟保护法》，个人宠物进口申请费为 50 美元，科学、动物园繁育或展实、育种申请费为 100 美元，合作育种项目申请为 200 美元（更新许可另支付 50 美元申请费），境外育种基地申请费为 250 美元。根据《海洋哺乳动物法》，海洋哺乳动物展示申请费为 300 美元，海洋哺乳动物研究、增加和注册申请费为 150 美元（更新申请收费 75 美元）。

所有申请均须包含以下信息：第一，申请人的全名和在美国境内的地址，家庭和工作电话号码，传真号码和电子邮件地址；如果申请人是个人，还须提交出生日期，社会安全号码，职业以及工作单位；申请人是企业、法人等机构，则须提交税务机关的编号，机构类型，许可证负责人信息。第二，申请的允许活动发生或进行的地点。第三，关于申请涉及的物种及有关活动的资料。第四，若是涉及物种的进出口，还须根据《濒危物种法》和 CITES 有关规定提供进出口目的地的有关资料。第五，关于相关法律规定的知情同意书。第六，期望的申请批准日期。第七，申请的日期。第八，申请人签名。第九，审批机构需要的其他资料。第十，附件信息。

(3) 许可证管理

在收到许可证申请后，如果存在违反相关法律法规、申请理由不充分、涉及隐瞒信息或者信息存在虚假、缺乏有效的相关证明与说明、申请可能威胁到野生动植物安全、实地调查或取证发现申请人不符合资格有等情况，审批机构可不批准发放许可证。对于违反《候鸟协定法》《雷斯法》《白头海雕和金鹰保护法》情节严重的，自处罚之日起五年内不得开展与许可证相关得工作。没有及时支付申请费且不享受豁免的申请也不予以审批。对于没有及时按要求提高许可证使用情况的申请人，可以取消许可证资格。许可证持有人必须无条件地接受管理部门开展的实地检查工作。许可证在正面指定的生效日期至到期日期内有效。

被许可人可以在获得的许可证到期日期前至少 30 个工作日内提交书面申请，证明原始申请中的所有陈述和信息最新且正确。对于符合要求的，应予以批准。当前，许可事项的具体内容发生变化时，被许可人希望修改许可内容的，须按照许可证延期有效和发行部分的有关规定，提交书面理由和证明材料。如果仅是持证人、公司名称或许可证人的邮寄地址发生变化，则不需要获得新许可证。被许可人必须在变更后 10 个工作日内通知发证机构。但是许可中的活动地点发生变化时，需要重新获得许可证。

许可证持有人以外的特定人员许可在许可证的剩余期限内从事被许可的活动。这些特定人员包括已故持有人的配偶、子女、执行人、管理人或者其他法定代理人，或者破产机构的接管人、受托人或法院指定的债权人利益的代理人。继续开展许可证规定活动的继承人应在开展活动之日起 90 个工作日内向发证部门提供背书，证明具备持有许可证的全部资格，能有效开展许可活动，有助于减少活动不能继续开展的负面影响。

被许可人或被许可人的任何继承人中止了被许可的活动时，被许可人应在中止后的 30 个工作日内将许可证连同书面声明交还发证机构。发证机关收到书面申请后，许可证即时失效，不退还因发放许可证而收取的任何费用或与许可活动有关的任何其他费用。

如果许可证持有人不遵守许可证的条件，或任何适用的法律或法规来管理许可的活动，则可以随时暂停行使部分或全部许可证权力的特权。如果持证人未能向政府缴纳许可证持有过程中的任何费用，包括罚款或管理费用，发证机构也可以暂停全部或部分许可证授予的特权。就实施程序而言，发证机构认为有正当理由暂停许可证时，须以核证或挂号邮件书面通知持证人。在收到暂停通知后，被许可人可以对拟议的行动提出书面异议，并于 45 个工作日提交。此后 45 个工作日，发证机构应书面通知被许可人最终决定和理由。

由于违反相关法律法规、未能及时解决中止问题等原因，发证机构可以撤销许可证。发证机构须以核证或挂号邮件书面通知持证人，说明被撤销的许可证的撤销原因，野生动物的建议处置情况。被许可人可以对拟议的行为提出书面异议，并在提案通知之日起 45 个工作日内提交。撤销决定应当在异议结束后 45 工作日内作出。发证人员应当书面通知被许可人本人的决定和理由，并附上有关请求权和请求复议程序的信息。除非被许可人及时提出复议请求，否则根据许可证被吊销的野生动物，必须按照签发官员的指示予以处置。如果被许可人及时提出重新考虑撤销建议的请求，则被许可人可以继续拥有根据许可证管理的任何野生动物，直至最终处理上诉程序。

（4）约束条件

作为一个具体的规定，许可证明确了被许可活动的具体时间、日期、地点、取得或进行许可的活动、野生动物或植物的数量和种类、活动的地点以及必须遵守的相关活动的方法；或应严格解释以其他方式允许具体限制的事项，不得解释为允许在严格构造范围之外的类似事项或有关事项。

许可证不得自行变更、毁损或者残缺。任何有变更、毁损或者毁坏的许可证将立即失效。除非得到明确允许，否则不得复制许可证。许可证要随时接受管理人员的查验。许可证持有人要根据要求及时汇报被许可活动开展情况。从许可证颁发之日起，被许可人应当对被许可活动涉及的野生动植物利用情况进行完整和准确的记录。记录须以英文书写或可复制，在许可证有效期届满后继续保存 5 年。无论许可证持有人是否在美国境内，都须在美国内有保存和查阅记录的地点，并接受检查。

5. 野生动物进出口和运输

该部分包括十一小部分内容，分别是引言（Introduction）、指定口岸的进出口（Importation and Exportation at Designated Ports）、指定口岸的额外许可证（Designated Port Exception Permits）、野生动植物的检查和清关（Inspection and Clearance of Wildlife）、野生动植物声明（Wildlife Declaration）、容器或包裹的标记（Marking of Containers or Packages）、进出口许可证和检查费（Import/Export License and Inspections Fees）、进入美国的野生哺乳和鸟类的人道及健康运输标准（Standards for the Humane and Healthful Transport of Wild Mammals and Birds to the United States）、圈养野生动物安全法（Captive Wildlife Safety Act）以及两个小部分作为预留。

（1）总则

野生动植物的进出口既要遵循一般许可规定，更要遵循此部分的特殊规定。出口是指在任何地点的野生动植物从在美国的管辖范围内，离开、寄送、运送或试图离开、寄送、运送或托运给承运人到任何不受美国管辖的地方。无论这种离开、寄送、运送是否构成联合海关法律意义上的出口状态，都被视作本法规的出口。进口是指野生动植物着陆、进入或引入，或试图着陆，进入或引入到美国管辖的任何地方。

法规中涉及的部分相关概念界定如下：第一，携带私人行李指进出美国的个人持有的手提物品和所有托运行李。第二，经认可的科学家是指与被认可的科学研究机构有联系，受雇于或者根据合同经认可的科学机构进行生物学或医学研究。第三，经认可的科学机构是指任何公共博物馆，公共动物园，经认可的高等教育机构，美国动物园和水族馆协会的认可成员，美国系统收集协会的认可成员，或任何进行生物或医疗研究的其他机构。第四，商业性贸易指为了追求利益或任何野生动植物的目的而进行的销售或购买、交易、易货或实际或意图的转让，包括使用任何野生动植物品作为展品促进销售的目的。

（2）指定口岸的进出口

除非有特殊规定之外，任何的动植物进出口需要在指定口岸完成。17个口岸名单如下：阿拉斯加州安克雷奇、佐治亚州亚特兰大、马里兰州巴尔的摩、马萨诸塞州波士顿、伊利诺斯州芝加哥、得克萨斯州达拉斯/沃斯堡、夏威夷州檀香山、得克萨斯州休斯敦、加利福尼亚州洛杉矶、加利福尼亚州旧金山、肯塔基州路易斯维尔、田纳西州孟菲斯、佛罗里达州迈阿密、路易斯安那州新奥尔良、纽约州纽约、俄勒冈州波特兰、华盛顿州西雅图等口岸。

特殊情况之一与运输器有关。由于航空器或船舶紧急事件导致的转运，而在指定口岸以外的任何口岸或地点进口到美国的野生动植物，必须作为海关保税区内的转运货物运往指定的口岸，任何许可证的规定可以提供合法进口的口岸。

特殊情况之二与中转相关。如果运往美国境内的野生动植物已经进入了指定口岸的保税区，可以转运至其他任何口岸或者任何许可证及本部分其他条款规定合法进口的港口，进入美国。如果野生动植物在美国口岸中转，没有卸货，可以不受本部分指定港口要求管理。

特殊情况之三关系到个人行李和家居用品。任何人可以在任何口岸进出口非商业性用途的野生动植物产品或制成品，包括服装、奖品、工艺品等。但是，海关有规定的皮草、皮张等不在此范围。

特殊情况之四关系到从原产地为加拿大、美国、墨西哥的野生动植物产品。对于原产地为加拿大的野生植物产品增加了多个美加边境的口岸，对于原产地为墨西哥的野生动植物产品增加了多个美墨边境的口案，对于原产地为美国的野生动植物产品同时增加了多个美加、美墨边境的口岸。

（3）非指定口岸的特殊许可证

用于科学目的、避免野生动植物变质、减缓经济负面影响的野生动植物进出口，可以允许在非指定港口完成，但是需要经过审批。

用于科学目的的野生植物进出口申请除了包括进出口申请的一般信息和证明，还须满足附加条件：一是有进出口野生动植物的科学性目的或用途；二是科学或通用名称所描述的进口或者出口野生动物的数量和种类，且其数量和种类可以确定；三是野生动植物从野外移出的国家或地区（如果知道）或出生圈养地；四是要求的进口或者出口的进口口岸，以及应当在所要求的入境口岸而不是指定的港口进口或者出口的原因；五是关于是否对单独一批货物、一系列货物或一段特定时间的货物及所涉日期要求例外的声明。审批部门在根据本条决定是否发出许可证时，须考虑是否真正是有益于一个真正的科学研究项目、其他科学目的，或简化博物馆保存标本的交换，涉及的野生动物种类及其来源，请求例外的原因，申请口岸是否有工作人员。此类许可证有效期一般不超过自签发之日起两年。

为减少因为运输导致的野生动植物变质及经济损失，允许在非指定港口进口或出口野生动植物。申请人要提交的材料与为了科学目的的申请类似。审批机构须考虑以下事项：一是所涉野生动物严重恶化或丧失的可能性；二是涉及的野生动物种类及其来源；三是申请口岸是否有工作人员。此类许可证有效期一般不超过自签发之日起两年。

为减缓经济负面影响的进出口申请所提交的材料与上两种情形相似。审批机构重点评估：一是在所请求的港口进口或出口成本与没有许可证的情况下在通过授权进口或出口的港口进口或出口的成本高低；二是许可证不予签发可能造成的经济困难的严重程度；三是涉及的野生动物种类及其来源；四是申请口岸是否有工作人员。此类许可证有效期也是一般不超过自签发之日起两年。

（4）野生动植物的检查和清关

根据法律的适用限制，服务人员和海关官员可以在进口或出口时扣留检查任何包裹、板条箱或其他集装箱，包括其内容和所有随附文件。在正常工作时间以外的时间或除港口外的非正常检查工作地点对进口商或出口商特别要求的野生动植物进出口检查，收取包括工资、加班费、运输费等费用。

除另有规定外，口岸工作人员必须清关所有进口到美国的野生动植物，之后才能由海关解除滞留。类此，除非另有特殊规定，否则口岸工作人员也须清关所有美国出口的野生动植物。野生动植物的清关不构成对进口或出口合法性的证明。进出口商不得进出口未经清关的野生动植物，进出口野生动植物须在能得到清关的港口完成。口岸工作人员有权根据相关法律法规拒绝开展拟进出口的野生动植物清关工作。口岸工作人员也有权羁留依法拟进出口的野生动植物。

关于无须清关的类型包括：一是以人类或动物消费或以休憩为目的在美国管辖的水域或在公海进口的贝类和渔业产品；二是美国居民合法在公海上捕捞并直接进口到美国的海洋哺乳动物；三是无须羁留的古董；四是经认可的科学研究目的、已经死亡的、保存良好的、已干燥或嵌入性的科学标本或其部分。

因狩猎而取得的任何标本或其部分都需进行清关。

（5）野生动植物报关

需要报关的任何野生动植物进出口商或其代理人必须在服务处签署完整的"鱼或野生动植物进出口申报单"。

除了获得许可证的进口外，进口商或其代理人为人类或动物消费或以休憩为目的在美国管辖的水域或在公海进口的贝类和渔业产品无须填写"鱼类或野生动物进出口申报单"。此外，不需填写"鱼或野生动植物进出口申报单"的还有：第一，在加拿大或墨西哥边境以休憩为目的而取得的鱼；第二，不准备用于商业用途，而是用于服装或随身携带的野生动物产品或制成品，有特殊规定的皮毛、皮张除外；第三，不准备用于商业用途，作为移居美国的人其家庭财产一部分的野生动物产品或制成品。

进口商或其代理人可以在"鱼或野生动植物进出口申报单"中描述科学机构用来进行分类研究、系统研究或动物调查的科学标本。进口商或其代理人必须在提交服务处申报单后的180天内提交经修订的申请表，确保信息科学准确。审批部门可以延长180天的期限。

不需填写"鱼类或野生动物进出口申报单"还有：价值低于250美元，且不能用于商业用途的野生动物进口。养殖场饲养的鱼及鱼卵的出口不需填写"鱼类或野生动物进出口申报单"。

（6）容器或包装的标记

除本部分另有规定外，任何个人不得在州际贸易中进口、出口或转运任何含有鱼类或野生动植物（包括贝类和渔产品）、没有在外部显著地标记托运人和收货人名称和地址的集装箱或包裹。记载野生动植物科学名称和单个物种数量以及所列物种是否有毒的准确清晰的清单必须伴随整个装运过程。

就鱼与野生动物的运输，个人也可以在每个装有鱼类或野生动物的容器或包装的外部，明显地标注上"鱼类"或"野生动物"等词，或按内含物种的通用名称标出，以及在准确说明托运人和收货人的名称和地址的货物中附上发票、装箱单、提单或类似文件，说明货物中包装或集装箱的总数，以及货物中的物种种类及数量与重量。

对于较大包装容器内的次容器或包装，只有最外层的容器必须按照本节标记。除了装在较大包装内分包装箱中的活鱼或野生动物，如果分包装具有编号或标签，则装箱清单、发票、提单或其他类似文件必须反映该号码或标签。但是，每个容纳有毒物种的副容器必须明确标记为有毒。运输工具（卡车、飞机、船只等）不被视为一个容器，以便要求运输工具本身有特定的标记，但前提是运输工具内的鱼类或野生动物分散或容易识别，并附有相关文件。

以下情况可以不需要容器包包装：第一，运输单据附有签字声明，证明是圈养孕育而生的狐狸、河鼠、兔、水貂、南美栗鼠、松貂、食鱼动物、麝鼠、卡拉库耳大尾绵羊或其产品；第二，根据《美国食品、药品及化妆品法案》（《美国法典》第21卷301）等包装在消费者零售包装中的鱼或贝类；第三，鱼类或贝类停留在首次卸载的地方，打捞、卸载鱼类或贝类的捕鱼船。

（7）进出口许可证和检查费

进出口许可证适用于近乎所有的野生动植物商业性进出口，诸如用于商业性用途的服装、箱包、鞋子、珠宝、地毯、奖杯、古董等野生动植物制品，皮革、皮毛、皮张等野生动物制品，食物类野生动物，宠物或实验用野生动物，收藏用的野生动植物及其制品，实验室及医学用的野生动物，狩猎纪念物进口，展览或表演为目的的马戏团等。不作为商业性用途的野生动植物进出口，诸如非商业性的私人宠物，收藏，狩猎纪念物运输，公共博物馆、公共科学或教育机构则不需要申请进出口许可证。

在未取得进出口许可证的情况下，任何人可以从事以下野生动物的进出口：一是根据规定不需要许可证的、为人类或动物消费或以休憩为目的、在美国管辖的水域或公海获得的贝类和非生物水产品；二是根据规定中不需要许可证的养殖活鱼类和农场饲养的鱼卵；三是根据规定不需要许可证的活体水生无脊椎软体动物类，通常是指牡蛎、蛤蜊、贻贝和扇贝，及其卵、幼虫或近熟形式，且仅是以用于繁殖或与繁殖有关的研究目的出口；四是规定根据不需要许可证的珍珠。

在未取得进出口许可证的情况下，以下两类机构若能做到保存完整、准确地记载野生动物进出口信息及后续处置记录，则可开展野生动植物的进出口：一是公共博物馆或其他公共、科学或教育机构，为非商业性研究或教育目的进口或出口野生动物；二是联邦、州、部落或市政机构。经正式授权的口岸管理人员可以在任何合理的时间，对上述机构进行检查。

进出口许可证申请需要满足规定：一是申请表。填写的 FWS 表格 3 - 200 - 3 及相关证明应提交给相应的区域特别代理。二是进出口许可证除了许可证的一般许可条件之外，还须遵守进出口许可证办理的特殊新规定，支付所有适用的检查费。三是有责任向审批机构提供最新的联系信息，包括收到服务处发送的所有正式通知的邮寄地址。四是在美国境内，必须保留以下能够完整正确地描述使用进出口许可证进出口野生动植物的情况，以及（如果可以）5 年内对野生动物进行的任何后续处置的记录。五是必须在收到检查通知后，配合完成检查工作。

申办进出口许可证的相关费用包括：第一，进出口许可证申请费。第二，指定港口例外许可申请费。第三，指定口岸基本检查费。第四，非指定口岸人工基础检查费。第五，非指定口岸非人工基础检查费。第六，额外检查费用。第七，加班费，包括在正常工作时间之前开始的、超出正常工作时间的、或在联邦假期、星期六或星期天，包括旅行时间。加班费用2小时起计，即不足2小时的以2小时计，包含了检查所需时间以及往返检查地点时间。超过2小时时间，以15分钟作为计量单位。在正常工作时间之前不到1小时、非联邦假期开始检查，将按小时工费率的1.5倍收取1小时费用。在联邦假期检查时，将按小时工资率的2倍收取1小时费用。

（8）野生哺乳动物和鸟类的人道和健康美国运输标准

本部分规定旨在确保运往美国的活体野生哺乳动物和鸟类活得健康而不受伤害，而且这种动物的运输在人道和健康的条件下开展。除非本部分的要求得到充分满足并符合所有其他法律要求，任何人向美国运送，被运送到美国，或允许将任何活的野生哺乳动物或鸟类运送到美国均为非法。

任何承运人不得在运输到美国前10天内未经过出口国兽医检查通过活体的野生哺乳动物或鸟类。如果这个国家政府不认证兽医，那么该兽医必须经过国家政府指定的当地政府机构的认证或批准。经兽医签署的检查证明书，应证明动物已经检验、健康、没有传染病和能够经受住运输过程劳顿。该证书还应该包括兽医的执照号码、证明号码或者等同物。对于怀孕的最后三分之一时期的哺乳动物，没有母代伴随的未断奶子代，生病或受伤的哺乳动物或鸟类，只有经过兽医的书面运输认定后，才能进行运输。承运人还不得在运输工具的出发之前少于2小时或多于6小时的时间内接受托运。承运人应当告知运输工作人员存在活体动物货物。

任何承运人不得接受不符合下列要求的基本围封物内的活野生哺乳动物或鸟类运输到美国。任何人运输须遵守国际航空运输协会（IATA）出版的《活体动物法规的集装箱要求》（1993年10月1日第20版）的规定。基本围封物的构造应使强度足以容纳哺乳动物或鸟类，并能承受运输的正常影响；内部没有可能对哺乳动物或鸟类有害的突起物；动物的任何部分不得延展或伸出到围封物之外；围封物是封闭的，并设有防止哺乳动物或鸟类意外开放逃离的动物防护装置；开口很容易进入，以便紧急转移或由专业人员检查哺乳动物或鸟类，而不会有哺乳动物或鸟类逃逸的风险；有足够的开口，以确保在任何时候都有充分空气流通；建造围封物的材料未经任何涂料、防腐剂或其他对哺乳动物和鸟类的健康或福祉有害的化学品的处理。除非围封物固定在运输箱里面或者在顶部有个为大型哺乳动物准备的开口，为了围封物里空气的流通，应该在运输箱顶部、侧部和底部的外部装隔离条。围封物上隔离条在围封物表面延伸的长度不能超过6英寸（15厘米）。此外，还要考虑运输便捷性、舒适、卫生等方面的要求。

运输野生哺乳动物或鸟类到美国的运输工具动物货舱应该能够保证动物运输过程中健康，并且符合人道主义。运输工具的货舱应该能够阻止运输工具排放出有害废气和尾气的进入。对于空气不流畅、动物无法正常呼吸的运输工具的货舱，不准将野生哺乳动物或鸟类放入。存放基本围封物的货舱应该有足够的空气供每个动物正常呼吸。动物货舱内部应该清除病原体。有可能对动物健康有害或可能导致不人道事情发生的物质、材料和设备，不准和装有野生哺乳动物或鸟类的货舱一起运输，除非采取一切合理的预防措施来防止类似事情的发生。

除非围封物外部附有发货人出具的有关动物食物和水的书面要求，否则承运人不可以将野生哺乳动物和或鸟类运往美国。发货人所出具的要求须符合行内专业照顾标准，包括要求的喂水量、食物的量和种类以及喂食和喂水的频率，以确保动物在运输过程中的健康和人性化。哺乳动物或鸟类在运往美国之前、运输中途停留以及到达美国之后，哺乳动物或鸟类应有足够的饮用水，并且给哺乳动物或鸟类的饮用水应未受到污染、适合饮用，或按照发货人的书面要求给动物喂食喂水。哺乳动物或鸟类在运往美国之前、运输中途停留以及到达美国之后，应提供哺乳动物或鸟类补充水分的水果或其他食物，或按照发货人的书面要求执行。哺乳动物或鸟类在运输中途停留或到达美国后仍由承运人保管的情况下，应按照要求保证至少每4小时对动物观测一次并进行喂食喂水。

在运输到美国期间，应做好在途照顾工作，包括在运输过程中的任何中途停留时，承运人应每隔4小时实地检查一次基本围封物，或者在航空运输的情况下，当货舱到达时每4小时检查一次。除非兽医书面另有规定，否则包含哺乳动物或鸟类的保存区域、运输装置、运输工具或终端设施（Terminal facilities）的环境温度不得低于12.8℃（55℉），也不得超过26.7℃（80℉）。当环境温度为23.9℃（75℉）或更高时，应提供辅助通风。对企鹅和海雀来说，环境温度不得超过18.3℃（65℉），如果环境温度超过15.6℃（60℉），应提供辅助通风。对于北极熊和海獭，周围空气温度不得超过10℃（50℉）。

对于非人灵长类、海洋哺乳类物种的运输，需要满足基本围封物、食物和水、在途护理；对于树懒、蝙蝠和飞狐猴、其他哺乳动物运输，需要满足基本围封物；对于大象和有蹄类动物运输，生长角的物种不得接受运输，除非角已经脱落或手术取出。用来运输大象或有蹄类动物的基本围封物应足够大，以允许动物躺着或站立在头伸直的自然直立位置，但不足以使动物翻身。此外，基本围封物应配备一个可拆卸的水槽，可牢固地悬挂在地板上方的围封物内，并且可从围封物外侧补充。

（9）圈养野生动物安全法

本部分的条例对"圈养野生动物安全法"（CWSA）（117 Stat. 2871）的实施，增加了具体规定。这些规定提出州际或国际贸易中可能需要许可证，描述了进口、出口、转运、销售、收货、取得或购买野生动植物的附加限制条件。

根据规定，任何人在州际贸易或对外贸易中进口、出口、转运、出售、接收、获得或购买任何被禁止的活的野生动物物种都为非法。被禁止野生动物物种（*Prohibited wildlife species*）为：狮子（Panthera leo）、虎（Panthera tigris）、豹（Panthera pardus）、雪豹（Panthera pardus）、云豹（Neofelis nebulosa）、美洲豹（Panthera onca）、猎豹（Acinonyx jubatus）和美洲狮（Puma concolor）或由任何这些物种任意组合繁殖产生的杂交品种，例如狮虎（雄性狮子和雌性虎）或虎狮（雄性老虎和雌狮），无论是天然生产还是人工生产。公众禁止与被禁野生动植物直接接触。

以下六类个人或机构不在上述禁止范围内：一是持牌人或注册人，持根据"动物福利法"（AWA），通过检查持有美国农业部动植物健康检查局（APHIS）的有效许可证的任何个人、机构、代理机构或其他实体；二是州立学院、大学或机构；三是持牌野生动植物恢复者；四是持牌兽医；五是经认证授权野生动物保护区；六是为拥有禁令豁免的人员运输野生动植物且没有经济利益关系的人员。

第三章　美国野生动物保护管理组织体系

一、野生动物保护管理体系

美国野生动物保护管理体系由联邦政府和州政府两个层级的分权模式构成，不同的政府职能部门和专门机构负责濒危和受威胁物种的保护与拯救、野生动物栖息地保护管理、打击野生动物非法贸易等工作。详见图 3 – 1。

在联邦政府层面，参与野生动物保护管理的有内政部、农业部、司法部、国务院等部门，以及由 17 个部门组成的"打击野生动物非法贸易总统行动组"；其中内政部隶属的鱼类和野生动物管理局（Fish and Wildlife Service，缩写为 FWS）是最为重要的野生动物保护管理机构，国家公园局（National Park Service，缩写为 NPS）则通过管理国家公园为野生动物提供栖息地；农业部的动植物检查中心（Animal and Plant Monitoring Center）负责监督动物驯养繁殖与展览市场；司法部则负责检诉野生动物非法贸易案件；国务院参与野生动植物保护管理的全球和外交事务，属于其经济增长、能源和环境部门事务，该部门负责人为一名副国务卿。该部门的海洋和国际环境与科学事务办公室为野生动植物保护工作的具体承担部门。

州政府参与野生动物保护管理工作的职能部门设置存在一定差异。通常，各州参与野生动物保护的部门保护渔猎管理局、土地管理局、警察局。其中，渔猎管理局负责濒危和受威胁物种保护，土地管理局参与野生动物栖息地保护管理，警察局则负责打击野生动物相关犯罪活动。

二、联邦政府保护管理机构设置

美国联邦政府层面有多个行政管理部门参与野生动植物保护管理工作，形成多部门分工合作管理模式。以实施《打击野生动植物非法贸易国家战略》为例，有关部局的负责人每年定期会晤两次，部局下的部门负责人每季度会晤一

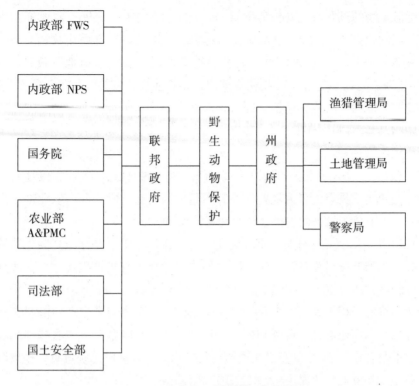

图 3 - 1　美国动物保护管理组织体系

次，部门的具体工作人员不定期地根据工作需要开展会晤与交流。

（一）内政部鱼类和野生动植物管理局

美国内政部鱼类和野生动植物管理局（Fish and Wildlife Service，FWS），是野生动植物保护的主要部门之一。FWS 负责实施联邦野生动物保护法、保护濒危物种、管理候鸟、恢复国家重点鱼类、保护和恢复湿地等栖息地、帮助外国政府开展国际保护行动、管理鱼与野生动物运动狩猎等工作，代表美国政府履行 CITES 公约，实施双边交流与合作项目，参与打击野生动植物非法贸易工作。

1. FWS 发展历程

（1）部门演变

1871 年，美国渔业与鱼类委员会成立，着力于研究渔业衰减情况并提出解决方案，委员会最初得到了 5000 美元的经费。1872 年，美国国会授权建设用作食用鱼养殖的渔场，初始经费为 15000 美元，并在位于北加州的 Braid Station 利用通向东海岸的铁路进行三文鱼卵的收集、受精和运输工作。

1885 年，农业部设立经济鸟类学办公室，拨款 5000 美元，开始调查国家鸟类和哺乳动物的分布情况以及鸟类对于农业虫害的作用。1896，农业部在生物调查部门内建立了鸟类经济学和哺乳动物学部，并于1905年将生物调查部门更名为生物调查局，对新的鸟类和哺乳动物保护区以及"预留地"负责。1900年，《雷斯法》得以通过，生物调查部门开始扮演执法机关的角色，负责执法，以防止野生动物非法装载运输。同年，美国鸟类学家联盟开始雇佣"看护者"来阻挠猎鸟者。1901—1909年，第26届总统西奥多·罗斯福任期内，建立了鱼与野生动物管理部门，设立了51个联邦鸟保护区，4个国家狩猎保护区，150块国家森林，5个国家公园，通过了《1906年美国古迹法》。其间，1903年，美国渔业与鱼类委员会更名为渔业局并归入新的商业部。1905年，农业部成立生物调查局，取代了过去的鸟类经济学和哺乳动物学部。

1934年，富兰克·林罗斯福总统任命丁·达林（Ding Darling）为生物调查局局长。生物调查局针对野生动物法律的执行设立了狩猎管理司。丁·达林与野生动物庇护所负责人克拉克·萨勒耶尔（Clark Salyer）通过20年的时间，将庇护所系统的面积扩大到近1400万英亩。同年，《鱼类与野生动物协调法》授权农业部长和商业部长在鱼类和野生动物的生产保护问题上向"联邦和州政府提供援助与合作"，野生动物总统委员会得以成立，直接向总统负责，提出改善国家野生动物资源的建议。

1940年，鱼类和野生动植物管理局正式成立。1946年，根据《鱼和野生动物协调法》以及保护实践情况，尤其是大型联邦水利计划对于鱼和野生动物的保护构成的威胁，要求实施服务性流域研究计划，同时要求建立一个保护管理办公室网络，向全国各地的公共和国家机构提供鱼类和野生动物技术援助，即进一步加强鱼类和野生动植物管理局机构建设，由阿伯特·达雅（Alber Day）任主任。1956年，鱼和野生动物管理局进行重组，成为由休闲渔业和野生动物局以及商业渔业局组成的新鱼类和野生动植物管理局。1962年，蕾切尔·卡逊（Rachel Carson）的《寂静的春天》出版。1964—1970年，她担任鱼类和野生动物管理局主任。1970年，商业渔业局搬出了美国鱼类和野生动植物管理局转移到商业部，重命名为国家海运和渔业局，成为新的美国海洋暨大气总署的一部分。1974年6月30日，鱼类和野生动植物管理局与垂钓及野生动物管理局合并。

1985年，动物损害控制部门从鱼类和野生动物管理局转移到农业部的动植物健康监测中心。

（2）法律制度

1906 年，《狩猎与鸟类保护法》实施，该法也曾作《庇护所侵害法》，赋予了公众对于鸟类保护的监管权。1913 年，《候鸟保护法》给予了联邦政府在候鸟狩猎方面的管理职能，第一批候鸟狩猎的法规得以相继出台。1929 年，根据《候鸟保护法》，国会授权拨款 790 万美元购买和租用水禽庇护所，并建立候鸟保护委员会以确立由国务卿推荐的庇护所，并用候鸟保护基金进行购买。

1935 年，《联邦电力法》出台，要求联邦能源管理委员会采用关于鱼保护管理的相关法令。同年，Frederick Lincoln 依据水禽环标，对水禽迁徙路线的概念进行了发展，得到了广泛认可，被用作候鸟狩猎年度管理工作。同年，《雷斯法》进行了修正，禁止非法采购野生动物的对外贸易。1937 年，国会通过了《联邦野生动物恢复救助法》（即《皮特曼—罗宾逊法》）。该法案允许联邦基金可以用于野生动物的保护和繁殖上。联邦基金来源于枪支弓箭装备和弹药的税款，用作购买狩猎栖息地和进行野生动物研究。1940 年，《白头鹰法案》颁布，之后于 1962 年修订为《金白头鹰法》。

1956 年，《鱼类和野生动物保护法》得以颁布，制定了全面的国家鱼和野生动物保护政策，扩大了建立和发展野生动物庇护所的权力。1958 年，《鱼类和野生动物协调法案》予以修订，要求联邦政府与各州机构之间的协调并考虑对鱼类和野生动物的影响，为制定《国家环境政策法》和《清洁水法》的部分内容奠定了基础。

1962 年，国会认识到二战之后人们对于休闲活动的需求，通过了《野生动物庇护所游憩法》，规定可以在不妨碍主要用途并拥有充足基金的情况下在野生动物庇护所进行游憩活动。

1964 年，《荒野法案》得以通过，以建立国家荒野保护系统，其中包含了国家野生动物庇护所。1966 年，国会通过了《国家野生动物庇护所系统管理法》，管理和经营系统中的所有地区，包括"野生动物庇护所，保护和保持鱼类和野生动物免受物种灭绝威胁的区域，野生动物区，狩猎区，野生动物经营区，水鸟保护区"。1969 年，国会通过了《国家环境政策法》（NEPA），此法成为评估联邦主要发展项目对于鱼类和野生动物影响的原则性工具。NEPA 规划现已成为几乎所有联邦资源规划和减灾活动的核心内容。

1969 年，《濒危物种保护法》禁止了美国进口"世界范围内受到灭绝威胁"的物种，除非经过特别允许的以动物学和科学研究为目的或圈养繁殖的物种。

1971 年，《阿拉斯加原住民权利法案》（ANCSA）成为阿拉斯加州立法的一个分支，授权在野生动物庇护所系统增加大面积能够大量产出有国际重要性的野生动物的土地。

1972年,《海洋哺乳动物保护法》颁布,禁止对海洋哺乳动物的捕捞（即狩猎、杀戮、捕获及骚扰），并暂停进口、出口和销售海洋哺乳动物和产品。

1973年,国会通过了《濒危物种法》,命令鱼及野生动物管理局和国家海洋渔业局负责该法案的执行。

1988年,国会通过了《非洲象保护法》立法工作,为在过去10年中数量减少50%的非洲象提供额外的保护。同年,《雷斯法》也进行了修订,包括了对商业属性违规行为的重罪判定。

1997年,《国家野生动物庇护所系统改善法》加大了庇护所系统的任务,明确了优先公共用途,并要求为每个庇护所制订全面的保护计划。

1998年,《犀牛—老虎保护法》再授权鱼类和野生动植物管理局禁止出口、进口或销售任何犀牛、老虎产品和物品及含有或标记含有来自老虎和犀牛的物质的产品。

2000年,国会通过了《新热带候鸟保护法》,保护美国和在拉美与加勒比过冬的新热带候鸟。

（3）栖息地

1903年3月14日,西奥多·罗斯福总统在鹈鹕岛野生鸟类庇护所建立了美国第一个野生动物庇护所。鹈鹕岛归生物调查部所属。鸟类学家联盟同意支付看护者Paul Kroegel工资。1909年,罗斯福总统建立了26个鸟类保护区,以及华盛顿州的国家奥林匹斯山麋鹿保护区和阿拉斯加州火岛驼鹿保护区,其中阿拉斯加州保护区占地1500万英亩。1924年,国会批准建立上密西西比河野生生物与鱼类庇护所;1929年,国会建立熊和候鸟庇护所。1933年,美国民间护林保土队的群众和公共事业振兴局的雇员们对国内超过50个野生动物庇护所和渔场进行了基础建设和环境改善。1960年,北极国家野生动物保护区建立。

基于1973年发布的《濒危物种法》,国会为保护濒危物种建立了超过25个自然保护区,包括阿特沃特草原鸡保护区、密西西比沙丘鹤保护区和鳄鱼湖保护区。1980年,国会通过了《阿拉斯加国家利益土地保护法》,建立了9个新的野生动物庇护所,包括占地1800万英亩的北极国家野生动物保护区,并扩大了其他7个保护区。此法增加了阿拉斯加5400万英亩的保护区面积,使保护区系统的规模增加了三倍。

（4）保护行动

1964年,国会通过了水土保持基金,并为征地提供了专用的资金来源。1970年,游隼被列为濒危物种,这个物种是DDT杀虫剂的受害者,这种杀虫剂使蛋壳变薄，阻止繁育的成功。1970 年 4 月 22 日，国际社会共同庆祝第一个世界地球日。1972，环境保护局禁止在美国使用 DDT，它对人类和包括白头鹰、游隼和褐鹈鹕在内的野生动物都有潜在危险。

1999 年，游隼随着物种的恢复已从濒危物种名单上除名。2004 年，加州白头海雕 17 年来首次在野外繁殖。2007 年，由于 DDT 的禁用和《濒危物种法案》的保护，白头鹰因种群恢复而从濒危动物列表中除名。2009 年，由于 DDT 的禁止和濒危物种法案的保护，在佛罗里达、墨西哥湾沿岸地区和美国西海岸可以发现超过 65 万只褐鹈鹕。因此这个物种被从联邦保护名单和受威胁物种名单中移除。

1977 年，首次被列为濒危物种的植物物种——圣克莱门特岛印第安画笔花、圣克莱门特岛飞燕草、圣克莱门特岛金雀花和圣克莱门特岛丛林锦葵。

1978 年，美国最高法院认定田纳西河流域管理局违反《濒危物种法案》规定，建造的水坝会威胁当地蜗牛和鱼等生物。

1989 年，俄勒冈州亚什兰市的国家鱼类和野生动植物取证实验室致力于提供专业知识帮助进行野生动物非法贸易等调查，包括从物种鉴定到监视和摄影等方面的技术援助。1997 年，西弗吉尼亚州谢泼兹敦国家保护训练中心正式投入使用。

2010 年 4 月 20 日，"深水地平线"钻机在墨西哥湾爆炸沉没，引发历史上最大的石油泄漏事件。石油一直从海地涌出，直到 7 月 15 日封井。这 87 天内约有 490 万桶石油泄漏。在相应和持续进行损害评估的过程中，鱼类和野生动物管理局的工作人员努力营救被油污染的野生动物，巡逻海滩、湿地和河口，转移海龟，协助国家和当地土地所有者，并评估漏油对生态的影响。

2013 年 11 月 14 日，美国捣毁了被没收的六吨象牙库存，发出了一个明确的信号，即美国不会容忍有可能将全球的非洲象和其他物种毁灭的野生动物犯罪。在位于科罗拉多州丹佛市附近的落基山国家野生动物庇护所的 FWS 国家野生资源信息库上进行的这一起象牙捣毁行动，是由非洲国家和其他国家代表以及数十位自然保护主义者和国际媒体代表见证的。

2014 年 2 月 5 日，鱼类及野生动物管理局建议将克氏伸口鲈从受威胁物种法案中移除。若能最终敲定，这将是有史以来第一种因物种恢复而从物种濒危法案中移除的鱼，这一目标的重大成功是管理局和许多合作伙伴，以及所有关心美国野生动物健康的美国人的共同努力下实现的。

（5）国际合作

1916 年，美国与大不列颠（代表加拿大）签署了《候鸟保护条约》，该条约于1918年得到了国会的批准。1920年，候鸟环志程序启动。1935年，关于水禽的迁徙路线得以确定。1936年，美国墨西哥之间就候鸟保护和哺乳动物狩猎问题签署了合约。1940年，美国签署了《西半球公约》（《西半球自然保护和野生动植物保护公约》）。根据该公约，美国政府与其他17个美洲国家表达了共同意愿，保护与保持所有其自然栖息地内有代表性的本土特色动物群和植物群，包括候鸟，同时保护具有科研价值的地域和自然物。各国同意通过实际行动实现这一目标，包括采取"适当手段保护具有经济和审美价值的候鸟或保护某物种防止其灭绝"。

1955年，鱼和野生动物管理局与加拿大野生动物管理局各个州与省的生物学家与非政府合作者开始了州际水禽数量调查程序的标准化合作调查。这项调查计划被认为是世界上最广泛、全面的长期年度野生动物调查工作。调查的结果确定了北美的水禽数量情况，在制定水禽年度狩猎规定方面起重要作用，并对北美水禽管理者的决策做出了帮助。

1971年2月，在伊朗的拉姆萨尔召开了"湿地及水禽保护国际会议"，会上通过了《国际重要湿地特别是水禽栖息地公约》（*Convention on Wetlands of Importance Especially as Waterfowl Habitat*），简称《拉姆萨尔公约》，并于1972年7月12日在联合国教科文组织公开以供签署。《拉姆萨尔公约》于1975年12月21日经七国签署后生效，规定每3年召开一次缔约国会议，审议各国湿地现状和保护活动的有关报告和预算。美国参议院在1986年10月9日同意批准公约，美国总统在1986年11月10日签署了批准书。公约确立了具有国际重要性的湿地清单，并致力于鼓励人们明智地使用湿地以保持从湿地价值所衍生的生态学特质。美国鱼类及野生动物管理局与国务院协商，负责此公约的管理工作。

1972年，美国和日本签署了《保护候鸟、濒危鸟类和它们的环境的协定》，涉及了美国和日本两国的候鸟。1976年11月19日，美国和苏联在莫斯科签署了《美国与苏联关于保护候鸟及其环境的协定》，规定保护在美国和苏联之间迁徙以及在两国间"有共同的迁飞、繁殖、越冬、觅食和换羽的地区"的鸟类。

1986年，《北美水禽管理计划》签署，致力于保护、恢复和改善栖息地以恢复水禽种群，发挥这些资源对北美人民的重要性，促进共享资源恢复问题上的国际合作。基金会合作达到了数百人的规模。随着1994年计划更新，墨西哥成为计划的新签署国。1989年，国会通过了《北美湿地保护法案》，支持《北美水禽管理计划》的活动，为长期保护北美水禽和其他候鸟所需的湿地和相关的高地栖息地提供了一项战略。该法向在美国、加拿大和墨西哥开展湿地保护项目的组织和个人提供配套补助，以造福与湿地相关的候鸟和其他野生动物。

2. FWS 目标与职能

FWS 有 3 个基本目标：一是协助社会基于生态学原理、鱼与野生动物的科学知识、道德责任感，建立一个环境管理伦理，并将其付诸实践；二是指导全国的鱼与野生动物资源的保护、发展和管理；三是管理国家项目，为公众提供理解、喜欢和合理利用鱼与野生动物的机会。这些目标支撑了 FWS 为了确保美国人民持续的利益而保育、保护、增强鱼与野生动物及其栖息地的使命。

为实现上述目标与使命，FWS 承担了如下职能：一是建立、保护和管理维持野生动物生存所需要的独特生态系统，这类野生动物包括如候鸟、本土物种和濒危物种等；二是经营一个国家鱼类孵化系统，以支持被耗尽的跨界鱼类种群，支持联邦所列出的受威胁和濒危物种的恢复，支持履行缓解联邦责任的工作；三是保护鱼类和野生动物免受栖息地紊乱和破坏、过度使用、工业农业和家庭污染等威胁；四是为改善和保护鱼类和野生动物资源，通过联邦援助计划向各州提供财政和专业技术援助；五是向其他机构实施强制执行和管理计划，以保护濒危物种；六是颁布和实施有关法令，保护候鸟、海洋哺乳动物、鱼类和其他非受威胁野生动物，使其免受非法抓捕、运输及在美国境内或国外售卖等活动的威胁；七是对其他机构实施规划、评测专业技术援助计划，以实现对直接有利于野生生物资源的野生动物栖息地的合理使用和保护，提升人类生活品质；八是通过高品质的鱼类和野生动物导向的体验，开展解释、教育和娱乐项目，培养美国公众的决策伦理；九是向公众传递必要信息，使公众认识和理解鱼类和野生动物资源的重要性，向公众解释鱼类和野生动物的变化反映了环境的恶化，最终会影响到人类的福祉。

3. FWS 组织机构

FWS 属于内政部的下设机构，由一名部长助理负责对口管理，该部长助理需得到总统的任命，参议院的建议与同意，并与其他部长助理享有同等补助。FWS 设置一名局长，负责具体的行政管理工作，并接受部长助理领导和监管。鱼类和野生动植物管理局局长需得到总统的任命，参议院的建议与同意，还须具有丰富的鱼类和野生动物管理学科科研教育经验，并且学识渊博。

FWS 作为一个庞大的野生动植物及其栖息地保护管理机构，主要内设机构包括：野生动物和垂钓用鱼管理部门、国家野生动物庇护所管理部门、候鸟和水禽保护管理部门、鱼和水生生物保护管理部门、执法部门、国家交流与合作部门、保护培训部门等。每一部门设立一位局长助理。

FWS 将全国划分为太平洋地区、西南地区、中西地区、东南地区、东北地区、山地和草原地区、阿拉斯加地区、太平洋西南地区片区，每个片区覆盖若干个州的工作，分别设置1个办公室，负责协调跨州保护管理工作；在各个州，根据野生动植物保护工作的重要性，以及野生动物庇护所的数量多少，又设置有人员数量不等的州办公室，负责执行联邦政府在该州的野生动植物保护政策（见图3-2）。

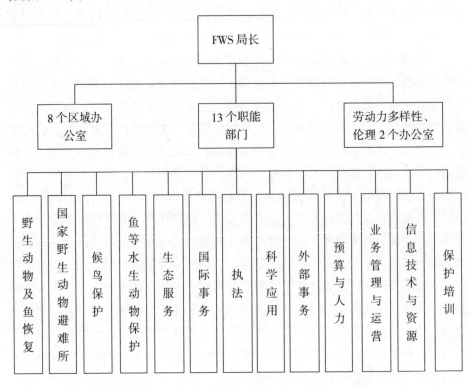

图3-2 美国鱼类和野生动植物管理局（FWS）组织架构

（二）内政部国家公园局

1. 基本情况

（1）发展历史

从19世纪开始，诸多自然景观例如西部优美的自然奇观、像阿肯色州矿物温泉、约塞米蒂高耸的山峰和壮丽的乔木林、黄石的间歇喷泉和卡萨格兰德的干旱荒漠等都激发了美国人的保护意识，要求美国政府创立所谓的"国家公园"。1916年8月25日，伍德罗·威尔逊总统签署了建立国家公园的法案，即《国家公园管理组织法》。根据该法规定，国家公园局（National Park Service，NPS）的根本目的是"保护景观、自然及历史物质和野生生物，并以这种规定和方式提供享受而不伤害后代的福祉"。

随着国家公园种类和数量的不断增加，国家管理局的工作也变得越来越庞大。在 20 世纪 30 年代，军事公园和国家纪念碑加入了国家公园体系内。在 20 世纪 60 年代，国家公园大道、海岸公园和城市公园相继创立。在之后 10 年时间里，随着在阿拉斯加增加的 4700 万英亩的土地，国家公园系统的规模几乎翻了一番。

迄今，美国国家公园的数量已接近 400 处。国家公园系统覆盖 8400 多万英亩，由 417 个地点组成，至少有 19 个不同的类别，其中包括 129 个历史公园或遗址、87 个国家纪念碑、59 个国家公园、25 个战场遗址或军事公园、19 个保护区禁地、18 个娱乐区、10 个海岸、4 个公园、4 个湖岸和 2 个保护区。1872 年 3 月 1 日，美国国会成立了黄石国家公园，成为全国（及全世界）第一个国家公园。Wrangell – St. Elias 国家公园和保护区是拥有 1320 万英亩的最大公园。最小的是占地 0. 02 英亩的 Thaddeus Kosciuszko 国家纪念碑。

国家公园包括至少有 247 种受威胁或濒临灭绝的动植物、世界上最大的食肉动物阿拉斯加棕熊，世界上最大的植物巨型红杉树。北美最高点德纳利峰（20320 英尺）位于德纳利国家公园，世界上已知的最长洞穴系统猛犸洞国家公园，拥有超过 400 英里的洞穴，美国最深的湖，位于火山口湖国家公园海拔 1943 英尺的火山口湖，西半球最低点位于死亡谷国家公园的海平面以下 282 英尺的恶水盆地。

（2）国家公园标识

箭头标识是国家公园局（NPS）的注册服务标志，受美国商标法的保护（详见美国宪法《兰汉姆法案》第 1051 条至 1141 条，尤其是第 1053 条）。它的实施进一步受到《美国联邦宪法》第 36 章第 11 部分（36 CFR）的限制。36CHR 的第 11. 3 部分明确了，只有在国家公园局授权的条件下才能使用箭头标识，同时它们只能用于"国家公园局相关的，并且有助于推动国家公园教育和保护的项目"。对于箭头标识的附加保护措施体现在《美国联邦宪法》第 18 章的 701 条，特别禁止未经授权的制造、销售或者持有美国任何部分或机构的"任何徽章、身份证或其他标志"，同时禁止制造任何"雕刻、拍照或印制任何此类徽章、身份证、其他标志或者任何可以模仿的标志"。

当所做事情是有助于国家公园局工作的时候，国家公园局允许其使用箭头标识。如果想要申请使用国家公园局箭头标识，需要向伙伴关系和慈善管理办公室递交申请，并且用"申请箭头标识"作为申请的主题。申请通常需要 6 周的时间来处理。申请中必需包含以下信息：申请箭头标识的原因，媒体类型（数码/网页、印制品、电影，或者其他多媒体资料），全球资源定位器（URL）

的网址，请求使用的模拟网站等。

国家公园局统一的制服仅限于国家公园局工作人员使用。任何其他用途的使用都是不被允许的。

2. 管理组织机构

从各个公园到所辖地区，再到国家的项目，整个国家公园局共有超过2万名员工从事不同的学科和组织工作。国家公园局总部设在华盛顿特区，设一名局长；局长配备有高级科学顾问、平等就业机会办公室，下设有办公室主任、执行副局长、财务副局长、立法及国际事务副局长各一名；此外，还有七名地区主管分别负责在阿拉斯加、山区、中西部地区、首都地区、东北部地区、西太平洋地区、东南部地区的417个国家公园的具体管理和项目实施。总部工作人员多数为高级管理人员，主要负责国家项目、政策和预算等工作（见图3 - 3）。

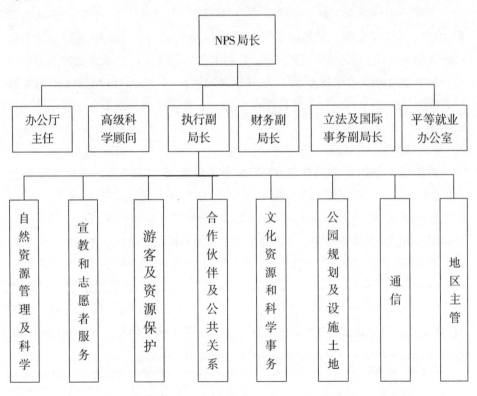

图3-3　美国国家公园局（NPS）组织架构

3. 委员会制度

（1）运行委员会

运行委员会由法律规定或者总统令批准成立，主要负责划拨使用联邦财政资金，与其他国家、州、非营利组织或个人签订合作协议，向其他国家、州、非营利组织或个人提供资助，聘请员工和发放薪酬，从联邦等任何渠道获取资金，签订货物和劳务合同等工作。换而言之，运行委员会主要职能是"实施"，而不是"咨询"。

运行委员会不受《联邦顾问委员会法》（FACA）的约束。只要服务于实施功能，他们就可以开展咨询工作。任何由运行委员会创建的咨询机构均受联邦顾问委员会法 FACA 的限制。国家公园局对与其相关的运行委员会负责。部分委员会与国家公园管理和发展有合作关系，其他委员会则是负责国家遗产区的计划和管理工作。国家公园局公园和区域办公人员和运行委员会共同处理日常事务。国家公园局的国家遗产项目在落地后的有限时间内为国家遗产区提供技术和资金支持。

政策办公室负责合理设立相关委员会，并对其进行有效管理。政策办公室负责：准备正式的特许令，使得每个委员会均能发挥其职能；负责内政部部长任命委员会成员的提名工作；在工作角色定位、工作职责、活动组织和会议筹备等方面向委员会和国家公园局员工提供建议和技术上的帮助；编制和留存委员会报告。

（2）顾问委员会

1935 年，美国历史遗迹、建筑及文物法案首次授权成立了国家公园系统顾问委员会。委员会建议美国内政部部长及美国国家公园局局长就国家公园局、国家公园体系和国家公园管理的项目进行质询，主要包括对历史遗迹、建筑及文物法案的管理，国家历史地标，国家自然地标和国家历史遗迹的历史意义等方面。委员会可以对国家公园局局长对其提出的事项和其他由委员会落实的问题提出建议。

委员会由不超过 12 名美国公民组成，对国家公园局的工作任务有着明确的提供建议义务。这些委员分别代表不同的地理区域，涵盖了国家公园局涉及的所有行政区域。

（3）联邦顾问委员会法

《联邦顾问委员会法》（FACA）由国会于 1972 年通过颁布，该法案为联邦政府向专家和公民寻求建议和帮助创造了一种有序的方式。FACA 重视委员会章程、公开会议、公众参与和报告。在多数情况下，国家公园公园管理局必须遵循 FACA 法案，通过理事会、座谈会、讨论会、专题组或者小组来获得针对某些问题和政策的建议。

如今，国家公园局拥有 30 多个公园和项目顾问委员会，其服从于 FACA 相关规定。许多委员会是针对特定公园设立的，其他的则是为国家公园局服务范围内的项目或工程提供建议的。

政策办公室按照 FACA 的要求对国家公园局及其顾问委员会进行管理，主要体现在：对 FACA 如何应用于管理活动提供指导；准备每个委员会开会或开展行动的特许令；内政部部长任命委员会成员的提名工作。

美国总务管理局/管理委员会秘书处（GSA/CMS）负责监督顾问委员会的活动。在 GSA/CMS 的网站 www.gsa.gov/faca 有一个 FACA 的综合数据库，其中包括顾问委员会的信息和年度报告。国家公园局下属的委员会在内政部的委员会名单中按字母进行排序。

4. 政策与法律体系

（1）基本要求

根据《国家公园局组织法》和其他相关法律对国家公园局员工职责的规定，所有国家公园局的官员和员工均需掌握与他们工作相关的法律、法规和政策。美国的最高法律即宪法中的财产条款赋予了国会制定国家公园系统管理法律的权利，即"国会有权利就美国领土或者其他的资产进行处置或制定相关法律"。

法律一旦制定，其解释和实施的权利将下放至适当的政府部门。在执行这个职能的过程中，国家公园局同其他政府部门一样，制定相关政策来解释法律的模糊之处，补充国会立法过程中的一些细节问题。国家公园系统的管理和国家公园局项目受到来自宪法、公共法律、条约、宣言、行政命令、条例规章以及内政部部长、负责鱼类、野生动物和公园的助理秘书的共同指导。

国家公园局的政策需要和上级机关保持一致，并且拥有适当的授权代表团。许多影响了国家公园局管理工作各方面的公共法律和指导意见在这些管理政策中被引用作为参考。其他与联邦项目相关的法律、法规和政策虽然没有被引用，但也可能适用。诸如，《阿拉斯加州国家利益保护法》（ANILCA）要求在很多管理政策不同的地方被引用，但不是所有地方都是这样。ANILCA 的额外立法要求虽然没有被引用，但也必须在解释和应用这些政策的过程中考虑其他立法要求，以及其他适用的所有立法要求。特别重要的是，监管人员和其他公园工作人员会对他们公园的立法进行审查，以确定它是否包含了超出其服务范围的政策。政策发展的方针为所有的管理决策制定框架并提供指导。

这个指导可以是特定的，也可以是一般性的。它可以规定决策制定的过程、如何完成一个行动，或者如何取得成果。政策措施的产生可能源于对出乎意料的困难和问题突然、紧急的响应，或者通过一个缓慢、渐进的过程，就像随着公园服务的增加，关于困难和问题的经验和认知也会不断加深。有时候，一些倡议并不是源于公园服务，而是来源于一些对公园服务的管理有浓厚兴趣的公园服务之外的个人或组织。然而，国家公园局的政策通常是经过一个协调的工作组和达成共识的团队合作共同努力完成制定的，需要通过广泛的实地调研、与国家公园局高级管理人员的协商、与结合相关的政党及公众的评论。

所有政策必须清晰地以书面形式表达，同时必须经过有权发布政策的国家公园局官员的批准。政策必须及时公布或对公众公开，特别是政策直接影响的那些在华盛顿特区办公室的管理者、地区办公室管理人员和各个公园的工作人员。那些不成文的或非正式的政策，以及对国家公园局各种传统做法的理解，将不会被视为官方政策。国家公园局局长明确指出了合理的、问责制的、可执行的服务范围政策。

国家公园局的工作人员必须遵守这些政策，除非局长、助理秘书或秘书书面上明确表示要对其进行修改和废除。修改和废除政策将视具体情况而定，过去修改和废除的法案并不一定被视为是未来修改和废除法案的先例。申请修改或废除一项法案必须包括一份书面的说明，并通过政策办公室提交给局长，同时政策办公室将与相关的项目办公室进行协调。这份文件中包含的政策旨在提高国家公园局内部管理水平；这些政策并不计划创造任何的利益或权利，无论是在程序上还是实质上，都不会通过法律的强制性和公正性恶意针对国家、国家政府部门、相关机构、其他科室、下设机构、工具或实体及其政府官员、员工或任何个人。

公园的主管只对自己和其工作人员负责，遵守服务范围内的政策。这个指令系统下的国家公园局管理政策是国家公园局基本的服务范围政策文件，其取代了 2001 年的版本。它是国家公园局指令系统下三级指导文件中最高级别的版本。这个指令系统的设计目的是为国家公园管理人员和工作人员提供国家公园局清晰和持续更新的信息，以及建议措施，同时还有帮助其有效管理公园和项目的其他信息。管理政策将定期进行修订，用以巩固服务范围内的政策方针，或者为了回应最新的法律和科技、对公园资源新的理解、影响这些政策的因素和美国社会的变化。

法案的临时修订及更新需要经过局长的批准（即指令系统中的第二级），这同时也可以作为一种工具进一步理顺或澄清在文件中可以交互使用的"国家公园服务""公园服务""服务"和"国家公园局"条款。需要进一步引进政策来满足国家公园局的管理需要。任何过时的政策声明，无论是不符合这些管理政策的，或经过局长批准对政策经过更新、修订、澄清的，都将是不被认可的。在指令系统的第三级文件中，有针对执行服务范围政策最全面、详细的指导说明，这些通常是由副局长发布的参考手册或指南。这些文件为国家公园局体制内的工作人员提供了帮助其更好贯彻落实局长指示和管理政策所需的法律参考、管理方针、标准、程序、基本信息、建议和案例等。第三级文件不会强制提出任何新的服务范围的要求，除非经过局长的特别授权，但它们可能会重申和编译来自上级部门的要求（例如，法律、法规、政策等）。

这个文件的完整性和连续性不容忽视。虽然某些章节本身提供了重要的指导，但这些指导必须在下面列出的重要原则成立的条件下才能体现其价值，同时这也帮助我们更深入地理解这些文件。另外，各章节间相互联系，使得针对国家公园系统的管理更具连续性、更加清晰。同时，术语表中包含了涵盖整篇文件的重要术语，应该在阅读文件的过程中多加留意。

无论将来何时，管理政策被修订的时候，都应遵守现有的法律法规和行政命令；防止公园的资源和价值受到损害；确保资源保护与开发间存在冲突时，保护占主体地位；维护国家公园局对制定决策和履行关键权力的主体责任；注重与当地/州/部落/联邦机构的合作与磋商；支持当代最佳商业模式和可持续性的工作；鼓励系统的统一性——"一种国家公园系统"；反映国家公园局的目标、合作保护的承诺和公众参与；统一说法，在避免坏影响的同时，确保公园管理局对公众合理开发和享受公园资源的政策不被曲解，包括公众教育和普及等；给子孙后代留下自然、文化和物质资源，确保在改善享受条件的同时，满足比当今更好的条件需求。

地区主管和副主管有权发布指导说明的其他来源、相关指导、区域性指令或与服务政策范围一致的其他限制性应用程序。在指导与服务范围政策不冲突的前提下，主管可以在正式授权范围内、公园特定指示下、指令或者其他辅助的指导下发布。

(2) 政策的制定与形成

一项政策是为管理决策构建框架、指明方向的一种指导性原则或进程。政策是在宪法、公共法律、行政命令、决议、规章制度和上级指示的指导下设立的，并与其保持一致。国家公园局的政策将这些指导方针转化为具有凝聚力的方向。政策的方向可以是一般性的，也可以是有针对性的。决策制定的过程主要包括做出哪项决定、一个行动如何完成和如何实现期望的结果。国家公园局政策的主要来源是国家公园局颁布的管理政策。现行的管理政策于 2006 年 8 月审议通过。其包含的各项政策体现了我们的管理理念，同时也适用于其服务范围。局长的补充命令可以对管理政策进行修订。不成文的非正式的政策或公众对于国家公园局各种传统做法的理解不能作为官方政策予以实施。

第一，服务范围的政策只能由局长授权颁布。补充政策、命令、指示、其他形式的区域指导意见或者与服务范围政策相符的其他限制应用可以由地区主管或副主管授权颁布。主管部门在地区主管的授权下可以制定针对特定公园的指令、程序、指令和其他指导，用以补充和遵守相关的国家公园局的政策（例如工作时长、季节开放日期或实施服务范围政策的过程）。

第二，国会可以制定相关政策，同时还有总统、内政部部长或野生动物部门的助理秘书可以制定。其他部门的条例，例如职业安全与健康管理局和环境保护局，有时候会体现国家政策，国家公园局就必须遵守这些政策。

第三，国家公园局组织法为国家公园系统制定了一系列政策，确保国家公园能做到以保护风景、自然、历史遗迹和野生动物作为基本目的，以及会以"严格保护并为子孙后代提供休憩的方式"作为公园的娱乐休闲用途。国会还制定了一系列特定的政策，例如特许经营管理和保护野生动物及风景河流。国会已经将许多公园的具体政策纳入立法，这些可能会与一般立法有很大区别。例如，国会已经批准了部分国家公园系统的狩猎合法化活动。除了国家公园外，国会还制定了一些政策用以管理许多国家公园局的项目，期望扩大全国甚至世界范围内的自然、文化资源保护、娱乐的效益。

第四，国会广泛的立法政策都是比较概括的，通常不会对具体说明最终目标如何实现。根据《国家公园管理组织法》规定，国家公园局具有"规范管理开发"国家公园的职能，即可以制定更为具体的政策以补充完善国会制定的总体政策。这些具体方针在管理政策得以体现，为国家公园局的管理者们开展决策提供方法依据。如果有必要，局长的命令可以补充修订管理政策。立法为国家公园局拓展项目确定总体政策，并允许国家公园局制定具体政策用以满足那些项目管理的实际需要。

第五，国家公园局的规章制度与政策制定存在密切关系，规章制度通常是实施法律和执行由局长提出的政策的机制。政策一旦以这种方式颁布，即适用于所有人，不受其他支配影响，违规行为将受到罚款或监禁等处罚。

第六，国家公园实行三级指令系统。指令系统由内部指令和指导文件组成，用以确保国家公园局的管理者和工作人员对国家公园局的政策、其所需要及建议的行动等方面有清晰的了解。其目的是为了反映国家公园局团队合作、授权最有效层级、工作人员许可、问责制和文书工作减少等方面的组织价值。指令系统由 3 个级别的文件组成：等级一，包含了在《管理政策》书中出现的一些政策，设置了总体框架、提供指导、规定了制定管理决策的各项参数。等级二，为局长的行政命令提供了对管理政策更为详细的解释，委派了特定的权限与职责，并可能在《管理政策》出版期间对政策进行新增或修订。局长行政命令的主要受众群体是主管和其他管理人员。等级三，相关材料，包括手册、参考目录和支持文字和程序操作的包含全面信息的其他文件。一个典型的手册或参考目录包括相关的法律、法规、管理政策、其他局长颁布的指示或要求，还包括范例、示意图、建议措施、表格等。

第七，国家公园局的政策制定可能是对一个意料之外的问题或困难突然、紧急的响应，也可能是一个缓慢、渐进的过程。在这个过程中，服务获得了关于困难或问题的经验、见解。国家公园获得的倡议不仅来源于国家公园局内部，还来源于对管理国家公园有着浓厚兴趣的其他个人或组织。国家公园局的政策通常是经过一个协调的工作小组和不断达成共识的努力才制定出来的，一般包括广泛的实地调研，与国家领导委员会（NLC）的协商、来自公众的评估与协商。局长签署行政令表示这项努力已达成目标。

5. 公园管理

(1) 依法管理

对国家公园局最重要的法律保障是 1916 年颁布的《国家公园局组织法》、1970 年颁布的《国家公园局一般权利法》，以及 1978 年对后面这项法律的修正案。

上述法律建立国家公园系统的根本目的始于保护公园资源和价值。这项要求是独立于不同的禁止损害法案的，对于公园资源和价值的尊重没有时间限制，甚至当不存在任何使公园资源和价值受到损害的风险时也是适用的。国家公园局局长必须寻找方法避免或将对公园资源和价值造成损坏的不利因素发生的可能性降到最低。然而，法律给予国家公园局管理自由裁量权，只要不构成对公园资源和价值的损坏，允许在有必要的时候或在适当履行公园职责的时候，在一定程度上影响公园的资源和价值。所有公园的职能还包括为美国公民提供娱乐资源和价值。法律所规定的娱乐是宽泛的；这是属于所有美国人的，既为参观公园的人们所享有，又属于从远处欣赏它们的人们。它还包括派生效益（包括科学知识）、来自公园的灵感和其他形式的娱乐及灵感。在充分认识到只有高质量的公园资源和价值不被损害，子孙后代才能享受到国家公园带来的好处的基础上，国会明确指出，当资源和价值的保护与公园提供的娱乐产生冲突时，保护是第一位的。这就是法院一直以来如何解释组织法案的。

公园的用途是建立在有关国家公园系统的一般法律基础上的，同样还有建立每个单位的法规或公告。除了公园的用途，在多数情况下，对于单个国家公园的法规或公告还可以辨别开发是否经过授权。公园管理者必须同意经政府授权的开发使用；然而，他们有权利并且必须对开发利用进行管理和规范，以确保开发利用对公园资源的影响在一个可控的范围内。对于政府授权的开发利用，公园管理者有权批准并对开连利用进行管理，保证开发利用不会造成损害或者不可接受的影响。在考虑是否和如何进行开发利用的时候，公园管理者必须考虑到作为立法和宣言的国会和总统的偏好，以决定是否进行开发或者继续利用。当在一个具体开发中存在强大的公共利益的时候，公众参与和合作保护的因素应该被纳入决策制定的过程。

虽然国会赋予国家公园局管理自由裁量权从而允许在公园内的影响，但自由裁量权是有限的法定要求（通常是由联邦法院强制实施的），除非是一个特定的法律直接规定或有明确的其他规定，国家公园局必须保证公园的资源和价值不受损害。组织法作为基础，奠定了国家公园局的主要职责。它确保公园的资源和价值始终保持在能够被美国人民现在和将来享受的状态。除非有直接的、明确的立法或建立公园的公告，否则国家公园局是不会允许损害公园的资源和价值的。相关立法或公告必须提供明确（不是通过暗示和推断）的活动，为了避免损害，必须明确国家公园局对其管理的权威性。

被组织法和一般法律禁止的损害是一种由国家公园局专业管理者根据专业判断裁定的影响因素，会破坏公园资源和价值的完整性，同时也会降低我们能够享受这些资源和价值的可能性。这个影响是否符合定义取决于特定的资源和价值是否会受到影响；严重程度、持续时间和时间的影响；影响所产生的直接和间接的效应；累积效应的影响和其他影响。影响可能存在于任何一个公园的资源或价值，但不一定是负面的。影响更多是负面的影响资源或价值，它更多的是在依法或依公告建立公园的过程中用以满足保护的特定需要，或公园自然和文化完整性的关键，或享受公园的机会，或认定公园的综合管理计划，或其他重要的相关国家公园局规划文本。如果这是一个因保护或保留公园资源和价值完整性的不可避免的结果，同时它又不可能被减轻，那么这个影响可能并不是一种损害。一个造成损害的影响可能未必由游客活动、国家公园局行政活动、由授权所有人或承包商从事的活动和公园内其他活动造成。

在批准一个可能会给公园资源和价值带来损害的行动前，国家公园局的决策者应充分考虑建议的行动可能带来的影响，并且以书面形式确认该行动不会对公园的资源和价值带来损害。如果该行动会带来损害，那么它将不会被批准。

国家公园局的决策者必须用她/他的职业辨别力来甄别这个行动是否会造成损害。这意味着决策者必须权衡以下内容：1969 年颁布的《国家环境政策法案》（NEPA）要求的所有环境评估或环境影响报告、《国家文物保护法案》（NHPA）106 条要求的相关科学和学术研究的磋商、相关领域专家或其他具有丰富经验知识人的建议或见解和与决议相关的公众参与和公众参与活动的结果。当得出的结论是"不可接受的影响"时，专业判断的相同程序即适用了。当国家公园局的决策者意识到这个正在开展的活动可能会对公园的资源和价值造成损害时，她/他必须开展调查并确定该活动是否会造成损害。这个调查和确认可以是独立的，也可以是出于其他目的在一个公园的规划过程中开展。如果确定这就会对未来造成损害的话，决策者必须采取适当的措施，在国家公园局的权力范围内，充分利用各种资源来消除损害。考虑到自然、持续的时间、大小、其他影响公园西源和价值的特征，以及《国家环境政策法》《国家历史保护法》《行政程序法》和其他适用法律的要求，决策者必须尽快采取行动消除损害。

（2）公园的合理开发利用

国家公园局准许对公园适当的开发利用，帮助公众从公园娱乐和资源合理利用中得到增值和灵感的关键。公园资源对那些有合理开发公园经验的人来说具有深远影响。合理的开发公园指的是适当的、恰当的，或者针对特定的公园，或公园的特定位置。不是所有在国家公园系统的开发利用都是合理的或被许可的，同时对于不同的公园或公园的不同位置，合理的界定都是不同的。作为公园资源的大管家，国家公园局必须确保公园的开发利用不会对公园的资源和价值造成损害或不可接受的影响。当计划中的开发和公园资源与价值的保护产生冲突时，必须将保护放在首位。只有在负责人经过职业的判断，认为其不会造成不可接受的影响时，才能在公园中进行新的开发。即使现实条件不太允许某些活动或有一定的限制要求，但国家公园局将总是考虑允许在公园内开展适当的活动。公园负责人必须持续的监控所有开发活动以确保不会出现意料之外的或不可接受的影响。如果出现了意料之外或不可接受的影响，公园负责人必须经过深思熟虑后，对开发活动进一步的管理、限制，或者中止开发活动。适当的游客参观与公园的受欢迎程度有着很大的联系。一般情况下，公园开发的主要内容是那些公园内最优质的自然及文化资源，一方面促进了对公园资源和价值的理解和欣赏，另一方面通过与公园资源的直接联系、相互作用或关系来提升娱乐功能。这些开发的主要形式有助于个人成长和充分发挥公园内在教育价值提升游客幸福感。同样重要的是，一些合理的开发还游离于公园游客的个人健康。

（3）跨越公园界限的合作保护

公园边界外的合作保护对于国家公园局履行其保护公园资源和价值不受损害并能为子孙后代服务的职责是必要的。生态进程跨域了公园的边界，公园的边界可能并不包括所有的自然资源、文化遗址和与公园资源和游客体验质量相关的风景名胜。因此，相邻土地上进行的活动会对公园的项目、资源和价值产生显著影响。相反，国家公园局也可能对公园外产生影响。认识到公园是更大区域环境的重要组成部分，同时，为了体现其保护公园资源和价值的首要关切，国家公园局将与其他人合作，预测、避免和解决潜在的冲突；保护公园的资源和价值；为游客提供娱乐服务；同时解决社区居民生活质量的共同利益问题，例如经济与资源、环境保护的协调发展问题。这样地方和区域的合作可能包括其他联邦机构、部落、州和当地政府、相邻土地所有者、非政府组织和私营部门组织和其他利益相关方。国家公园局将致力于这些工作，因为合作保护活动在建立联系的过程中是一个重要因素，这些联系将有利于公园并推动可持续发展的决策。国家公园局将动用所有的工具来保护公园的资源和价值免受不可接受的影响。国家公园局还将寻求建立合作关系的机会。负责人将监督土地开发的规划、相邻土地的变更，以及外部活动对公园资源和价值的潜在影响。就像任何一个好邻居一样，负责人积极参与更广泛的社区是恰当的。负责人将鼓励相邻土地的兼容式开发，并且积极参与其他联邦机构、部落、州和对财政拥有管辖权或受公园影响的当地政府规划和管理的过程，来避免或减少对公园资源和价值的潜在负面影响。如果这个决定是基于《基础》第 13 章 1.4 – 1.6 和 2006 年颁布的《管理政策》第 14 章，或者即将对公园资源造成不可接受的影响，负责人必须尽可能在国家公园局的职责范围内或可动用的资源范围内，必须采取适当的行动队开发进行管理和限制，从而减小影响。当从事这些活动时，负责人必须充分运用公众参与的原则，通过记录公园的关切，并与所有感兴趣的人分享；倾听那些受公园活动影响的人的关切，来促进更好的理解和沟通。国家公园局还将和联邦、州、地方和部落政府以及个人、组织进行合作，从而实现公园网络无缝衔接的目标。这些伙伴关系建立的目的是搭建起桥梁，这个桥梁既有物理意义，也有一种共同的使命感，比如公园里那些开放的空间，其他受保护的区域，恰当的管理私人土地。国家公园局加入一个公园网络的目标，其目的是为了保护和维持生物多样性，同时出创造更多恰当的教育和娱乐机会。当参与进一个公园网络时，国家公园局不会放弃其在管辖范围内的任何管理权限，同样也不希望其他合作伙伴放弃他们的权力。

（4）公众参与

国家公园局将公众参与作为一项基本的原则和实践。国家公园局对于公众参与的承诺是基于中心原则，即对于国家遗产的保护依赖于国家公园局和美国社会之间的持续合作。公众参与将被视为与邻居和其他利益相关的社区建立和维持关系的承诺。这就要求国家公园局通过对话和倾听来进行沟通。通过公众参与的实践，国家公园局将积极推动与公众双边的、持续的、动态的对话。公众参与可以在很多层面上加强对公园资源和价值的完整意义及当代联系上的意义。公众参与的目标是加强国家公园局和公众对文化和自然遗产资源的保存和管理的承诺。国家公园局鼓励大家以合理、可持续的方式来享受他们的公园。这种实践将通过与广泛社区建立长期的合作关系来推动公众的责任感，这将反过来促进管理国家资源方面广泛的投资。公园和项目管理者将寻找机会与所有利益相关方建立工作伙伴关系，共同赞助、发展，促进公众参与活动，从而促进相互理解、决策和工作成果。通过这些努力，国家公园局也将向其服务的社区学习，包括边境社区。对我国人口结构变化的深入理解对于国家公园局的未来至关重要。如果要保持公众需求和需要的响应和相关性，国家公园局必须积极地寻求理解价值和我们人口的变化是否和自然、文化遗产之间具有联系。这包括弄清楚人们为什么参观、不参观或为什么关心国家公园。重要的是，国家公园局需要帮助那些不想参观和不理解国家公园系统的人们。

（5）环境导向

国家公园局有义务向外界展示并与他人合作，进而促进环境管理方面的工作成效。国家公园局不仅需要为游客、其他政府机构、私人部门和广大公众树立典范，还要给全世界的观众树立典范。国家公园局对公园的管理为唤醒每个个体在环境保护方面的潜能提供了一个独特的机会。环境导向将在国家公园局活动的各个方面体现出来，例如政策沿革、公园规划、公园运营的各个方面、土地保护、自然及文化资源管理、荒野管理、普及和教育、设备的设计施工管理和商业游客服务。在证明环境导向上，一方面国家公园局将完全遵循《国家环境法案》和《国家历史保护法案》的精神，另一方面，不断评估它对自然和文化资源的影响，以便能识别出哪些区域是可以改进的。国家公园局将研究制定一个服务范围环境审计项目，用以评估一系列国家公园局的活动，来确保它们达到了环境保护的最高标准。这个项目还将筛选实现可持续实践的机会，并切实展现环境伦理的最高水准。

（三）农业部动植物检查中心（APHIS）

1. 基本情况

（1）机构概况

动植物检查中心（The Animal and Plant Health Inspection Service，APHIS）隶属于农业部，是一个面向多群体、有广泛职责范围的机构。它致力于保护和促进美国农业的健康发展，肩负规范转基因生物管理、执行动物福利法以及处理野生动物损害事件等职责。这些工作共同服务于美国农业部保护和促进美国食品、农业、自然资源以及其他事项健康发展的总目标。

为保护美国农业安全，APHIS 的工作人员每天工作 24 小时、一周工作 7 天，以抵御农业病虫害对美国动植物资源的入侵。如果对这些威胁不管不问——以地中海实蝇和亚洲长角天牛这两种最主要的农业病虫害为例，一年将会对农业生产和销售造成数十亿美元的损失。类似的例子还有，如果美国有口蹄疫或高致病性禽流感等疫情发生，外国贸易商可对美国提出贸易限制，国内的生产者将会因此遭受巨大损失。

一旦发现病虫害或病原，APHIS 会立即实施紧急方案，并与受灾地区合作迅速控制疫情的扩散。在这种积极的工作模式下，APHIS 能够对美国农业潜在病虫害威胁做出有效的预防和应对。

为促进美国农业在国际贸易上的健康发展，APHIS 力求引领与贸易伙伴间科学标准的制定，以确保每年超过 500 亿美元价值的美国农业出口业免受不当的限制。

为响应民众及国会的要求，近年来，APHIS 的职责范围已拓展到野生动物损害及疾病管理、转基因作物规范及动物福利、保护易受病虫害侵染的自然资源及民众的健康安全等领域。在履行保护责任的同时，APHIS 将会尽一切可能满足美国农业部门利益相关方的期望。

（2）目标与使命

为满足多方的需求，APHIS 不但通过扩大机构规模来履行其职能，更为重要的是进一步提高运行效率，应该变得更加迅速、灵活和更好符合利益相关方与合作者的期望。

APHIS 通过不断努力改进，为美国农业、农民、牧场主以及民众提供更加实惠和快捷的服务。为完成它的使命，APHIS 的目标表现在如下七个方面：一是抵御农业病虫害的入侵和传播；二是确保动物受到人道主义对待和关怀；三是保护森林、城市绿地、牧场、私人劳作的土地以及其他自然资源免受病虫害的侵害；四是确保动物性药品的安全性、纯度以及效力，并通过最优化转基因作物监测工作以保证植物的健康；五是确保贸易农产品的安全，为美国生产者创造出口机会；六是保护美国农业资源的安全，包括通过实施监测、备灾、应对以及控制项目以消除人畜共患传染病的发生及其影响；七是将 APHIS 打造成为能适应 21 世纪新挑战的高性能、高效率、适应性强的为公民服务的机构。

上述七项战略目标明确了 APHIS 的工作重点，并可继续细分为 21 个分目标，包括 APHIS 的主要工作方向以及承担的项目和服务等。为达成各个目标下的分目标，APHIS 开展了多个行之有效的项目。这项战略中体现出来的内容是 APHIS 有代表性的目标，并不代表所有 APHIS 为完成其使命而做的重要工作。

2. 发展历程

APHIS 建立于 1972 年，是一个相对较为年轻的机构，但如今许多划分在其职责范围之下的重要工作都已经在美国农业部（USDA）有超过 100 年的历史。在 20 世纪的大部分时间里，特别是在早期，动植物检验部门独立运行，APHIS 的建立巩固了这个部门的功能，并在此后的时间里，不断扩大其职责范围，以更好保护美国农业服务。

APHIS 的前身美国动物性药品处（Veterinary Division），由美国农业部委员会于 1883 年设立，是农业部第一个监管机构。一年后，动物性药品部改为畜牧局（BAI）。国会设立畜牧局以促进家畜疾病的研究、执行动物进口条例以及协调动物在州际间的运输。在随后的几年里，畜牧局下又设立了相关职位以支持美国入境港口的检疫工作。30 年后随着 1912 年《植物检疫法》的出台，国会成立联邦园艺委员会（Federal Horticultural Board）开始开展植物检验工作。联邦园艺委员会在 1928 年被分解为多个植物卫生检疫局（Plant Health Bureaus）。

1953 年，畜牧局和多个植物卫生检疫局并入美国农业部农业研究局（ARS），在 ARS 组织结构下，动植物检验工作依据不同的性质由研究部门或监管部门承担。

1966 年国会通过了《动物福利法案》（AWA）以管理被用于实验的恒温动物、为销售或向公众展览而饲养的动物以及用作运输工具的动物。此项法案要求设立并实施最低动物护理标准。目前，由 APHIS 的动物保健计划负责执行 AWA 以及国会在 1970 年通过的《马匹保护法案》的相关规定。

1971 年，ARS 的动植物监管职能被分离出并以此组建了动植物卫生局（APHS），随后在 1972 年，消费者与市场管理局（Consumer and Marketing Serv-

ice)① 的肉类及家畜检验职能被分离出来并入 APHS（为 APHS 加入了"I"）。
进行这种机构重组的目的是为了将依赖于相近专业学科的机构集中在一个部门
中。1977 年食品安全与质量管理局（Food Safety and Quality Service）成立，承
担了肉类及家畜检验职能，如今该部门被称为美国农业部食品安全检验局
（USDA's Food Safety and Inspection Service）。

在 APHIS 组织结构下，入境港口的动物检验工作在 1974 年由动物性药品管
理处（Veterinary Services division）转移到了植物保护处（Plant Protection Divi-
sion），因此，植物保护司变为了植物保护与检疫局（Plant Protection and Quaran-
tine）（PPQ）。2002 年，入境港口的动物检验工作又被移交给海关和边境保护局
（Department of Homeland Security's Customs and Border Protection）的新设部门。

1985 年，农业部部长指定 APHIS 作为涉及动植物健康的生物技术制品的管
理部门，APHIS 也自此进入了生物技术时代。1987 年在植物保护与检疫项目下，
设立了生物技术与环境协调专员（Biotechnology and Environmental Coordination
staff）一职，以履行这一职能。2002 年，APHIS 制订了生物技术监管服务计划
（Biotechnology Regulatory Services program）以突出生物技术制品监管职能。

1985 年，国会还将原属于鱼类和野生动植物管理局动物损害控制计划（An-
imal Damage Control program）转移到了 APHISA，之后被重命名为野生动物服务
计划。这次转移拓展了 APHIS 对农业保护的任务范围，增加了其管理权限。

1987 年，隶属于 APHIS 的 PPQ、VS 的国际项目员工为国外人士提供服务，
因此工作人员在国际社会的影响日益扩大。于是，来自 PPQ 和 VS 的国际项目员
工最终合并成立了国际服务项目（IS）。如今，IS 负责促进国际贸易与保障相关
事项。

国会分别于 2000 年、2002 年通过了《植物保护法》和《动物健康保护
法》，APHIS 保护动植物安全的能力得到了很大的提升。这两项法案巩固和更新
了之前的动植物卫生管理法规，为 APHIS 保障农业安全和应对病虫害威胁提供
了更多的支持。

尽管 APHIS 的使命自成立以来从未改变，但该机构监管的农业领域相关事
项的范围却发生了指数型的增长。APHIS 将继续致力于抵御外国病虫害的侵入
以保护美国农业的健康安全。为应对 21 世纪农业领域的挑战，APHIS 中经验丰
富的科学家、动物性药物专家、生物学家以及其他专业人员将继续不断创新应
对措施。

_____

① 后改为农业市场管理局，Agricultural Marketing Service。

3. 组织架构

APHIS 划分为 6 个项目组织单位、3 个行政管理支持单位以及 2 个负责联邦政府事项的办公室（见图 3 – 4）。

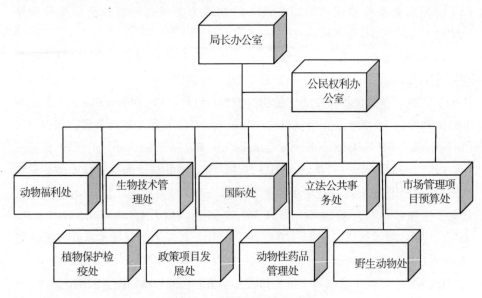

图 3 – 4　APHIS 组织结构图

该机构的项目组织单位由六个处组成，这六个处也是主要的业务部门：一是动物福利处（AC），通过监察和教育工作掌握并提升动物的护理标准；二是生物技术管理处（BRS），通过制定有科学依据的监管制度确保转基因工程的安全发展，以保护农业和自然资源；三是国际处（IS），为保护美国农业健康发展提供国际动植物检验专业知识，并促进美国农产品国际贸易；四是植物保护检疫处（PPQ），确保农业和自然资源免受病虫害入侵、侵染以及传播的威胁；五是动物性药品管理处（VS），通过抵御、控制或消除人畜共患传染病，以及监测并提升动物健康和生产水平，来保护和促进我国动物及其制品的安全、质量和适销性；六是野生动物处（WS），引导野生动物冲突事件的解决，促进人和野生动物和平相处。

行政管理项目支持单位由四个部门组成：一是立法公共事务处（LPA），负责与国会、州政府、农业股东、贸易伙伴以及媒体的通信交流；二是市场管理项目预算处（MRPBS），为支持包括 APHIS 在内的三个 USDA 市场管理项目提供资源管理和行政服务；三是美国土著居民办事处（ANAWG），增强项目对美国土著居民、部落委员会以及相关机构的传递性和可实现性；四是政策项目发展处（PPD），为 APHIS 提供严格的、与机构使命一致且合法的政策分析、财政预算以及战略调整计划。同时还负责对重要项目的评估以确保各项目的有效运作。

办公室由两个部门组成：一是应急管理办公室（OEPR），协助 APHIS 的紧急应对措施和国土安全保护；二是公民权利办公室（OCRDI），为 APHIS 的雇员及服务对象提供公民权利事务方面的管理、指导和技术支持。

4. 动物福利执法行动

APHIS 负责保护受监管动物的福利，并通过突击检查、上门走访等日常工作以确保动物受到人道主义关怀。

在过去的一年里，APHIS 对其发布在官方网站上供公众浏览的信息进行了一次全面的复查。为完成这次复查，整个搜索数据库以及附件资料都被下线。经过这次复查，APHIS 删除了部分涉及《马匹保护法案》和《动物福利法案》的私人信息。APHIS 最近公布了此次复查的报告以及机构年度报告，并允许读者进行转载。APHIS 每月还会公布依据《动物福利法案》规范授予的执照和登记清单①。在这个网页中，请点击"AWA 个人执照或登记信息"以浏览至今为止的所有清单。除此之外，一些执法记录（如最初的决定或命令、默认处理以及经协商达成一致的处理）可在美国农业部行政执法办公室的网站上进行查询。

APHIS 将会继续复查网站记录并确定哪些信息适合公众阅读。那些与复查报告有关的搜索信息尚未公布到网站②，与监管以及执法工作相关事项有关的数据可依据《信息自由法》（FOIA）获取。在 FOIA 相关规定下获得许可后将可获得这些记录。同时，依据 FOIA 最近修订的法令，当某项记录被连续不断的申请获得且符合 FOIA 的规定时，APHIS 将会在网站上公布这项记录。

2017 年 6 月 16 日，APHIS 公布动物福利检查报告。在全面复查网站公布的信息期间，APHIS 于 2017 年 2 月 3 日限制了民众查询动物护理监管系统（Animal Care Inspection System）的权限，在最近要公布的报告中将包括在 2017 年 4 月 22 日至 5 月 19 日之间发生的事项的记录。作为信息全面复查工作的一部分，APHIS 将继续复查动物登记信息及其检验报告，因此，在将要公布的报告中不包含动物的登记信息，但 APHIS 计划在未来公布该部分信息。

依据 APHIS 的处理程序，当公众对复查结果有更多的诉求时，可以酌情添

---

① 链接为：https：//www. aphis. usda. gov/aphis/ourfocus/animalwelfare/SA_ Regulated_ Businesses。

② 链接为：https：//efoia － pal. usda. gov/palMain. aspx。

加相关的信息，在此报告中，暂不公开 2017 年 5 月 19 日之后的事项记录。APHIS 网站的复查工作正在进行，该机构正在努力的寻找信息公开与保护公民私人信息之间的平衡。2006 年，由于还未完成对管理方式的合理改变，APHIS 决定调整监管记录的发布形式。另外，在监管记录事项上，由于在网站公布的内容中涉及一些私人信息，APHIS 正因此面临着被起诉的情况。目前，APHIS 正积极应对这项起诉，采取了一系列额外措施、谨慎小心地保护公民的私人信息。目前 APHIS 做出的一系列决定都不是最终的结果，将会依据适宜的浏览内容进行调整。

联邦政府法院不断做出的判决为 APHIS 在处理信息公开事项上提供了法律指导，涉及隐私法、信息自由法以及其他相关法律。APHIS 在美国农业部的支持下，持续监管这些信息的来源并根据需要对 APHIS 的做法进行调整。

APHIS 有保持信息公开透明、以满足农业利益相关方信息需求的职责，同时还要维护私人的隐私权，为此，APHIS 已经撤销了其网站上与《马匹保护法案》和《动物福利法案》有关、且涉及的私人信息违背联邦法律的文件。这些文件包括检验报告、研究机构年度报告、监管措施（如来自官方的警告）、监管对象清单以及没有体现最终结果的执法记录（如起诉前的和解协议以及行政投诉）。此外，为保证私人信息合法向公众公布，APHIS 还将审查，以及在有必要的情况下重新编辑依据《动物福利法案》发放的执照和登记信息清单，同样方式处理的还有由美国农业部认证的马匹组织颁发的"指定合格人员"清单。

若某人想获得 APHIS 检验报告、研究机构年度报告、监管措施、监管对象清单以执法记录中的相关信息，需依据《信息自由法》提出申请，当满足该法案以及联邦政府新颁布的其他法案的相关要求并获得授权时，则可获得该部分信息。若某项记录被连续不断的申请获得且符合 FOIA 的规定时，APHIS 将会在网站上公布这项记录。除此之外，一些执法记录（如最初的决定或命令、默认处理以及经协商达成一致的处理）可在美国农业部行政执法办公室的网站上进行查询。

5. 野生动物肇事冲突解决

（1）使命

美国农业部 APHIS 野生动物处（WS）的使命是为解决野生动物冲突、促进人与野生动物和谐相处提供引导措施和专业知识。WS 向其下辖区域和国家办事处（Regional and State Offices）、国家野生动物研究中心（NWRC）以及野外工作站点布置项目任务、研究内容以及其他事项，同时还承担一些国家项目。

项目的生物学家通过综合应用野生动物损害管理方法，依据援助请求提供技术支持或直接的管理行动。国家野生动物研究中心的科学家致力于研究野生动物损害的管理方法。

WS 的项目帮助人们解决野生动物对各种资源的损害，并减少野生动物对人类健康安全的威胁。联邦拨款和合作者的基金共同为 WS 的项目提供资金支持。

WS 通过达成双方和解书、协议以及其他有法律效力的文件来开展他们的工作，并依据国家环境政策法案（NEPA）进行环境审查。WS 会向公众提供其野生动物损害管理工作的年度报告。

（2）管理哲学

美国野生动物是托管于国家联邦机构的公共资源。包括 WS 在内的政府机构都应参照民众的愿望、观点及态度依法保护和管理野生动物资源。在执法过程中，政府机构必须考虑民众对解决野生动物造成的损害以及其他问题的需求。野生动物可对农作物、牲畜、森林、牧场、位于城区或农村的财产和基础设施造成重大的损害，且会威胁到其他物种的生存及其栖息地的安全。野生动物还可能通过传染疾病或与飞机相撞对人们的健康和安全造成损害。在处理野生动物损害事件前，应先仔细评估问题的性质，并考虑所有可行的解决方式。采取的行动应以科学为基础，同时考虑动物的生命安全、环境安全以及社会责任。WS 的愿景是：人类与野生动物更加和谐的相处。WS 认识到野生动物损害管理领域正处于一个变革时期，从事这一领域的工作人员必须考虑到多方的公共利益冲突关系。这些公共利益包括野生动物保护、生物多样性、动物福利以及利用野生动物以供娱乐、休闲、消费以及谋生。WS 的野生动物损害管理战略是有科学依据、考虑动物的生命安全、考虑环境安全并履行社会责任。WS 也力求在保护野生动物生命的同时将野生动物对人类的损害降到最低。WS 的使命：为管理野生动物冲突提供政府的领导。WS 认识到野生动物是美国民众所珍视的重要的公共资源。但由于其本身的性质，野生动物资源具有高度的动态性和可移动性，并可对农业和个人财产造成损害、影响人们的生命健康安全以及对工业和自然资源造成负面影响。

（3）具体活动

WS 为保护农业、自然资源、人们的财产、健康和安全提供野生动物损害管理援助。一般情况下，一项管理活动往往保护不止一种类型的资源。例如，WS 的生物学家与航空部门合作减少机场的野生动物损害，以保护民众的生命安全、减少航空公司的经济损失。

WS 通过实施综合的野生动物损害管理方法来保护各种类型的资源：一是保护农业资源，包括保护家畜免受食肉动物伤害、水产养殖、外来入侵物种管理、河狸损害管理、为保护农业的野生动物管理、国家狂犬病管理计划、野生动物疾病管理；二是保护自然资源，包括濒危和易危野生动物保护、为保护自然资源的野生动物管理、外来入侵物种管理、国家狂犬病管理计划；三是保护财产，包括外来入侵物种管理、河狸损害管理、为保护财产的野生动物管理、机场野生动物损害管理；四是保护人的健康安全、机场野生动物损害管理、外来入侵物种管理、为保护人身健康安全的野生动物管理、国家狂犬病管理计划、野生动物疾病管理。

三、州政府保护管理机构设置

在州政府层面的野生动物保护管理工作方面，设置有专门的狩猎与鱼管理管理部门，与联邦政府在州设立的保护管理机构共同开展保护管理工作。

（一）亚利桑亚州野生动物保护管理体制

1. 机构设置

亚利桑那州专门设置了狩猎与鱼管理局（Game and Fish Service），负责本州内的野生动物、鱼的保护与利用管理和执法工作。作为州设立机构，狩猎与鱼管理局向州长负责，实施委员会决策和局长管理制度。

（1）狩猎与鱼管理委员会

亚利桑那州狩猎与鱼委员会（the Arizona Game and Fish Commission）系根据《亚利桑那州修订法规17－231》制定，负责制定全州野生动物的管理、保护和利用政策，以保障全州公民的福利。一是负责制定管理、保育和保护野生动物与鱼类资源的规章制度，确定全州的野生动物狩猎额度、运动钓鱼的数量、开展栖息地保护项目；二是负责船只、高速路外汽车交通的安全与规范化管理。委员会还负责任命局长，局长兼任委员会秘书。委员会由五名成员组成，系由州长指定，须具备专业的野生动物和鱼保护与利用知识，或者与其相关的经济、法律等其他专业特长，并具有良好的州内不同区域代表性，同一个县里不得有两名委员，而且同一个政党内不得有三名委员。委员会成员任期五年，全部系志愿者身份，没有报酬，无须听从州长指令。委员会主席通常由任期最后一年的委员担任。

委员会实行会议公众参与机制，面向公众公开组织召开会议，向公众公布委员会会议拟讨论决策的议题和议程，接受公众监督和质询，并欢迎所有的公众参与会议。对于某一会议制定的议程的所有版本都在网站上予以公众，确保公众知晓议程的修订、完善和形成过程。委员会可以根据参会公众要求提供便利，诸如为聋哑人提供手语翻译。委员会通过网络向公众发布会议日期和地址，通过信函、电话方面接受公众参会申请。由于召开会议场所大小受限，最后根据报名先后顺序确定参加人员。通常，一年召开 12 次会议，即每月召开一次会议，其中有的在凤凰城总部召开，也有的在地方召开，但每年的第一次和最后一次会议安排在凤凰城中部开展。会议主题侧重在狩猎管理等方面。

委员会每年组织召开一次颁奖晚宴，以表彰和感谢当年对全州野生动物保护做出突出贡献的组织和个人。颁奖晚宴也是全州野生动物保护管理工作人员、野生动物爱好者、政府其他职能部门、企业与非营利组织共同参与的一次盛会。颁奖晚宴始于 1991 年 1 月 12 日，迄今共有 374 人（机构）得到奖励。颁奖晚宴的所有费用来自门票销售和捐赠，包括获奖代表及其配偶或客人的门票支出。餐费捐赠者或机构可以在餐桌放置单位名称的广告牌，在会场的海报，幻灯片页面上的标识等。2017 年颁发的奖励包括：杰出奖（Award of Excellence），年度青年环保家（Youth Environmentalist of the Year），年度最佳媒体（Media of the Year），年度最佳保护组织（Conservation of the Year），年度自然资源专家（Natural Resource Professional of the Year），年度最佳志愿者（Volunteer of the year），年度最佳导师（Mentor of the Year），年度最佳教育工作者（Educator of the Year），州年度最佳提议（Advocate of the Year-State），联邦年度最佳提议（Advocate of the Year-Federal），年度最佳商业伙伴（Business Partner of the Year），年度巴克阿普尔比猎人导师奖（Buck Appleby Hunter Education Instructor of the Year）年度野生动物栖息地管理（Wildlife Habitat Steward of the Year），北美模范委员会成员奖（North American Model Commissioners Award）。

（2）狩猎与鱼管理局

狩猎与鱼管理局是亚利桑那州政府的职能部门，管理全州的野生动物资源，规范水上交通工具使用，执行高速公路之外的交通法律。管理执行相关规定和政策，采取行动保护、保留和管理野生动物；开展野生动物执法行动，保障公众健康和安全；提供信息和安全教育项目，促进发展伙伴关系。由于野生动物保护不仅跨行政管理部门，还跨行政区域，管理局需要开展大量的协调工作，包括与主权部落、当地政府、私有土地主、其他州和国家进行交流与合作。

管理局长办公室（Director's Office）负责履行行政管理职能，以及实施委员会决策，设在凤凰城，也是管理局总部所在地。局长向委员会负责，并由委员会任免，不接受州长的直接领导，也不接受联邦 FWS 的直接领导。局长办公室向管理委员会负责，负责管理局的具体行政事务，包括法务、人事等，以及批准预算建议、对外合作协议，管理工作计划。该部门还负责协调制定规章、政策、程序，执行风险管理、损失防控、内部审计等。

现场工作部（Field Operation Division）包括六个区域办公室（Regional Offices），执法部门（the Law Enforcement Branch），航空兵支持等。区域办公室设在派恩托普市（Pinetop）、弗拉格斯塔夫市（Flagstaff）、金曼市（Kingman）、尤马市（Yuma）、图森市（Tucson）、梅萨市（Mesa），负责与野生动物管理、水上交通工具和高速路之外车辆交通的管理、宣传、教育、执法等工作。每一个区域办公室都能为所在地社区提供系统的野生动物保护管理服务，具有管理局在社区服务方面具备的相应职能。执法部门为保护管理部门提供指导、协助和管理支持。此外，在哈瓦苏湖城（Lake Havasu City）设置了一个临时办公室，用作船只检查和注册。

狩猎管理部负责向公众核准狩猎资格，出售狩猎指标。非狩猎管理部负责对野生动物、鱼种群和栖息地进行监测，开展公众宣教和相应的生态恢复工作。执法部负责检查狩猎人员的证照是否齐全，巡逻和打击非法狩猎活动；该部门共有 170 名执法人员，人均管辖面积 3000 公平公里；执法人员与州其他警察的身份与属性没有差别，但工作重点存在差别。

2. 野生动物保护管理活动

（1）白头鹰和黑脚雪貂繁殖良好

2016 年，亚利桑那州狩猎与鱼管理局在白头鹰、黑脚雪貂繁殖方面再次打破历史纪录，表明在这些物种的异地保护方面取得显著成果。

科学家们系统地记录了亚利桑那州白头鹰种群的动态变化，以及繁殖区、被繁殖区、产卵区、活跃繁殖区、成功繁殖和孵化数量等关键信息，能充分说明白头鹰处于健康状态，且在该州的种群数量持续增长。在亚利桑那州狩猎与鱼委员会的继续支持下，国家野生动植物基金会和遗产基金（来自亚利桑那州彩票销售收入）为白头鹰的繁殖提供了资金支持。

黑脚雪貂重新引入亚利桑那州已有 20 周年历史，改变了该州该物种原本灭绝的情形。当前，亚利桑那州已经有三个地区重新引入了该物种，为确保物种多样性创造了有利条件。黑脚雪貂原本被认为野外灭绝，直到 1981 年在怀俄明州发现了一小群雪貂，受疾病影响，仅有 18 只。随着再引入工作的开展，原来的 18 只雪貂已经繁殖成功 800~1000 只的子代，生活在美国西部地区的荒野。

（2）减少围栏对叉角羚羊的影响

亚利桑那州狩猎和鱼管理局的志愿者捕获了 23 只叉角羚羊，为其安装项圈，然后释放至野外，以持续跟踪这些叉角羚羊的行踪，了解栖息地及周边道路构成的影响，以及不同种群之间的连通性。结果表明，道路导致栖息地割裂，对于叉角羚羊的行动构成了实质性影响，特别是高速公路和围栏制约了叉角羚羊的奔跑以及不同种群的交流。进一步的研究表明，高速公路两侧的叉角羚羊缺乏交流，可能制约种群的遗传多样性。针对围绕，尽管叉角羚羊可以跳过去，但它们总喜欢爬过去，原有的生物特性受到影响，而且容易受伤。为此，州狩猎和鱼管理局与农业部林务局、亚利桑那州交通部门、国家公园局、当地农场主以及亚利桑那州羚羊基金会等非政府组织合作，重新修筑了数英里围栏，用18英寸的光滑导线替换原来不光滑的线缆，使攀爬中的叉角羚不易受伤。在此过程中，随着平板电脑或智能手机上安装的应用程序，科学家和管理者能够更为便捷地收集、更新和分享叉角羚羊情况。

（3）建设野生动物廊道

亚利桑那州皮马县北奥罗克高速路（Oracle）施工时，充分考虑了道路对野生动物移动的影响，建设了一个野生动物廊道，供野生动物从道路下方穿过。州狩猎和鱼管理局在廊道上方安置了照相机，记录下了鹿、土狼、野猪等野生动物通过该廊道穿越高速路，避免了可能遭受的车祸等伤害。廊道的修建不仅对野生动物，对于驾驶者来说，都提高了安全性，还有助于野生动物所需栖息地的联通。廊道建设项目由地方和州管理部门、当地社区、保护团体共同协作完成，也是这些不同利益相关方多年合作的成果。野生动物廊道建设由全国性质的消费税资助，由亚利桑那州交通部门建立的区域交通局修建，以及州国土部门、美国林务局和兰乔维斯托索房主协会管理，皮马县出资购买野生动物廊道附近的土地，州狩猎和鱼管理局野生动物专家帮助提供野生动物生物学及生态学方面的技术支持。

（4）拓展保护资金渠道

主要以猎人组成的人类伙伴委员会（HPC）在2015—2016年度，创纪录地为亚利桑那州野生动物保护工作提供了240万美元的经费。大部分资金都是通过拍卖或抽取特殊的大型狩猎许可标签筹集，所得款项可资助70多个项目，以改善大型栖息地境况，提高栖息地质量，加强野生动植物保护。州狩猎与鱼委员会每年批准三个大型狩猎许可标签，每个物种授予非营利的野生动物保护组织进行拍卖或抽奖。从这些拍卖和抽奖产生的收入返回到管理部门，用作使大型狩猎许可标签对应的物种受到保护。

州狩猎与鱼管理局鼓励猎人和钓鱼者分享狩猎与钓鱼场所，将最喜欢的地点标注在地图上，以更为合理地使用野外的动物与鱼类资源，增强狩猎和钓鱼区域的保护管理。由猎人和钓鱼者分享的信息对于野生动物与鱼及其栖息地保护具有重要作用，可为州和联邦机构提供重要的、以前不可用的数据，以促进这些地区的保护管理工作开展。

(5) 调整野生动物保护名录

得益于州狩猎和鱼管理局、内政部鱼和野生动物管理局及其他联邦和州管理部门的齐心协力，鱼和野生动物管理局有充分的科学依据，可以确认豹蛙种群数量稳定上升，亚利桑那州和内华达州南部的豹蛙不再需要联邦政府根据《濒危物种法》进行保护。联邦与州两级管理部门与社会组织共同开展了栖息地管理、新栖息地建设与恢复等物种拯救活动，有效地消除了豹蛙面临的威胁因素，确保了该物种种群得以快速回复。参与豹蛙保护管理工作的其他成员还包括内政部土地管理局、国家公园局、内华达州野生动物局、犹他州野生动植物局、垦务局、环境局保护局、克拉克县（内华达州）、南部内华达水务局（包括拉斯维加斯斯普林斯保护区）、内华达大学等。

3. 野生动物和鱼游憩活动

(1) 举办室外博览会

2016年，州狩猎与鱼管理局继续举办了一年一度的室外博览会，以吸纳公众前来旅游，获得收益，用作野生动物和鱼保护管理工作。博览会由斯卡尔国际狩猎俱乐部（Shikar – Safari Club International）承办。据统计，共有45600人参与此次博览会，达到历史新高，尤其是有4500名学生参加了青年日活动。此次博览会期间开展的活动类型多样，包括钓鱼、打猎、射箭、露营、非公路车辆娱乐、划船娱乐和野生动物观赏等。共有150多家参展商在场提供服务，包括运动员和环保组织、政府机构以及户外产品和服务的商业供应商。

(2) 出台猎人激励机制

州狩猎与鱼管理局在2016年秋季推出了名为"点卫"（Point Guard）的新项目。如果狩猎抽签成功的申请人无法参加狩猎活动，为参加抽签而花费的奖励积分将得以恢复，而不会核销。奖励积分属于累积积分，由管理部门在抽奖期间通过计算机随机生成，发放到申请人账户。为获得抽奖机会，申请人只需每年递交一份有效申请即可，不需要提供狩猎许可证。"点卫"适用于在线申请抽签的申请人。

(3) 出台钓鱼参与激励机制

州狩猎和鱼管理局为促进公众参加钓鱼活动，开展了一系列钓鱼许可证促销活动，提供价格优惠的钓鱼许可证，以提高许可证销售收入，为管理局获得更多的资金。该促销活动得到立法给予的制度保障。在阵亡将士纪念日和7月4日的节假日，管理局仅对许可证实行半价促销，即钓鱼者只需支付正常价格的一半。通过促销活动，使得两天的许可证销售额分别比去年同期增长了370%和

267%。在父亲节举办一个 5 美元的普通鱼许可证活动,使得销售额增加 67%。此外,另外一项促进钓鱼经验的促销活动使得许可证销售额较去年增长了 21%。

州狩猎和鱼管理局还积极促进社区在鱼资源利用上的参与性。在州东北部怀特山脉的圣约翰斯农村社区,实施了最新的社区捕鱼项目(CFP)。一是于 3 月 21—26 日期间,在社区池塘首次放养虹鳟;二是计划是每年至少两次放养鳟鱼,每年三次放养鲶鱼,每年放养一次太阳鱼;三是鼓励社区儿童和家庭参与放养与钓鱼捕鱼活动。

(4)促进野生动物观光旅游

州狩猎与鱼管理局为使全球观众更容易适时体验野生动物景象,推出了两款实时摄像机。通过两项两台摄像机,公众可以直接观看到野生动物在野外的生活、觅食、繁育等情况。其中一台摄像机适时跟拍了孵化鸟的全过程,数以万计的公众共同看到雏鸟从巢穴中坠落后死亡,为之十分难过,共同见证了野生动物在野外生存面临的挑战。州狩猎和鱼管理局支持"亚利桑那州野生动物景观"纪录片参加艾美奖竞赛,反映州野生动物景观的"一只角叉角羚羊的胜利"和"蝙蝠和燃烧的森林"成功获奖。"亚利桑那州野生动物景观"是由州狩猎与鱼管理局信息处制作的一个半小时的原始系列节目,节目在当地的 PBS 电台和在全州 YouTube 上的城市有线电视频道播放。

4. 保护投入与支出机制

2015—2016 财务年度,亚利桑那州狩猎与鱼管理局的总收入为 1.17 亿美元,总支出为 1.09 亿美元,收支基本持平,收入高于支出的部分计入下一个财政年度。

收入按来源可分为十种渠道,支出与收入基本对应。联邦给予的资金援助(包括配套资金)是最重要的资金来源,达到 4821.49 万美元,支出为 4494.50 万美元;狩猎和鱼许可证销售收入为第二重要的收入来源,获得的资金为 3475.48 万美元,支出为 3201.28 万美元;位居第三的为遗产资金提供的资金,为 1016.31 万美元,支出为 799.21 万美元;第四为野生动物保护基金提供的资金,为 653.37 万美元,支出为 636.12 万美元;第五为水上船只许可证销售收入,为 454.42 万美元,支出为 308.36 万美元;第六为非直接成本基金提供的资金,为 406.49 万美元,支出为 495.29 万美元;第七为其他资金,包括联邦资助、野生动物保护恢复资金、野生动物反盗猎资金、捐赠资金、鸭票销售资金等,合计为 395.07 万元,支出为 437.33 万美元;第八为非高速路的车辆行驶费,为 179.25 万美元,支出为 196.99 万美元;第九为非狩猎性收入,为 15.49 万美元,支出为 11.32 万美元。

2015 年度的许可证、标签和鸭票销售总额为 3376.75 万美元, 其中捕鱼许可证销售收入为 647.33 万美元, 狩猎许可证销售收入为 200.94 万美元, 捕鱼和狩猎联合许可证销售收入为 996.88 万美元, 青少年童子军活动收入为 35.07 万美元, 社区渔业为 15.03 万美元, 鸭票为 26.98 万美元, 短期套票为 90.21 万美元, 许可标签为 778.92 万美元, 非本地居民许可标签为 203.74 万美元, 申请费收益为 436.39 万美元。

5. 公众参与机制——举报盗猎分子行动 (Operation Game Thief)

举报盗猎分子行动是一个全民参与的打击盗猎项目, 鼓励社会公众举报任何可疑的野生动物盗猎活动, 或者与野生动物盗猎相关的活动。举报热线为免费电话, 全天候工作。

(1) 发展历程

亚利桑那州狩猎与鱼部门很久以前就注意到需要为公众提供参与打击野生动物盗猎的机会, 以增强野生动物保护管理部门能力, 应对持续进行中的鱼与野生动物资源盗猎事件。

1974 年,"拯救野生动物"项目 (Help Our Wildlife, 缩写为 HOW) 得以实施。受限于捐助的资金不足, 项目实施的举步维艰, 难以为积极参与野生动物保护的公众提供实质性奖励。通常, 当项目工作人员得到举报电话和盗猎信息时, 盗猎已经发生了很长时间。由此, 尽管举报依旧十分重要, 但野生动物保护管理人员却难以在实地抓获盗猎分子。

1977 年,《亚利桑那州修订法规 17 - 246 号》(1978 年修订为当前的 17 - 314 号) 设立了民事责任要求, 允许州采取民事行动打击任何非法占有、伤害、猎杀、持有野生动物的活动, 要求当事人就野生动物违法行为导致的损害进行恢复。针对每一个物种, 损害的最小数量进行单独评估。诸如, 1977 年, 盗猎一个濒危野生动物的最小损失为 750 美元, 而当前最小的民事赔偿责任已经上涨到 8000 美元。

1978 年,《亚利桑那州修订法规 17 - 315 号》得以实施, 建立了野生动物反偷盗基金 (the Wildlife Theft Prevention Fund, 缩写为 WTPF)。野生动物反偷盗基金来源于根据《亚利桑那州修订法规 17 - 246 号》的罚款、没收和处罚形成的资金。野生动物反偷盗基金只能用作对举报盗猎事件的奖金, 举报工作基于电话系统建立, 遍布全州的所有地方。基金的设立推动了举报盗猎分子工作的开展, 也提高了公众对于野生动物盗猎危害性的认知, 增强了公众举报盗猎事件的积极性, 并促进了野生动物非法商业性利用调查工作的开展。

（2）发展现状

1979 年，举报盗猎分子行动项目正式实施，晚于新墨西哥州一年成为美国第二个实行此类项目的州。由于设立了野生动物反盗猎基金，州举报盗猎分子行动项目得以拓展成为全国项目的一个组成部分。自 1979 年以来，举报电话号码保持为 1－800－352－0700。当前，举报热线每天 24 小时、每周 7 天不间歇运行，而在 1979 年，举报热线每天工作时间为早 6 点至晚 10 点。

电话举报已经被证明是一个非常有效的手段。对于在野外巡逻的管理人员而言，如果能够及时收到举报的信息，将极大地提升捕获嫌疑人的成功率。为进一步缩短举报的时间，提高举报效率，对于部分电话公司提供服务的电话，可以直接拨 "#" 号，直接接入举报中心。举报人不仅可以在亚利桑那州拨打免费电话，在毗邻的犹他州、新墨西哥州、内华达州、加利福尼亚州南部也可以免费拨打举报电话。由于州从事野生动物保护管理的警力有限，针对举报的案件，举报中心工作人员根据案件情节轻重进行排序，优先确保大案和要案得到处理。

栏：举报人指南	
● 我应该拨打的号码？	1－800－352－0700 举报盗猎分子行动
● 被举报人姓名：	如果你知道被举报人姓名，请提供。如果不知道，请提供车牌号或水上交通工具的号码。请大致描述被举报人特征、身高、体型、头发、面毛、衣服、帽子、设施。任何的描述将有助于捕获嫌疑人。
● 车牌号：	
船只号：	
● 地点：	具体的地址。
时间：	● 看到的日期和时间。
● 其他事宜：	
电话接通后，我还需要做什么？	继续作为一个好的目击者。
不要干预或试图去阻止违法者。在获取被举报人的车牌号、船只号、体型特征时，请尽量小心。如果有可能的情况下，请尽量拍摄嫌疑人的信息。如果你要离开，可放心离开，因为你已经报警。	
执法点可以仅就举报信息传讯嫌疑人吗？	不可以。执法人员必须人赃俱获，与您的举报信息一致。
如果嫌疑人没有被抓住，我的举报是否有用呢？	是的。最起码会有助于执法人员预测什么时候是犯罪的高峰期，什么地方是犯罪的活跃场所，从而加强今后的执法巡逻工作。

(3) 举报盗猎分子行动奖励与项目收支

亚利桑那州狩猎与鱼管理委员会的 R12 - 4 - 116 规章规定,凡是参与举报且导致犯罪嫌疑人被抓获的举报人,可以从打击盗猎分子行动项目中得到奖励。如果多人参与了某一个案件的举报,那么奖励在这些人中进行分配。为了确保举报奖励的公平和公正发放,所有举报人必须通过热点电话或者网络进行举报,以形成有效的原始记录。

举报奖励采用现金方式进行发放,介于 2000 美元到 6000 美元之间,作为举报盗猎分子项目的唯一支出。根据现行的法律规定,举报人可以匿名,从而个人隐私得以保护。奖励资金来源于犯罪分子缴纳的处罚,即项目收入。2009—2016 年间的项目收入与支出详见下表,其间总处罚收入为 105.77 万美元,奖励支出为 95.82 万美元。

表 3 - 1 举报盗猎分子行动项目收支表①

单位:美元

年份	收入	支出	盈余
2015—2016	171518	159001	12517
2014—2015	127743	117771	9972
2013—2014	131366	60518	70848
2012—2013	137229	155524	- 18295
2011—2012	181475	163223	18252
2010—2011	163369	182264	- 18895
2009—2010	144528	119890	24638
2009—2016	1057228	958191	99037

就导致盗猎分子被抓获的有效举报信息,根据不同的物种和不同的情形,设定了最低补偿标准。第一,对于涉及大角羊(bighorn sheep)、水牛(buffalo)、麋鹿(elk)、秃头鹰(bald eagles)、羚羊(antelope)、熊(bear)、鹿(deer)、野猪(javelina)、山狮(mountain lion)、火鸡(turkey),其他受威胁或濒危物种的,最少奖励 500 美元;第二,对于上述野生动物之外的其他野生动物和鱼的,最少奖励 50 美元,但是不超过 150 美元;第三,根据举报信息的价值、野生动物的价值、获取的野生动物数量、是否是基于商业目的盗猎野生

---

① 数据来源:2009—2016 年亚利桑那州狩猎与鱼管理部门年度工作报告。

动物、是否是累犯等情况，可以对举报人多奖励 1000 美元。

（二）俄勒冈州野生动物保护管理体制

1. 基本情况

（1）鱼与野生动物管理委员会

鱼和野生动物管理委员会成立于 1975 年 7 月 1 日，由原本独立的鱼管理委员会和野生动物狩猎管理委员会合并成立。管理委员会负责任命鱼和野生动物管理局局长，制定全州鱼和野生动物保护管理的项目和政策，设定游憩和商业性利用的季节、方式和袋子规模。委员会由七人组成，每届任期四年，由州长任命，其中每一个议会区必须有一名代表作为委员会成员，另有一名须来自大瀑布以西弟地区，还有一名须来自大瀑布以东地区。

专栏 1975 年的俄勒冈鱼与野生动物保护管理机构①

1975 年 7 月 1 日合并的鱼和野生动物委员会成立。共有 7 人被指定担任 4 年轮换的委员。委员会成员不得在运动和商业钓鱼组织、商业鱼加工公司任职，或有利益瓜葛。

合并当年，鱼和野生动物管理部门员工大约 750 人，运作 31 个鱼苗场和 4 个养鱼池运作一个有 20000 农民的农场，拥有和管理面积合计达到 14000 英亩的 22 个野生动物区，控制了 6000 英亩的 82 个鱼管理区；每年接待 766000 渔夫和 390000 猎人，旅游人数达到 1000 万人次，旅游收入达到 1.9 亿美元；向商业渔夫签发了 5570 个许可证，从鱼和贝类产品中得到的收入达到 1.2 亿美元；管理部门的两年度预算达到 4000 万美元，其中 50% 来自使用者付费，33% 来自联邦政府，17% 来自州普通基金。

管理委员会实行公开会议决策制度②，允许公众参与行鱼与野生动物保护的决策工作会议。委员会会议通常于早上八点开始，根据预先设定的日程召开。与会人员可以在会前通过电话，向管理局长办公室索要会议材料。会议在午餐时休会。参与的公众欢迎与委员共进午餐，听取午餐期间发布的信息。与会代表驾车前来开会无须支付停车费。公众对于会议议程有任何意见和建议，都可以提交给会务负责人，委员会主席也会请公众现场进行质询。委员会十分重视公众提交的信息，并将尽量避免时间不足导致的公众质询不充分。委员会鼓励拟参与质询的公众提供书面的信息总结，质询的问题不超过 3 分钟，对于与自己相同的质询予以书面支持而不是重复表述，组织和团体制定专人代表进行质询。对于提交的信息总结最好能够提前提交给局长办公室，若当日携带到会议

---

① 资料来源：http：//www.dfw.state.or.us/agency/history.asp#2000。

② 资料来源：http：//www.dfw.state.or.us/agency/commission/procedures.asp。

的，则需准备20份材料，以确保委员等参会人员人手一份。若对会议日程有不同观点，公众也可以向局长办公室提出异议。

对于计划参与的质询没有在日程上的公众，可以通过公众论坛提交意见和建议。委员会主席将通过电话向公众进行核实，并安排入会议日程，请公众莅临现场。对于无法莅临现场的，委员会将无法就论坛反映情况，做出正面的回复。

（2）鱼和野生动物管理局

俄勒冈州鱼和野生动物管理局（Oregon Department of Fish and Wildlife）负责该州野生动物和鱼保护与利用的全部行政管理工作。管理局总部设在俄勒冈州府塞勒姆市，下设西部和东部两个地方现场办公室，并在流域层面设置了办公室，由此地方、流域层面办公室达到35个。管理局现有1000余名永久雇员。管理局组织架构如图3-5。

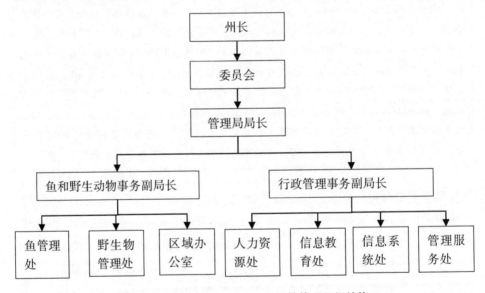

图3-5　俄勒冈鱼和野生动物保护管理组织结构

鱼与野生动植物管理局的使命①为：为了当代人和下一代人的使用与愉悦需求，保护和提升俄勒冈鱼与野生动物及其栖息地。管理局的原则为：第一，在工作场所安全第一；第二，基于信任和信任发展有效的合作关系；第三，基于可靠的科学，提供主动性和解决问题作用的鱼与野生动物管理方案；第四，

---

① 资料来源：http://www.dfw.state.or.us/agency/mission.asp。

通过团队合作实现使命；第五，确保会计诚信。基于上述原则，管理局每三年确定一次优先工作安排。其中，2011—2013 年的优先工作①为：第一，强化在俄勒冈鱼和野生动物资源保护中的领导地位；第二，保持和提升渔业、狩猎、野生动物观赏机会；第三，推动人力开发；第四，寻求多样化的资金来源，确保服务可持续；第五，有效回应出现的水与能源问题。2013—2015 年的优先工作为：解决接下来六年的预算资金来源；第二，实施哥伦比亚河渔业改革；第三，有效开发能源。

　　鱼类和野生动植物管理局设定了四个方面的目标：第一，展示俄勒冈鱼与野生动物及其栖息地得到有效管理。一是要确保优先保护物种得到有效保护，提供生态、环境和经济效益；二是要确保鱼、野生动物及其栖息地需求在土地、水和能源管理决策中得到评估和考虑；三是确保鱼和野生动物的有益作用（消耗性的和非消耗性的）符合保护和可持续性要求；四是增加管理部门对于传统使用者和非传统使用者的认识。第二，增加和多样化公众在鱼与野生动物资源利用和愉悦中的参与性。一是要增加初次狩猎和钓鱼人员的数量；二是增加许可证购买者的年度停留数量；三是提高许可证持有者的活力；四是提高参与性较差的群体和可观测到的野生动物爱好者的参与性。第三，多样化、拓展和整合资金，做好我们的工作和服务好对象。一是拓展收入来源渠道，弥补预计增长的费用支出，为非狩猎和非捕鱼的工作提供资金，拓展保护成果；二是增强募集基金直接用作项目活动的能力。第四，增强经营效率、提高监督和沟通绩效的能力。一是与行政管理部门确定所有核心工作流程；二是界定和实行量化方法，用作所有无法度量的核心工作流程；三是为普通资金和其他资金项目的员工确定辅助的工作量（见图 3-6）。

　　该部门工作人员与社会公众相类似，不具有执法权，执法工作全部由州警察局鱼和野生动物处负责。鱼和野生动物处共有 109 名执法人员，分布在全州的 7 个片区；执法人员在所在片区进行巡逻，查看是否有违法和违规活动，以及根据鱼和野生动物局与公众信息，查处违法和违规活动。州以下的县和市警察局没有专门负责野生动物保护的部门，但会根据州警察局鱼和野生动物处的执法需求提供支持和协助。鱼和野生动物局将出售狩猎额度得到的部分收入分配给州警察局鱼和野生动物处，作为鱼和野生动物执法工作费用。此外，鱼和野生动物处还从警察局（州政府的一般预算）和基金项目等渠道得到运行经费。州警察局执法获得的罚款上缴给州财政，用于州执法事务实验室经费。

---

　　①　资料来源：http://www.dfw.state.or.us/agency/11-13_priorities.asp。

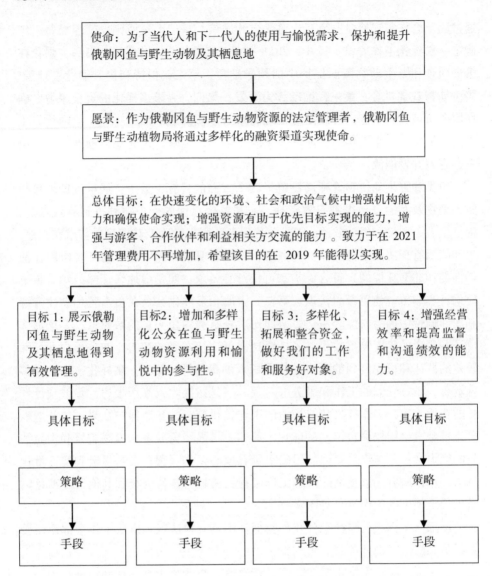

图 3-6　俄勒冈鱼类和野生动植物管理局管理目标结构图①

2. 鱼保护管理

俄勒冈州政府规定：食用鱼（food fish）应该得到妥善管理，为全州当前和未来的公民提供最佳的经济、商业、游憩和美学价值。进一步而言，食用鱼的管理目标包括：第一，将所有的食用鱼种群维持在最佳水平，与全州适宜食用

---

① 资料来源：http://www.dfw.state.or.us/agency/strategic_vision/goals.asp。

鱼生长的环境相一致，保护当地物种以免灭绝；第二，基于最优化食用鱼的生产、利用和公众愉悦，开发和管理全州的土地和水资源；第三，允许食用鱼的最优和合理利用；第四，开发和维持与食用鱼资源相关的土地和水域的可进入性；第五，调整食用鱼种群数量，以及食用鱼的公众愉悦方式，与其他土地和水域的使用相一致，提供最佳的商业和游憩效益；第六，采用有效鱼管理实践方式，保持休憩和商业鱼产业的经济贡献；第七，开发和实施最优化食用鱼游憩与经济价值的项目。

鱼管理处负责两个领域工作：一是内陆渔业，另一是海洋和哥伦比亚河渔业。所有的工作都要服从《俄勒冈鲑鱼和流域规划》（the Oregon Plan for Salmon and Watersheds）。内陆渔业管理部门职责如下：第一，执行鱼与野生动物管理委员会和州立法部门规定的规章、法律、政策和管理指南；第二，制订内陆鱼保护和管理计划，促进鱼种群恢复；第三，开展鱼及其栖息地的资源调查与监测；第四，设立运动和商业捕鱼期以及相关的规定；第五，监督实施《鲑鱼和鳟鱼提升项目》（the Salmon and Trout Enhancement Program），促进通过志愿者推动渔业、教育、鱼资源恢复、栖息地修复；第六，管理《鱼资源恢复和提升项目》（the Fish Restoration and Enhancement Program），帮助促进和恢复俄勒冈渔业资源；第七，通过建设筛选和通道设施，与土地所有者及其他部门开展合作，为洄游鱼提供筛选和通道；第八，通过渔场的鱼养殖，扩大自然生长率，为运动和商业渔业提供资源；第九，监督管理部门、私有、研究单位、自然环境中的鱼类健康；第十，通过渔场研究工作和评估工作的开展，为太平洋西北地区的私有和共有机构提供技术支持；第十一，管理私有鱼繁殖设施许可，审核发放非水族馆的鱼进口、运输等许可；第十二，提供工程支持和相关的工程管理服务；第十三，确保与现有的及提议的水利工程相关的自然资源保护法律、政策和科学标准使用的全州一致性。

海洋和哥伦比亚河管理部门职责如下：第一，执行鱼与野生动物管理委员会和州立法部门规定的规章、法律、政策和管理指南；第二，制订和实施俄勒冈州哥伦比亚河和海洋商业鱼休憩渔业管理计划；第三，代表俄勒冈州参加区域和国际渔业管理委员会，包括太平洋渔业管理委员会（Pacific Fisheries Management Council）、国际太平洋左口鱼管理委员会（International Pacific Halibut Commission）和太平洋鲑鱼委员会（the Pacific Salmon Commission）；第四，代表俄勒冈参与哥伦比亚盆地鱼减缓和恢复论坛（Columbia Basin fish mitigation and recovery forums）；第五，制订和实施俄勒冈近海地区发展策略，以确保海洋生物及其栖息地的可持续性；第六，制订和实施哥伦比亚盆地鱼与野生动物计划，联邦恢复计划和州保护计划，确保该地区的鱼物种及其栖息地可持续发展；第七，为俄勒冈州开展管理活动和制订政策提供政策与技术方面的专业支持；第八，通过研究和渔业监测，评估可利用的鱼资源现状；第九，计划和执行研究、监测、评估等工作，支持海洋和哥伦比亚河鱼管理工作，通过升级渔网等捕鱼工具减少误捕；第十，收集关于海洋栖息地和海洋有机组织生态学的信息；第十一，监督俄勒冈海岸12个港口的商业性和游憩性的鱼捕捉活动；第十二，开发、维护和分析渔业数据库，为渔业经营团体提供数据；第十三，与华盛顿州共同开展哥伦比亚河的管理；第十四，与现有的及提议的建设工程相关的自然资源保护法律、政策和科学标准使用的全州一致性；第十五，保护俄勒冈州当地的鲑鱼种群，降低鳍类物种的威胁。

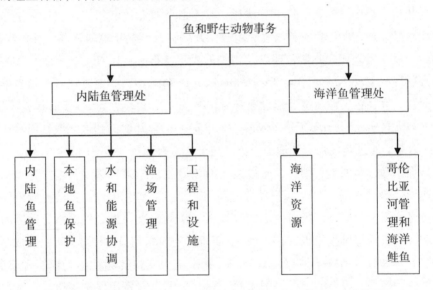

图 3 - 7　俄勒冈州鱼与野生动植物管理局鱼事务管理组织结构图

3. 野生动物保护管理

俄勒冈州政府规定：野生动物管理应预防任何当地物种的过度利用，为全州当前和未来的公民提供最佳的经济、商业、游憩和美学价值。为此，管理目标设定为：第一，维持所有的野生动物最初最优水平；第二，采用有助于促进野生动物产出和公众愉悦的方式开发和管理州域范围内的土地和水资源；第三，许可有序和合理的野生动物资源利用；第四，开发和维持与野生动物资源相关的土地和水域的可进入性；第五，基于最优化野生动物的生产、利用和公众愉悦，开发和管理全州的土地和水资源；第六，提供最优的愉悦收益；第七，基于野生动物收益的考量，开展与野生动物资源相关的决策，使得所有利用群体都可以得到最优的社会、经济和愉悦效益。

野生动物管理处负责野生动物管理、栖息地资源、保护等三个领域的工作（如图 3-8 所示）。第一，野生动物管理领域工作。一是实行和利用监测与研究手段，测量大型狩猎导致的鸟兽种群健康程度；二是设立狩猎季和相关的规定；三是与土地所有者预防和减少野生动物对于农林业的肇事损害；四是对毛皮动物、禽类、大角羊、叉角羚羊、麋鹿、黑尾鹿、白尾鹿、熊和美洲狮等物种开展研究；五是实施松鸡、野火鸡、黑尾鹿、骡鹿、麋鹿、熊、美洲狮、石山羊和大角羊等物种管理计划；六是实施一个关于猎人收获和投入的新调查；七是为了生态、狩猎和景观效益，管理俄勒冈鱼类和野生动植物管理局拥有的野生动物区域；八是通过与私有土地主和联邦机构合作，提供狩猎服务；九是通过各种项目为土地所有主提供协助，改进栖息地；十是监管各种行政服务职责，包括野生动物管理处预算、合约和拨款。

第二，栖息地资源管理领域工作。一是为当地、州和联邦机构与私人土地所有者提供土地利用活动与开发利用方面的技术建议和协助；二是为私有土地主和自然资源管理机构提供关于拆除和填充行动、能源设施选址、采矿、运输和森林经营等方面的专业技术；三是监督和确保自然资源保护标准的一致性；四是协助处理有害物质泄漏事件，减少对鱼、野生动物及其栖息地的影响，并根据州或联邦自然资源损害评估法的规定得到补偿；五是根据《俄勒冈保护策略》中确定的六个关键保护命题，开展相关的保护工作。

第三，保护管理领域工作。一是将保护策略融入管理工作计划和其他自然资源管理部门行动，确保野生动物物种及其栖息地的长期健康和生存能力；二是实施《实施野生动物完整性规则》（Implement Wildlife Integrity rules），管理非本地物种的进口、处置、销售和运输；三是确保根据《俄勒冈濒危物种法》（Oregon's Endangered Species Act）管理物种，避免出现新的物种名录；四是与联邦政府的渔与野生动物局合作，管理在联邦《濒危物种法》名录上出现的物种；五是实施《俄勒冈狼保护和管理计划》（the Oregon Wolf Conservation and Management Plan）；六是参加野生动物栖息地改进项目，弥补因为水利设施建设导致的栖息地丧失。

4. 财务预算与收入

俄勒冈州鱼类和野生动植物管理局拥有多元化的资金来源渠道。一是彩票基金；二是州普通基金，主要来自个人、企业所得税、烟草税和其他税；三是来自其他渠道，主要来自销售狩猎和捕鱼许可的经营性收入；四是联邦政府的资金，多属于销售狩猎与捕鱼设施相关。大部分资金只能用于基金、合同或法

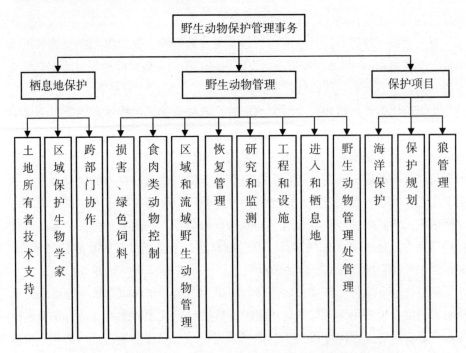

图3-8 俄勒冈州鱼与野生动物管理部门野生动物管理组织结构

规中规定的特定用途。

2017—2019财政年度，通过批准的总经费额度为4.02亿美元，具体来源如下：一是来自普通基金的经费比重为7%，总额为2841万美元，直接从根据俄勒冈法律从州普通基金中拨付；二是来自彩票基金的经费比重为1%，总额为521万美元，从1999—2001财政年度起列入俄勒冈鱼与野生动物保护管理部门费用；三是来自其他渠道的资金比重为58%，达到2.34亿美元，除了来自销售狩猎、捕鱼、游憩许可证和标签销售获得的直接收入之外，还有些来自与联邦法律、协议和援助相关的人头费，以及与其他机构开展项目的协作费，包括非联邦机构或团体、商业渔业缴费、猎鸟邮票、俄勒冈流域提升委员会的转移支付、水利设施执照和运行费、支持志愿者行动的联邦所得税、捐赠、罚款和截获资金；四是来自联邦政府的资金比重为33%，达到1.34亿美元，来自与五个联邦政府内阁部门签署的合作协议和联邦法定规定。

州鱼与野生动物保护管理部门的收支基本持平，当出现收入低于支出时，进行账户调整，却实现财务平衡。2015—2017财务年度的收支缺口为3200万美元，通过消减项目、调整费用、将项目转移到普通基金支出和提高运行效率，有效地消除了资金缺口。（见图3-9）

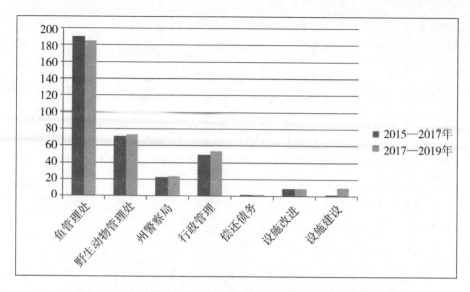

图 3 - 9 两个财政年度（两年）的支出比较图（单位：百万美元）

（三）华盛顿州野生动物保护管理体制

1. 鱼和野生动物部门

华盛顿鱼和野生动物部门是该州鱼类和野生动物资源的主要管理者。州法律指示该部门保护本地鱼类和野生植物及其栖息地，同时还为数百万的华盛顿居民和游客提供可持续的捕鱼、狩猎和其他户外活动机会。该部门管理的狩猎、捕鱼和野生动植物观察机会为该州的户外娱乐文化做出了贡献，使每年在经济活动中产生 220 亿美元的收益，并在全州创造近 20 万个就业机会。

华盛顿州鱼与野生动物部门的任务在于保留、保护和延续鱼类、野生动植物和生态系统，同时为鱼类和野生动物提供可持续的娱乐和商业机会，满足经济社会及生态系统的可持续发展。

为实现部门使命，鱼与野生动物部门将其活动重点放在以下四个目标上：一是保护和维护当地的鱼类和野生动物；二是提供可持续的捕鱼、狩猎和其他与野生动物有关的娱乐和商业体验；三是促进经济的健康发展，保护社区特色，保持整体的高品质的生活，并且提供优质的客户服务；四是通过支持员工队伍建设，改进业务流程和投资技术，建立一个有效和高效的组织。

鱼和野生动物部门主任办公室为全州员工提供战略性的指导和运营监管，致力于将州立法机关和鱼类和野生动物委员会制定政策付之于实际行动。

2. 鱼和野生动物委员会

华盛顿的鱼和野生动物委员会由九名成员组成，任期六年。成员由州长任命并经参议院确认，三个成员必须居住在喀斯喀特山脉的山顶以东，三个必须居住在山顶以西，三个可能居住在该州的任何地方。不允许两名委员同时居住或来自一个县。

虽然委员会负有若干责任，但其主要作用是为华盛顿的鱼类和野生动植物种及其栖息地保护及利用管理制定政策和方向，并监测鱼与野生动植物部门对委员会制定的目标、政策和宗旨的执行情况。委员会还负责对野生植动物进行分类，并制定收获或享受鱼类和野生动物的基本规则，以及其管理时间、地点、方式和方法的规定。

通过在州内举行的正式公开会议和非正式听证会，委员会为公民提供了一个积极参与华盛顿的鱼类和野生动物管理的机会。

3. 工作人员及职责

执法项目由全州 144 名现役工作人员承担，分布到全州的六个区域。工作人员负责与生物健康和公共安全、危险的野生动植物/人类冲突、鱼类和野生动植物保护、狩猎和捕鱼许可证规定、栖息地保护以及商业鱼类和贝类收获有关的法律法规。此外，通过协议备忘录执行联邦法律、俄勒冈州法规和县条例。工作区域包括州和联邦水域，州和联邦的公园和林地。工作人员经常在陆地和水域进行搜救行动，在恶劣天气下应对自然灾害和其他重大事件，执行公共安全和搜救任务。

工作人员还被要求参与应对公共安全问题，如危险的野生动植物冲突，自然灾害（包括洪水、火灾和严重风暴），以及一般执法部门要求的协助，包括当地其他城市、县和其他州执法机构、部落当局和联邦机构的协助请求。平均而言，官员联系、服务和执法的人次超过 225，000 人。

工作人员还负责联邦联系美国鱼类和野生动植物管理局（FWSS）和国家海洋渔业服务（NMFS）委员会，并对违法联邦法律的行为拥有执法权，特别是基于《濒危物种法》和《雷斯法》的执法权。鱼和野生动物部门负责与美国海岸警卫队的合作与协调。

4.21 世纪三文鱼和硬头鳟倡议

野生鲑鱼和硬头鳟的巨大挑战要求管理和恢复工作比以往更具战略性。鱼和野生动物部门坚定支持合作伙伴的恢复和保护栖息地工作，确保渔业保护野生种群和改革孵化场计划。

鱼和野生动物部门成立了一个规划团队，具有栖息地保护和恢复的科学知识，开展孵化场管理和渔业执法，为 21 世纪的鲑鱼和硬头鳟的管理建立新框架，用作评价鲑鱼和渔业的健康程度，进而为制定鲑鱼保护策略奠定基础。

第四章　美国野生动物栖息地保护管理制度

一、野生动物庇护所系统

（一）庇护所系统基本情况

国家野生动物庇护所（National Wildlife Refuge）系统是一个有着百年历史的生境栖息地网络，为所有美国人提供无与伦比的户外体验，并保护健康的环境。今天，大多数主要大都市区在一个小时的车程内至少有一个野生动物庇护所。

国家野生动物庇护所系统的使命是通过管理一个全国性的土地和水域网络，以保护和管理野生动物及其栖息地，并恢复美国境内的鱼、野生动物和植物资源及其栖息地，造福于当代和后代美国人民。当前，该系统为700多种鸟类、220种哺乳动物、250种爬行动物和两栖动物以及1000多种鱼类提供栖息地，其中有280多种受威胁或濒临灭绝的动植物。每年有数百万的候鸟往返于夏季和冬季的家园，飞行数千英里时，利用庇护所作为停歇场所。庇护所每年接待逾4500万游客，参加狩猎、捕鱼、野生动物观赏、观鸟、摄影、环境教育等各种野外游乐与休憩活动。

国家野生动物庇护所系统的建立与通过《荒野法》建立的国家荒野保护制度具有密切关系。《荒野法》由林登·贝恩斯·约翰逊（Lyndon Baines Johnson）总统于1964年签署发布。该法将荒野界定为：一个未开发的联邦土地，保留其原始的性质和状况，没有经过改变，也没有人类居住，维持自然演进过程。荒野土地栖息了种类多样的野生动植物，对于维持美国公众生活质量至关重要。当前，国家荒野系统共有757个经国会指定的荒野地区，分布在44个州和波多黎各，面积合计约为10950万英亩。内政部鱼和野生动物管理局、土地管理局、国家公园局与农业部林务局四个联邦机构共同参与荒野的保护管理。由鱼和野生动物管理局且分布在野生动物庇护所体系中的荒野地面积超过 2000 万英亩，约占全国荒野地的五分之一。在野生动物庇护所中，90% 的荒野地分布在阿拉斯加。此外，在 25 个州分布的 63 个野生动物庇护所中，共有 75 个荒野地区。

建立野生动物庇护所系统体现了美国政府野生动物保护管理手段的转变，由被动保护和应对转变为主动控制与计划，从而有助于营造新的野生动物保护格局。在野生动物庇护所系统建设中，野生动物资源可持续发展的利用得到了充分体现，表现为狩猎、捕鱼、野生动物观赏、摄影等活动得以协调开展。作为主管部门，鱼类和野生动植物管理局采取开放和包容的姿态开展保护管理工作，将想要帮助野生动物庇护所实现使命的社会公众、保护组织作为最好的伙伴，同时也基于员工充分的尊重和赋权，改善员工工作环境，帮助员工实现员工价值。野生动物庇护所管理部门也是一个以科学为基础的组织，不仅坚持要科学诚信，还要求所有工作的设计、实施和评估都要符合科学要求。

野生动物庇护所系统制订了一个包含 12 个战略目标的战略计划，将栖息地和野生动物、消防管理、迎接和引导游客、荒野管理、保护规划和基础设施维修以及战略增长和组织卓越等作为导向性目标，致力于"保护未来"目标的实现，构建可持续发展的野生动物庇护所系统，为下一代社会公众提供源源不断的各种服务。一是保护、管理和在适当时机恢复鱼类、野生动植物资源以及它们的栖息地来实现避难目的、信任资源责任、生物多样性和完整性；二是提供充足的水质量环境；三是确保荒野、其他特殊区域和文化资源的独特价值受保护；四是欢迎和引导游客；五是提供优质的以野生动物娱乐和教育机会；六是发展合作伙伴和合作计划，让其他保护部门、志愿者、朋友和伙伴加入到野生动物庇护所使命中来；七是通过法律强制性来保护资源和游客；八是提供和维持必要的基础设施用以支持安全可信的公共访问和野生动物栖息地使命目标；九是在合作伙伴的全面参与下，按部就班地完成高质量的综合保护计划；十是战略性的发展野生动物庇护所制度；十一是减少野外火灾风险，提高栖息地安全程度；十二是提高组织卓越性。

（二）发展历史

1. 早期（1864—1920）①

1903 年 3 月 14 日，根据西奥多·罗斯福总统下达的行政命令，在佛罗里达州中部的大西洋沿岸建立了鹈鹕岛国家野生动物庇护所，成为美国第一个国家

———————

①　资料来源：https：//www.fws.gov/refuges/history/over/over_ hist – a_ fs.html。

野生动物庇护所。尽管这是野生动物庇护所系统的一个重要里程碑，但是并不意味着该庇护所的建立是庇护所系统的发展起点。

如何通过栖息地保护野生动植物的概念多样和定义难以统一，但是早在19世纪中期的美国，就出现了早期探险家的日记和图像记录以及记者和演讲者的报告，传达了一个形成共识的观点，即为了饮食、时尚和商业不加限制地屠杀野生动物正在系统地破坏一个国家不可替代的民族遗产。美国联邦政府于1864年6月30日首次采用立法行动保护指定区域的野生动物资源，将优胜美地山谷从公共区域划分到佛罗里达州政府，防止在上述区域开展钓鱼和狩猎的活动，以及为了商业利益对鱼和野生动物进行捕获和破坏。优胜美地山谷在后来又被转让回联邦政府，并与1872年建成了黄石国家公园，主要是为了保护温泉，再一次禁止了对野生动物资源的破坏。然而，作为国家公园的建立，直到1894年《黄石公园保护法》出台后，黄石公园才产生预期的野生动物保护作用。

1868年，尤利西斯·辛普森·格兰特（Ulysses S. Grant）总统采取行动，保护阿拉斯加的 Pribilof 群岛。它作为北部海狗的庇护所，这是联邦政府最早特别为野生动物划出的一片地区。1869年，国会通过立法。由此，白令海上这些偏远的岛屿，成为这种具有商业价值动物的世界上最大的栖息地。尽管联邦政府的行动主要是出于对毛皮资源管理利益的考量，但却为保护和管理野生动物资源发挥了重要作用。

根据1888年3月3日颁布的《森林预订创建法》的规定，本杰明·哈里森（Benjamin Harrison）总统以行政命令在阿拉斯加州设立了阿佛格纳克岛森林和鱼类庇护所，将毗邻的海湾、岩石和领海，包括海狮和海獭岛纳入庇护所范围。当时，由于重视森林和鱼类资源的保护，这个地区作为野生动物庇护所的价值常常得不到应有的重视，因而该庇护所作为第一个鱼类庇护所也具有里程碑式的意义。

由于人们越来越意识到鱼类和野生动植物资源的重要性，1871年，联邦渔业部门办公室和1886年成立的经济鸟类学和哺乳动物学（农业部）司，以获得有关国家鱼类的更优质的信息和野生动物资源。从这些机构的研究显示，资源处于危险和保护状态，运动员和科学组织开始游说国会。

有一个在1887年创立的组织，Boone 和 Crockett 俱乐部，它由一群出色的探险家、作家、科学家和政治领导人组成，其中包括西奥多·罗斯福。罗斯福在19世纪八九十年代的活动使他成为研究鱼类和野生动物和其他海岸自然资源困境的主流。他熟悉资源管理的需求，和处于遏制损失努力最前沿的许多个人、组织、机构。因此，他在1901年担任总统时，非常适合承担自然资源保护的任务。

到 21 世纪初，国家目睹了野牛近乎灭绝，佛罗里达州的羽毛猎人增加了对涉水鸟的破坏，以及其他一度丰富的野生动物如鸽子的种群的严重减少。为了扭转这个下滑的趋势，政府方面加大了公众的支持力度。

在佛罗里达州，为了控制羽猎，美国鸟类学家联合会和奥杜邦全国协会（现为全国奥杜邦协会）说服州立法机关在 1901 年通过了一个"非游戏鸟类保护模式法"。这些组织之后雇用了协管员，实际上是建立了殖民地的鸟类庇护所。

这种公众的关切，再加上具有保护意识的罗斯福总统，所以最初的联邦土地管理局专门留出了为棕色鹈鹕留出了一片未经污染的土地，当时 3 英亩的鹈鹕岛（PaulKroegel）在 1990 年被宣布为联邦鸟类庇护所。因此，据说它是第一个真正的"庇护所"。政府在鹈鹕岛雇用的第一个协管员是 Audubon 监狱长，他的月薪是 1 美元。

在鹈鹕岛开始了保护鸟类的趋势之后，许多其他岛屿和地域以及水域迅速致力保护各种各样的殖民地鸟类，以防止它们的羽毛被毁坏。这些避难地包括布雷顿路易斯安那州（1904 年）和佛罗里达州通道觅食庇护所（1905 年），路易斯安那州壳类生物觅食庇护所（1907 年）和佛罗里达州基韦斯特（1908 年）。

随着有关保护需求知识的增加，对这些保护区或庇护所进行合理管理的需求已经显现出来。1905 年，隶属于农业部门的生物调查局成立，取代了经济鸟类学和肿瘤学科，负责新的保留和"预留"区域。

在这段时间里，由于人们对于鸟蛋、羽毛和鸟粪的广泛利用，太平洋沿岸海鸟的种群数量在下降。为了应对这种不断增长的鸟类资源威胁，联邦储备局于 1907 年授予华盛顿奎利特针，1909 年又授予加利福尼亚法拉隆群岛和夏威夷群岛地区。1908 年在加利福尼亚州成立的下克拉马斯，标志着在垦区水库建立野生动物庇护所的做法已经开始。在 1909 年 2 月 25 日的第 1032 号行政命令中，仅用一天，就成立了 17 个这样的西方"覆盖"庇护所。罗斯福在 1909 年任期结束时，共发布了 51 个行政命令，涉及 17 个州和 3 个州领土。

国会还继续管理罗斯福在 1905 年建立威奇托山森林庇护所、1908 年国家野牛山区和 1912 年国家麋鹿庇护所。后者是现有的庇护所系统中第一个被称为"庇护所"的单位。伊扎克·沃尔特联盟（Izaak Walton League）发起了建立"国家麋鹿庇护所"的热潮。通过购买土地，然后捐赠给政府作为建立庇护所的主要场所。当时，麋鹿牙是异常珍贵的，于是人们开始猎杀麋鹿，一对麋鹿牙可以卖到 1500 美元。1913 年，威廉·霍华德·塔夫特（William Howard Taft）

总统在阿留申群岛预留出大约 270 万英亩的土地添加到庇护所系统中。

联邦政府首先通过立法来实施候鸟管理，1913 年颁布《候鸟法》用以保护候鸟。这个具有里程碑意义的立法作为一个非主要文件附加到农业拨款法案上，并由离任的塔夫特总统在不知情的情况下签字。随后，美国和英国（因为加拿大）于 1916 年签订了《候鸟条约》。1918 年，国会完善了这份法案，其在联邦政府对于候鸟的管理上起到了重要的作用。

2. 组织发展（1921—1955）①

1918 年的《候鸟协定法》增加了控制迁徙物种的规定。这项法案的实施确实实现了段时间内候鸟数量的快速增加。但是很快，人们就清楚地意识到，资源的有效管理需要大力保护栖息地。由行政命令建立的庇护所在所有庇护所中仍然太少也太小，无法确保水禽和岸上鸟类等广泛移徙物种的未来。

随着 1924 年密西西比河上游野生动物和鱼类庇护所以及 1928 年的熊河候鸟庇护所（BearRiver）的建立，第一个专门用于管理水禽的庇护所得以建立。此前，最初尝试有系统地购置新地建立庇护所是在 1921 年。国会提出了一个法案，法案涉及建立一个"避难系统"，一个候鸟避难委员会和一个美元的联邦狩猎邮票。该法案在接下来的八年中被拒绝了四次。最终，在 1929 年，根据"候鸟保护法"它发展成为正式的法律，但是只有在它被剥夺了班前会和联邦狩猎图章的规定之后，才成为法律。管理和扩大系统的费用由国会拨款资助。尽管该法案仍然存在缺陷，但它赋予了国家野生动物保护系统在随后几年中权力的不断增长。庇护所系统的一个主要冲击是 1934 年通过了《候鸟狩猎和保护邮票法》。该法案后来的修正案提高了邮票的价格，为获取候鸟栖息地提供了持续的收入来源。他们还授权将一个庇护所的一部分开放给水禽狩猎（现在按照 1966年国家野生动物庇护所管理法定为 40%）。

在 1934 年发生的同样重要的事件是，罗斯福总统任命了一个特别的"蓝丝带"委员会，由丁·达林（Ding Darling）主席、托马斯·贝克（Thomas Beck）和阿尔多·拉普德（Aldo Leopold）组成，负责就水禽需求研究和提供咨询意见。这个充满活力的三人组织惊动了全国，以前没有过任何其他类似的组织面临由于干旱、过度捕捞和栖息地破坏而导致的水禽资源危机。他们还积极争取资金来解决这些问题。然后，在 1935 年，丁·达林（Ding Darling）被任命为生物调查局局长，并带来了一位充满活力的年轻中西部人杰·克拉克·索雷亚二世（J. Clark Salyer Ⅱ）来管理刚刚起步的庇护所。在接下来的 31 年里，直到

①　资料来源：https：//www.fws.gov/refuges/history/over/over_ hist-b_ fs.html。

丁·达林 1966 年去世，Salyer 是开辟新的庇护所和保护庇护所中保护的野生动物完整性的主要推动力，并且找到了庇护所管理的主要动力，努力为野生动物资源提供最佳服务。罗斯福、丁·达林等人对庇护所制度的发展产生了深远的影响，但索雷亚毫无疑问是制度之父。他的参与印记至今仍然存在。

1934 年，《鱼与野生动物协调法》得以通过。这项法案在 1934 至 1965 年之间进行了多次修订，授权大多数联邦水资源机构获得与用水项目相关的土地，这些土地一般是用于鱼类和野生动物的减缓和增殖。该法还进一步规定了这些土地由鱼类和野生动物管理局或国家野生动物机构进行管理。

这两年其他两个重要的发展是 1936 年与墨西哥签订的《候鸟与哺乳动物条约》和 1948 年的《利亚法案》。后者的法案大大促进了加州水禽栖息地的获取。1937 年通过的《Bankhead – Jones 农场租户法案》是在全国各地建立一些野生动物庇护所的权力机构。根据该法，移民管理局获得的某些土地被行政命令指定为庇护所。根据这一授权，新增的庇护所包括南卡罗来纳州的卡罗来纳桑德斯庇护所（Sandhillsin South Carolina）、格鲁吉亚的皮埃蒙特（Piedmontin Georgia）、密西西比的诺克苏比（Noxubeein Mississippi）和威斯康星州的内塞达（NecedahinWisconsin），

几十年来，生物调查局一直隶属于农业部和商务部渔业局（前委员会）。1939 年，两个局都通过行政部门的改组转移到内政部。它们于 1940 年合并组建鱼类和野生动物管理局。然后在 1956 年，两个管理局分别成立于美国鱼类和野生动物管理局——体育渔业和野生动物局（其中包括野生动物庇护所）和商业渔业局之下。随后，商业渔业局于 1970 年转交给商务部，成为国家海洋渔业局，而鱼类和野生动物局仍然是内政部的一个局。

3. 全新导向和快速发展时期（1956—996）①

1956 年的《鱼与野生动物法》制定了全面的国家鱼类和野生动物保护政策，扩大了获得和发展庇护所的权力。然而，执行这一权力所需的资金并不是即刻便到的。在没有增加资金的情况下，20 世纪 50 年代的土地收购无法跟上草原坑洼国家的水禽繁殖栖息地的高排水率（主要是由于农业集约化发展）。为了纠正这种状况，国会在 1958 年通过了对鸭票的修正案，授权水禽生产区（WPA）计划。为了资助湿地保护项目并加快湿地保护工作，国会还通过了 1961 年"湿地贷款法"。经过后来的修订，该法案批准了一笔 2 亿美元的贷款，这笔贷款供应了湿地 23 年间的花费，之后用销售鸭票获取收入的方式进行了

---

① 资料来源：https：//www. fws. gov/refuges/history/over/over_ hist – c_ fs. html。

偿还。

二战后认识到新公众对娱乐活动的要求，国会通过了 1962 年《保护区休闲法》。如果这种使用不妨碍该地区的主要用途，而且有足够的资金开展娱乐活动，该法令就授权其使用庇护所场所。该法案还明确了公共使用庇护所的适当性，鼓励努力提供以野生动物为导向的娱乐、口译和环境教育活动，并要求这些应用应与获得土地的目的相一致。

自从 1929 年《候鸟保护法案》通过以来，对野生生物庇护所具有重要意义的法律是 1966 年通过的《国家野生动物保护系统管理法》。该法为系统中所有领域的行政管理提供了指导方针和指导，包括"野生动物庇护所、受到灭绝威胁的鱼类和野生动物保护及其庇护所、野生动物园、游戏场、野生动物管理区和水禽生产区"。此外，1966 年的法律确立了"兼容性"标准，要求必须确定避难地的使用与个人庇护所建立的目的相一致。后来在 1997 年"国家野生动物保护系统改善法案"中加强和重申了这一标准。

1973 年的《濒危物种法》也将管理重点向庇护所方面偏转了一些。它被认为是保护面临灭绝物种的世界最重要的法律。该法为濒危物种提供了广泛的保护手段（包括危害濒危动物的惩罚，各联邦机构计划的审查和履约义务以及有资格获得保护的物种列表）。根据这一权威，国家野生动物庇护所系统增加了 25 个新的庇护所，其中包括阿特沃特草原鸡庇护所、得克萨斯州庇护所、密西西比州沙丘鹤庇护所、密西西比州庇护所、哥伦比亚白尾鹿庇护所、华盛顿州庇护所和佛罗里达州鳄鱼湖庇护所。

1971 年的《阿拉斯加原住民要求和解法》（ANCSA）是《阿拉斯加州立法》的产物，对国家野生动物保护系统具有重大意义。在众多法案条款中，都批准增加大量的高产量的土地面积和对于国家野生动物避难具有国际意义的土地面积。国会在 1980 年 12 月 2 日通过的《阿拉斯加国家利益土地保护法案》（ANILCA）中出台了对阿拉斯加影响更为深远的资源保护措施。该法增加了九个新的庇护所，扩大了七个现有的庇护所，并增加了 5370 万英亩纳入到国家野生动物庇护所中。这一法案使避难系统的土地面积增加了近三倍。

4. 最新情况（1997 至今）①

1997 年，国会通过了《国家野生动物保护系统改善法案》，为国家提供了急需的有机立法。该法律修订了 1966 年的《国家野生动物保护系统管理法》，并为避难系统的管理提供了重要的新指导。法案产生了一个新的法定使命声明，

---

① 资料来源：https://www.fws.gov/refuges/history/over/over_ hist－d_ fs. html。

并指示将避难系统作为一个国家的土地和水域系统进行管理，致力于保护野生生物和保持生态系统的生物完整性。法律还澄清了管理重点，宣布某些依赖野生生物的娱乐活动可以成为庇护所的适当活动，加强了兼容性确定过程，并要求该处对每个庇护所进行全面的保护规划。

从最早的几年，国家野生动物庇护所在美国资源保护的演变中就发挥了重要作用。美国国家野生动物保护系统目前在全美 50 个州，美属萨摩亚（AmericanSamoa），波多黎各（PuertoRico），维尔京群岛（theVirginIslands），约翰逊环礁（theJohnsonAtoll），中途岛（MidwayAtoll）和其他几个太平洋岛屿共有 560 多个单位。现在庇护所拥有超过 8.5 亿英亩的珍贵野生动物栖息地。其中包括美国中北部草原坑洼地区近 190 万英亩的湿地。这些湿地被称为"水禽生产区"，通过收费或地役权获得联邦的保护。这个重要的栖息地与加拿大的大草原和阿拉斯加的湿地一起，为北美大部分水禽筑巢和向后延伸的主要生产地区提供了便利。

荒野地标也有助于保护包括岛屿、湖泊、森林、沙漠和山脉在内的各种庇护所。目前，根据 1964 年"荒野法"的规定，2060 万英亩的避难地被指定为荒野地区。据该法规定这些国会指定的地区即"……能够以这种方式进行管理的供美国人民使用和享受的土地"。

在庇护所系统制度发展的历史上，是由无数高瞻远瞩的行动的和不懈的努力以及来自政府和私营部门无数专职人士的慷慨捐赠共同促成的。这些人已经认识到，我们的野生动物资源是一项宝贵的国家遗产。他们集体要求保护，赢得胜利，往往是针对利益冲突。在 2003 年也是接近避难系统百年纪念的时候，我们认为是这些奉献者共同努力创造世界上最大和最杰出的野生动物保护计划——国家野生动物保护系统的好时机。

（三）栖息地管理与恢复

1. 土地类型

国家野生生物系统对于土地类型的划分有以下两种方式：一是按联邦法规定义分类；二是按不动产分类。通常，这些土地包括庇护所、水禽生产区和协调区。避难系统目前不包括财产记录中确定为行政区的任何土地，其土地是通过各种收购方式获得的，例如退出公有领域、收费所有权、购买权、移交管辖权、捐赠、赠与、交换和协议、地役权以及租赁等部分利益。

根据《联邦法规》（CFR）第 50 张的鱼类和野生动物服务定义，国家野生动物保护区系统中的土地被分为两大类：国家野生动物庇护所和协调区。国家野生动物庇护所是指除协调区以外的所有庇护所单位。在国家野生动物庇护所这一类别中，对被称为水禽生产区的部分单位做了进一步的区分。在不动产年度报告中，庇护所土地分为三个表格：表3用作报告庇护所区域；表4报告水禽生产区；表5报告协调区。这种分类反映的是组织结构，而不是"联邦法规"中的实际定义。一般而言，表3和表4中报告的土地都包含在CFR对国家野生动物庇护所的定义中。各州对避难系统土地管理的合作协议包括表3、表4和表5中的土地。避难系统土地的服务管理也包括这三个表格。

由于各种原因，单个单位的名称不能用于确定它们的所属类别，也不能用于确定给定类别内单位的确切数量。例如，尽管表3中有37个单位正式被称为农民家庭单位，通常被认为是"庇护所"的报告地点，但他们没有一个被视为"庇护所"，虽然他们的面积包括在"庇护所"中。表3、表4和表5中列出了诸如"野生动物管理区"等名称的土地，代表了鱼类和野生动物管理局和国家管理的土地。

虽然所有的水禽生产区都是避难系统的单位，但由于单位数量庞大（超过3.6万个），通常不会有水禽生产数量的年度计算。为记录不动产，水禽生产面积由县统计，然后由行政办公室（通常为湿地管理区）进一步汇总。值得一提的是，密西西比州和路易斯安那州这两个被称为湿地管理区的办事处与水禽生产区的实际管理没有任何联系，而是用于管理表3中报告的被确定为农民家庭单位的土地。

2. 管理投入

国家野生动物保护系统负责维持避难系统内土地的生物完整性、多样性及环境健康。美国鱼和野生动物管理局员工利用各种技术改善各种动物栖息地。为实现野生动物管理和栖息地管理目标，往往需要积极的土地管理。这些活动包括恢复湿地、河岸地区和高地；管理和恢复沿海、河口和海洋生态系统；管理大量的湿地蓄水和其他水体；养殖、规定的焚烧、割草、干草、放牧和采伐木材或选择性疏伐；控制入侵植物和动物。整个避难系统有598万英亩土地，这些土地需要栖息地管理，但迟迟没有实施。庇护所系统的土地面积与2014财年相比有所减少，这表明服务部门对于栖息地管理的解决方案是有需求，但这种减少是积极的。在过去的六年里，我们也经历了他们所需管理的英亩数量下降，与2010财年相比，这一减少看起来是负面的，他们需要的管理面积减少了431，186英亩。

栖息地的恢复和管理是为依赖庇护所生存的野生物种提供高质量栖息地的两个关键组成部分。过去几年中资金减少和人员配备不足，使管理局恢复和维持避难地及水域的能力受到限制。自2010财年以来，避难系统经历了数英亩和英里的湿地、高地、开阔水域和河岸地区面积的减少，减少数量高达88%。此外，在过去六年中，庇护所内重要栖息地包括湿地、高地和开放水域共减少431，186英亩。这包括丧失管理212，552英亩高地，186，394英亩湿地和32，240英亩开阔水域的能力。丧失管理66，459英亩湿润土壤的能力，这代表自2010财年以来管理的湿润土壤数量减少了近50%。总而言之，庇护所系统在全国范围内，失去近50万英亩的高原、湿地、开阔水域和湿润土壤栖息地。栖息地质量的下降正在影响庇护所系统的土地和水域。例如，自2011财年（303d"清洁水法案"）以来，避难场所的地表水资源得到了较好恢复，上涨了约22%。

（四）生态旅游活动

近几年，庇护所游客数量平稳增长。避难系统的优先用途是狩猎、捕鱼、野生动物摄影、野生动物观察、环境教育和口译。庇护所系统的游客服务责任还包括文化资源保护和口译、无障碍工作、志愿者和朋友指导、特殊用途许可证、收取服务费、特许经营管理以及旨在欢迎和引导参观者进入庇护所系统的其他一系列活动。

1. 狩猎

（1）开展狩猎的原因

狩猎是野生动物庇护所开展的一项传统活动，在超过360多个庇护所得到广泛开展。狩猎是一种健康的、传统的可再生自然资源的消遣应用，深植于美国的传统，它可以是一个重要的野生动物管理工具。1966年的《国家野生动植物保护系统管理法》，1997年的《国家野生动植物保护系统改善法》和其他法律以及美国鱼类和野生动物管理局的政策，允许在国家野生动物保护区内狩猎，只要它符合庇护所建立的目的。

正如在庇护所实行的那样，狩猎不会对野生动物群体造成威胁，相反在某些情况下，对野生动物的管理是必要的。例如，鹿的种群往往会变得太大，导致超出庇护所栖息地承受范围。如果一些鹿没有充足的实物，它们会摧毁自己和其他动物的栖息地，从而产生饥饿或疾病。野生动物在庇护所的收获工作得到了仔细的调整，用以确保数量水平和野生动物栖息地之间的平衡。允许在国家野生动物保护区狩猎的决定是根据具体情况进行的。考虑因素包括生物安全性、经济可行性以及对其他庇护所方案和公众需求的影响。

鱼类和野生动物管理局正在不断努力，通过扩大可能在国家野生动物庇护所和湿地管理区捕猎的物种种类，规定狩猎的英亩数以及可以使用的武器种类来改善获取途径。此外，管理局还努力使其条例与国家法规，季节日期和行李限制保持一致。

（2）关于公众对狩猎意见的回应

2016 年 6 月 14 H，鱼类和野生动物管理局发布了拟议规则（81FR45790）。将 1 个庇护所加入狩猎场所名单，增加 12 个其他庇护所的狩猎活动，首次开放 1 个庇护所用于捕鱼，在 2016—2017 赛季，为其他有关迁徙鸟类狩猎、高地游戏狩猎、大型游戏狩猎和运动钓鱼的庇护所添加适当的避难规定。截至 2016 年 8 月 15 日，接受了关于拟议规则的公众意见，为期 30 天，共收到了 601 条意见。部分有代表性的意见及回应如下。

意见 1：许多评论者普遍反对国家野生动物庇护所系统的任何狩猎或捕鱼活动。评论者指出，在许多情况下，狩猎与"庇护所"的建立目的是对立的，他们认为这应该成为所有野生动物不可侵犯的栖息地。

回应 1：经修正的"行政法"规定，狩猎（如捕鱼、野生动物观察和摄影以及环境教育和解释）如果被认为是与庇护所建立初衷相一致的，则是对庇护所进行的合法的和优先普通公众的一种使用，应该得到发展。管理局已经制定了执行"管理法"要求的政策和规定，庇护所管理人员在考虑狩猎和捕鱼计划时应遵守这些规定。

只有在确定符合"行政法"规定的庇护所既定目的和避难系统使命的情况下，才允许在国家野生动物庇护所中狩猎常驻野生动物。国家野生动物庇护所中常驻野生动物的狩猎一般符合国家规定，包括季节和行李限制。特定避难条例的狩猎条例可能比国家条例更具限制性（但不是更自由），而且为了帮助实现具体的避难目标，限制性往往更大。这些目标包括常住野生动物种群和栖息地目标，尽量减少对野生动物的干扰，保持高质量的狩猎和其他野生动物娱乐机会，消除或减少与其他公共用途的冲突和/或避难管理活动，保护公共安全。

每个庇护所管理者只有在对现有信息进行严格审查之后，才做出关于狩猎这个特定庇护所用途的决定。制订或参考综合保护计划（CCP，一个 15 年的保护计划）一般是庇护所管理者采取的第一步。我们对避难系统单位的管理政策是：按照经批准的 CCP 对等机构管理所有避难场所，这些避难场所在实施时应达到避难目的；帮助完成避难系统的使命；保持并酌情恢复每个庇护所和避难系统的生态完整性；帮助实现国家荒野保护体系的目标；并完成其他任务。CCP 将指导管理决策，制定实现这些最终目的的进一步的目标和战略。庇护所管理人员的下一步工作是制订或参考缩减计划，其中狩猎计划将成为其中一个。

　　开放一个狩猎庇护所的过程中，在完成缩减计划之后，下一步就是要适当遵守《国家环境政策法》（NEPA；42U. S. C. 4321 etseq.）。例如，进行环境评估并附上适当的决定文件（决定记录，发现无重大影响或环境行动备忘录或声明）。开放过程中还需要完成经过修正的 1973 年《濒危物种法》（16USC1531etseq.）中第 7 部分的评估，请求国家和/或部落参与的信件副本以及特定庇护所草案监管语言。只有在提供了切实可行的综合保护计划、狩猎计划、国家环境政策法文件，并取得公众意见之后，才可以实现庇护所狩猎。

　　总之，申请在国家野生动物庇护所狩猎绝不是一个快速或者简单的过程。这过程中需要大量的审议和讨论，在允许某种动物可以被捕猎之前，需要提供所有可用的数据用以决定这种动物适宜的数量。

　　"庇护所"一词包含了为野生动物提供安全栖息地的含义，在庇护所狩猎看起来似乎是与国家野生动物庇护所系统的初衷相悖。但是，管理法又规定适当数量的狩猎是对庇护所的一个合法的、普通公众优先的一种使用。此外，我们管理庇护所，以支持健康的野生动物种群，在许多情况下，这些野生动物种群将产生可再生资源的可收获盈余。按照庇护所的做法，狩猎和捕鱼不会对野生动物种群构成威胁。重要的是要注意，通过狩猎或捕猎某些动物并不一定会减少整体数量，因为狩猎可以简单地取代其他类型的死亡率。然而在某些情况下，我们使用狩猎作为一个管理工具，明确的目标是减少数量，这经常被用于威胁生态系统稳定性的外来物种和/或入侵物种。因此，便利狩猎机会是建立国家野生动物庇护所系统立法中服务作用和责任的一个重要方面，管理局将继续为符合特定目的的庇护所和实现国家野生动物庇护所系统使命提供机会。

　　请注意，并非所有的庇护所都是绝对的庇护所。如果庇护所全部是绝对的的庇护所，管理局只会开放高达 40% 的庇护所，用于捕猎候鸟。但是，如果在没有规定它是不可侵犯的庇护所的情况下建立了庇护所，我们可以开放 100% 的庇护所进行狩猎。

　　1978 年《鱼和野生动植物改良法》（公报 L. 95 – 616）修正了"管理法"第 6 节，规定如果采取狩猎候鸟的行为对该物种有利，那么开放全部或任何部分的绝对庇护所。超过 40% 的狩猎庇护所的开放是由物种决定的。这项修正案是指过去创造或未来创造的绝对庇护所，它不适用于为获得其他管理目的的领域。

　　由此，鱼类和野生动物管理局并没有因为这些评论对规则做任何修改。

　　意见 2：公众表示支持在国家野生动物庇护所中进行狩猎和捕鱼扩张，但认为管理局并没有开辟足够的避难场所来狩猎或在足够的避难场所增加狩猎，因而反对现有的扩张开放意见。据评论者描述，超过 562 个，也就是 40% 以上国家野生动物庇护所仍禁止狩猎。在联邦政府行政和立法部门明确指示增加狩猎活动的情况下,管理局必须加快狩猎的速度。评论者还强烈建议该服务机构与国家野生动物管理者和狩猎社区的代表进行讨论,以促进和加快开放进程,并确保这些和所有国家野生动物庇护所成为或保持对狩猎的开放态度。

回应 2:正如管理部门在对评论 1 的回应中所指出的那样,经修正的"行政法"规定,避难系统的建立是为了养护鱼类、野生动物、植物及其栖息地。而且该管理局应该积极为美国人参与兼容性野生动物娱乐提供机会,包括狩猎和捕鱼在避难系统的土地和水域上。因此,该管理局将继续为狩猎和捕捞提供便利,因为这样做符合特定庇护所的目的和国家野生动物庇护所系统的使命。

鱼类和野生动物管理局继续寻找并扩大在国家野生动物庇护所系统范围内的狩猎机会。然而,允许在庇护所狩猎的决定并不是一个快速或简单的过程。一旦该管理局确定可以以符合个人避难目的和符合国家野生动物庇护所系统使命的方式进行狩猎,将尽快开放其成为狩猎庇护所。管理局仍然没有根据上述评论对规则做任何修改。

2. 捕鱼

捕鱼者可以在 300 多个庇护所单位捕鱼。这些爱好者首先听到了鱼类和野生动物面临危险的警钟,最终形成了一些保护组织,通过立法帮助保护野生动物,建立了许多国家野生动物庇护所。在阿拉斯加偏远的地方钓鱼,徘徊在佛罗里达州的红树林边。这些法案还包括有关州牌照和最新的避难特定狩猎和运动捕鱼条例的信息。

作为国家野生动物庇护所的重要休闲用途之一,捕鱼为人们提供了一种以放松的方式享受公共土地的乐趣。避难系统有 300 多个单位提供休闲钓鱼,另有 56 个单位通过提供船舷梯和停车设施支持在相邻水域捕鱼。每年有数百万美国人在庇护所享受淡水或咸水捕鱼,然而,这个数字正在减少。过去六年来,钓鱼次数下降了 5%。虽然目前原因还不清楚,但许多国家野生动物庇护所的工作人员减少,工作时间缩短,可能是造成这一下降的原因。

3. 步道旅行

拥有步道和汽车路线的庇护所适合徒步或自驾游的游客。庇护所中的许多小径都是以其风景、历史或娱乐价值而驰名全国的。在国家或者庇护所的官方网站(www.fws.)上按州或难度级别查找访客和路径。把智能手机带到佛罗里达州的 J. N. "Ding" Darling 国家野生动物庇护所链接视频,或者当你正在走上 iNature 步道又或者沿着密西西比河上游国家鱼类和野生动物庇护所的汽车之旅收听手机信息。

4. 鸟与野生动物及景观观赏

野生动物观赏者与鸟类摄影师被庇护所里令人难以置信的鸟类景观折服，成千上万的鸟在高峰期迁徙。我们还有机会观赏筑巢的珩科鸟、白头海雕、海牛群和驯鹿群以及鹧鹈或草原鸡的交配仪式。自然步道、观景台和照片百叶窗为观赏一些世界上最好的野生动物提供了极好的位置。

5. 其他娱乐活动

新墨西哥州博斯克德阿帕奇国家野生动物庇护所以鹤为主题举办活动，选择了观赏鹤的最佳时间，吸引了大量的观众。野牛群仍然徜徉在草原上，可以在国家野生动物保护区狩猎网上指南查询到。国家野生动物庇护所捕捞指南还通过照片的形式介绍北鲑的多种捕获方式。

佛罗里达州阿尔奇卡尔国家野生动物庇护所是西半球的海龟之都。当红鲑鱼产卵时，每年夏天巨型棕熊在阿拉斯加的科迪亚克国家野生动物庇护所聚集。国家野生动物庇护所环境教育为学校、社区团体、家庭和个人提供全面的教育活动（参见 www.fws.gov/refuges 的访客专题活动日历）。许多庇护所都设有互动式展览的游客中心。一些人借助装有辅助功能的双筒望远镜或背包，更好地对庇护所进行观察。还有一些拥有历史文化和历史遗迹的地方，通常有特殊的节目，如乔治亚州的 Okefenokee 国家野生动物庇护所的切瑟岛家园（Chesser Island Homestead Open House）或弗吉尼亚州的 Great Dismal Swamp National 野生动物庇护所的前非洲裔美国人褐红色的社区。水上运动无论独身旅行还是由导游带领，带上自己的小船或租用一个，许多庇护所都会成为美妙的划船圣地。庇护所系统拥有约 1000 英里长的标记水道，从路易斯安那州黑色大湖国家野生动物庇护所的平静水域到波涛汹涌的阿拉斯加州基奈国家野生动物庇护所的 80 英里水道。

此外，当娱乐活动符合庇护所的野生动物保护主要使命时，都将得到支持。诸如，荒野游客可以捕猎、捕鱼、观察和拍摄野生动物。许多其他类型的兼容性娱乐用途，例如越野滑雪、独木舟、皮划艇和徒步旅行也可以在一些荒野地区享受。在 26 个州的 63 个避难系统单元中有 75 个荒野地区都有这些娱乐活动。

（五）投入机制①

1. 资金规模

自 2010 财年创纪录的 5.033 亿美元的拨款以来，国家野生动物保护系统的资金大幅度下降。在三年内下降超过 5000 万美元后，到 2013 财年，融资额为 4.526 亿美元，然后在 2015 财年微升至 4.742 亿美元。但即便如此，这一资助水平也比庇护所系统所需要的水平低了约 7200 万美元（相对于 2010 财年的水平，需要增加大约 800 万至 1500 万美元，以跟上燃料、公用事业和地租等成本上涨的步伐）。不幸的是，资金的减少导致大部分地区庇护所发展的衰退。

2. 休憩收费项目

2004 年娱乐费计划，国会通过了《联邦土地重建法》（REA），该法允许政府收取由美国鱼类和野生动物管理局、垦务局、国家公园局、土地管理局和森林局管理的公共土地的娱乐使用费。

美国鱼类和野生动物管理局向 100 多个国家野生动物庇护所收取费用，其中包括向 31 个野生动物庇护所收取入场费。在庇护所收取的所有费用中，至少有 80% 资金通过投资形式流回庇护所，为游客提供优质的康乐设施和观赏机会，剩余的 20% 用于该地理区域。收取费用的每个庇护所都在收集地点张贴通知公众使用前一年娱乐费的收集、使用或预期使用情况。

3. 基金

一是水土保持基金和候鸟基金。水土保持基金来源于汽艇燃油税，出售多余的联邦不动产和外大陆架油气租赁费。候鸟基金来源于出售鸭邮票（水鸟狩猎需要联邦邮票），枪支和弹药进口关税，普通基金的拨款，通行权、许可证和/或地役权费以及出售多余的避难地，每财年与县一级机构分红之后剩余的庇护所收入和每财年国家未支付的联邦援助金。

从 1934 年以来，出售候鸟狩猎和保护邮票带来了约 4.77 亿美元的收入。大约 10% 的鸭票收入来自非猎人（集邮者、艺术品经销商和爱好者）。另外，还有 1.97 美元的收入被列入候鸟自然保护基金，作为财政部的"预借贷"。最后，从军火和军火进口税及庇护所入场费中又获得约 1.53 亿美元。

这些候鸟基金被加总起来购买了约 270 万英亩（约为避难系统土地的 3%）。用 10 亿美元水土保持基金购买了 140 万英亩（约避难系统土地的 1.5%）。大部分避难地（近 90%）已经从公有领域撤出。

---

① 资料来源：https：//www.fws.gov/refuges/visitors/recreationFees_ 062005.html。

（六）案例庇护所——别克斯国家野生动物庇护所①

1. 基本情况

2015 年，别克斯国家野生动物庇护所获得了极大的荣誉。当时公众票选它为整个庇护所系统中第四好的国家野生动物庇护所。这个庇护所提供了充足的自然美景，是波多黎各群岛和美属维尔京群岛的第二大庇护所。它被认为是一个偏远的地方，但在技术层面，它也是一个城市的庇护所，每年接待成千上万的游客。别克斯国家野生动物庇护所与别克斯岛的人口中心接壤，距离 10 万多人的城市人口不足 20 英里，距离 100 多万人口的城市人口不到 40 英里。

别克斯国家野生动物庇护所办公室和游客服务中心被认定为"能源与环境设计领导"（Leadership in Energy and Environmental Design，LEED）认证的设施。此外，其他设施中的太阳能供电系统被授予鱼类和野生动植物管理局环保领导奖。

别克斯国家野生动物庇护所曾经是美国海军武器训练基地，沿用了 60 多年。当美国海军离开别克斯岛时，他们留下了数以千计的未爆弹药（UXO）、军火碎片和一些垃圾站点。为了加快对站点的清理和净化，超过一半的庇护所土地被宣布为污染清除基金站点。EPA 和联邦环境质量委员会（EQB）是确保海军进行清理的监管机构。DNER、NOAA 和 USFWS 是协助这一行动的保护机构，而别克斯市、社区和其他各种利益相关者也参与以确保清理工作的执行。随着清理的进行，将会有更多的区域开放给市民使用。土地清理工作于 2013 年结束，而周边水域清理工作将持续到 2028 年。与此同时，已经清理完成的、确保安全的特定庇护所区域将向公众开放。目前，一些公路、小径、沙滩和 Puerto-Ferro 灯塔已向公众开放。预计在一年之内，西区的 BocaQuebrada 海滩地区也将向公众开放。

2. 保护目标

（1）鸟类

别克斯岛上有大约 190 种鸟类，包括原来生活在这里的和后来迁徙来的。鹈鹕、水鸟、秧鸡和滨鸟在咸水湖的浅水中比比皆是。包括斑嘴巨鹈鹕（pied - billedgrebe）、长嘴秧鸡（clapperrail）、白颊针尾鸭（white - cheekedpintail）、棕硬尾鸭（ruddyduck）、蓝翅鸭（blue - wingedteal）、普通秧鸡（commongallinule）和加勒比骨顶鸡（Caribbeancoot）等物种。

---

① 资料来源：https：//www. fws. gov/nwrs/threecolumn. aspx？id = 2147579947。

原本生存在这里的苍鹭和白鹭包括三色鹭（tri‐coloredheron）、小蓝鹭（littleblueheron）、雪鹭（snowyegret）、黄冠夜鹭（yellow‐crownednightheron）和大白鹭（greategret）。原就生存在这里的鸻鹬类包括厚嘴鸻（Wilson's plover）和小水鸟（killdeer）。迁徙来的鸻鹬类已知的有灰斑鸻（black‐belliedplover）、半蹼鸻（semipalmatedplover）、大黄脚鹬（greateryellowlegs）、小黄脚鹬（lesseryellowlegs）、斑鹬（spottedsandpiper）、翻石鹬（ruddyturnstone）、半蹼滨鹬（semipalmatedsandpiper）和短嘴半蹼鹬（short‐billeddowitcher）。

至少有14种海鸟是永久性居住在这里或者是后来迁徙来的。他们利用近岸和近海的海洋栖息地来觅食。这些物种已知的鸟类包括丽色军舰鸟（magnificentfrigatebird）、白尾鹲（white‐tailedtropicbird）、红嘴鹲（red‐billedtropicbird）、褐鹈鹕（brownpelican）、褐鲣鸟（brownbooby）、笑鸥（laughinggull）、橙嘴凤头燕鸥（royaltern）、姬燕鸥（leasttern）、乌燕鸥（sootytern）、粉红燕鸥（roseatetern）、白嘴端燕鸥（sandwichtern）和褐翅燕鸥（bridledtern）。这些鸟利用岩石海岸、悬崖、海湾、沙滩和潟湖筑巢和栖息。

在非植物栖息地如泥滩、海滩和岩石海岸中发现的水鸟，包括美洲蛎鹬（Americanoystercatcher）和斑腹矶鹬（spottedsandpiper）。

在所有类型的陆地灌木栖息地发现的常见的陆生鸟类包括普通地鸠（commongrounddove）、鸣哀鸽（Zenaidadove）、加勒比伊拉鹟（Caribbeanelaenia）、灰王霸鹟（graykingbird）、红树美洲鹃（mangrovecuckoo）、蕉林莺（bananaquit）、黑脸草雀（black‐facedgrassquit）、黄莺（yellowwarbler）、greaterAntilleangrackle、绿喉加勒比蜂鸟（green‐throatedCaribhummingbird）、北方嘲鸫（northernmockingbird）、珠眼嘲鸫（pearly‐eyedthrasher）、安的列斯凤头蜂鸟（Antilleancrestedhummingbird）和滑嘴犀鹃（smooth‐billedani）。

在别克斯岛发现了波多黎各特有的阿德莱德的莺、波多黎各啄木鸟和波多黎各鹟。

（2）哺乳动物

许多海洋哺乳动物生存在靠近海岸以及别克斯岛周围较深的近海水域。这些海洋哺乳动物包括安的列斯海牛（Antilleanmanatee）、蓝鲸（thebluewhale）、长须鲸（finwhale）、座头鲸（humpbackwhale）、大须鲸（seiwhale）、抹香鲸（spermwhale）和一些海豚物种（包括偶然出现的逆戟鲸荚）。蝙蝠是别克斯岛唯一的本地陆生哺乳动物。在波多黎各大岛上发现的13种中，别克斯岛有9种。一些最常见的物种是食鱼蝙蝠、牙买加果蝠、巴西无尾蝙蝠和屋顶蝙蝠。被波多黎各自治邦列为濒危动物的红无花果蝙蝠（theRedFig‐eatingbat），在别克斯野生动物庇护所中为其提供充足的栖息地和保护。2008 年，保护区生物学家发现了安的列斯长舌蝠（the Greater Antillean long – tongued）和棕蝠（the brown flower bats），并将其加入了别克斯的记录。

其他哺乳动物都是由人类引入岛上，包括家鼠、黑鼠、印度小猫鼬以及家畜如牛、马、山羊、兔子、狗和猫。

（3）两栖动物和爬行动物

保护区有 22 种两栖爬行动物，包括联邦和自治邦列出的四种濒危海龟：棱皮龟（theleatherback）、绿海龟（greenseaturtle）、玳瑁（hawksbill）和蠵（the-loggerhead）（前三种在别克斯岛上筑巢，而最后一种在别克斯岛觅食）。整个波多黎各群岛中别克斯野生动物庇护所是绿海龟的主要筑巢区。Churricoqui、波多黎各蛙（hePuertoRicancoqui）、thewhistlingcoqui（全世界叫声最响亮的蛙）和白嘴田鸡（thewhite – lippedfrog）用它们的叫声为雨夜谱出一曲动人的曲子。淡水波多黎各滑子乌龟在潟湖、湖泊和沼泽被找到。在庇护所内发现了一些蜥蜴、壁虎、蛇和虫蛇，由于掠食性猫鼬的存在，别克斯岛蛇的密度较低。

岛上引进了非本地爬行动物和两栖动物，如绿色鬣蜥、蟒蛇、球蟒、古巴树蛙、甘蔗蟾蜍和一些凯门鳄。

（4）水生生物

由于庇护所淡水栖息地有限，大多数水生生物是河口或海洋物种。已知在别克斯野生动物庇护所的近岸海洋栖息地发现的软体动物包括章鱼、coquina 蛤蜊、女王海螺、红树林牡蛎和西印度顶壳。众所周知，在沿海水域和别克斯岛附近的近岸海洋栖息地都有各种甲壳类动物。这些物种包括加勒比龙虾、河口和淡水虾。还有各种各样的螃蟹，如鬼蟹、小提琴蟹、红树林蟹和保护地蟹。已知大约有 800 种鱼类栖息在波多黎各周围岛屿和周围的沿海水域。红树林、潟湖、海草床、珊瑚礁和开放水域支持不同种类的鱼类和无脊椎动物家庭。

3. 公众参与

比克斯国家野生动物庇护所鼓励志愿者参与野生动物保护，共同消除野生动物保护面临的威胁因素。志愿者可以承担游客中心的售票服务，环境教育或解读服务，行政或电话接待，设施维护，生物课程讲授等工作。

管理局特别设置了一个青年保育队（YCC）项目，为青年人设置的夏季就业计划，允许他们边工作边参与户外保育项目和提升保护管理能力。工作项目可能包括建设和改善步道，木栈道或其他设施，移除入侵植物，并为野生动物管理计划做出贡献。参加者还参加教育活动，实地考察，并在游客中心迎接游客。这是一个为期 8 周的课程，每年从五月份到七月份。无工作经验要求。申请人必须年满 15 到 18 岁，是美国公民或合法居民，享受户外活动。报酬：每小时 7.25 美元；工作时间：周一至周五，上午 7：00 至下午 3：30；申请地点：每年四月在庇护所行政办公室。

随着志愿者开始关注"他们的"海滩，净化清理海滩项目促进志愿者们的自豪感和归属感。来自别克斯岛或波多黎各其他地区的志愿者团体同意在一年内至少四次清理庇护所的海滩。这个项目为社区提供了一个参与海洋污染解决的机会。非营利组织、社区团体和学校等都开始加入净化海滩项目。

别克斯国家野生动物避难的朋友组织——以庇护所为基础的非营利组织，致力于为政府、私人和社区组织提供环境教育、科学调查和技术援助。他们为游客提供有关我们美丽小岛动植物的信息。他们致力于教育、准备和提供给别克斯青年积极参与保护工作的机会。他们提供生物领域的培训和自然解说指南。这是协助在岛上发展野生动植物和自然生态旅游计划的一部分。它们隶属于国家口译协会（NAI）。

卡巴罗斯·比克（Caballos Bieke）是一个以社区为基础的小型非营利组织，与别克斯岛市政府、波多黎各农业局、别克斯兽医诊所、英联邦警察署和别克斯野生动物庇护所合作。其目的是为政府、私人和社区组织提供救援方面的技术援助。他们努力从公共场所移走野马。该组织专注于为全岛救出的马提供特别护理，并致力为受救的受虐待和受伤的马提供安全的环境。

伊瑟拉·尼娜·科姆珀斯特（Isla Nena Composta）这也是一个由环保人士和当地农民开发的社区组织。他们与别克斯市政府、波多黎各电力局、锡拉丘兹大学环境金融中心以及别克斯野生动物庇护所合作，为当地的栖息地恢复项目创造堆肥材料，并为岛上的可持续农业提供实践。另外，通过清除市政垃圾堆中的所有植物材料并将其转化为堆肥，该组织能够协助延长各种设施的使用寿命。

二、国家公园系统

（一）国家公园界定

1969 年，国际自然保护联盟（IUCN）将一个公园定义为具有以下特征的一片较大的区域：拥有一个或多个未被人类开发或占领的生态系统，其动植物物种、地貌遗址、栖息地具有独特的科学、教育和娱乐意义，或者其包含了极其优美的自然景观；国家的最高权力机构已经对整个区域采取措施，立即阻止或消除开发和占据活动，有效加强对国家公园建设基础的生态、地质或美学特征的尊重。出于寻找灵感、接受教育、文化和休闲的特殊目的，游客是被允许进入的。

1971年，为了更清晰、更明确地对国家公园进行评估，这些标准被进一步拓展了。这些标准包括保护区域的面积最小是1000公顷、法定的法律保护、公园的财政和员工能够提供有效保护。禁止开发体育、渔业、管理需要、设备等活动的自然资源（包括修建水坝）。

尽管国际自然保护联盟（IUCN）提出一个统一的国家公园概念，但是一些国家的很多被冠以国家公园的保护区域虽对应的只是IUCN自然保护地管理定义中的其他分类，但都被称为国家公园。例如，瑞士国家公园对应于IUCN分类中的严格的自然保护区；美国埃弗格莱兹国家公园对应于IUCN分类中的荒野区域；津巴布韦维多利亚大瀑布国家公园对应于IUCN分类中的国家纪念区；保加利亚维托莎国家公园对应于IUCN分类中的栖息地管理区；英国新森林国家公园对应于IUCN分类中的保护景观区；希腊伊特尼克·约格罗托匹克·帕克三角洲国家公园（Etniko Ygrotopiko Parko Delta Evrou）对应于IUCN分类中的资源管理保护区

国家公园一般被认为是由国家政府直接管理的（因此得名），但在澳大利亚国家公园是由州政府直接管理的；同样的，荷兰的国家公园是由各省直接管理的。包括印度尼西亚、荷兰和英国在内的一些国家，其国家公园并不符合国际自然保护联盟（IUCN）的定义，但其他一些符合国际自然保护联盟（IUCN）定义的地区并没有命名为国家公园。

（二）美国国家公园系统

美国的国家公园系统是国家公园局所有和管理的有形资产的集合。它们包括指定为国家公园和大部分国家纪念区的所有区域，还包括一些美国其他类型的保护区。

截至2017年1月，美国国家公园系统共有417个单位，至少有19个不同的类别，其中包括129个历史公园或遗址、87个国家纪念碑、59个国家公园、25个战场遗址或军事公园、19个保护区禁地、18个娱乐区、10个海岸、4个公园、4个湖岸和2个保护区。值得注意的是，这个数字背后有一些复杂情况。例如，因为这个名称同样适用于国家公园和类似的自然保护区，所以迪纳利国家公园及自然保护区算作是两个单位。但让拉菲吉国家历史公园和保护区尽管有双重命名，也还是算作一个单位。其计数方法来源于公园的立法语言。在其他地方，莫尔特里堡萨姆因为其包含特堡国家纪念碑特征，所以它只能算一个

单位。

除了国家公园系统外，国家公园局还向国会授权的几个附属区域提供技术和财政支持。这些附属区域下面的列表上会被标记出来。国家历史遗迹名录是由国家公园局（有将近7.9万名员工）管理的，并自动将所有国家公园系统的区域纳入国家历史遗迹名录的历史意义中。这包括所有的国家历史公园/历史遗迹、国家战场/军事公园、国家纪念馆和一些国家纪念碑。国家公园系统在所有50个州、在华盛顿特区、美国在关岛的领土、北马里亚纳群岛、美属萨摩亚、美属维尔京群岛和波多黎各均有分布。几乎所有国家公园局管理的国家公园均加入了国家公园护照邮票项目。

国家公园系统代表着美国甚至世界的特殊之处。总统西奥多·罗斯福（Theodore Roosevelt）将自然资源保护称为"在精神、目的、方法上是最本质的民主"。著名新闻记者、环保主义者罗伯特·斯特林·亚德（Robert Sterling Yard）认为国家公园的魔力在于美国人民的"共同所有权"。来自各行各业的人们参观公园并分享这些公园的奇迹、权威和历史价值。2009年，肯·伯恩斯（Ken Burns）在国家公园拍摄的纪录片将国家公园的概念宣传至更广泛、更多样化的大众，他指出"……国家公园不仅仅是森林和岩石的拼凑，更是大自然的灵感之景。它们体现了一种虽然不太具体，但很持久的理念，作为独特而激进的美国独立宣言一样，这个理念出现在美国建国近一个世纪后。作家、历史学家华莱士·斯蒂格（Wallace Stegner）曾经说过，国家公园是我们曾经拥有的最好的想法"。国家公园是经济活动和健康的重要驱动力，每年吸引数亿的游客来酒店和餐饮消费，雇佣户外工作者并依靠当地其他企业推动旅游业和户外休闲产业的发展。

（三）发展历史

1872年3月1日，国会在蒙大拿州和怀俄明州建立了黄石国家公园，作为"为人们利益和享受服务的公共公园和休憩场所"，同时将它置于"内政部部长的独家控制之下"。黄石国家公园的建立开启了世界范围内的国家公园运动。目前，在世界上100多个国家拥有近1200个国家公园或类似的保护区。

在黄石国家公园建立后的几年时间里，美国政府授权建立了更多的国家公园和纪念碑，其中许多坐落在西部。这些同样由内政部进行管理，同时，其他一些纪念碑和自然、历史区域是由美国陆军部和农业部下属的森林管理部门负责的。没有一家机构能够管理所有联邦的公园用地。

1916年8月25日，在总统签署创建国家公园局的《组织法案》后，白宫写信给史蒂芬·马瑟。

1916 年 8 月 25 日，伍德罗·威尔逊总统签署了创建国家公园局的法案，这个尚未成立的联邦机构负责 35 个国家公园及纪念碑，并下属于内政部。《组织法》规定"国家公园局应致力于促进和规范被称为国家公园、纪念碑和保护区的联邦区域的开发，通过这样的方式和措施来符合这些公园建立的初衷，其目的是保存景观、自然、历史对象及其中的野生动物，并通过这种方式提供娱乐享受，同时以这样的方法使它们不受损害并为子孙后代提供娱乐享受"。

1933 年的一道总统令将 56 个国家纪念碑和军事遗址的管理权从林务局和陆军部转移到国家公园局。这一举措是当今国家公园系统发展的重要一步，这一系统包括了历史遗迹和风景名胜与重要的科学价值。国会在 1970 年颁布的《一般权利法案》中宣称"国家公园系统自 1872 年创建黄石国家公园以来，已经发展成在所有地区包含顶级自然、历史和休闲区域的系统……该项法案的目的就是将所有这样的区域都纳入这个系统中……"

美国国家公园系统目前由超过 400 个区域组成，覆盖了 50 个州、哥伦比亚特区、美属萨摩亚、关岛、波多黎各、塞班岛和维尔京群岛在内的 8400 万英亩的土地。根据国会不同的法案可以证明这些地区具有独特的国家象征意义。

目前一般只能通过国会的法案在国家公园系统中纳入新区域，同时国家公园也只能通过立法的形式来建立。但根据 1906 年的古文物法案，总统有权利在联邦土地范围内建立国家纪念碑。国会通常要求内政部部长对系统内纳入新区域的规划提出建议。由市民组成的国家公园系统顾问委员会可以为内政部部长在有可能纳入系统的新区域和管理政策方面提供建议。

国家公园局仍然在致力于实现其最初的目标，同时也在担任着其他不同的角色，如多元文化和娱乐资源的守护者、环境倡议者、振兴社区的伙伴、公园的世界引导者和社区保护者、保护美国开放空间的先驱。

如今，有超过 2 万名国家公园局的工作人员为美国 400 多个国家公园服务，并与全国各地的社区合作，保护当地的历史，创造近距离休闲娱乐的机会。

（四）投入机制

一份 2016 年的经济影响报告显示，在参观访问和消费方面，游客每年在当地门户地区（定义为距离公园 60 英里内的社区）大概消费了 184 亿美元，创造了超过 318000 个工作岗位，同时创造了 349 亿美元的国民经济产值。户外休闲活动主要包括打猎、钓鱼、远足、骑自行车和划船等。

1. 2018 财年预算变动

国家公园局在 2018 年可自由支配的预算为 26 亿美元，比 2017 年持续决议的年度财政低 2.966 亿美元。国家公园局预计，2018 年的财政资金将支持总计 18268 个全职项目，其中 14511 个项目将由自由支配的机构提供资金。2018 年总统财政预算要求从 2017 年的持续决议中提供净编程式减少 3.222 亿美元，增加 2570 万美元的固定成本支出。这比 2017 年持续决议的年度财政减少了 10.4%。在 2018 年，国家公园局将致力于继续管理好国家象征意义的文化和自然宝藏，为所有游客提供丰富的体验和乐趣，同时国家公园局的项目和活动将继续努力保护和恢复生态系统、保护和保存文化资源，为游客提供体育活动和自然体验的场所，并协助州和当地社区发展休闲娱乐场所和设施，保存历史资产。由于认识到国家公园局必须在对访客和雇员的安全至关重要的资产、资源保护、对每个国家公园至关重要的系统可操作性方面进行战略投资，因此，2018 年总统的财政预算要求为其建设账户拨款 2.2265 亿美元，净增加 3400 万美元。这包括总计 1.7 亿美元的道路建设项目资金，包括为解决延期积压的维修问题投资的道路建设工程；由于设施条件恶劣，公园不再需要或造成风险而投资的国家公园局资产的拆除和处置项目，以及在国家公园荒废的矿地上投资的减轻公共安全隐患的项目。

2018 年总统财政预算比 FTE 少了 6.4%。在这个层面上，访客和合作伙伴将会感受到服务的减少，同时剩下的员工将面临更大的工作量。在这个资金水平上，将近 90% 的公园将减少目前的人员配置，进而导致公共服务的减少。同样，支持项目也会感受到人事和服务水平的降低对公园的长远影响。

为了按照 2018 年财政预算水平运营，大部分公园将减少非人力成本，包括合同支持、供应量、材料和培训等。为了进一步降低成本，国家公园局将在公园本身的基础上采取多种对策，包括对诸如露营地和设施进行限制使用或者关闭，减少、调整或取消游客低谷期的游客服务。然而，在一些公园，对非人力成本和服务水平的调整或许并不能产生足够的财政盈余来满足 2018 年的财政预算水平，因为非人力成本只是公园支出的很小一方面。很多公园已经实施了减少这些成本的策略，同时一些其他公园因没有访客低谷期或限制公共访问的方法而没法实现预算的压缩。因此，在拟定的预算水平下，一些公园就要通过进一步削减服务、营业时间和全职、兼职员工数量来达到目标。在服务范围内，这些调整可能包括解雇上千名兼职员工、使关键岗位空缺、为现有员工提供提前退休及离职奖励。

减少季节性和永久性的劳动力会对公园的运营产生立竿见影的影响。自 2011 年以来，国家公园局的员工减少了 2300 多名（减少了 11%）。在同一时期，游客访问量达到历史最高水平。2016 年，公园游客数量达到 3.236 亿人次，增加了 4680 千万人次（17%）。除了每年增长的游客量外，国家公园局还面临着几个相互竞争的需求，其中包括大量的设备延期维修项目，为建立和支持新的公园，在现有公园内保护资源和游客的必要性。在人员和财务灵活性下降的同时，责任也在不断增加，国家公园局实现资源保护和游客服务需要的能力越来越具有挑战性。2018 年，国家公园局将继续把资源聚焦于核心人物需求上。

2. 专项拨款

（1）国家公园系统的运营

该项拨款支持国家公园的运营，保存和保护公园内的珍稀资源，为当前和未来游客提供享受这些资源的机会，这项拨款在 2018 年财政预算中为 22 亿美元。这项预算比 2017 财年的持续决议减少了 1.438 亿美元，包括共计 1.681 亿美元的一系列有针对性项目投资的减少和固定资产投资增加的 2430 万美元。

有针对性减少的 1.681 亿美元，主要包括公园和项目运营减少了 1.318 亿美元、自然资源项目减少 220 万美元、文化资源项目减少了 700 万美元、青年伙伴项目减少的 500 万美元、公园志愿者减少 400 万美元、宣教项目减少了 50 万美元、因为与国家公园局没有直接联系而撤销对国家首都地区表演艺术的 220 万美元投资、撤销 2017 年美国总统大选的 420 万美元资金、撤销 flex 公园项目的 970 万美元、撤销挑战成本共享项目的 38.5 万美元、环境管理项目工程减少的 150 万美元、紧急风暴损害项目减少的 35 万美元和对现有公园新职责增加的 110 万美元初期支持。

（2）百年挑战

这笔 1500 万美元的拨款为国家公园主要的延期维护项目提供了联邦配套资金。所有联邦资金必须以 50∶50 的比例进行配套。这个项目得到国家公园局百周年法案的支持，该法案成立了一个国家公园百年挑战基金，用于与游客服务设施和步道维护相关的标志性工程与项目，通过抵消超过 1000 万美元的美国销售的精美的高级通行证来获得资金。

（3）国家休闲和保存

这个拨款项目旨在为当地保护文化和自然资源的项目提供支持，该拨款计划在 2018 财年投入 3700 万美元，其中比 2017 财年的持续决议净减少了 2550 万美元。这项申请由固定成本增加的 49.6 万美元和以下有针对性减少的项目构成，其中包括河流、道路和保护援助减少的 110 万美元，国家自然地标减少的 10 万美元，水力资源娱乐援助项目减少的 3.2 万美元，切萨皮克通道和路径减少的 100 万美元，联邦土地划归公园减少的 9000 美元，国家注册项目减少的

150 万美元，国家保护、技术和培训中心削减的 25 万美元，美国的日本战犯监禁遗址减少的 190 万美元补助，美国战场保护项目减少的 69.6 万美元援助资金，资金管理部门减少的 3.1 万美元，环境合规及审查减少的 5.3 万美元，国际事务办公室减少的 1.7 万美元，和西南边境资源保护项目减少的 33.6 万美元。该申请还取消了对国家遗产委员会的支持，在获得 1880 万美元资助的同时，削减了 18.2 万美元的行政支出。

（4）文物保护基金

这项拨款用以支持历史文物保护办公室在州、地区和部落保存具有历史和文化意义的遗址，计划在 2018 财年投入 5110 万美元，比 2017 财年的持续决议减少了 1420 万美元。这项申请包括对州和地区减少的 470 万美元财政补助金、对印第安部落削减的 100 万美元财政补助金和取消竞争性救助金 850 万美元。

（5）建筑

这个拨款用于建筑工程、设备更新、管理、计划、运营和特殊的项目，计划在 2018 财年投资 2.265 亿美元，比 2017 财年的持续决议净增 3400 万美元。这项申请由固定成本增加 65.3 万美元和以下有针对性的规划组成，其中包括单项建筑工程增加的 1300 万美元的投资、400 万美元废弃矿厂项目的投资、400 万美元拆除和处置项目的投资。预算为最优先的建设项目提供资金，这些建设项目对访客及员工的健康和安全或生态系统的恢复至关重要。为了确保国家公园局有能力支付这些额外的单项建设项目，预算中还包括了为支持建筑规划增加的 1020 万美元、支持丹佛服务中心运营的 100 万美元资金和用于支持地区设施建设的 370 万美元。这项申请还包括以下项目的削减，建筑项目管理上减少的 15 万美元、哈普斯渡轮中心项目削减的 120 万美元资金、对单位管理规划方面减少的 65.4 万美元、特殊资源研究方面减少的 19.6 万美元、环境影响规划和法律遵循方面削减的 44.8 万美元。

2013 年颁布的氡管理法案授权了 2000 万美元的强制性拨款，为均摊延期维修项目成本提供联邦支持，从而弥补国家公园基础设施建设的不足。该法案在 2018 财年的支持资金为 2000 万美元，2019 年为 3000 万美元，同时要求资金来源中有至少 50% 的非联邦资金渠道，包括实物捐赠等。

（6）土地征用和州级援助

该项拨款计划在 2018 财年投入资金 2640 万美元，比 2017 财年的持续决议中净减少 1.47 亿美元，其主要用于从土地和水资源保护基金向国家公园局土地收购活动提供转移支付、美国战场保护项目的土地收购、在购买和开发户外休闲活动用地等方面对州和当地政府提供援助。这项申请包含了固定成本增加的

19.3万投资。

预算申请要求为国家公园局联邦土地的收购及收购管理提供233万美元的资金支持，该项资金比2017财年的持续决议中削减了404万美元，其主要用以购买土地或在公园范围内维护国家重要自然和文化资源，还有在内战战场遗址上获得的捐赠。在这笔预算中，有110万美元是用于收购管理的，有85万美元用于紧急状况、困难和重新安置，有190万美元用于持有、捐赠和交换，有150万美元的美国战场保护项目收购资金，有3310万美元用于取消公园内的项目收购资金，还有取消娱乐项目的200万美元资金。

预算申请要求拿出300万美元用于LWCF各州保护拨款项目，该项目为各州购买保存和娱乐用地提供资金，同时该项预算比2017财年持续决议减少了1.068亿美元。在这笔预算中，有15万美元用于各州保护津贴的管理，用于各州保护津贴的可自由支配资金947万美元和竞争性的各州保护津贴120万美元。该预算为各州保护津贴提供资金，并在2018年从LWCF获得永久性投资9000万美元，从2022年往后每年预算增加至1.25亿美元。

（五）商业活动组织形式

为了更好地保护自然和文化资源，为数百万的公园游客创造愉快的体验，国家公园局与私营企业、非营利组织和个人保持密切合作。当前，国家公园局通过特许经营和商业使用授权与5000多家企业合作，提供从住宿到休闲旅行的高质量游客体验。管理局商业服务项目负责国家公园内商业游客服务的监督。

1. 特许经营

特许经营是一种通过第三方（特许方）在国家公园内提供诸如食物、住宿和零售等商业服务的方式。通过特许经营合同授权的这些服务，对于游客的使用和享受是必要并合理的。特许经营合同的期限一般不超过10年，但可以延长至20年。特许经营合同规定了可使用设备的范围及特许经营方同意提供的服务方式。特许经营方提供这些服务所收取费用的标准是由国家公园局规定的，而且必须和公园外相似条件下的做比较。

国家公园局局长斯蒂芬·迪·马瑟表示：对于享受不到可口早餐和优质睡眠的游客来说，所有的景色都是空洞的享受。换而言之，只有休息充分和吃饱喝足的游客才能有足够的兴趣欣赏国家公园的美景。自1872年建立黄石国家公园以来，私营企业一直致力于宣传推广公园和服务游客。现如今的商业服务项目非常重视这一遗产，为了能够充分享受到我们自然和文化的瑰宝，必须确保游客能享受到高质量的服务。

在帮助国家公园局执行任务等方面，特许经营方扮演了重要的角色。为了向公园游客提供政府不能直接提供的服务，国家公园局吸引了私营企业开展合作。特许经营方专门开展这些业务，因此能够以合理的价格提供高质量的服务。通过欢迎私营成分加入到公园的运营，国家公园局扩大了该区域的经济基础和公园周边的社区规模。

在与国家公园局其他部门合作的基础上，商业服务项目管理了超过 500 个特许经营合同，每年总收入超过 10 亿美元。在旺季，国家公园局特许经营方在不同的岗位雇佣了超过 25000 人，提供从餐饮服务和住宿，到漂流冒险和客车旅行的各种服务。如 1988 年《特许经营促进法案》所述，特许经营业务"是与保存和保护公园单位的资源和价值方面保持高度一致的"。

2. 商业使用授权

商业使用授权私营企业开展小型商业活动，而这些活动是国家公园不经常开展的，而且授权协议有效期通常较短。商业使用授权允许开展商业活动的条件有：合理开发公园的动机，对公园的资源和价值造成最小的影响，与该单位建立的目标、所有适用的管理规划、公园政策和规定等相一致。

如果没有一份有效的商业使用授权，私营企业将不允许在任何公园单位从事商业活动。私营企业在国家公园局管理的土地上，或者使用公园的资源，获得收益或者对国家公园构成了影响，为会员、客户或公众提供任何商品、活动、服务、协议或其他功能，必须申请商业使用授权。每个单独的公园都允许特定的商业活动，即商业使用授权由单个公园负责。每个公园的网站和商业使用授权办公室都可以提供申请和相关的信息，包括所有附加文档的要求。私营企业开始商业活动前，早期的规划有助于确保您可以申请到商业使用授权。使用商业使用授权地图功能来得到可获取的商业使用授权机会的信息。

为获得商业使用权，私营企业需要支付申请费、管理费、市场价格费用。第一，在每次递交申请时均需上交申请费，且申请费不予退回。申请费的金额由每个公园自行决定。这笔钱包含了公园接收、批准或拒绝私营企业的商业使用授权申请程序的相关费用。第二，除了申请费，私营企业必须支付一笔管理费，用于公园对商业使用授权的管理。由于每种商业使用授权的类型需要不同程度的管理和监控，因此其费用也是不一样的。第三，自 2015 年以来，公园可以收取市场价格费用以支付所有有关商业使用授权项目管理的成本。当私营企业在运营期即将结束、支付完市场价格费用时，申请费用将退还给你，但在一开始申请的时候，还是需要首先支付申请费。换句话说，市场价格费包含了之前提到的申请费和管理费。市场价格费是按申请人在公园盈利收入的特定比例进行收取的。当私营企业提交年度报告时，必须上报这些信息（如下）。市场价格费是基于以下几点收取的：一是公园运营收入少于25万美元的，按其收入的3%收取（可抵扣申请费）；二是公园运营收入介于25万美元至50万美元的，按其收入的4%收取（可抵扣申请费）；三是公园运营收入超过50万美元的，按其收入的5%收取（可抵扣申请费）。

当私营企业获得商业使用授权后，未按要求提交报告或报告中统计数据和收入有误，国家公园局将拒绝该企业下次商业使用授权的申请。作为商业使用授权的要求，私营企业必须向所在公园提交年度报告。这份报告包括游客访问统计数据、可估算损害数据和年度收入记录。除此外，一些公园还要求你提交月度报告，其中只包括游客访问统计和可估算损害数据。每个公园网站或通过联系公园商业使用授权办公室都可以获得报告格式和相关信息。

3. 租赁协议

租赁协议可以通过特许经营合同、商业使用授权对国家公园局的土地和未授权他人使用的特定建筑进行租赁。

通常，企业会想通过国家公园的吸引力来拍摄商业广告、电影主要场景、拍摄商品模型或者孩子们在学校的照片。情侣们选择国家公园作为其美丽的婚礼场所。国家公园局可以允许这样的活动，要求他们不会过度干涉公园游客的参观和享受。

（六）案例国家公园——美国黄石国家公园

1. 基本情况

黄石国家公园位于美国怀俄明州、蒙大拿州和爱达荷州，由国会批准建立，并由尤利塞斯·格兰特总统于1872年3月1日签署生效。黄石国家公园是美国第一个国家公园，也通常被认为是世界上第一个国家公园。这个公园以其野生动物和地热特征而闻名，尤其是最受欢迎的景点之一老忠实喷泉。它包含多种生态系统，但亚高山森林是最丰富的，也是落基山脉中南部森林生态系统的一部分。

美洲原住民已经在黄石地区生活了至少11000年。除了19世纪早期至中叶有山区居民进入外，有组织的开发从19世纪60年代后期才开始出现。公园的管理和控制最初是由内政部部长管辖的，其中第一任内政部部长是哥伦布德拉诺。然而，在1886年至1916年间，黄石地区由美国陆军管辖了30年。在1917年，公园管理权移交1916年刚刚成立的国家公园局。数以千计的已经造好的建筑因其建筑和历史意义被保护起来，同时研究人员已经对超过一千个遗址进行了考察。

黄石国家公园占地 3468.4 平方英里（8983 平方公里），其中包括湖泊、峡谷、河流和山脉。黄石湖是北美洲最大的高原湖泊之一，它的中心就是美洲最大的超级火山——黄石火山的火山口。黄石火山被认为是一座活火山。在过去两百年时间里，它曾经多次爆发出巨大的能量。持续的火山活动造就了世界上一半的地热能都分布在黄石公园。火山爆发的熔岩流和岩石覆盖了黄石的大部分地区。这个公园是大黄石生态系统的中心地带，也是地球北温带现存最完整的生态系统。

数百种哺乳动物、鸟类、鱼类和爬行动物记录在案，还包括一些濒临灭绝和受到威胁的物种。广阔的森林和草原同样包括独特的植物物种。黄石公园还拥有美国大陆上最大和最著名的巨型动物群。灰熊、狼和自由活动的野牛、麋鹿都生活在公园内。黄石公园的野牛群是美国最古老、规模最大的公共野牛群。在公园中每年都会发生森林火灾，在 1988 年的森林大火中，公园近三分之一被烧毁。黄石公园有许多娱乐的方式，包括徒步旅行、露营、划船、钓鱼和观光。铺建的道路可以很好地通向主要的地热区域，同样还有一些湖泊和瀑布。在冬季，游客需要通过导游带领进行参观，他们一般用雪橇或雪地车作为交通工具。

2. 公园的建立

公园内有黄石河的源头，黄石公园因此得名。在 18 世纪末，一名法国猎人命名这条河为 Roche Jaune，可能是对希多特萨人命名的 Mi tsi a – da – zi 的翻译。后来，美国的猎人们把法语名译成了英文的"黄石"。虽然大家普遍认为这条河以黄石大峡谷的黄色岩石命名，但其真正的美国命名来源还是不清楚。

这个公园的历史至少可以追溯到 11000 年前美洲土著人开始在这个地区打猎和捕鱼活动。在 19 世纪 50 年代建造蒙大拿州加德纳邮局期间，人们发现了一处距今约 11000 年前代表克洛维文化起源的黑曜石抛物点。克洛维文化的这些古印第安人利用公园内的黑曜石来制作切割的工具和武器。在遥远的密西西比河流域发现了用黄石地区的黑曜石制作的箭头，证明了当地的部落和远东部落间存在着常规的黑曜石交易。1805 年，白人探险家路易斯和克拉克首次进入这个地区，并且偶遇了内兹佩尔塞人、克劳人和肖松尼人部落。在经过如今的蒙大拿州时，探险队员听说了南部的黄石地区，但并没有对其开展调查。

1806 年，路易斯和克拉克探险队的一名成员约翰·科尔特离开队伍，加入一群皮毛猎人。在 1807 年科尔特与其他猎人分道扬镳后，至 1808 年的那个冬季，柯尔特穿越了后来成为公园一部分的地区。他至少观测到了在公园东北部靠近塔式瀑布的一个地热区域。1809 年柯尔特在克劳人部落和黑脚族部落的战斗中受伤，柯尔特描述了一个"火和硫黄"的地方，而被人们认为是精神错乱；这个虚构的地方被称为"科尔特地狱"。在之后的 40 年时间里，来自山区居民和猎人的许多报告说山里有沸腾的泥浆、热气腾腾的河流和石化的树木，然而，这些报告大部分被人们认为是虚构的。

在 1856 年的一次探险后，山区居民吉姆布拉吉（被认为是第一个或第二次看到大盐湖的欧洲裔美国人）声称看到了沸腾的泉水，还有一大堆玻璃和黄色的岩石。这些报道大部分被人们忽视了，因为布拉吉是个出名的"讲故事好手"。1859 年，一名美国陆军测量员威廉·f·雷诺兹上尉对北落基山脉进行了为期两年的调查。1860 年 5 月，怀俄明州越冬后，雷诺兹和他的团队，其中包括自然学家 Ferdinand Vandeveer Hayden 和导游 Jim Bridger，试图跨越两个大洋高原，从怀俄明州西北部的风河流域穿越大陆分水岭。强烈的春季降雪阻碍了他们的通过，但如果他们能够穿越分水岭，那将是进入黄石地区第一次有组织的调查。美国内战阻碍了进一步有组织的探索，直至 19 世纪 60 年代末。

对黄石地区的第一次详细考察是在 1869 年由三个私人赞助的探险家库克福尔松彼得森远征队。福尔松队伍从黄石河一直到了黄石湖。福尔松队伍的成员出版了一本期刊，基于这本期刊，蒙大拿的一些居民于 1870 年组织了沃什兰福特多恩考察队。它是由蒙大拿测绘局局长 Henry Washburn 领导的，还包括 Nathaniel P. Langford（后来著称于"国家公园"兰德福）和受命于 Lt. Gustavus Doane 一名美国陆军中尉。探险队花了约一个月的时间探索这个地区，收集标本，给名胜古迹命名。一名蒙大拿的作家和律师 Cornelius Hedges 曾经是沃什伯恩探险队的一员，他提议该地区应该搁置起来，并且像一个国家公园被保护起来；他曾经于 1870 年至 1871 年为《海伦娜先驱报》撰写了详细文章。Hedges在 1865 年 10 月借助蒙大拿州的州长 Thomas Francis Meagher 重申了其观点，该州长在之前曾经提及该地区应该受到保护。其他人发表了类似看法。在 1871 年 Jay Cooke 给 Ferdinand V. Hayden 的信中有这样的提议，他的朋友，国会议员 William D. Kelley 也曾经向国会提议，"将壮丽的间歇喷泉盆地作为公共公园进行永久保护。"

在 1871 年，在他第一次失败 11 年后，Ferdinand V. Hayden 终于可以探索这个地区。在政府的资助下，他带着第二批、更大的探险队返回了这个地区，完成了 1871 年海登地质调查。他撰写了一份全面的报告，其中包括 William Henry Jackson 的大型照片和 Thomas Moran 的画作。这份报告帮助说服国会将该地区从公开拍卖中撤销。1872 年 3 月 1 日，Ulysses S. Grant 总统签署《奉献法案》，从而最终建立了黄石国家公园。

Hayden 并不是唯一一个想在这个地区建立公园的人，但他是第一个最积极的倡导者。他相信"将这个区域作为一个为人们提供好处和享受的欢乐之地"，同时也提醒有些人将来到这里"将这些美丽的标本作为商品"。担心这个区域面临与尼亚加拉大瀑布相同的命运，他觉得这个地方应该是"像空气和水一样自由的"。在他给公共土地委员会的报告中，他指出如果这个法案没有被通过，"那些等待着进入这个仙境的破坏者将处在一个单一的季节里，恢复原貌就毫无希望，大自然需要用上千年来弥补这些人的好奇心。"

Hayden 和他 1871 年的团队认为黄石是一个无价之宝，将来会变得越来越稀有。他希望其他人能看见并去体验它。最终，铁路、汽车将使这成为可能。这个公园不是为了生态墓地而被严格保护的；然而，"欢乐之地"的定义并不是让人们真的把它们变成娱乐公园。Hayden 设想了一些类似于英国、德国和瑞士的风景名胜和度假胜地。

3. 黄石公园的管理

在最初的几年，黄石公园遭到了当地强烈的反对。部分当地人担心，如果对公园范围内资源开采或结算实行严格的联邦政府管制，会严重影响当地经济的繁荣，同时当地企业家提倡减小公园规模，以便发展采矿、狩猎和采伐等活动。为此，蒙大拿州的代表们向国会提交了很多申请以求废除联邦土地限制。

公园正式形成之后，Nathaniel Langford 被内政部部长 Columbus Delano 任命为第一任公园主管。Langford 工作了 5 年，但是被剥夺了工资、资金和员工。Langford 缺乏改善土地与恰当的保护公园的方法，同时没有正式的政策与法规，他几乎没有法律手段来强制执行保护措施。这使得黄石公园很容易受到偷猎者、破坏者和其他想要掠夺资源的人的破坏。在 1872 年他向内政部部长报告中提到了在公园管理过程中所面临的实际问题，并且他准确地预测黄石公园将成为一个重要的国际景点，值得政府对其进行持续管理。1874 年，Langford 和 Delano 均倡导建立一个联邦机构来保护庞大的公园，但遭到了国会的反对。1875 年，William Ludlow 上校被指派组织和领导到蒙大拿州和新建立的黄石国家公园的勘察，他之前曾经在 George Armstrong Custer 的命令下探索过蒙大拿地区。关于对公园资源违法开采的观察进了 Ludlow 的报告《关于黄石国家公园的勘察报告》中。这份报告包括了勘察队其他队员的信件和附件，其中包括自然学家和矿物学家 George Bird Grinnell 的。Grinnell 记录了水牛、鹿、麋鹿和藏羚羊的偷猎行为。"据估计，在 1874—1875 年的冬季，至少有 3000 头水牛和黑尾鹿遭到偷猎，甚至比麋鹿偷猎现象更为严重，羚羊的情况也差不多。"

因此，Langford 在 1877 年被迫下台。在穿过黄石地区并亲眼看见土地管理方面的诸多问题后，Philetus Norris 在 Langford 离职后主动提出担任这一职位。国会最终认为这个职位的薪酬是合理的，同样还有运营这个公园的资金下限也是适合的。Norris 利用这些资金扩大了对公园的使用程度，建造了大量简陋的道路和设施。

1880 年，Harry Yount 被任命为猎场看守，控制公园内的偷猎和破坏行为。Yount 在 1873 年加入 F. V. Hayden 地质勘查后，包括 Grand Tetons 在内，他们曾经花了几十年的时间来勘察如今怀俄明州的山区。Yount 是第一个国家公园管理员，在黄石河源头的杨特峰是以他的荣誉命名的。然而，这些措施仍不足以有效地保护公园，无论是 Norris，还是之后的三位主管，并没有人力和资源。

北太平洋铁路公司在蒙大拿州，利文斯顿建了一个火车站，在 19 世纪 80 年代连接到北部入口，这使得访客数量从 1872 年的 300 人增加到 1883 年的 5000 人。在早期，游客面临着贫乏的道路和有限的服务，大部分通过骑马或乘坐公共马车进入公园。至 1908 年，火车游客量增加至足以连接西黄石的联合太平洋铁路，尽管在二战期间，乘坐火车的游客数量急剧下降，并于 20 世纪 60 年代停止运营了。大部分的铁路线给改造成自然小径，其中还包括黄石支线小道。

在 19 世纪 70 至 80 年代，美国的土著部落实际上是被排除在国家公园之外的。不超过六个部落对黄石地区有季节性的开发活动，唯一一个全年常驻部落是以"希派"著称的东部肖松尼人一小分支。他们在 1988 年签订的一项条约的保证下离开了，该条约规定希派人放弃他们的土地，但他们保留在黄石地区的狩猎权。美国从未批准过该条约并拒绝承认曾经使用过黄石公园或其他任何部落的人的主张。

在 1877 年 8 月下旬，与约瑟夫酋长相关的内兹佩尔塞人一行约 750 人，用了 13 天的时间穿越了黄石国家公园。在大洞战役爆发两周后，他们被美国军队追捕，并进入了国家公园。有些内兹佩尔塞人对待游客和进入公园的其他人很友好，其他的内兹佩尔塞人则不。9 名游客被短期俘虏过。虽然约瑟夫酋长和其他首领下令不准伤害任何人，但至少有两人被杀，好几个人受伤。其中一个游客遇害的区域是在地势较低的间歇泉盆地和沿着火山洞河的一条支流向东延伸至玛丽山和更远的地方。那条河流仍然被称为内兹佩尔塞河。1878 年，一群班诺克人进入了公园，这引起了公园主管 Philetus Norris 的担忧。在 1879 年希佩特印第安人战争之后，Norris 建立了一个堡垒用来防止美洲原住民进入国家公园。

偷猎行为和对自然资源的破坏行为一直持续不断，直到 1886 年美国军队抵达猛犸温泉并建立谢里丹营地，这一现象才得以遏制。在之后的 22 年时间里，军队修建了永久性建筑，谢里丹营地也被重新命名为黄石堡垒。1894 年 5 月 7 日，Boone and Crockett Club、George G. Vest、Arnold Hague、William Hallett Phillips、W. A. Wadsworth、Archibald Rogers、Theodore Roosevelt 和 George Bird Grinnell 都通过了公园保护法案，拯救了公园。1900 年的莱西法案为行政人员起诉偷猎者提供了法律支撑。有了充足资金和人力来保持高频率的看护，军队制定了他们自己的政策和规章制度，在保护公园野生动物和自然资源的同时，允许公众的进入。国家公园局成立于 1916 年，许多由军队建立的管理原则被新机构所采用。1918 年 8 月 31 日，军队将管理权移交至国家公园局。

1898 年，自然学家 John Muir 这样描述公园："无论你是有计划的旅行还是漫无目的的旅行，在最平静、最寂静的景色中，在完全陌生景色面前，你将会陷入一种沉默、敬畏的状态。成千上万的温泉、巨大的深水池、清澈的水在这些高耸的群山中翻滚着，仿佛在每个温泉下面都有一个猛烈的炉火；100 个间歇泉，沸腾的水和蒸汽激流，像倒着的瀑布一样，源源不断地从炽热的、黑色地狱中奔涌而出。"

在公园早期，喂养灰熊在游客中非常受欢迎，但是在 1931—1939 年间造成了 527 名游客受伤。

民间资源保护组织（CCC）是一个针对年轻人的新政援助机构，它在 1933 年至 1942 年间推动黄石公园基础设施方面起到了重要的作用。民间资源保护组织的工程包括造林、公园路径和露营地的开发、道路建设、降低火灾风险和消防工作。民间资源保护组织建造了大部分早期的访客中心、露营地和当前的公园道路系统。

在二战期间，旅游观光急剧下降，大量裁员、许多设备失修。到了 20 世纪 50 年代，黄石国家公园和其他公园的访客数量急剧增加。为了适应不断增加的访客数量，公园官员实施了第 66 号任务，致力于实现公园设施的现代化和规模的扩大。为纪念国家公园局成立 50 周年，计划于 1966 年完工的 66 号任务建筑具有现代风格的设计特点，不同于传统的小木屋风格。在 20 世纪 80 年代后期，黄石公园的大部分建筑风格都更趋向于传统的设计。1988 年的森林大火烧毁了格兰特村庄的大部分建筑，同时那里的建筑以传统的设计风格重建了。位于峡谷村的访客中心于 2006 年正式对外开放，其设计也融入了更多的传统风格。

1959 年发生于黄石西部的黑布根湖地震破坏了公园的部分道路和建筑。在公园的西北部，发现了新的间歇泉，许多现存的温泉都变得比较浑浊。这是该地区有历史记录以来最强烈的地震。

在经过了对强制减少黄石地区麋鹿种群数量的数年的公开辩论后，1963 年，美国内政部部长 Stewart Udall 任命了一个顾问委员会来收集科学数据，进而指导未来国家公园野生动物管理工作。在一篇名为《利奥波德报告》的报告中，顾问委员会发现在其他国家公园猎杀项目都是无效的，并推荐黄石公园的麋鹿种群管理案例。

1988 年的森林大火是公园历史上最严重的一次。这次大火使得大约 793880 英亩（3212272 公顷，1240 平方英里）或 36% 的公园绿地受到影响，这导致了对消防管理政策系统的重新评估。在 1988 年的火灾多发季一直是比较正常的，直到 7 月中旬，干旱和高温的结合导致了极端的火灾危险。1988 年 8 月 20 日的"黑色星期六"，强风加剧了火灾蔓延的速度，超过 15 万英亩（61000 公顷，230 平方英里）被烧毁。

这个公园悠久的历史通过 1000 多个被发现的考古遗址记录下来了。这个公园有 1106 处历史建筑和特征，这些黑曜石悬崖和五栋建筑被指定为国家历史地标。黄石公园于 1976 年 10 月 26 日被设立为国际生物圈保护区，于 1978 年 9 月 8 日被评为联合国世界遗产。从 1995 年至 2003 年，由于受到旅游、野生动物感染和外来物种入侵等问题的影响，这个公园已经被列为濒危世界遗产名录。在 2010 年，黄石国家公园被美国美丽季节项目授予了荣誉。

Justin Ferrell 探索出三种道德情感来激励积极分子参与进黄石公园。首先是功利主义对自然资源的高限度开发，即 19 世纪后期开发人员的主要特点。其次是十九世纪中叶的浪漫主义和先验论者的精神观。20 世纪见证了根据 Aldo Leopold 理论提出的生态系统的健康中心的道德愿景，这也推动了联邦保护区和周边生态系统的拓展。

4. 生物多样性

（1）植物多样性

在公园中种植了超过 1700 种树木和维管植物。另外 170 个物种是外来物种，而不是本地物种。在有记录的 8 种针叶林树种中，黑松林占森林总面积的 80%。其他的针叶树种，例如亚高山冷杉、恩格尔曼氏云杉、落基山花旗松、白皮松分散地分布在公园各处。2007 年，白皮松受到一种被称为白松疱锈的真菌的威胁，然而，这主要局限于北部和西部的森林。在黄石地区，大约 7% 的白皮松收到了真菌的影响，而在蒙大拿西北部地区，几乎所有的树都受到了感染。颤杨和柳树是最常见的落叶树种。自 20 世纪初期以来，山杨林数量显著下降，但俄勒冈州立大学的科学家们却将山杨林植被恢复归功于狼种群的重新引入，因为这样改变了当地麋鹿的牧草习性。

有几十种开花植物已经被鉴定出来，其中大部分花期集中在 5 月和 9 月之间。黄石沙地马鞭草是一种只在黄石公园发现的稀有植物。它与通常在更温暖的气候中发现的物种紧密相关，这使它成了一个谜。估计这样有 8000 株罕见的开花植物生长于黄石湖岸边的远高于水平面的沙质土壤中。

在黄石的温泉中，细菌由数万亿个体组成了各种奇特的形状。这些细菌是地球上最原始的生命形态。苍蝇和其他节肢动物生活在垫子上，即使是在寒冷的冬季。最开始，科学家们认为那里的微生物只能靠硫黄生活。2005 年，科罗拉多大学博尔德分校的研究人员发现至少有一些嗜热性的物种靠分子氢维持生存。

栖热水生菌实在黄石温泉中发现的一种喜剧，它能够产生一种重要的酶（聚合酶），这种霉在实验室中很容易被复制，同时这种霉对于复制作为聚合酶链反应（PCR）过程的一部分 DNA 具有重要作用。对这些细菌的获取可以在毫不影响生态系统的情况下完成。黄石温泉中的其他细菌也可能对正在寻找治疗各种疾病方法的科学家有用。2016 年，乌普萨拉大学的研究人员表示，在黄石公园的库蚊盆地发现了一种嗜热微生物。

外来物种有时候会威胁到本地物种，生物体能够将一氧化碳和水转化为二氧化碳和氧气。虽然外来物种最常见于人类活动密集的区域，例如靠近公路和主要旅游区，但是它们也扩散到了其他地区。一般来说，大多数外来物种都是通过将植物从土壤中拉出来或喷洒来进行控制的，两者都是很耗费时间和成本很高的。

（2）动物多样性

黄石公园被普遍认为是美国 48 个州中最好的巨型动物栖息地。在公园中有超过 60 种哺乳动物，包括灰狼、郊狼、濒危的加拿大猞猁和灰熊。其他大型哺乳动物还包括美洲野牛（常被称为野牛）、黑熊、麋鹿、驼鹿、骡鹿、白尾鹿、山羊、叉角羚、大角羊和美洲狮。

黄石公园野牛群是美国最大的美洲野牛群。相对较大的野牛群是农场主们担心的问题，他们担心这些物种会把疾病传染给人工驯养的野牛近亲动物。实际上，黄石公园一般的野牛都感染了普鲁氏菌病，这是一种由欧洲传染至北美的细菌性疾病，可能会导致牛的流产。这种疾病对公园的野牛几乎没有影响，也没有关于野生野牛传染给家畜的案例报告。然而，动物卫生监察局（APHIS）声称，在怀俄明州和北达科他州的野牛是疾病传播的"可能来源"。麋鹿也携带了这种疾病，人们普遍认为麋鹿将疾病传染给了马和牛。美国北美野牛的数量曾经达到 3000 万至 6000 万，黄石公园仍然是他们最后的栖息地。公园中的野牛数量从不足 50 头增长到 2003 年的 4000 头。黄石公园的野牛数量在 2005 年达到顶峰，有 4900 头。尽管估计在 2007 年的夏季有约 4700 头，在经历了严冬后，这一数字下降到了 3000 头，同时，有争议的普鲁氏菌病管控也屠杀了几百头野牛。黄石公园北美野牛群被认为是北美地区仅有的四种自由生长和基因纯粹的种群之一。其他三个种群是亨利犹他州山区野牛群、在南达科他州的风洞国家公园种群和在阿尔伯塔省的麋鹿岛国家公园种群。

为了对抗普鲁氏菌病可能传染给牛的威胁，当野牛群在区域的边界活动时，国家公园的工作人员经常赶它们回到公园内。在 1996 年至 1997 年的冬季，野牛群的数量非常庞大，以至于有 1079 头跑出公园的野牛被射杀或送去了屠宰场。动物权益保护主义者认为这是一个很残忍的做法，同时，疾病传播的概率并不像一些农场主认为的那么大。生态学家指出，野牛只不过是在大黄石生态系统中进行季节性的迁徙，这些区域已经转化为家畜的放牧区域，有些地方还是在国家森林内，并租给了私人农场主。动物卫生监察局（APHIS）称通过接种疫苗或其他方法，可以有效控制黄石公园内野牛和麋鹿种群的普鲁氏菌病。

1914 年开始，为了保护麋鹿种群数量，国会设置专项资金用于在公共土地上"捕杀狼、草原犬鼠和其他危害农业和畜牧业发展的动物"。公园管理局的猎人们执行了这项命令，到 1926 年他们已经杀死了 136 只狼，实际上是消灭了黄石地区所有的狼。直至 1935 年，国家公园局结束了这种杀戮的做法。随着 1973 年《濒危物种法》的通过，狼成为首批列入名单的哺乳动物之一。当黄石公园的狼被捕杀后，土狼成了公园里最大的犬类肉食动物。然而，土狼并不能捕杀大型的动物，因此，食物链顶端捕食者的缺失导致了跛足和患病的巨型动物数量显著增加。

到了 20 世纪 90 年代，联邦政府改变了对狼的看法。在鱼类和野生动物管理局（主要负责监管濒危物种）一项饱有争议的决定下，公园从加拿大引进了西北狼。随着狼的种群数量保持持续增长，重新引进取得了成功。2005 年的一项调查显示，在黄石地区有 13 个狼群，共计 118 只狼，同时在整个黄石生态系统中共有 326 只狼。公园的这些数据比 2004 年报告的数据要低，考虑到那个时期蒙大拿地区狼群大幅度增加的原因，狼群可能迁移到了附近其他地区。几乎所有的狼都是 1995 年至 1996 年引进的那 66 只狼的后代。基于怀俄明州，蒙大拿州和爱达荷州的狼群数量恢复取得的重大成功，美国鱼类和野生动物管理局在 2008 年 2 月 27 日将落基山北部狼群从濒危物种名单中移除。

在大黄石生态系统中预计有 600 只灰熊生活在其中，其中超过一半的灰熊生活在黄石公园。灰熊目前被列为濒危物种，然而美国鱼类和野生动物管理局已经宣布将灰熊从黄石地区濒危物种名单中移除，但是可能会将其列入未完全恢复的名单中。除几名灰熊的反对者担心，各州可能再次允许捕猎灰熊，并且建议采取更好的保护措施，以保证灰熊数量持续增加。灰熊在公园中很常见，同时由于从1910年开始游客与熊可以互动，促使熊成为公园的标志。自20世纪60年代以来，为了减少灰熊对人类食物的需求，人们被禁止喂养熊与其密切接触。黄石公园是美国少数几个可以看到黑熊和灰熊共存的地方。在公园的北部山脉和位于公园西南角的贝克勒地区经常能看到黑熊的出没。

在黄石国家公园内，麋鹿的种群数量超过了3万只，是公园内大型哺乳动物中数量最多的。自20世纪90年代中期以来，北部麋鹿种群数量急剧下降；这被认为是由于狼的捕食，例如，麋鹿更多的利用森林区域来躲避捕食，就导致了研究人员很难准确计算它们的数量。南部的麋鹿种群迁移到南方，同时它们大部分在国家麋鹿保护区过冬，该保护区位于大提顿国家公园的东南方向。南部麋鹿种群的迁徙是除阿拉斯加外最大规模的哺乳动物迁徙。

2003年，一只母猞猁和幼崽的足迹被发现，并被跟踪了超过2英里（3.2千米）。经过对其粪便和其他证明材料的检验，确定这些是属于猞猁的。然而，并没有任何人看到实物。自从1998年后，黄石公园内就再也没有发现过猞猁，但从2001年得到的毛发样本中获取的DNA证明了，猞猁至少曾经在公园中出现过。其他公园内少见的哺乳动物包括美洲狮和狼獾。据估计，公园内美洲狮的数量仅仅有25只。狼獾是公园内另外一种稀有物种，同时，其准确的数量目前并不清楚。这些罕见、稀有的哺乳类动物深刻反映了例如黄石国家公园等保护地的健康状况，并且为管理者们更好地保护栖息地提供决策依据。

在黄石公园内有18种鱼类，其中包括黄石切喉鳟核心栖息地，这种鱼特别受垂钓爱好者的欢迎。自20世纪80年代以来，黄石切喉鳟面临了多种威胁，包括被还怀疑是非法引入黄石湖的湖红点鲑，这是一种外来入侵物种，它能杀死更小的黄石切喉鳟。虽然湖红点鲑是在1890年美国政府斯托金行动中，在蛇河流域的肖松尼和路易斯湖中发现的，但它从未被官方引入黄石河流域。黄石切喉鳟还面临着持续干旱的威胁，以及引入一种意外的寄生虫疾病——鳟鱼眩晕病——它会导致幼鱼的神经系统疾病。自从2001年以来，所有在黄石水域当地捕捞鱼类的运动受到了一项关于捕捞和放生的法律的约束。黄石公园也是六种爬行动物的栖息地，例如锦龟、草原响尾蛇和四种两栖类动物，包括北方合唱蛙。

在报告发现的311种鸟类中，几乎一半都在黄石公园筑巢。到了1999年，26对筑巢的白头海雕被记录在案。有记录的鹤群是非常罕见的，然而世界上已知的385个鹤群里，只有3个鹤群生活在落基山脉。还有其他因其在黄石公园罕见而受到特别关注的鸟类有长鸣鸭、丑鸭、鹗、游隼和喇叭天鹅。

5. 休憩活动

黄石国家公园是美国最受欢迎的国家公园之一。自 20 世纪 60 年代中期以来，每年至少有 200 万的游客进行参观。在 2007 年至 2016 年的 10 年间，年均访客数量增加至 350 万人，2016 年创造了 4257177 人访客量的记录。黄石国家公园最繁忙的是 7 月。在夏季高峰期，有 3700 名员工为黄石国家公园特许经营权所有者工作。特许经营权所有者管理了 9 家酒店和旅舍，共有 2238 间房间和可居住的小木屋。他们还监督加油站、商店和大部分露营地。其他 800 名员工也是永久性或季节性的为国家公园局工作。

公园的服务道路通向主要景点，道路的重建导致了暂时性的道路封闭。黄石国家公园正在进行一项长期的道路重建工作，它由于一个短暂的维修期而受阻。在冬季，所有的道路对轮式车辆封闭，除蒙大拿州从加德纳到库克市的道路外。从 11 月初到 4 月中旬，公园道路对轮式车辆进行封闭，但是有些公园的道路封闭期会延迟至 5 月中旬。公园中有 310 英里（500 公里）的道路，可以从 5 个不同的入口进入。公园内没有公共交通工具，但是几个旅游公司可以联系到电动交通引导车。在冬季，特许经营可以提供雪地车和雪地巴士的旅游，但其数量和使用权都是基于国家公园局建立的配额来具体执行的。在夏季，公园内老忠泉、峡谷和猛犸温泉区的设施是非常繁忙的。由于道路建设或游客观察野生动物导致的交通堵塞会造成长时间的延误。

国家公园局建有 9 个访客中心和博物馆，负责历史建筑等其他超过 2000 座建筑的维修。这些建筑包括国家历史地标，例如建于 1903 年至 1904 年的老忠实旅馆和整个猛犸温泉历史区（原黄石堡）。在原黄石堡有一个历史和教育之旅，它详细介绍了国家公园局的历史和公园的发展。在夏季，篝火项目、导游漫步和其他展示等项目在很多地方都可以体验到，但是在其他季节，很多项目就受限了。

可供露营的露营场所有 12 个，有超过 2000 个露营点。露营可以在周围的国家森林区域，也可以在南部的大提顿国家公园。乡村露营只有步行或骑马才可以到达，并且需要经过许可。这里有 1100 英里（1800 公里）的徒步旅行路线。由于火山岩石的不稳定性，这个公园被认为不是登山的好去处。带宠物的游客需要一直牵着它们，并且只限于公路附近和例如露营地等"前沿"地带。考虑到热的特性，为了确保游客的安全，建造了很多木制、铺设的小路，大部分这些区域都是残疾人无障碍的。国家公园局在猛犸温泉区设有全年诊所，提供急救服务。

狩猎是被禁止的，但是在附近的国家森林中，开放季节期间是可以狩猎的。钓鱼是一项很受欢迎的活动，如果你要在公园内钓鱼，你需要申请黄石国家公园钓鱼许可。一些公园里只允许飞蝇钓鱼，同时所有本地鱼类只允许被捕捞和放生。除了路易斯和肖松尼湖之间 5 英里（8.0 公里）的刘易斯河外，其他的河流和小溪中是禁止垂钓的，同时它只对非机动的使用开放。黄石湖有一个码头，同时这个湖是最受欢迎的划船目的地。

在公园的早期历史中，游客被允许甚至鼓励去喂熊。游客们很喜欢拥有和学会乞讨食物的熊合影机会。这导致每年都有很多人因此受伤。在 1970 年，公园管理人员改变了他们的政策，开始了一项强有力的计划用以向公众宣传与熊近距离接触的危险，同时尝试减少熊在露营区和垃圾回收区寻找食物的机会。虽然近年来观察熊变得越来越困难，但是人类伤亡的数量有了明显的下降，游客们面临的危险也减少了。2015 年 8 月，公园历史上第八起与熊有关的人类死亡事件发生了。

该地区其他受保护的土地包括北美驯鹿—塔基羊区域、加勒廷区域、卡斯特区域、肖松尼区域和杰 - 提顿国家森林。国家公园局的 John D. Rockefellerh 和 Jr. Memorial 林荫路是在南部，并且通往大提顿国家公园。著名的熊齿公路是东北方向的通道，并且有高海拔的壮丽景色。附近的社区包括蒙大拿州的西黄石社区、怀俄明州的科迪社区、蒙大拿州的雷德洛治、爱达荷州的阿什顿社区、蒙大拿州的加德纳社区。最近的空运地是蒙大拿州的博兹曼、蒙大拿州的比林斯、杰克逊、怀俄明州的科迪、爱达荷州的爱达荷福尔斯。向南 320 英里（510公里）的盐湖城，是距离最近的大城市。

第五章　美国打击野生动物非法贸易政策

一、打击野生动物非法贸易行政措施

美国在 2013—2015 年间先后发布了《打击野生动植物非法贸易行政令》①（*Executive Order—Combating Wildlife Trafficking*，下文简称为"奥巴马总统令"②）、《打击野生动植物非法贸易国家战略》（*National Strategy for Combating Wildlife Trafficking*，下文简称为《国家战略》）、《打击野生动植物非法贸易国家战略行动方案》（*Implementation Plan – National Strategy for Combating Wildlife Trafficking*），2017 年出台《执行关于跨国有组织犯罪和预防跨国走私贩运的联邦法律的总统行政令》（*Presidential Executive Order on Enforcing Federal Law with Respect to Transnational Criminal Organizations and Preventing International Trafficking*）（下文简称为"特朗普总统令"③）将打击野生动植物走私贩运作为一项重要内容，彰显了美国政府打击野生动植物非法贸易的政治立场，完善了打击野生动植物非法贸易的政策体系。

---

① 资料来源：《打击野生动植物非法贸易行政令》（*the Executive Order—Combating Wildlife Trafficking*），http：//www. whitehouse. gov/the – press – office/2013/07/01/executive – order – combating – wildlife – trafficking。

② 该文件系奥巴马总统签署的行政令，本文将其简称为"奥巴马总统令"。

③ 资料来源：《执行关于跨国有组织犯罪和预防跨国走私贩运的联邦法律的总统行政令》（*Presidential Executive Order on Enforcing Federal Law with Respect to Transnational Criminal Organizations and Preventing International Trafficking*），https：//www. whitehouse. gov/presidential – actions/presidential – executive – order – enforcing – federal – law – respect – transnational – criminal – organizations – preventing – international – trafficking/。

（一）奥巴马总统令

1. "奥巴马总统令"发布的基本情况

"奥巴马总统令"由美国总统巴拉克·奥巴马（Barack Obama）于2013年7月1日在非洲访问途中签署发布。奥巴马总统此次非洲访问始于6月27日，结束于7月2日，共访问塞内加尔、南非、坦桑尼亚三国。7月1日，奥巴马总统访问坦桑尼亚，与基奎特总统共同举办新闻发布会，发言阐述了美国与非洲的新型合作关系，并特别强调了非洲大陆的野生动植物保护问题。奥巴马发言指出，"我们要讨论一个与非洲身份和繁荣无法分开的问题，那就是非洲的野生动植物。来自全世界的游客，包括来自美国的游客，来到非洲，尤其是来到坦桑尼亚，体验自然美景和国家公园，旅游活动也显然成为国家经济的重要组成部门。但是，盗猎和非法贸易威胁到非洲野生动植物的生存，所以我今天签署了一项新的行政令，以更好地组织美国政府打击盗猎和非法贸易的努力，与坦桑尼亚和其他非洲国家能开展更好的合作。这也包括为该地区所有国家提供的数百万美元援助款，帮助这些国家加强能力建设，更好应对挑战。因为全球世界拥有公共利益，应确保我们的子孙后代享有非洲美景"①。就此，奥巴马在访问非洲途中签署和发布"奥巴马总统令"绝非偶然，致力于提高美国国内和国际社会对于非洲野生动植物非法贸易问题的关注，明确非洲是美国打击野生动植物非法贸易的重点区域，表明打击野生动植物非法贸易是美国对非战略的重要组成部分，维护美国国家整体利益。

2. "奥巴马总统令"的主要内容

"奥巴马总统令"由六部分组成，分别是政策（Policy）、设立（Establishment）、成员（Membership）、功能（Functions）、野生动植物非法贸易顾问委员会（Advisory Council on Wildlife Trafficking）、总则（General Provisions）。

（1）政策

政策部分对全球野生动植物非法贸易形势做出了研判，指出野生动植物非法贸易活动愈演愈烈，正在成为全球危机。野生动植物非法贸易活动不再是小规模的偶发事件，已成为全副武装和有组织的犯罪辛迪加。大象、犀牛、大猩猩、老虎、鲨鱼、金枪鱼、海龟等野生动物的生存繁衍给世界各国带来经济、

---

① 资料来源：《奥巴马总统和坦桑尼亚总统基奎特在联合新闻发布会上的发言》（*Remarks by Presidents Obama and President Kikwete of Tanzania at Joint Press Conference*），https://www.whitehouse.gov/the-press-office/2013/07/01/remarks-president-obama-and-president-kikwete-tanzania-joint-press-confe。

社会和环境等多方面的收益。野生动植物非法贸易损害了各国原本可以获得的正常收益，产生了数十亿美元的非法收益，促生了非法经济，破坏了社会与政治安全。阻止野生动物活体的非法贸易也有助于控制严重的疾病传播。由此，打击野生动物非法贸易符合美国国家利益。

政策部分提出了明确的政策目标，是为了提高美国国内应对野生动物非法贸易的努力，协助外国政府提高应对野生非法贸易的能力，打击跨国有组织犯罪。具体目标如下四个方面：一是在可行的情形下，为受野生动物非法贸易困扰的国家提供打击活动的支持；二是促进和鼓励有关国加强立法与执法，禁止非法获得和贸易野生动植物，起诉参与野生动植物非法贸易的个人和组织；三是与国际社会和伙伴组织合作，共同致力于打击野生动植物非法贸易；四是致力于减少非法贸易的野生动植物需求，包括境内的和境外的需求，但允许合法和合理的贸易活动。为实现上述目标，行政部门与机构应该在权力范围里，采用所有可行的活动，包括加强政策与规定的宣传，提高技术与财政支持力度。

（2）设立

设立部分提出了建立一个"打击野生动植物非法贸易总统行动组"（a Presidential Task Force on Wildlife Trafficking，下文简称为"行动组"），由国务卿（the Secretary of State）、内政部部长（Secretary of the Interior）、总检察长（the Attorney General）或他们指定的人员任联合主席。联合主席通过国家安全顾问（the National Security Advisor）向总统报告工作。行动组需要根据"奥巴马总统令"中的政策目标制定和实施一个《国家战略》，该《国家战略》也应与"奥巴马总统令"第四部分的功能规定相一致。

（3）成员

除了联合主席之外，行动组须包括财政部（the Department of the Treasury）、国防部（the Department of Defense）、农业部（the Department of Agriculture）、商务部（the Department of Commerce）、运输部（the Department of Transportation）、国土安全部（the Department of Homeland Security）、美国国际发展署（the United States Agency for International Development）、国家情报主管办公室（the Office of the Director of National Intelligence）、国家安全参谋机构（the National Security Staff）、国内政策委员会（the Domestic Policy Council）、环境质量委员会（the Council on Environmental Quality）、科技政策办公室（the Office of Science and Technology Policy）、管理和预算办公室（the Office of Management and Budget）、美国贸易代表办公室（the Office of the United States Trade Representative）以及由联合主席指定的其他机构。这些成员单位须指派高级别官员作为代表参与行动

组事务。行动组应在"奥巴马总统令"发布后的 60 日内举行会晤，此后开展的定期会晤也不得超过 60 日。

（4）功能

与成员机构的职能相一致，行动组具有以下四类功能：一是在"奥巴马总统令"发布的 180 天内，制订《国家战略》，将与打击非法贸易和遏制消费需求相关的问题纳入考量，为打击走私活动提供有效支持，协调区域执法行动，制订有效的执法机制，制订减少非法贸易和受保护物种需求的战略；二是在 90 天内回顾 2011 年 7 月 19 日发布的《打击有组织犯罪战略》（*the Strategy to Combat Transnational Organized Crime*），为将野生动植物非法贸易相关的犯罪纳入联邦政府的跨国有组织犯罪战略提出建议；三是与国务院外事职能保持一致，就与外国和国际组织开展的打击野生动植物非法贸易执法监督与援助活动，协调不同部门的行动，咨询不同部门的意见；四是执行实施该"奥巴马总统令"所必要的其他功能。

（5）野生动植物非法贸易顾问委员会

内务部长通过咨询行动组的其他联席主席，须在"奥巴马总统令"发布后的 180 日内建立《野生动植物非法贸易顾问委员会》，为行动组提供建议和支持。顾问委员会应由 8 人组成，由内务部长指定其中 1 人为主席。顾问委员会成员不得为联邦政府现任雇员，应包括来自私人部门的学识卓越的个人、前政府官员、非政府机构代表，以及可以为行动组提供才能和支持的其他人。

（6）总则

"奥巴马总统令"的实施须与相适用的美国国内法与国际法保持一致，服从于拨款的可得性。"奥巴马总统令"的所有内容都不得用作损害和影响以下方面：一是法律赋予行政部门、机构及其领导人的权利，或者联邦政府内部门或机构的地位。二是与预算、行政和立法建议相关的管理和预算办公室主管（the Director of the Office of Management and Management）功能。三是"奥巴马总统令"不想要为任何一方创建任何实质性的或程序性的、法律强制或公平原则的权利和利益，反对美国政府、部门、机构、团体及其官员、雇员、代理或其他人员。四是《联邦顾问委员会法》中可用于顾问委员会。该法赋予总统的所有功能，除了向国会报告，可以由内务部部长根据《一般事务管理人员》（the Administrator of General Service）规定的指导方针代为执行。五是内务部应该在法律许可和现有拨款的范围内为行动组和顾问委员会提供资金与管理支持。

3. "奥巴马总统令"意义

"奥巴马总统令"的签署和发布是美国打击野生动植物非法贸易的一个新里

程碑，是该国 21 世纪首个由国家总统签署的打击野生动植物非法贸易行政令。发布"奥巴马总统令"的目标明确，向国际社会，尤其是野生动植物资源丰富的非洲大陆，宣告美国政府重视打击野生动植物走私的坚定立场和坚强意志，绝不容忍野生动植物非法贸易这一美国国家利益的违法活动存在。"奥巴马总统令"强调整合行政力量打击野生动植物非法贸易的指导思想、总体思路和原则性条款。"奥巴马总统令"要求设立行动组，建立以国务院、内务部、司法部为主要负责单位，以农业部等 18 个机构与部门为参与单位的协作机制，促进不同部门分工协作，最大限度地发挥整体效力。行动组的设立表明打击野生动植物非法贸易工作的特殊性和复杂性，难以依靠某一个或几个行政部门完成。"奥巴马总统令"强调多元化主体的重要性，要求通过设立咨询委员会，将非联邦政府雇佣的其他高水平人才纳入打击野生动植物非法贸易工作队伍，为打击工作出谋划策，达到"兼听则明"的目的。"奥巴马总统令"对行动组、顾问委员会的组建和《国家战略》的建立等一系列事务做出了明确的时间规定，体现了效率原则和效力性。

（二）国家战略

1. 《国家战略》概况

美国于 2014 年 2 月 11 日发布了《打击野生动植物非法贸易国家战略》①（*National Strategy for Combating Wildlife Trafficking*，下文简称为《国家战略》），这是继奥巴马总统于 2013 年 7 月 1 日签署和发布《打击野生动植物非法贸易行政令》（下文简称为"奥巴马总统令"）后，美国政府发布的又一重大政策措施。《国家战略》也是根据"奥巴马总统令"中"设立"部分要求所制定的。《国家战略》的发布与实施体现了美国政府打击野生动植物非法贸易工作的持续性和连贯性，也呈现了美国政府打击野生动植物非法贸易的政策主张和政策措施。

《国家战略》的签署和发布是美国打击野生动植物非法贸易的里程碑式事件，彰显了美国将打击非法贸易作为国家政治意志。《国家战略》目标明确，通过采取全球一体化的解决方案，打击和遏制野生动植物非法贸易，促进世界和平和经济稳定。《国家战略》提出了三大战略重点，以执法为基础、以减少需求为创新、以加强伙伴国关系为保障，构建了系统和完整的政策体系，以及多元

---

① 资料来源：《打击野生动植物非法贸易国家战略》（*National Strategy for Combating Wild-life Trafficking*），https：//www.whitehouse.gov/sites/default/files/docs/nationalstrategywild-lifetrafficking.pdf。

化的政策手段。美国并不隐晦本土存在的野生动植物非法贸易问题，并提出了具体的解决对策。与此同时，美国强调自身在打击野生动植物非法贸易的全球领导者地位，广泛运用国际保护、区域和国际贸易、有组织跨国犯罪等国际协定，以及促进伙伴关系，引领世界各国在国际政治经济舞台上共同解决非法贸易问题。就此，《国家战略》不仅是美国打击野生动植物非法贸易的本国战略，也体现了美国将本国战略作为全球战略的意图。

《国家战略》文本由四部分内容组成：一是引言，分析了战略出台背景，指出野生动植物非法贸易破坏了跨国安全，使得武装精良、装备齐全、组织严密的犯罪网络和腐败官员利用边境漏洞从盗猎的野生动物中获利，大象和犀牛等物种面临减少甚至灭绝的危险；当前野生动植物的需求高，防御措施不足和机构薄弱，导致非法贸易活动爆发；美国出台战略的必要性，致力于探索全球解决方案。二是执行摘要，总结了全文内容，强调《国家战略》为美国遏制野生动植物非法贸易确立了指导原则和战略重点，将美国定位为全球领导者地位，概述了美国打击野生动植物非法贸易的三个战略重点，分别是加强执法、减少非法贸易的野生动植物需求、扩大国际合作和承诺。三是绪论，详细解释了出台《国家战略》的具体原因，包括野生动植物对人类社会发展的重要性，亚洲迅速增长的富有阶层对象牙和犀牛角的需求增长导致非洲分布国的盗猎快速增长，恐怖组织和违法安保人员与分布国政府官员沆瀣一气，在非洲东部、中部和南部地区开展非法活动，盗猎分子使用的武器火力甚至超过分布国军队和警察部队。四是一一阐述了美国的三个战略重点，用于应对全球野生动植物非法贸易危机，消除对美国国家利益的威胁，以及将通过利用马歇尔联邦资源、协调跨部门资源、提高可获信息质量、关注所有非法贸易链、加强联系和伙伴关系，确保《国家战略》的实现。

2. 美国战略重点一：加强执法

加强执法是《国家战略》中的首个重点，提出所有国家须利用调查、执法和司法能力应对和打击野生动植物非法贸易活动，具体包括国内执法和国际执法两方面内容。

（1）加强美国国内执法

野生动植物非法贸易活动既发生在边境内，也常跨越边境。作为全球野生动植物及其制品的主要市场，美国同时存在合法和非法市场。美国是野生动植物非法贸易的中转国和来源国。为将野生动植物非法贸易作为一项严重的犯罪活动，确保执法工作可以有效保护野生动植物资源，美国将采取六项措施。

第一，评估和加强法律条例。通过分析和评估与打击野生动植物非法贸易相关的法律、法规和执法手段，决定哪些最有效，哪些需要加强，以更好予以打击，推动对非法贸易人员的成功调查和起诉。政府将与国会沟通加强立法，将野生动植物非法贸易确定为洗钱的上游犯罪，从而与其他情节严重的犯罪同等对待。

第二，使用行政手段来快速处理当前的盗猎危机。美国将立即采取一系列行政行动，对象牙和犀牛角贸易实行特殊禁令，应对这些物种面临的前所未有和不断升级的威胁。加强非洲象牙商业性进口的控制，取消对《1989年非洲象保护法》的行政例外规定。废除允许非洲象牙在违反《濒危物种法》下进行交易的管理豁免权。限制个人进口的大象运动狩猎纪念物数量。通过明确100年历史的古董参与商业性贸易的免责条款，加强《濒危物种法》对所有列为受威胁或濒危物种的保护。重申和改进公众对美国CITES法规中关于"进口后使用"规定的理解，严格限制非商业目的进口的野生动植物的跨州等销售。

第三，加强禁止和调查工作。遏制野生动植物产品的境内和跨境非法流通。加强联邦野生动植物进出口规定，优化美国口岸的野生动植物检查工作。通过开展刑事调查，确定国际贸易控制的薄弱环节，收缴非法贸易者的非法资金，打击非法贸易和非法流通网络。在美国境内继续实行检诉，抓捕重要领导者和操作者，瓦解犯罪辛迪加。

第四，执法部门间优先处理野生植物非法贸易案件。美国将致力于改进跨部门合作，发现、阻断并调查野生动植物非法贸易。评估加强美国渔与野生动物署（the U. S. Fish and Wildlife Service，FWS）、国家海洋和大气局（the National Oceanic and Atmospheric Administration，NOAA）及其他执法部门执法能力的途径。增强并巩固联邦政府与州、当地和地方政府、部落的伙伴关系。

第五，增强执法部门和情报机构之间的配合。通过评估增加执法部门和情报机构协作的方式，提高联邦政府打击野生动物非法贸易的有效性。诸如，寻求建立并制度化适宜的路径，将情报部门收集的野生动物非法贸易跨国犯罪组织的信息传达给负责调查此类案件的执法部门。

第六，剥夺野生动物非法贸易利润。美国将锁定野生动物非法贸易网络资产，在起诉中将使用所有可行的手段，包括罚款、刑事及民事处罚、没收财产及债券、对野生动植物犯罪案件受害者进行赔偿等，剥夺非法贸易不当获利。在可能的情况下，保障通过起诉获得的资金直接投入野生动植物保护或打击野生动植物非法贸易工作。与国会共同为允许将野生动植物走私案件罚金投入到保护或打击工作提供明文规定。

（2）全球执法

为继续帮助野生动植物非法贸易中的分布国、中转国、消费国发现问题，增强调查和起诉野生动植物非法贸易的能力，美国政府将采取八项措施。

第一，支持政府能力建设。继续与外国伙伴合作，加强打击野生动植物非法贸易所有执法关键环节上的能力建设，包括制定强有力的法律、制止偷猎和盗采者、保护边境、调查野生动植物非法贸易人员、打击非法贸易相关的腐败、提升专业素质、增强司法和检察有效性、建立并宣传成功案例、设定具有震慑力的罚金。

第二，支持社区层面的野生动植物保护活动。支持帮助社区建立盗猎和盗采的替代生计，并鼓励当地社区成员直接参与野生动植物保护活动，包括参加情报网络建设和公众报道渠道建设。

第三，支持建立和使用有效的技术和分析工具。注重开发和传播成本有效并精确的工具来支持野生动植物非法贸易的调查和起诉，包括能对物种鉴别提供可靠证据的技术。支持能协助确定盗猎热点区域或应对野生动物非法贸易供应链的分析工具和技术解决方案。发掘执法工具和技术，应对互联网上的非法贸易活动。

第四，加强信息共享。将情报活动适当整合到国际执法工作中，共享跨国犯罪组织、恐怖组织、流氓安保人员、腐败官员、提供帮助的个人和组织等信息。重点关注来源国、中转国和消费国的金融网络，特别是对美国国家安全利益构成最大威胁的网络。

第五，参与跨国执法行动。基于美国与国际社会共同努力取得的执法成功开展进一步的工作。在成功执法活动中，美国为跨国打击提供了建议和援助，支持和参与了其他国家或跨国公司和政府间机构共同开展联合行动。

第六，寻求建立有效的全球野生动植物执法网络（Worldwide Wildlife Enforcement Networks，WENS）。继续支持地区野生动植物执法网络建设，鼓励已有的地区性野生动植物执法网络开展更为广泛的合作，支持其余可行地区建立野生动物植执法网络，以构建一个强大和有效的全球执法网络。

第七，在打击其他跨国有组织犯罪中应对野生动物非法贸易。通过《打击跨国有组织犯罪战略》（2011 年 7 月 19 日）的实施，加强打击野生动物非法贸易部门与遏制跨国有组织犯罪部门的跨机构合作，解决野生动植物非法贸易问题。

第八，关注腐败和非法资金流动。通过将技术援助与反腐败合作努力相结合，加强与伙伴国的合作，锁定参与野生动植物非法贸易的腐败政府官员。通过与国际伙伴合作，锁定非法贸易人员的资产，阻碍非法贸易人员获得资金。

3. 美国战略重点二：减少非法交易野生动植物需求

野生动植物市场非法需求驱动了非法贸易。只有减少市场非法需求，才能加强反盗猎和打击非法贸易的执法成效。在打击非法贸易的战役中，必须赢得国内和其他国家消费者的支持，向他们宣传野生动植物非法贸易对人类和野生动物的影响，并鼓励他们从更长远的视角，而非个人的期望或文化传统角度去考虑需求问题。美国政府将采取三项措施减少需求。

第一，提高公众意识和改变公众行为。努力提升公众对于野生动物非法贸易的意识和认知，以及非法贸易对物种、环境、安全、食品供给、经济和人类健康的负面影响。通过重新提议发售"拯救将消失的物种的附捐邮票"，向公众提供一种参与筹资和反对非法贸易工作的途径。通过对消费方式的关注，寻求公众增加直接参与的机会。

第二，建立伙伴关系来减少国内需求。通过与美国境内的非政府组织和移民社区等合作伙伴共同努力，减少对于非法贸易的野生动物及其制品的国内需求。与交通运输行业、旅游部门、餐馆和宾馆协会、宠物业从业人员、运营网络市场的公司和该领域的其他私营实体开展更为有效的合作。加强与非政府组织、民间团体、私人慈善家、媒体和专注于研究和建立政治意愿的学术界的伙伴关系，遏制野生动植物非法贸易，打击开展或推非法贸易的有组织犯罪网络。

第三，致力于推进减少全球需求。鼓励和支持其他对开展公众信息战感兴趣国家，并与其开展合作，阻止销售和购买非法贸易的野生动植物。实施一个公众外交战略，利用当地声音和社区与国际非政府组织伙伴减少一些重要市场的非法需求。尊重刺激或有助于非法贸易行为长期存在的文化传统。

4. 美国战略重点三：扩大国际合作和意愿

打击野生动植物非法贸易需要世界范围内的分布国、中转国和消费国政府的共同努力。推进此方面承诺不仅需要面临挑战的国家参与，还需要跨国界、地区和全球范围内的合作。在打击野生动植物非法贸易工作中，为吸引新非营利保护组织、基层活跃分子、媒体等型合作伙伴与政府沟通参与，美国将采取以下七项措施。

第一，使用外交手段促进政治意志。在八国集团、亚太经合组织（APEC）和联合国犯罪委员会中，确保各国政府承诺采取行动将野生动植物非法贸易作为一种严重犯罪。继续寻求与 20 国集团、美洲国家组织、经济合作与发展组织、非洲联盟及其下级单位、非洲各分区域组织等国际论坛的合作。继续建立区域和双边努力，诸如 2013 年 7 月开展了作为中美战略与经济对话中一部分的打击野生动植物非法贸易双边磋商。

第二，加强保护野生动植物的国际协议。进一步扩大美国的作用，加强和确保 CITES 公约和其他协议的实施。与 CITES 秘书处和其他组织一起合作，采取适宜的办法应对升级的或新的威胁。支持区域渔业管理组织加强发现和查禁非法的、未报道的、无节制的渔业（Illegal, Unreported, and Unregulated, IUU）捕捞，并与其他国际组织共同加强保护野生动物及其赖以生存的栖息地。

第三，采用现有的和未来的贸易协定和措施保护野生动植物。基于现有的和未来的美国自由贸易协定、环境合作机制和其他贸易相关举措，与贸易伙伴国在区域和双边层面开展合作，将打击野生动物非法贸易与资源保护相结合，作为进行信息交换、合作和能力建设的优先领域。

第四，将野生动物保护规定纳入其他国际协定。将野生动物非法贸易和相关犯罪确定为引渡条约下的引渡犯罪，以及将野生动物非法贸易和相关犯罪纳入司法互助条约中，在适当情况下协助冻结和扣押野生动物非法贸易的资金收入。

第五，加强与野生动物分布国、中转国和消费国的合作。向分布国提供技术援助、培训、支持和促进信息共享，加强打击能力。协助保护重要的野生动物种群和栖息地；帮助提高对野生动物和其他自然资源的保护和可持续利用的管理；发挥其他领域，如森林栖息地保护、发展协同效应，对野生动物非法贸易杠杆作用。鼓励关键中转国参与打击非法贸易，控制好过境货物。寻求消费国共同努力，减少需求。

第六，促进有效的伙伴关系。促进政府、政府间机构、私营部门、非政府组织、媒体、学术界和个人共同努力打击野生动物非法贸易。通过与当地社区及保护组织开展反偷猎活动，激励发展替代生计，为社会参与提供支持。与私营部门建立伙伴关系，支持可持续的供应链，避免导致非法贸易。与行业中的合法企业合作，建立减少非法产品进入供应链机制，确保消费者购买到合法和可持续获得的产品。

第七，鼓励发展创新方法。利用美国的技术专长和号召力，推进有创意的想法、创新的解决方案和战略性的伙伴关系，应对取证、金融等其他关键问题。

（三）国家战略行动方案

1.《行动方案》概况

美国国务院、司法部和内政部于 2015 年 2 月 11 日发布了《打击野生动植物非法贸易国家战略行动方案》①（*National Strategy for Combating Wildlife Trafficking*：*Implementation Plan*，下文简称为《行动方案》）。《行动方案》为执行《国家战略》提供了指导，确定了具体任务及执行部门，以及具体任务的考核方式。《行动方案》的发布与实施体现了美国政府打击野生动植物非法贸易工作的持续性，也呈现了美国政府打击野生动植物非法贸易有针对性的具体措施。

《行动方案》基于《国家战略》制定，被要求在不违背《国家战略》规定的原则下实施。《行动方案》第一要求将打击野生动植物非法贸易问题提升为所有相关行政管理部门的核心使命，联合不同部门力量开展打击行动，确保高效通力合作；第二，要求共同确定优先战略路径，利用好资金等资源，协调不同机构间的项目规划，最大化战略影响力，最小化重复劳动；第三，创新科技手段收集信息，适当分享信息，打击野生动植物非法贸易，评估及加强合作伙伴工作，并提升信息质量；第四，考虑非法贸易链的所有环节，建立强有力的长期解决方案，消除相关的盗猎、非法运输、消费等环节问题；第五，加强与美国具有共同理念的公共与私有伙伴合作关系，继续与不同国家、非政府组织和私有部门的合作，遏制野生动植物非法贸易。

《行动方案》由概览（Overview）、指导原则（Guiding Principles）、加强执法（Strength Enforcement）、降低非法贸易的野生动植物需求（Reduce Demand for Illegal Traded Wildlife）、扩大国际合作和意愿（Expand International Cooperation and Commitment）五部分内容组成，后三部分为主体内容，与《国家战略》中的三个战略重点一一对应，重申了美国通过政府、当地社区、非政府组织、私有部门之间的伙伴关系，打击野生动植物非法贸易的坚定意志。

《行动方案》继续体现了美国打击国内以及全球野生动植物非法贸易的坚定政治立场，也体现了美国打击非法贸易工作的系统性、务实性、多样性、高效性。《行动方案》是一个系统性的解决方案，设计了 3 大方面 24 项工作 143 项任务，构建了基于政治、社会、经济、文化、生态等多个维度的整体解决方案。《行动方案》的务实性体现在每一项工作都设置了对应的评估指标以及对应的主办机构和参加机构，有助于责任的落实与考核。《行动方案》中的打击手段具有多样性，将打击工作纳入《司法互助协定》《美国自由贸易协定》等多边、双边协定，采取金融手段查没非法交易收益，动用一切外交资源促进打击工作，

---

① 资料来源：《打击野生动植物非法贸易国家战略实施方案》（"*National Strategy for Combating Wildlife Trafficking*：*Implementation Plan*"），http：//www. state. gov/documents/organization/237592. pdf。

并将打击腐败与非法交易予以关联，以及提高合作伙伴的情报共享能力。《行动方案》强调多个行政部门共同参与打击非法贸易，战略性地利用资源，最大化战略影响力，最小化重复劳动。

2. 关于加强执法的行动方案

《行动方案》中的加强执法目标明确，提出所有国家必须建立强有力的法律框架，构建调查执法和司法能力，有效应对盗猎和走私贩运，切断走私网络，惩治走私分子，查没非法所得收入，打击野生动植物非法贸易。具体包括国内执法和国际执法两方面内容。

（1）加强美国国内执法

美方将开展评估国内执法、借力行政手段快速解决捕猎危机、强化取缔和调查力度、全美执法机构优先野生动植物缉私、没收非法交易利润等六项具体工作。

第一，评估国内执法，强化法制权威，以征用一切可资利用的执法权限和手段，打击非法贸易活动。下一步行动有七项：一是分析评估用于打击非法贸易及洗钱等犯罪活动的相关法律；二是咨询境外合作伙伴执法部门，确定可以在美国采用的任何法律；三是评估与形成立法提案，与国会共同开展立法；四是审查行政管理等其他非立法工作；五是修订查没条款，合理化查没上述程序；六是评估宣判指南是否使用于打击非法贸易，形成震慑；七是根据进展，评估进一步建立法律手段和职权的必要性。评估指标有五项：一是发行和销售拯救濒危物种邮票；二是通过实施《野生动物非法贸易执法法》（*Wildlife Trafficking Enforcement Act of* 2015），加强打击非法贸易的职能；三是2015年形成行政立法议案；四是国会立法加强打击非法贸易职能；五是根据进展评估法律权限和开展其他工作。负责机构为司法部、内政部鱼类和野生动植物管理局、商务部国家海洋与大气局，参与机构为国土安全部、农业部动植物检疫局、农业部林务局。

第二，借助行政手段，快速解决当前盗猎危机，实现在全美范围内禁止象牙和犀牛角贸易。下一步行动有五项：一是取消1989年《非洲象保护法案》中关于古董象牙的例外规定，禁止古董象牙的商业性进口；二是在《濒危物种法》框架下，界定"古董"标准，提高公众的认知；三是修正《濒危物种法》的非洲象特别条款规定；四是再次确认、明确和提高公众对《濒危野生动植物种贸易公约》（CITES）中的"进口—使用"条款的理解，减少进口后象牙等野生动物制品的销售；五是限制个人进口大象狩猎纪念物的数量。评估指标有三项：一是发布鱼类和野生动植物管理局局长令，消除例外规定，明确"古老"含义；

二是发布美国实施 CITES 的新规定，解释"进口—使用"条款；三是公布制定《濒危物种法》非洲象特别规定的提案和最终规定。负责机构为内政部鱼类和野生动植物管理局，参与机构为司法部、商务部国家海洋与大气局、国土安全部、贸易代表办公室。

第三，加强取缔与调查力度，切断走私渠道。下一步行动有十项：一是鱼类和野生动植物局派驻调查人员到野生动植物资源丰富地区，协助调查走私案件；二是动用农业部海外力量，调查助长野生动植物非法贸易的涉林走私案件；三是在美国建立野生动植物和渔业犯罪专业知识和调查能力；四是为鱼类和野生动植物管理局、商务部国家海洋与大气局、农业部执法人员提供培训；五是利用和加强国土安全部、移民与海关执法局的职权，促进缉私；六是提高检察和诉讼能力；七是为内政部提供律师，协助鱼类和野生动植物管理局开展行政执法；八是为美国海外调查和执法人员提供支持；九是提高执法机构、法医科学实验室、计算机取证的执法能力；十是加强对国外工作人员的培训。评估指标有四项：一是派驻专员；二是开展培训，并将此项工作制度化；三是提高野生动植物缉私与诉讼能力；四是提高跨机构调查的互助，开展多机构调查。负责机构为内政部鱼类和野生动植物管理局、商务部国家海洋与大气局，参与机构为国土安全部、农业部林务局、农业部动植物检疫局、司法部、农业部监察长办公室、财政部外部资产管理办公室。

第四，全国不同执法机构间优先安排野生动植物缉私工作，以提高侦查、禁止和调查走私的能力。下一步行动有十二项：一是确立相关执法机构的具体角色、责任、职权和能力；二是在野生动植物走私调查中整合不同机构专业知识；三是开发与升级执法机构间备忘录，明确责任；四是要求海关边防总署官员培训核心课程中包括野生动植物缉私内容；五是评估州和部落执法、诉讼和司法人员的培训需求；六是为联邦执法人员提供培训；七是将鱼类和野生动植物管理局、海洋与大气局人员纳入贸易对象分析中心、海关边防总署国家目标甄别中心，以提高对野生动植物走私的诉讼调查能力；八是组建特别工作组织；九是确定愿意提供调查支持和国际资金流动分析的执法伙伴；十是为美国律师事务所提供相关培训；十一是与联邦司法部开展相关培训；十二是执行农业部动植物检验局合规项目，支持执行《雷斯法修正案》。评估指标有四项：一是形成跨机构的理解备忘录；二是实施多机构参与的调查和诉讼；三是成立新的特别行动组；四是增加开展机构间的培训活动。负责机构为司法部、内政部鱼类和野生动植物管理局、商务部国家海洋与大气局，参与机构为国土安全部、农业部动植物检疫局、农业部林务局、农业部总监察长办公室。

第五，加强执法与情报机构的国内外协作，以提高联合打击野生动植物犯罪效率。下一步行动有五项：一是提升打击野生动植物非法贸易执法机构与情报机构之间情报共享的及时性；二是利用国际贸易数据系统董事会、跨部门边界执委以及其他团体，确定相关执法工作中的障碍，确保有利于执法的数据得到使用；三是为情报搜集机构提供宣传和培训；四是协调情报机构将野生动植物走私问题列为关系国家安全的头等大事；五是与执法部门的情报中心共享机制制度化。评估指标有四项：一是为相关机构提供美国进出口数据；二是增强信息共享能力；三是提高群体决策和分析能力；四是优先打击野生动植物非法贸易工作，加强跨部门行动。负责机构为司法部、内政部鱼类和野生动植物管理局、商务部国家海洋与大气局、国家情报主管办公室、国土安全部，参与机构为农业部总监察长办公室、财政部。

第六，让野生动植物非法贸易无利可图，以阻止非法贸易，将非法贸易收益用作野生动植物保护。下一步行动有九项：一是采取行政、民事、刑事等手段，收缴非法贸易人员资产，切断走私网络；二是将缉获的非法贸易资金用作野生动植物保护；三是为调查和检察人员提供可确定非法贸易人员财政与金融网络的技术工具与支持；四是为海外工作人员或外国合作伙伴提供使用上款技术工具的指导意见；五是通过议会获得授权，没收非法贸易所得，将其作用野生动植物保护；六是更好掌握野生动植物走私网络和商业运作模式；七是与经合组织开展合作，开展非法贸易路径测绘等工作；八是评估没收资产和罚款、惩罚与赔偿数量的充分性，鼓励相关国家打击非法贸易；九是公布执法和没收资金的信息，起震慑作用。评估指标有四项：一是采用新手段收缴野生动植物非法贸易相关资产，打击犯罪组织；二是执法所获资金更多用于重点保护行动；三是评估野生动植物非法贸易活动的罚款与处罚；四是开发利用追踪系统，追缴执法所得资金。负责机构为财政部、内政部鱼类和野生动植物管理局、司法部、商务部国家海洋与大气局、国务院，参加机构为农业部林务局、农业部动植物检疫局、农业部总监察长办公室、管理和预算办公室、国土安全部、国际发展署。

（2）全球执法

在加强全球执法方面，美方继续开展支持外国政府能力、支持社区开展保护、支持使用科技和分析方法、提高国际合作伙伴的情报分析、参与多国执法行动、支持全球执法网络建设和开发、利用打击有组织犯罪解决野生动植物走私问题、打击腐败和非法金融流动等八项具体工作。

第一，支持政府能力建设，尤其是支持分布国、中转国和消费国政府加强能力建设。下一步行动有八项：一是与相关政府确定加强能力建设最为迫切的需求；二是与单个国家评估执法工作不足，并予以弥补；三是鼓励与支持区域执法协作；四是帮助主要伙伴国政府在国家公园和其他野生动植物栖息地执法；五是与 CITES 秘书处和其他合作伙伴合作，确保 CITES 各方高效履约；六是与主要成员国评估培训资源，提高执法和司法能力；七是帮助伙伴国政府分享缉获的财物，促进全球执法能力提升；八是帮助提高关键国家执法人员专业能力。评估指标有三项：一是提供支持和技术援助；二是帮助分布国、中转国和消费国完善法律，增加执法力度；三是评估和开发培训手段与项目。负责机构为国务院、内政部鱼类和野生动植物管理局、商务部国家海洋与大气局、国际发展署，参加机构为司法部、国土安全部、农业部林务局、农业部总监察长办公室、财政部、国防部、贸易代表办公室。

第二，支持基于社区的野生动植物保护，以鼓励当地社区参与报告。下一步行动有六项：一是评估美国社区参与野生动物保护的现有政策；二是与当地社区共同加强对盗猎和非法贸易活动的报道，并为当地社区提供经济支持；三是开发与执法官员进行安全情报资源共享的方法；四是鼓励与支持当地社区护林组织，与野生动植物保护组织建立关系；五是加强野生动物盗猎重点地区社区的参与积极性；六是增加不同机构的合作。评估指标有三项：一是评价社区保护巡护人员的工作效率；二是增强社区保护巡护人员能力，扩大目标区域；三是加强资源管理者、巡护人员能力，增加巡护强度。负责机构为国际发展署、商务部国家海洋与大气局，参加机构为国务院、内政部鱼类和野生动植物管理局、司法部、国土安全部。

第三，开发与利用高效的技术分析手段，以支持缉私调查和惩治工作。下一步行动有九项：一是采用相协调的方法，开发利用先进技术；二是鼓励新技术开发，借助地理信息系统确定盗猎热点地区和走私路线；三是帮助非洲和亚洲改进海关、边境及侦查人员的检查手段；四是评估使用侦缉犬的需求；五是支持司法研究，建立国际法律标准；六是建立交流学生机制，培养实习生；七是开发节能工具，用于确定非法水生动植物产品；八是提升追踪非法贸易链的能力；九是制订调查网络非法交易的战略与计划。评估指标有两项：一是开发和应用新的检察与诉讼技术；二是发展法律手段、执法能力与网络拓展。负责机构为内政部鱼类和野生动植物管理局、国际发展署、商务部国家海洋与大气局、农业部林务局，参加机构为国务院、国土安全部、司法部、农业部总监察长办公室。

第四，提高国际合作伙伴间的信息共享，以切断走私网络，提高执法能力。

下一步行动有十项：一是评估确定现有信息共享网络或机制的不足；二是提高野生动植物出口国、中转国和消费国的财政与金融网络透明度；三是收集和共享世界范围内助长非法贸易的组织与个人；四是支持伙伴国培养收集、分析和管理信息的能力；五是支持政府收集与汇编非法贸易信息的参与者；六是运用诉讼和判决提升区域、多边和双边执法团体间的透明度和责任制；七是采用国家情报主管办公室的开源中心等机构情报确定非法贸易组织与个人；八是与野生动植物执法网络和国际打击野生动植物犯罪联盟等机构推进信息共享；九是鼓励伙伴国采用世界海关组织执法网络系统；十是支持多边高层执法交流。评估指标有两项：一是提高在金融网络、野生动植物非法贸易等方面的信息共享；二是通过新的现存网络与信息中心，增强信息共享能力。负责机构为国务院、内政部鱼类和野生动植物管理局、国际发展署，参加机构为国家情报主管办公室、国土安全部、商务部国家海洋与大气局、司法部、农业部林务局、农业部总监察长办公室、财政部、国防部。

第五，参与多国执法行动，尤其是针对野生动植物贸易热点和生物多样性保护价值高的地区开展双边与多边执法行动。下一步行动有六项：一是利用海外政府执法人员，促进与区域执法网络和其他国际执法网络的合作；二是重点在中南亚、非洲和中美洲组织开展打击非法贸易的双边或多边执法行动；三是与国际刑警组织工作组共同规划和实施全球执法行动；四是推动美国国家中央局与其他国际刑警组织成员使用 I/24 安全交流系统；五是支持中央局成立国际刑警组织国家环境战略团队；六是与国际刑警组织区域中心共同关注打击非法贸易工作。评估指标有两项：一是美国政府海外人员支持执法行动；二是增强野生动植物执法网络、双边和多变合作。负责机构为国务院、内政部鱼类和野生动植物管理局、国家发展署，参加机构为司法部、商务部国家海洋与大气局、国务院、国土安全部、财政部、贸易代表办公室。

第六，开发全球高效的野生动植物全球执法网络，确保成功执法和诉讼。下一步行动有7项：一是评估现有的野生动植物执法网络；二是支持发展非洲、亚洲、南美等地新出现的执法网络；三是鼓励现有执法网络开展协作和信息交流；四是通过外交途径为执法网络和特别行动组提供财政支持；五是增强执法机构在执法网络中的参与性；六是通过执法网络为检察官、调查员、诉讼员与法官提供培训；七是与国际打击野生动植物犯罪联盟等组织合作，为执法网络提供支持；八是加强执法网络与国家情报机构合作。评估指标有三项：一是扩大对野生动植物执法网络的财政与运营支持；二是增加执法网络之间的协调与交流；三是建立和发展新的执法网络。负责机构为国际发展署、商务部国家海洋与大气局，参加机构为国务院、内政部鱼类和野生动植物管理局、司法部、国土安全部。

第七，利用打击有组织跨国犯罪打击野生动植物非法贸易。下一步行动有六项：一是跨国有组织犯罪的部门间委员会（TOC－IPC）共享非法贸易信息；二是与TOC－IPC合作，以通过TOC战略解决非法贸易问题；三是确定利用TOC战略中存在的不足；四是利用"冻结跨国犯罪集团财产"第13581号总统令，制裁犯罪组织；五是根据TOC方案，打击跨国犯罪网络；六是为TOC－IPC提供信息等支持。评估指标为：增加TOC－IPC的协作与情报共享。负责机构为国务院、财政部、司法部，参加机构为国防部、内政部鱼类和野生动植物管理局、商务部国家海洋与大气局、国际发展署、农业部总监察长办公室、农业部林务局、国土安全部。

第八，聚焦腐败和非法资金流动，以提高政府官员与机构公信力。下一步行动有十二项：一是增强透明与可信，曝光和阻止腐败；二是通过高层外交参与，建立政治意愿；三是确定参与非法贸易的外国政府官员，没收其资产，并遣送其回国；四是敦促所有国家参与并执行《联合国反腐败公约》与《联合国打击跨国有组织犯罪公约》；五是收缴和没收参与非法贸易运输的公司及其团伙资产；六是评估建立《海外反腐败法》；七是政府、非政府组织、学术团体、研究机构共商解决非法贸易与腐败问题；八是通过诉讼收缴和没收非法贸易人员的财产和收益；九是向非洲区域性反洗钱金融特别行动组提供技术支持；十是共享国内和国际合作伙伴信息，调查有组织非法贸易活动的融资渠道；十一是发挥应对国家层面威胁的金融杠杆能力；十二是探索将《培利修正案》等工具用于解决非法贸易问题。评估指标有两项：一是确定腐败的公共和私营部门的个人及相关实体；二是没收与野生动植物走私相关的非法收益与财产。负责机构为财政部、国务院、司法部，参加机构为内政部鱼类和野生动植物管理局、国土安全部、农业部林务局、商务部国家海洋与大气局、国际发展署、国土安全部。

3. 减少非法交易野生动植物需求的行动方案

非法需求被认为是诱发野生动植物非法贸易动因，减少需求得到《行动方案》关注，具体包括提高公众意识和行为改变、建立伙伴关系和减少国内需求、促进全球范围需求下降等三方面工作。

第一，提高公众对非法贸易的认知，增强对法律后果的了解，改变现有消费模式，消灭非法交易市场。下一步行动有五项：一是提出、执行和支持针对非法交易野生动植物制品的消费者与供应者战略；二是与非政府组织和私有部门合作，提高部门员工和顾客的意识；三是鼓励其他政府和私有部门参加公众意识提升活动；四是继续支持在非洲、亚洲和拉丁美洲等地区的行动，通过宣传、培训等手段，降低盗猎与非法贸易；五是利用领事馆和机场等国内外公共空间，向公众提供宣教材料和开展宣教活动。评估指标有三项：一是2015年邀请传播与行为改变专家参与开展意识提高活动；二是在主要成员国部署新行动，提高公众意识；三是吸纳私有部门与其他民间团体参与降低需求行动。负责机构为国务院、国际发展署、内政部鱼类和野生动植物管理局、商务部国家海洋与大气局，参加机构为司法部。

第二，建立合作伙伴关系，降低国内非法交易野生动植物及其制品需求。下一步行动有五项：一是建立联盟，开展与主要利益方目标一致的核心国民意识行动；二是销毁缴获的象牙，创立教育基地；三是在不同部门招募思想领袖，作为野生动植物保护大使；四是加强在海外旅游、服务和工作的美国公民教育，避免他们无意识介入非法贸易；五是扩大公众直接参与渠道。评估指标为三项：一是在2015年开展全国运动以及有针对性的专项运动；二是通过调查评估，拓展公众知识，转变态度；三是通过市场调研和数据截获等，减少对特定物种的消费需求。负责机构为内政部鱼类和野生动植物管理局，参加部门为国务院、国防部、商务部国家海洋与大气局。

第三，在全球推动减少需求活动，尤其是在主要消费国家和地区。下一步行动有十项：一是分析美国减少野生动植物需求政策的有效性；二是评估减少需求所采取的最佳实践活动、高效方法与强有力的手段；三是吸纳外国政府参与领导减少需求的运动；四是在消费国社区开展该改变消费模式的活动；五是参与并与私有部门和政府共同降低需求活动；六是与有影响力的宗教信仰领导人共同在教区降低需求和消费；七是在目标国和美国外交人员、军事和国际商务团体的培训项目和大纲中纳入减少需求的课程；八是支持相关国家举办减少消费和改变行为的活动；九是继续依靠中国、南亚与东南亚地区降低需求，以减少整体消费需求；十是与流散群体（Diaspora Group）建立关系，帮助其了解野生动植物需求与消费社会文化。评估指标有四项：一是政府承诺领导并显著降低野生动植物及其制品的使用；二是政府、私有部门与其他民间团体支持减少消费行动；三是调查衡量公众意识、态度和购买习惯的变化；四是调查确定特定野生动植物及其制品价格是否下降。负责机构为国务院、国际发展署、内政部鱼类和野生动植物管理局、商务部国家海洋与大气局，参加机构农业部林务局。

4. 建立国际合作和承诺的行动方案

美方将开展利用外交手段促进政治意志、加强国际共识和部署、利用贸易协议和举措保护野生动植物、在其他国际协议中加入野生动植物条款、与其他政府开展合作、推动高效的伙伴关系、鼓励发展创新方法等七项工作。

第一，利用外交手段催化多变政治意愿，促进与当地社区保护野生动植物，遏制野生动植物非法贸易。下一步行动：在多边论坛中采用合理的手段，按论坛要求进一步提倡各方承担打击非法贸易的义务和责任，鼓励开发银行要求受援国把打击野生动植物非法贸易纳入集资项目。评估指标有三项：一是把明确的义务写入协定；二是通过开展额外项目加强公众关注，完善成员义务；三是在多变论坛汇总加强合作与交流。负责机构为国务院，参与机构为内政部鱼类和野生动植物管理局、国际发展署、商业部国家海洋与大气局、贸易代表办公室。

第二，加强野生动植物保护的国际共识与部署。下一步行动有两项：一是确保 CITES 得到有效落实；二是与最近成立的"打击非法、不申报、无管制（IUU）渔与海鲜非法捕捞总统特别工作组"协调一致，协助组织和部署区域渔业活动，制止非法捕捞。评估指标有五项：一是确保主要成员国履行 CITES；二是开展 CITES 能力建设；三是本着 CITES 国家立法项目精神，督促成员国完成立法工作；四是督促部分成员国落实 CITES 常委会的建议；五是采用措施约束未履行 CITES 的国家。负责机构为内政部鱼类和野生动植物管理局、商务部国家海洋与大气局，参加机构为国务院、国际发展署、农业部林务局、贸易代表办公室、国土安全部。

第三，利用的当前与未来贸易协议与举措保护野生动植物，吸纳贸易伙伴采取措施打击野生动植物走私。下一步行动有三项：一是继续将野生动植物保护纳入贸易政策与谈判；二是继续落实《自由贸易协定》中与野生动植物保护有关的责任条款；三是在泛太平洋合作伙伴关系（TPP）、跨大西洋贸易与投资合作伙伴关系（T - TIP）等新贸易协定中纳入打击野生动植物走私有意义的相关责任承诺。评估指标有四项：一是在《自由贸易协定》中明确将保护野生动植物、打击野生动植物非法贸易作为重要的责任义务；二是《自由贸易协定》成员在执行落实相关执法工作中取得进展；三是利用好现有贸易机制的指引下，与贸易伙伴共同打击野生动植物非法贸易；四是结合打击野生动植物非法贸易与资源保护工作。负责机构为贸易代表办公室、国务院，参加机构为内政部鱼类和野生动植物管理局、司法部、农业部林务局、商业部海洋和大气局、国际发展署、国土安全部。

第四，在其他国际协定中纳入保护野生动植物条款。下一步行动有四项：一是将承担打击野生动植物非法贸易的责任义务写入多边协议、区域性协议以及双边协议；二是确保野生动植物非法贸易及相关犯罪行为在引渡条约下的可引渡性；三是将野生动植物非法贸易以及相关犯罪行为纳入法律互助条约中；四是督促《联合国打击跨国有组织犯罪公约》成员国有效落实2013—2014年度的《联合国预防犯罪和刑事司法委员会》（CCPCJ）决议，把野生动植物走私行为视为严重罪行。评估指标为：把涉及野生动植物走私的重要责任与条款纳入协议与《司法互助协定》（MLATs）中。负责机构为国务院，参加机构为内政部鱼类和野生动植物管理局、司法部、商务部国家海洋与大气局、财政部、国际发展署。

第五，加强与其他政府间开展双边与区域合作。下一步行动有五项：一是在双边外交关系与发展援助的各个层面，提高打击野生动植物走私力度；二是进一步鼓励各成员国清点库存，销毁没收的象牙和其他非法买卖的野生生物制品；三是在适当的情况下，要求各国公开审查非法买卖的野生生物制品的库存；四是建议各国规范国内的野生动植物市场，特别是象牙市场；五是与森林保护计划一道，打击非法采伐和林木走私。评估指标有三项：一是已与中国达成新的双边行动与双边承诺；二是在美国援助下，与其他国家达成新的战略与行动计划；三是在其他国家中加强对象牙贸易的规范和管控，同时也遏制其他受保护物种的非法贸易。负责机构为国务院、国际发展署、内政部鱼类和野生动植物管理局、商务部国家海洋与大气局参加机构为贸易代表办公室。

第六，推动高效的伙伴关系，与其他政府、政府间组织、非政府组织、私营组织以及其他组织等开展联合行动，开展基于社区的保护项目，建立合法的和可持续的供应链。下一步行动有两项：一是通过与商业领袖合作，促使私营部门和民间组织的合作关系，打击网络非法出售和拍卖野生动植物、非法运输，以及禁止在游轮、酒店等区域进行销售；二是把打击野生动植物走私的活动纳入到现有的伙伴关系中，如"刚果盆地森林伙伴关系"。评估指标有两项：一是建立相应的合作伙伴关系，并开展活动；二是举办研讨会，引导决定性行动打击非法贸易。负责机构为国际发展署、国务院，参加机构为内政部鱼类和野生动植物管理局、商务部国家海洋与大气局、运输部、司法部。

第七，鼓励创新，利用技术专长促进新思想、新方法，促成新战略活动。下一步行动有三项：一是通过野生生物犯罪技术挑战项目（WCTC），为最佳打击方案颁奖，并支持获奖方案用于实践；二是支持或开展其他的开放式创新挑战赛，尽快提出解决野生动物犯罪的创新方案；三是举办研讨会分享技术和其他新颖观念、成功经验与想法，集思广益，并从诸如野生生物犯罪技术挑战项目这些举措中获取经验。评估指标为：参与（技术挑战的与会人数）与结果（评测这些方案的新颖程度，可行性，以及有效性）。负责机构为国际发展署，参与机构为国务院、内政部鱼类和野生动植物管理局、商务部国家海洋与大气局。

（四）特朗普总统令

2017 年 2 月 9 日，美国新任总统唐纳德·特朗普签署《关于执行有关跨国犯罪组织的联邦法律和防止国际走私贩运的总统行政令》（*Enforcing Federal Law with Respect to Transcational Criminal Organization and Preventing International Trafficking，Excutive Order* 13773），以加强人口、毒品、野生动植物、军火的走私贩运打击力度。

1. 目标

"特朗普总统令"指出，跨国犯罪组织和附属组织，包括跨国贩毒集团，已经遍布美国全境，威胁着美国及其公民的安全。这些组织通过广泛分布的非法行为获得收入，包括暴力和虐待行为，表现出对人生命的肆意漠视。这些犯罪组织已经被知晓犯下了残忍的谋杀、强奸和其他野蛮罪行。这些组织是犯罪、腐败、暴力和苦难的驱动者。特别是贩运受管制物质的走私贩运引发了致命药物滥用的复苏，与毒品有关的暴力犯罪也相应增加。同样，跨国犯罪集团贩运和走私人口也有造成人道主义危机的风险。这些罪行，连同许多其他罪行，正在助长这些组织，以损害美国人民。必须采取全面而果断的方法，摧毁这些犯罪组织集团，恢复美国人民的安全。

2. 政策

"特郎普总统令"提出了由行政部门主导的五项政策：一是加强联邦法律的执行，以打击跨国犯罪组织和附属组织，包括犯罪团伙、卡特尔、敲诈勒索组织和其他从事非法活动的集团，这些非法活动对公共安全和国家安全构成威胁。这些活动与非法走私和贩卖人口、毒品或其他物质、野生动植物和武器，腐败、网络犯罪、欺诈、金融犯罪和知识产权盗窃，非法隐匿或转移此类非法活动的收益密切相关。

二是确保联邦执法机构给予高度优先权，并投入足够的资源，努力查明、阻止、扰乱和解散跨国犯罪组织和附属组织，包括通过调查、逮捕和起诉这些组织的成员，引渡这些组织的成员以在美国面临司法公正，并在适当情况下，在法律允许的范围内，迅速将属于这些组织成员的外国人从美国驱逐出境。

三是在法律允许的情况下，最大限度地使用所有联邦机构与联邦执法机构共享信息并进行协调，以便识别、阻止和解散跨国犯罪组织和附属组织。

四是司法部部长和国土安全部长通过分享情报和执法信息，向国外合作伙伴提供更多的安全部门援助和秘密，加强与国外合作伙伴在打击跨国犯罪组织和附属组织方面的合作，包括在适当情况下和法律允许的情况下，与国外合作伙伴开展合作。

五是在国务卿、司法部部长和国土安全部长的指导下，制定战略，最大限度地协调各个机构，例如通过有组织的犯罪禁毒工作队（the Orgnized Crime Drug Enforcemnt，OCDETF）、特别行动司（Special Operation Division）、OCDETF融合中心、国际有组织犯罪情报和行动中心（the International Organized Crime Intelligence and Operation Center）根据适用的联邦法律打击犯罪。

六是寻求支持并进一步努力，防止美国境内外跨国犯罪组织和附属组织在业务上取得成功，包括起诉移民欺诈和签证欺诈等附带犯罪行为，以及扣押这些组织的工具、没收这些工具和犯罪活动的收益。

3. 实施

为促进本命令规定的政策，国务卿、司法部部长、国土安全部长和国家情报局长或其指定人员应共同主持和指导现有的机构间威胁缓解工作组（TMWG），该工作组应开展以下方面工作。

一是支持和改进联邦机构在美国境内和境外查明、阻断、调查、起诉和撤销跨国犯罪组织和附属组织的协调工作。

二是努力改进联邦机构提供、收集、报告、共享和获取与联邦打击跨国犯罪组织和附属组织的努力有关的数据。

三是与打击跨国犯罪组织和附属组织的外国伙伴加强情报和执法信息共享，并加强国际业务能力和合作。

四是评估联邦机构为识别、禁止和解散跨国犯罪组织和附属组织而分配的货币和人力资源，以及应重新定向这些努力的任何资源。

五是确定可能妨碍有效打击跨国犯罪组织和附属组织的联邦机构的做法、缺失的做法和资金需求。

六是审查相关联邦法律，以确定识别、阻止和干扰跨国犯罪组织和附属组织活动的现有方式，并确定哪些法定机构，包括《移民和国籍法》下的规定，可以更好地执行或修订，以防止这些组织的外国成员或其同伙进入美国并利用美国移民系统。

七是为了透明度和公共安全，并遵守包括隐私法在内的所有适用法律，至少每季度发布一次报告，详细说明美国境内与跨国犯罪组织及其子公司有关的定罪情况。

八是在联合主席认为有用的范围内，根据其自由裁量权，确定联邦机构在法律允许的情况下与州、部落和地方政府以及执法机构、外国执法合作伙伴、公共卫生组织和非政府组织进行协调的方法，以协助查明、禁止和撤销跨国犯罪组织及其附属组织。

九是在联合主席认为有用的范围内，酌情与国家毒品管制政策办公室（the office of National Drug Control Policy）协商执行本命令。

十是在本命令发出之日起 120 天内，向总统提交一份关于跨国犯罪组织和附属组织的报告，包括这些组织渗透到美国的程度，此后每年发布补充报告，说明在打击这些犯罪组织方面取得的进展，以及任何建议的拆卸措施。

4. 总体规定

"特郎普总统令"提出三方面一般规定。

一是本命令中的任何内容不得解释为损害或影响法律赋予行政部门机构或其负责人的权力，以及管理和预算办公室主任关于预算、行政或立法提案的职能。

二是本命令的实施应符合适用的法律，并服从于拨款的可用性。

三是本命令无意且不会产生任何一方对美国其部门、机构或实体、其官员、雇员或代理人或任何其他人在法律或公理上可强制执行的实质性或程序性权力和利益。

二、捣毁行动①

（一）行动简介

捣毁行动（Crash Operation）是由美国鱼类和野生动物管理局（FWS）和司法部联合发起的全国性打击野生动物非法贸易执法行动，旨在监测、阻止和起诉那些从事非法捕杀犀牛和非法贩运犀牛角和象牙的行为。到目前为止，捣毁行动已经拥有一个专门小组，由大约十几个来自隶属于 FWS 执法部门的特殊工作组的全职人员组成，辅以约 140 位领域内人员、其他执法机构以及国外执法机构。案件将由美国司法部环境和自然资源司环境犯罪科以及十所检察院提起诉讼（分布在亚拉巴马州中部地区、加利福尼亚城区、马萨诸塞州、新泽西区、

---

① 此章资料来自美国司法部网站发布的与摧毁行动相关的资料。

纽约区南部、纽约东部区、佛罗里达州南部、得克萨斯东部、得克萨斯西部与内华达州)。

自 2012 年 2 月的首例"拿下"行动逮捕了 8 人以来,现已完成 20 余项抓捕及 10 余例宣判。捣毁行动仍在进行,调查还在继续。对这些被告提出的指控包括违反《濒危物种法》和《雷斯法》,以及阴谋、走私、洗钱、邮政欺诈、逃税和伪造文件等。捣毁行动的调查工作涉及多种不同的犯罪行为,包括三方面内容:

(1)走私原犀牛角;(2)走私犀牛角和象牙制品,以及非法交易被当作古董贩卖的现代犀牛角和象牙雕刻品;(3)调查非法狩猎和偷猎,包括为非法获取犀牛角而提供的配套服务。

(二)打击犀牛角走私案件

1. 2014 年加州黑犀牛角走私贩运案

美国司法部环境与自然资源司总检察长的代理助理的 Robert G. Dreher 和美国内华达州检察官 Daniel G. Bogden 于 2014 年 4 月 2 日联合发表声明,现年 63 岁的加利福尼亚州米尔谷人 Edward N. Levine 和 46 岁的旧金山人 Lumsden W. Quan 于今日因非法销售两只濒危黑犀牛角被联邦大陪审团在拉斯维加斯起诉。

Levine 和 Quan 面临两项罪名指控:一是违反《雷斯法》和《濒危物种法》的串谋走私罪名;二是违反《雷斯法》的野生动物非法贩卖罪名。《雷斯法》禁止出售非法运输的野生动物。《濒危物种法》则禁止出于商业目的在州际间转运、买卖濒危物种。

根据起诉书,被告通过在大约两个月时间内电子邮件和电话谈判出售了两只黑犀牛角,并与一名卧底警官进行了交流。Quan 和 Levine 同意以 55000 美元的价格出售两只黑犀牛角,并约定与买主在拉斯维加斯见面。

2014 年 3 月 19 日,在指派另一人驾驶汽车将犀牛角从加利福尼亚运到拉斯维加斯后,被告从加利福尼亚飞往拉斯维加斯以完成交易。Quan 称其在拉斯维加斯的一个酒店房间里与卧底警官按照约定的金额完成了交易。这两名男子在当天晚些时候被捕。

调查工作正在由 FWS 执法机关进行。美国国家公园局、林务局和内华达州野生动物司的官员也于 3 月 19 日在这起事件中协助逮捕。美国司法部环境与自然资源司环境犯罪部的审判官 Todd S. Mikolop 和内华达州检察官办公室的美国律师助理 Kate Newman 负责对 Quan 和 Levine 的起诉。

2. 2014 年纽约州犀牛角走私案

美国司法部环境与自然资源司代理检察长 Robert G. Dreher、美国纽约东区律师 Loretta E. Lynch 和 FWS 局长 Dan Ashe 于 2014 年 1 月 10 日联合发表声明：爱尔兰人 Michael Slattery Jr. 于今日在纽约布鲁克林市因非法贩卖犀牛角违反《雷斯法》罪名被联邦法院依法判决 14 个月监禁，3 年监外看管，10000 美元罚款，并收缴其非法买卖犀牛角收入 50000 美元。

Slattery 于 2013 年 9 月因将犀牛角从得克萨斯州走私至纽约被逮捕。Slattery 承认自己参与到一起从美国购买犀牛角的违法活动中。在了解州际间转运和买卖犀牛角是非法行为的前提下，Slattery 与其同伙或委托拍卖行将这些犀牛角再转手给私人。目前，鉴于犀牛的种群数量不断减少，所有种类的犀牛都受到国际贸易协议的保护。

犀牛是一种史前起源的草食动物，也是地球上现存最大的巨型动物之一。除了人类，它们目前没有其他天敌。所有种类的犀牛都受到美国和国际法律的保护。自 1976 年以来，犀牛角贸易一直受到 CITES 公约的管制，该公约是由世界各地 180 个国家共同签署的一项多边条约，旨在保护鱼类、野生动植物免受于可能由于国际市场的需求而灭绝的风险。

内政部、FWS 及包括美国移民与海关执法国土安全调查局在内的其他联邦和地方执法机构正在协调合作进一步推进该案件的调查工作。"捣毁"是一群犀牛的名称。捣毁行动是一项全国性的积极行动，旨在监测、阻止和起诉那些从事非法捕杀犀牛和非法贩运犀牛角和象牙的行为。

这项调查由美国鱼类和野生动物管理局、纽约东区联邦检察官办公室和司法部环境犯罪科负责。美国司法部负责环境犯罪的助理检察官 Julia Nestor 和审判检察官 Gary N. Donner 承担了起诉工作。

（三）打击犀牛角与象牙制品走私案件

1. 2014 年新泽西州黑犀牛角与象牙制品走私贩运案

美国新泽西州地区检察官 Paul J. Fishman、美国司法部环境和自然资源司总检察长的代理助理 Sam Hirsch、美国佛罗里达州南区律师 Wifredo A. Ferrer 和 FWS 局长 Dan Ashe 共同宣布判李志飞（音译）70 个月有期徒刑，这是美国对野生动物走私犯罪判处监禁时间最长的判决之一。

在这起走私活动中，有 30 个价值高达 450 多万美元的多个犀牛角、象牙制品被从美国偷运到外国。李志飞共承认了 11 项罪名：一项为串谋走私和违反"雷斯法"；七项为走私罪；一项为违反"雷斯法"的非法野生动物贩运和两个制作假野生动物文件的罪名。

在李志飞于 2013 年 1 月抵达美国后不久，便于佛罗里达州因此前在新泽西州受到的指控而被逮捕。在李被捕前参加一个古董展览会期间，他在迈阿密海滩宾馆的一间房间里以 59000 美元的价格向一名 FWS 特工人员购入了两支被列为濒危物种的黑犀牛角。这起控告是"捣毁行动"的成果之一。这项行动由 FWS 和美国司法部领导，旨在全国范围监察和起诉涉及在黑市中交易濒危物种黑犀牛的角的行为。

在纽瓦克联邦法院提交的文件中，李供认自己是美国境内三个走私商中的组织者，他向同伙汇款作为采购犀牛角的资金，并让同伙将犀牛角通过香港走私给自己。另外一个同伙是 Qiang Wang，又名 Jeffrey Wang，他于 2013 年 12 月 5 日在纽约南区被判处 37 个月监禁。李志飞在走私活动中扮演着领导角色，负责筹集购买野生动物制品的资金、价格谈判以及实际购买，同时指导其他同伙如何将物品走私出境，并联系更多的同谋在香港协助接收走私货物然后到其他国家销售野生动物制品。

李志飞承认向其他国家出售了 30 个走私的原犀牛角，这些犀牛角价值约为 300 万美元，每磅约价值 17500 美元。在外国工厂里，原犀牛角被通过做旧的方式雕刻成假古董。在一些国家，有用犀牛角制作成繁复雕刻花纹的"祭神杯"的传统。还有人认为喝这种杯子里的饮品会给他们带来健康，因此收藏家们十分珍视此类古董。这类古董价值的不断攀升，导致对犀牛角的需求增加，从而促成了一个蓬勃发展的包括交易新雕刻的假古董的黑市。

除了监禁之外，Salas 法官还命令李在释放后的两年里受到监督，并没收其犯罪活动收益 350 万美元以及其他亚洲文物。作为调查工作成果的一部分，FWS 缉获的各种象牙物也被上缴。

2. 2014 年纽约州走私犀牛角和象牙等野生动物制品

联邦司法部环境与自然资源司特别检察官 Sam Hirsch，纽约南区法院检察官 Preet Bharara 及 FWS 局长 Dan Ashe 等人于 2014 年 7 月 29 日宣布加拿大的古董商关晓居（XiaoJu Guan，音译）在曼哈顿遭到联邦大陪审团的起诉，被控密谋走私犀牛角以及象牙、珊瑚野生动物制品。

关晓居是不列颠哥伦比亚列治文市的一个古董商，于 2014 年 3 月 29 日被捕。当日他从温哥华飞往纽约，在布朗克斯区的一家店铺里，从由美国鱼类和野生动物管理局安排的卧底人员手里购买了两个濒临绝种的黑犀牛角。买完犀牛角以后，关让卧底人员驾车送他和另一个作为翻译的女同伙去附近的邮局，将犀牛角邮寄至华盛顿州的罗伯茨岬，该地距离加拿大边境不到 1 英里，且距离他在加拿大的店铺只有 17 英里。关在装有黑犀牛角包裹上标记这是价值 200 美元的"手工艺品"，实际花费达到 45000 美元。关表示，他有同伙可以驾车带着犀牛角穿过边境，他也曾多次这样将犀牛角运至加拿大。

关和他的同谋者用同样的方法或是在没有申报和批准的情况下用虚假的文书直接将包裹邮寄给加拿大，向加拿大走私了价值超过 500，000 美元的犀牛角、象牙及珊瑚制成的雕像。他从美国各拍卖行购得这些制品。为将这些濒危野生动物制品运出美国就将野生动物谎称为其他物品，以掩盖关的野生动物走私行为。对在佛罗里达州购买的犀牛角而言，海关文书声称这是一个价值 200 美元的"木角"。关在纽约被捕的同时，加拿大环境部的野生动物执法人员对关在加拿大的古董店执行了搜查。

美国鱼类和野生动物管理局局长 Dan Ashe 指出：美国在非法野生动物贸易中起着关键作用——通常是世界其他地方偷猎和走私野生动植物产品的来源国或过境国。这使得美国与国际合作伙伴进行协调变得至关重要，美国要共同努力阻止犀牛、大象和其他遭到威胁的动物被屠杀。美国与加拿大环境部门在野生动物贩卖和其他问题上有着长期的合作历史，十分感谢加拿大在这个案例中所提供的宝贵帮助。

在加拿大环境部野生动植物执法局的协助下，FWS，美国检察官办公室综合欺诈部门和司法部的环境犯罪部门调查了关这一案件，并由美国州首席检察官助理 Janis M. Echenberg 和司法部环境犯罪科高级顾问 Richard A. Udell 负责起诉。起诉是基于对可能原因的认定的指控。被告在被定罪前被推定为无罪。2015 年 3 月 25 日，Guan 在曼哈顿联邦法院被判处 30 个月监禁。除了刑期，法官 Swain 还下令没收搜查 Guan 在加拿大做古董生意期间发现的野生动物制品。

3. 2014 年纽约州走私犀牛角和象牙等野生动物制品

美国司法部环境与自然资源司代理助理检察长 Sam Hirsch、美国得克萨斯州东区检察官 John Malcolm Bales 和 FWS 局长 Dan Ashe 宣布得克萨斯州弗里斯科居民兼亚洲古董鉴定师宁秋（QiuNing，音译）有罪，于 2014 年 6 月 24 日联邦法院承认其参与非法野生动物走私集团的犯罪事实，从美国向其他国家走私了价值近 100 万美元的犀牛角和象牙制品，违反《雷斯法》的指控。

根据联邦法院的判决文件，宁承认其从"老板"李志飞处收取报酬，在美国获取野生动物制品并经由香港走私给李。作为走私的主谋，李于 2014 年 5 月 27 日在新泽西州纽瓦克的联邦地区法院被判处监禁 70 个月。李参与了融资和价格谈判，并支付犀牛角和象牙的费用。他还指导了如何将这些物品从美国偷运出去，并经由香港同谋的协助接收走私货物，然后再转运给自己。

宁曾在达拉斯的一家拍卖行担任亚洲艺术品和古董鉴定师，专门从事犀牛角和象牙雕刻的鉴赏。2009 年因为在拍卖行的工作关系与李结识，此后与李同谋，宁在全美为李收购原始和雕刻过的犀牛角和象牙，并经常收到李对于如何挑选和砍价的具体指示。交易完成后，李会将资金直接转入宁在美国的银行账户。宁随后会将这些物品非法运输至香港某处特定地点。

在 2009 年至 2013 年间，宁收购并走私至少五只生犀牛角，每只重量全少达到二十磅。为走私生犀牛角，宁用胶带将犀牛角缠上，藏在瓷瓶里，贴上瓷器花瓶或手工艺品的标签瞒过海关。考虑到宁在对李定罪过程中的合作和协助，政府向量刑法官建议判处宁服刑 25 个月，并支付 15 万美元的罚金。判决将由地方法院法官 Richard Schell 宣读，判决日期由法院决定。

调查由美国鱼类和野生动植物管理局执法办公室、美国得克萨斯州东区检察官办公室和司法部环境犯罪处执行调查。得克萨斯州东区助理美国律师James Noble 和司法部环境和自然资源司环境犯罪科审判律师 Gary N. Donner 代表政府出席了会议。

（四）打击其他濒危野生动物制品走私案件

1. 2014 年新泽西州人非法进口独角鲸牙和洗钱案

环境和自然资源司 John C. Cruden 助理检察长于 2015 年 1 月 12 日宣布新泽西州人 Andrew J. Zarauskas，因非法进口、贩卖独角鲸牙和洗钱判处 33 个月监禁，还被要求上缴 85089 美元、6 支独角鲸牙和 1 个独角鲸头盖骨，同时被罚款 7500 美元。

2014 年 2 月 14 日，缅因州联邦陪审团曾判定 Zarauskas 犯有六项罪行，其中包括阴谋走私罪，将独角鲸牙非法贩卖和进口到美国以及与非法走私者进行洗黑钱的交易。Zarauskas 非法进口的独角鲸牙，据评估市场价值达到 12 万美元到 20 万美元之间。

独角鲸是被《珍惜海洋哺乳动物保护法》保护的海洋哺乳动物，它被列在 CLTES 公约的附录Ⅱ中。没有获得许可的情况下，进口独角鲸身体的任一部位到美国都是违法的。证据显示，Zarauskas 在近 6 年，从两个加拿大同伙的手中买到了约 33 支独角鲸牙。加拿大的同伙在加拿大买完独角鲸牙后，没有经过边境管理办的允许，用卡车或者是实用拖车，频繁将其隐秘带入美国，并用船将独角鲸牙从缅因州运给 Zarauskas。Zarauskas 对于加拿大同伙非法运输独角鲸牙的事实知情。

这个案子由美国海洋和大气管理局的法律执行办公室和美国鱼类和野生动

物管理局以及加拿大环境管理局公共调查，也是美国国家海洋和大气管理局（NOAA）渔业部与国际、联邦和国家执法部门紧密合作取得的成果。

2. 2014 年斯诺霍米什县人走私受保护爬行物种案

美国律师 Jenny A. Durkan 于 2014 年 1 月 17 日发出声明，一名斯诺霍米什县男子因参与一系列非法贩卖受保护爬行动物物种的活动被判处 12 个月监禁及 3 年监外看管。Nathaniel Swanson，36 岁，与其 5 位同伙共谋将美国本土物种出口至香港，并非法进口亚洲物种至美国。同伙之一 Tak Ming Tsang，24 岁，是一名居住在美国的香港公民，被判处 6 个月监禁及 2 年监外看管。另一名同伙 CheukYinKo，25 岁，将会于 2014 年 1 月 24 日星期五宣判。该团伙非法贩卖的大部分物种都受 CITES 公约及《濒危物种法》的保护。据估计，其非法贩卖的爬行动物的市场价值在 120，000 美元至 200，000 美元之间。有许多动物在转运途中或不久后死去。美国首席地区法官 Marsha J. Pechman 在宣判中说道："美国必须与各国合作伙伴一道向世界传递非法贩卖野生动物是严重的犯罪行为的信号。"

商业性贩卖受保护物种是一种涉及国际范围的犯罪，Swanson 及其同伙的犯罪事实很大一部分难以调查清楚，尽管执法机关截获了一部分货物，但大多数货物都未曾被发现。通过与两名包括 Tsang 在内的居住在美国的外籍人士的合作，Swanson 向香港的买家非法走私了东部箱龟、北美木雕龟以及西部锦箱龟。该团伙出口的其他美国本土物种还包括吉拉毒蜥、墨西哥湾箱龟以及三趾箱龟。Swanson 还直接参与了从香港走私一些受保护物种，包括黑胸叶龟、中国斑颈龟、大头龟、飞河龟和一只亚洲山龟。所有这些物种都受 CITES 公约的保护。其中亚洲山龟极度濒危，曾一度被宣布灭绝。该团伙的非法走私活动已经持续了大约 4 年的时间。

被执法机关抓获的幸存的野生动物已经被送到当地的动物园进行照看。判决要求 Swanson 及其同伙共同承担约 28500 美金的野生动物照看费用，且不得获得任何该部分野生动物带来的利益。

3. 奥克兰女子非法携带野生动物制品入境案

美国律师 Melinda Haag 发布声明称："奥克兰女子 Patty Chen 已于 2014 年 1 月 17 日星期五在联邦法院认罪，承认其非法将野生动物从厄瓜多尔带入美国境内，涉嫌伪造文书和违反《雷斯法》两项罪名。"

在供述中，Chen 承认将价值 29760 美元的野生动物制品，包括鱼翅、鱼翅面、海马、海螺干、鱼干和鳗鱼肚皮，从厄瓜多尔带入美国，同时承认在将野生动物制品带入美国时，伪造了海关申报单，虚假填写了自己没有携带野生动物制品进入美国的信息。Chen 于 2013 年 7 月 25 日被联邦大陪审团在佛罗里达州南区以涉嫌两项违反《雷斯法》、一项违反联邦法案第 3372 条第 d 项第 1 款、两项伪造文书罪名起诉。该案于 2013 年 11 月 22 日被移送至加利福尼亚北区。Chen 承认了以上所有指控。

Chen 的案件被定于 2014 年 5 月 9 日由美国奥克兰地区法院法官 Jon S. Tigar 宣判。根据法律规定，Chen 所触犯的两项《雷斯法》条例以及联邦法案第 3372 条第 d 项第 1 款的最高法定处罚为：5 年有期徒刑，3 年监外看管，250000 美元罚款，并赔偿损失。所触犯的联邦法案第 1001 条第 a 项第 3 款伪造文书罪名的最高法定处罚为：5 年有期徒刑，3 年监外看管，250000 美元罚款，并赔偿损失。最终的判决要在法官考虑了美国量刑指南和关于判处刑罚的联邦法规（联邦法典第 3553 条）后实施。

美国律师助理 Maureen Bessette 和 Thomas Watts – Fitz Gerald 在 Janice Pagsan-jan 协助下承担了本案的诉讼工作。此案由美国国家海洋与大气管理局执法部门在国土安全局配合下进行调查。

第六章 美国野生动物保护邮票制度

美国野生动物保护邮票制度始于联邦鸭票制度，可以追溯到 1934 年，为美国湿地和水鸟保护的地标性行动。鸭票全称为联邦候鸟狩猎和保护邮票，销售收入直接用作购买湿地栖息地，纳入国家野生动物庇护所体系（the National Wildlife Refuge System）。截至 2014 年，鸭票制度持续实施了 80 年，实现的收入高达 9 亿美元，用作保护了 600 万英亩湿地。鸭票可用作猎人狩猎水鸟的许可证，也可作为观鸟门票和邮票收集。当前，有部分州自行发行鸭票，作为收藏品，以及狩猎许可证。联邦鸭票通常用于在野生动物庇护所狩猎，而州鸭票则在野生动物庇护所之外的联邦土地上狩猎。

一、联邦野生动物保护邮票制度

（一）基本情况

美国鸭票被称为候鸟狩猎与保护邮票，也是候鸟及其栖息地保护的印花税票鸭票。1934 年，经国会通过，总统富兰克林·罗斯福签署了《候鸟狩猎邮票法》（后来修改为《候鸟狩猎与保护法》，亦称《鸭票法》），批准发行鸭票。第一张鸭票是由杰·丁·达林设计，该人后来成为生物调查局（鱼类和野生动植物管理局的前身）局长。

鸭票销售收入的 98% 直接用于帮助获得和保护湿地栖息地，购买国家野生动庇护所的保护地役权。用鸭票收购的湿地有助于净化水资源，帮助防洪，减少水土流失和沉积，并增强户外娱乐机会。鸭票面对所有公众开放，任何人可以通过购买鸭票，支持水鸟保护和栖息地建设。鸭票也被认为美国鸟类及其他野生动物栖息地最成功的保护工具。

公众购买的鸭票有多种用途。首先，鸭票可作为狩猎许可证，凡是 16 岁以上的水禽猎人进行狩猎，都需要购买鸭票，从而通过购买鸭票和狩猎方式参与生物多样性保护工作。其次，除了作为狩猎许可证和保护工具外，鸭票也是任何收取门票的国家野生动物庇护所的通行证，持有鸭票的公众进入这些庇护所不需要再购门票。由此，观鸟者、自然摄影师和其他户外爱好者通过购买鸭票，可以随时在自己喜欢的户外景点观察野生动物，并达到保护鸟类和其他野生动物栖息地的目的。

鸭票销售网点发达，购买方便，在许多体育用品商店、销售体育和娱乐设备的各类零售点均有销售。公众也可以在为数众多的国家野生动物庇护所购买，或者通过 Amplex 网店在线购买。通过网店在线购买，获得电子凭证，有效期为45 天，其间将通过邮件获得一张纸质鸭票。公众可以通过鱼类和野生动植物管理局网站，查询所在地鸭票销售场所。

鸭票也是独一无二的适于收藏的艺术作品。鱼类和野生动植物管理局每年举办一场鸭票艺术设计大赛，这是联邦政府唯一赞助的艺术设计大赛。凡是18岁以上的设计师均可参加，获奖艺术家的作品将作为下一年美国鸭票艺术设计大赛的标志。鸭票艺术设计大赛每年吸纳数百位设计师参加，由评委从参赛作品中选出获奖作品，全程向公众开放。所有鸭票参赛作品，包括获奖作品在全国博物馆、野生动物庇护所等场馆进行巡回展出。作为微型艺术作用，美国鸭票也被世界各地的邮票收藏家珍藏。

（二）发展历史

美国鸭票制度的产生始于北美地区的野生动物及其栖息地发生的持续减少，从而引发了对野生动物及其栖息地保护措施的思考与行动。

当英国和法国探险家们首次进入北美洲时，当地的野生动物数量众多和种类多样。经过几十年的开发利用，不仅野生动物数量和种类快速减少，而且栖息地不断丧失和质量下降，甚至有不少的物种灭绝。野生动物被用作餐厅食物，狩猎作为一项运动，狩猎也可以得到奖金。水鸟的羽毛被用作时装业的制衣原料。数以百万英亩的湿地被排干，转变为耕地和建设用地，为不断增加的人口提供食物和住宿，使得水鸟繁殖和生长的栖息地数量大幅度减少。湿地的减少使得应对干旱和洪涝等极端天气的能力下降，鸟类迁徙休憩地和越冬地受到影响，并可能对北美地区的鸟类种群构成直接影响，逾 300 种物种将被挤压在狭小的栖息空间，或者被迫在未来 65 年内找到新的生活、饲养和繁殖地。湿地的减少还将影响到地下水供应的持续性，不利于污染物降解，无法为诸多食物来源提供养殖基地，以及保护海岸线免受侵蚀。

1934 年，富兰克林·罗斯福总统签署了《候鸟狩猎邮票法》，表示国家对候鸟和湿地保护高度重视，采取坚决行动制止对湿地的破坏，确保湿地对迁徙水禽的栖息功能。根据该法规定，所有 16 岁及以上的水鸟猎人每年必须购买并携带鸭票，否则其狩猎行为视为非法。出售鸭票的收入存放在名为候鸟保护基金的特别国库账户，实行专款专用。

1949 年，第一个鸭票艺术设计大赛得以举办，面向所有想参赛的美国艺术家和所有想观赛的社会公众开放。迄今，美国鸭票艺术大赛仍然是美国联邦政府唯一赞助的艺术设计竞赛，任何艺术家都可以观赛，任何人都可以观赛。野生动物领域的艺术家将设计鸭票看作是呈现自身艺术魅力的宝贵机会，每年的艺术设计大赛都竞争激烈。

1958 年 8 月 1 日起，经修订的《湿地贷款法》（Wetland Loan Act）拨付的基金与鸭票收入合并，同时《候鸟保护法》的规定将使用候鸟保护基金获取候鸟栖息地以及"水禽生产地区"权利赋予内政部部长。

鸭票最早的面值和价格为 1 元。1949 年 8 月 12 日，鸭票面值和价格上调至 2 元。1958 年 8 月 1 日，面值和价格上调至 3 元。1971 年 12 月 22 日，内政部部长被允许根据土地价值和候鸟保护需求，将鸭票价格提高到"不低于 3 美元且不超过 5 美元"。1978 年 10 月 30 日，由于在前一财政年度向候鸟保护基金拨出的所有款项以及出售邮票存入的款项全部妥善使用完毕，鸭票价格被比准增加到 7.50 美元。邮政局打印、发行和出售邮票的费用计入鸭票销售收入中，从候鸟保护基金中支付。

1976 年 2 月 17 日批准的第 94 - 215 号公法（90 Stat. 189）允许邮局以外的地方，如"零售商"销售邮票和授权托付货物。1976 年的修正案也将邮票的名称从"候鸟狩猎邮票"改为"候鸟狩猎与保护邮票"。

1984 年，国会修改了《鸭票法》，授权内政部部长向私营企业颁发特许经营许可证，允许私营企业复制和销售美国鸭票纪念品，并将出售这些产品的特许权使用费纳入用作购买湿地的候鸟保护基金。彩色复制品须小于实际鸭票尺寸的 4/3，或者是实际鸭票尺寸的 1～1.5 倍，以确保复制品有别于实际鸭票。同年 7 月 1～8 日被指定为"国家鸭票周"，以纪念鸭票制度建设 50 周年。

1986 年 11 月 7 日签署的《鱼和野生动物项目：改进》（Fish and Wildlife Program: Improvement，第 99 - 625 号公法）和 1986 年 11 月 10 日签署的《紧急湿地资源法》（Urgent Wetland Resource Law，第 99 - 645 号公法）共同修改了《鸭票法》，以确保"格兰姆 - 鲁德曼的赤字削减要求"不会导致鸭票面值和价格回落到 5 美元。《紧急湿地资源法》还授权在 1987 年至 1988 年期间将鸭票面值集和价格逐步提高到 10 美元，1989 年至 1990 年提高到 12.50 美元，此后为

15 美元。

1998 年，鸭票销售促进项目得以启动，允许从鸭票收入中支出 100 万美元，开展市场营销活动，增加鸭票销售量。具体的营销计划需得到候鸟保护委员会的批准。

1989 年，青少年鸭票项目得以启动，为一项针对青少年的水鸟及其栖息地的保护科普与宣教项目。通过青少年的亲身参与，绘画鸭、鹅或天鹅等水鸟，学习水鸟与栖息地保护科学知识。此后，国家青少年鸭票艺术大赛得以实施，被评为顶级艺术。获奖艺术被制作成青少年鸭票，售价为 5 美元，用于支持这种保护教育计划。

2010 年，鱼类和野生动植物管理局启动了电子鸭票试点项目，允许公众基于国家许可证制度在线购买联邦鸭票。自行打印有效期为 45 天的电子收据，在此期间通过邮寄获得纸质鸭票。电子鸭票制度于 2013 年正式实施，为公众购买鸭票提供了便利。

2014 年，奥巴马总统签署法案，将联邦价格鸭票面值和价格由 15 美元提高到 25 美元，并于 2015 年正式实施。这也是 20 多年来，鸭票价格的首次提高。提高的 10 美元每年可多保护逾 17，000 英水鸟栖息地，用作购买土地所有者的保护地役权，允许所有者在不改变湿地性质的前提下开展不对水鸟构成负面影响的生产经营活动。

（三）鸭票式样和用途

1. 面值与式样

联邦鸭票面值在 1934 年为 1 美元，1949 年跃升为 2 美元，1959 年为 3 美元。1972 年上涨到 5 美元，1979 年增长为 7.50 美元，1987 年为 10 美元，1989 年为 12.50 美元，1991 年为 15 美元，此后 24 年保持不变，直至 2015 年上涨到目前的 25 美元。

联邦鸭票目前采用一版 20 张的印制方式。最初鸭票采用一版 28 张的格式印制。此后，为使鸭票更容易统计，印刷方式发生变化，1959 年采用了一版 30 张的邮票格式。2000 年起，格式再次改为现在的一版 20 张。自 1998 年开始，发行了自粘鸭票，鸭票与周边背景合起来约为一张 1 美元面值纸币大小。

2. 鸭票用途

（1）针对猎人的狩猎许可证

鸭票最初是作为猎人的狩猎许可，因此针对猎人的鸭票也是最早销售和发行的鸭票。在购买鸭票后，猎人需将其粘贴在持有的狩猎证上，获得鸭票有效期内的狩猎权。通过购买鸭票，猎人成为野生动物及其栖息地保护的有益组成部分。1934—2014 年间，猎人通过购买鸭票已经支持了逾 570 万英亩湿地生境的保护，使得国家野生动物庇护所体系得以健全。当前，针对猎人的鸭票仍然是鸭票体系中的重要组成部分，猎人也被认为是保护工作的重要伙伴。

就购买此类鸭票，鱼类和野生动植物管理局的通告内容具体如下：一是如果购买者计划狩猎候鸟，且年龄在 16 岁以上，则需要购买并携带现有的美国鸭票或电子邮票。美国鸭票有效期为当年 7 月 1 日至来年 6 月 30 日。二是鸭票可以在实体店购买，也可以通过电子邮票程序在线购买。三是当前签署和销售的美国鸭票或电子邮票在全国所有的州都适用，可以在各个州的国家野生动物庇护所使用，没有必要在狩猎所在州另行购买鸭票，但是狩猎必须符合所在州关于狩猎证的其他规定。四是购买者需要在鸭票的正面签名，鸭票才得以有效，且鸭票只能用于购买者，不得用于其他人，野生动物执法人员会查验鸭票与狩猎证，以确保人证相符。五是如果购买了的是电子邮票，购买必须随时随身携带 45 天的正式收据。一旦收据过期，必须携带相关的纸质鸭票，购买鸭票的信用卡收据不可作为证明。若购买了电子邮票，但数周后还没有收到纸质鸭票，请联系 Amplex 快递公司，而不是鸭票管理部门。如果您丢失了电子邮票收据，请联系您购买电子邮票的管理机构。六是狩猎用鸭票可以作为免费进入收门票的国家野生动物庇护所。七是关于狩猎用鸭票的最新信息可以在鱼类和野生动植物管理局网站上查看，以便于狩猎活动的有序和合规开展。

（2）针对观鸟者和摄影者的门票

1934 年建立鸭票制度之后，野生动物庇护所等保护区数量快速增长，大萧条期间的水鸟数量减少的趋势得到了有效遏制，水鸟种群数量开始反弹，野生动物现代保护管理科学技术得到快速普及。

鸟类和野生动物摄影师在帮助国家野生动物庇护所等鸟类栖息地保护融资方面发挥了关键作用，这个群体为购买鸭票投入的资金成为候鸟保护基金的重要组成部分，用于获得湿地等候鸟栖息地，加强国家野生动物庇护所体系建设。国家野生动物庇护所体系建设工作面向公众公开，接受公众监督，每个主要城市的驾驶距离之间至少有一个庇护所，便于观鸟和野生动物摄影。

据鱼类和野生动植物管理局发布的统计数据，2016 年进入国家野生动物庇护所的公众数量为 4600 万人，其中 80% 的公众目的在于观看野生动物，特别是鸟类。相关研究表明，美国对观鸟有兴趣的公众数量持续增长。

（3）针对邮票收集者的收藏品

鸭票还被集邮者广泛收藏，成为邮册里独特而又有价值的藏品。从业余收藏家到专业集邮者，美国公众收集的鸭票系统地呈现了各种各样的候鸟。凭借80多年的发展历史，鸭票成为历史最久远的单主题美国邮票。每年公开举办的鸭票艺术设计大赛吸引了众多艺术家参赛，也使得邮票呈现形式多样，对公众具有十分强烈的吸引力。

邮票收藏家喜欢收藏完好无损的鸭票，以具有更高的增值空间。也有收藏家专门收集具有特色的鸭票，诸如狩猎许可证上的鸭票、管理人员签发的鸭票、猎人签字的鸭票、纪念卡和首日封等。有的公众将鸭票作为节日礼物或者纪念品，购买鸭票馈赠给朋友、亲戚和儿童。

由于鸭票上承载了历史、地理、文化和艺术等方面的知识，在青少年集邮者见得到的欢迎程度与日增长。由年轻艺术家创作的青少年鸭票专门筹集资金支持野生动物保护教育项目，统筹科学技术和视觉艺术，为增加青少年科普湿地和水禽保护知识。鸭票集邮也可以告知青少年关于美国集邮方面的知识，了解美国集邮协会发展历程，以及美国国家历史中的邮票作用与功能。

为鼓励公众将鸭票作为邮票收购，美国国家鸭票收藏家协会建立了鸭票藏品信息交流平台，以便于收藏者及时了解鸭票价值，出售和购入鸭票藏品。公众可通过所在州的鸭票经销商了解鸭票的适时价值。

（四）鸭票的销售和收入使用

1. 鸭票的销售

鸭票面向所有公众出售，所有公众也可以自有购买鸭票，作为参与野生动物及其栖息地保护最为直接的手段。鸭票有两种销售方式，一是在任何州的实体店出售，有的实体店在国家野生动物栖息地内，有的在邮局、销售狩猎和捕鱼许可证以及体育设备的体育用品商店和大型连锁店等其他场所；二是通过网络在线购买。

网络在线购买成为越来越受欢迎的购买方式，不受时间限制，成为购买者可以在白天或晚上的任何时间购买鸭票的便利方式。当购买完电子鸭票后，所在州的鸭票管理部门会将纸质鸭票邮寄给购买者，以用作狩猎、观鸟、观光等用途。电子鸭票目前在阿肯色州、科罗拉多州、佛罗里达州、乔治亚州、爱达荷州、马里兰州、路易斯安那州、马萨诸塞州、密歇根州、明尼苏达州、密西西比州、密苏里州、内布拉斯加州、内华达州、新墨西哥州、北卡罗来纳州、北达科他州、俄克拉何马州、宾夕法尼亚州、田纳西州、得克萨斯州、弗吉尼亚州、威斯康星州等州出售，覆盖超过半个美国。如果在购买电子邮票遇到问题或存在疑问时，购买者需联系购买的州，因为购买者及其鸭票信息在该州的系统里，无须联系美国鸭票局。为便于打印电子邮票或收据，购买者最好配备一台打印机。如果在线购买电子鸭票后的 30 天内仍未收到纸质鸭票，须通过电话或邮箱地址联系快递公司。

鱼类和野生动植物管理局仍然在扩大鸭票销售网络，希望有更多的商店、游客中心、礼品店、零售店和商业场所能够销售鸭票，吸纳更多的公众参与这项最古老、最成功的保护工作，为社区创造更多户外娱乐机会，也为青少年提供更多野生动物保护教育活动。同时，从事体育用品、双筒望远镜、鸟类指南、鸟饲料、户外服饰等物品的网店也被鼓励参与销售鸭票，实现更高收入。所有计划参与鸭票销售的新商户，可以通过信函签署销售协议，在银行转账预先付款后，可以通过免费邮寄服务拿到鸭票，放在实体店铺或网络店铺销售。商户允许向购买者收取公平合理的服务费。在商定的销售期结束时，商户可以退回任何未售出的鸭票和预付款。

2. 鸭票收入的使用——《候鸟保护基金》

1934 年 3 月 18 日发布的《候鸟狩猎与保护邮票法案》创建了候鸟保护基金（MCFCF），向内政部提供资金以获取候鸟栖息地。MBCF 账户有三种主要资金来源，其中最重要的来源是鸭票收入，其他的来源包括根据 1961 年 10 月 4 日修订的《湿地贷款法》授权的拨款，和根据 1986 年《紧急湿地资源法》规定的军火的进口关税。MBCF 进一步补充了从出售产品和通过国家野生动物保护区授予的权利获得收益，处置保护区土地，并恢复联邦援助基金。

MBCF 资助了鱼与野生动物管理的两个征地计划。第一个计划在 1929 年《候鸟保护法》（MBCA）的授权下，在主要的候鸟保护区获取水禽栖息地。第二个计划在《鸭票法》的授权下，获得了被称为水禽生产区（WPA）的湿地、草原的小型天然湿地、草原。WPA 主要位于美国中西部地区的草原坑洞区域。2014 年《联合鸭票法》修改了《鸭票法》，根据该法，每张鸭票销售收入超过 15 美元的部分存入 MBCF 子账户，用于保护地役权收购。

该法还确定了 MBCF 费用的报告要求，并要求该管理局确定领域狩猎和捕鱼的开放和封闭的时间。2015 财务年度，MBCF 年总收入为 75299617 美元，其中包括 2014 年扣除的 12136401 美元，返还 2014 年固定资金为 4956526 美元，可用作支出的总收入为 69774705 美元，其中 MBCF 鸭票收入为 69163990 美元，还有联邦政府提供的野生动植物恢复补助金 610715 美元。2015 会计年度对 MB-CF 征地的支出总额为 66077620 美元，其中包括用于在候鸟保护区获得的土地为 15667245 美元，获得 WPA 支出为 4827824 美元，美国鸭票打印费用和其他间接费用为 2132151 美元。

（五）鸭票设计竞赛项目

1. 联邦鸭票艺术设计比赛

第一张美国鸭票由杰·丁·达林在 1934 年按照富兰克林·罗斯福总统的要求设计，描绘了两只野鸭正要在沼泽湿地上降落的图像。此后，其他著名的野生动物艺术家也被要求提交设计。1949 年，首届联邦鸭票设计比赛启动，面向所有希望进入比赛的美国艺术家开放，共有 65 名艺术家提交了 88 项设计作品。1981 年，参赛人数达到 2099 人。2011 年，来自爱荷华州阿诺德斯公园的艺术家梅纳德·雷西被授予获奖次数最多奖，他在 1948 年、1951 年、1959 年、1969年和 1971 年获胜五次获奖。

内政部部长任命了一个由著名艺术家、野生动物保护专家和集邮专家组成的权威评审机构，对每场比赛进行评判。鱼类和野生动植物管理局每年春天都向感兴趣的艺术家发送比赛通知，艺术家可以选择自己满意的作品参赛，作品可以是黑白或全彩图片，规格为 10 英寸宽 * 7 英寸高。获奖者除了可以获得一张由他们设计的邮票外，不会收到其他的物质与现金奖励。但是，获奖艺术家可以出售他们设计的作品，从中受益。通常，这些作品受到猎人、环保主义者和艺术品收藏家追捧。

邮票比赛活动的相关规定实行公示制度，可以在鱼类和野生动植物管理局官网上查询，官网地址为：http：//www.fws.gov/duckstamps/。比赛在每年的 6月 1 日开放官方报名通道，并截至当年 8 月 15 日十二点。参加者需支付 125 美元报名费，无论获奖与否都不予退还。参加者原则上不能在过去三年内获过奖，且在报名开始日期前满 18 岁。比赛由内政部部长设立协调员，监督裁判员评分是否公平。协调员不能是就职或曾就职于鱼类和野生动植物管理局的工作人员。每年用作比赛的雁鸭类物种不超过五种，由官方在树鸭、天鹅、雁、黑雁、亚鸭、潜鸭、水鸭、秋沙鸭、硬尾鸭这些大类中选定和发布。

参赛作品大小需为高 7 英寸，宽 10 英寸。媒介与方式不限，彩色与黑白均可。作品中不得出现参赛者的名称等身份信息。每幅作品必须提前装裱在一个宽为 1 英寸高为 9～12 英寸大小的白色裱框上。该裱框需要装裱干净或者用白色的胶条固定在作品上。裱框之外不得再有任何保护的边框，玻璃或者覆盖物。作品总厚度不得超过 1/4 英寸。作品的主要元素必须是对于要求中的五种或少于五种的鸟类的生动描绘。作品作用背景的栖息地应是国家野生动物庇护所。作品必须是参赛者的原创手绘创意，不得是以前出版过的成品，包括照片或者网络中任何方式存在过的图片。照片、电子图片、电脑打印图片或者其他电子形式的图片都不允许参赛并将被取消参赛资格。每个参赛者只能提交一幅作品，须保证参赛作品完好无缺的寄送到作品接收地址，并为作品购买保险。

评审委员会由五个投票裁判和一个候补裁判组成，将由内政部任命。裁判必须满足以下一种以上的资质：具有艺术评审资格证；掌握解剖学和相关水鸟物种的相关知识；了解对于鸭票对于野生动物狩猎的重要性；了解鸭票在集邮圈的重要作用；支持和了解水鸟和湿地保护。联邦鸭票办公室给每一个入选作品一个排列号，在比赛场进行公示。评判标准包括：作品在解剖结构学上的精确度，艺术性成分和用作邮票生产的适用性。评判工作实行三轮打分淘汰制。若在第三轮，出现得分相同的作评，评审委员会委员将进行投票选出最佳作品。评审出的前三名作品结果由鱼类和野生动植物管理局宣布，并得到相应的奖励。入围第三轮的参赛作品将参加为期一年的全国艺术巡回展，之后将按照参赛者签署的参与协议中规定的周期予以返还。参赛者有权将其作品在巡回展中撤除，但将会丧失连续三年的比赛参与权。

2. 联邦青少年鸭票保护与设计项目

1989 年，由国家鱼及野生动植物基金会（NFWF）提供资助，Joan Allemand 博士世界开发了青少年鸭票保护与设计项目（Junior Duck Stamp Conservation and Design Program）。该项目是一个充满活力的艺术课程，向从青少年到高中学生教授湿地和水禽养护等科学知识。该项目将科学和野生动物管理原则纳入视觉艺术课程，使用视觉艺术而不是言语交流来表达自己所学到的知识。通过该项目，鱼类和野生动植物管理局向参与者介绍了美国鸭票制度和国家野生动物保护制度，并向新一代公民介绍了水禽和湿地保护的重要性。

青少年鸭票保护与设计项目课程首次于 1990 年在加利福尼亚州开展，公立和私立学校的 3000 名学生参加了该课题课程和艺术比赛。阿肯色州在 1991 年加入了佛罗里达州和伊利诺伊州，堪萨斯州和佛蒙特州在 1992 年进入该计划。由于"最佳邮展"的印刷费用有限，最终国家决定将挑选每个州颁发的"最佳邮展"获奖作品进行参加全国性竞赛，以此挑选最佳联邦青少年鸭票。1993 年，马里兰州和南达科他州加入该计划。第一届全国比赛由八个州一同竞争，选出最佳作品成为第一个联邦青少年鸭票。第一届联邦青少年鸭票设计获得者为来自伊利诺伊州的杰森·帕森斯（Jason Parsons），他的设计作品名为《皱裂的红头啄木鸟》（*Ruffling Redhead*），被用来制作每张面值为五美元的青少年邮票。

1994 年，又有 17 个新州参与此项项目，使得总参加的州数量达到 25 个。当时，邮票均由个人购买，作为对 NFWF 青少年鸭票挑战奖励的贡献。出售邮票获得的收益被用作支持该项目的配套资金。此后，鱼类和野生动植物管理局呼吁通过立法来获得国会授权联邦青少年鸭票，并将销售收益以奖励和奖学金的形式赠予参与者以支持保护教育。《青少年鸭票保护和设计法》得到国会支持，于 1994 年 10 月 6 日颁布。该法案要求内政部部长实施青少年鸭票保护与设计项目，并对邮票设计进行许可和营销，将鸭票销售获得的收益用于奖励野生动物保护和作为青少年奖学金。2000 年，国会修订了《青少年鸭票保护与设计法案》，进一步扩大该项目，全美国所有 50 个州、哥伦比亚特区、美属萨摩亚和美属维尔京群岛都加入了该项目。

青少年鸭票比赛的准备工作和参与计划要求学生至少考虑和理解分析和环境科学的基本原理，并且可以成为学生掌握这些话题的有效晴雨表。该计划还为学生提供学习科学的机会，并表达他们对艺术美学、多样性和野生动物相互依存的认识。事实上，为方案的准备往往包括参观国家野生动物保护区，这个黄金地段不仅可以观察美国的野生动物，还可以在保护区数百个游客中心进行实验和实践经验。青少年鸭票大赛每年春天开始，学生将其作品提交到州或地区比赛。州级的学生根据年级分四组进行判断：第一组：1 ~ 3 年级，第二组 4 ~ 6 年级，第三组 7 ~ 9 年级，第四组 10 ~ 12 年级。每组选出一、二、三等奖。无论他们的成绩如何，评委挑选 12 个年级的优胜者参加"最佳邮展"。每个州或地区的"最佳邮展"作品随后提交给鸭票局，并进入全国青少年鸭票比赛。为了进一步推动该计划的跨学科基础，现在鼓励学生们在艺术设计作品的入学表格中增添保护信息，但这不是必需的。这个消息应该向学生介绍湿地生境、保护或水禽等知识，也可能是用来鼓励他人参与保护的声明。来自全国比赛的第一名设计作品用于在次年制作青少年鸭票。青少年鸭票由美国邮政局和 Amplex 公司收货人以每张邮票 5 美元的价格出售。出售青少年鸭票的收入可以用来支持保护教育，为参加该计划的学生、教师和学校提供奖励和奖学金。

当前，美国、美属萨摩亚和美属维尔京群岛的 27000 多名学生向州或所在地区的青少年鸭票保护与设计项目提交参赛作品。该项目的成功是由于与联邦和州政府机构、非政府组织、私营企业和志愿者的合作伙伴关系，以及参与与保护相关活动的整个美国的数千名教师和学生。

二、州野生动物邮票制度

（一）基本情况

全美共有 10 个州发行两种类型的鸭票，分别用作收藏和狩猎许可，两种鸭票在面值、样式等方面存在较大的区别。

多数州用作为野生动物及其栖息地保护的州鸭票面值为 5 美元。新罕布什尔州鸭票面值最低，仅为 4 美元；路易斯安那州鸭票面值最高，为 25 美元。州鸭票销售获得的资金被指定用于特定湿地的恢复和保护，与联邦候鸟保护基金使用目的相一致，但州鸭票收入用途更加局限和单一。大多数州鸭票管理机构以面值出售鸭票，也有州会收取单笔鸭票的附加费用，用作鸭票销售的配套费用。也有部分州为收藏家制作限量版鸭票。

面向收藏家的鸭票采用一版 10 张或 30 张的样式，没有标签，无须填写收藏者姓名等信息。用作狩猎证明的鸭票采用一版 5 张或 10 张的样式发行，附有标签。猎人使用标签列出他们的姓名、地址、年龄以及其他信息，便于在狩猎时候接受管理人员的查验。也有些州只使用序列号来标识鸭票类型，区分哪些是猎人类型鸭票和哪些是收藏类型鸭票。因此，州鸭票被称为收藏者邮票或猎人邮票。大多数经销商在价格表上区分这些类型，以便于购买。这两种类型的邮票各自有其独立的邮票册，并且可以从大多数经销商处获得。

印版或控制编号块是鸭票的特殊标记，位于鸭票中心图案的四周或上下边缘，通常记载了四个方面的信息，包括鸭票名称、发行单位、有效期限、中心图案的物种名称。

部分州发行了州长版本的鸭票，作为扩大鸭票销售收入的手段。这些特定版本的鸭票发行量小，少的甚至少于 1000 张；面值约为 50 美元，印有州长名字。州长亲自在少数鸭票上签字，增加这些鸭票的收藏价值。州长版鸭票通常会高价出售，是普通版本价格的两倍。带有亲笔签名的鸭票因其数量稀少，销售价格更高。迄今，州长版鸭票对所有发行州均有效。

部分鸭票上印有艺术家签名，以证明艺术家对所设计鸭票的认可，并能销售到更高的价格。印有签名的鸭票品相完好，被收藏家追捧，较没有签名的鸭票受到的欢迎程度高。通常，鸭票发型的时间越早，鸭票价值越高。已故艺术家签名的鸭票价格也相对较高，体现了公众和收藏家对艺术家的认可。这种绝版的鸭票也受到世界各地观众的欢迎。艺术家在鸭票上的签名也颇具有艺术性，他们会亲自绘制狗、诱饵、灯塔或鸭子，使邮票别具一格和独一无二，成为更加具有收藏价值的藏品。

（二）新墨西哥野生动物栖息地保护邮票项目

新墨西哥野生动物栖息地邮票项目（New Mexico's Habitat Stamp Program）旨在建立运动狩猎猎人、野生动物及公有土地和栖息地管理者之间的合作伙伴关系，使得公众能够通过有效、经济的方式参与野生动物及其栖息地保护公共事务中，促进野生动物及其栖息地的保护与管理，增强新墨西哥公众的福祉。

新墨西哥栖息地邮票项目根据联邦《斯克斯法》（the federal Sikes Act，16USC670）于 1986 年实施，建立了农业部林务局（USDA Forest Service）、土地管理局（Bureau of Land Management）与新墨西哥州狩猎及鱼管理部门（New Mexico Department of Game and Fish）之间的合作关系。这种合作关系也是联邦与州政府的伙伴关系。邮票面值 5 美元。计划在林务局和土地管理局所辖的土地上进行狩猎、钓鱼和开展活动的公众需要购买该邮票。邮票可通过在线购买，也可以在邮局、超市等场所购买。

出售邮票所获得的资金用作新墨西哥州的共有土地管理，以提高野生动物栖息地质量。1986—2018 年，共获得逾 2170 万美元的邮票销售收入，配套的联邦机构资助累计达到 2540 万美元，共支持 2436 个项目，项目总资金达到 5320 万美元。联邦机构资助不仅有现金，还有劳动力、材料、规划编制的技术支持。此外，自 1999 年以来，非政府组织和志愿者对项目投入的人力、物力、财力累计超过 600 万美元。

邮票销售收入进入由新墨西哥州管理的斯克斯基金账户。基金收入与支出实行财政年制度，即"第一年的七月一日到第二年的六月三十日"作为一个财政年度。2018 财政年，该基金销售收入为 1056652 美元，联邦和其他资金投入 152772.34 美元，基金总投入为 1209424.34 美元，基金总支出为 760205.06 美元。当财政年度，共有 54 个项目申请，其中 41 个被列为优先资助项目，实际上有 38 个项目得到实施。就土地隶属的部门而言，16 个在土地管理局土地实施，22 个在林务局土地实施。

项目重点资助栖息地质量提升，保护和恢复，当前用作维护已有设施、开展景观层面保护的支出有所增长。2018 年，高低植被恢复和栖息地改善项目的支出位居首位，比重达到全年支出的 46.6%。位居第二的支出是栖息地设施维护，比重达到 35.2%。在栖息地项目实施的最初 20 年中，设施维护的资金支出比重仅为 10%。近年来，随着早期建设的 2000 余个设施的老化，此方面的支出有望进一步增长，相应的邮票收入对于此方面的工作重要性进一步增强。位居第三的支出是清除了 39 英里的围栏，减少对野生动物迁移的负面影响，比重达到 6.2%。其他方面的支出包括：改善水生动物栖息地，比重为 4.8%；增强水资源的合理供给与分配，比重为 4.8%；改善两栖动物栖息地，比重为 2.2%；提高野生动物资源的娱乐价值，比重为 0.2%。

栖息地邮票计划具有独特性，所取得的成功除了联邦和州政府的合作之外，还有公众的高度参与，决定资金如何使用。州狩猎委员会（the State Game Commision）委任 35 名公众参与分布在五个地区的区域公众咨询委员会（regional Citizen Advisory Committees）每个地区的区域公众咨询委员会由七名公众组成。这些公众分别代表运动狩猎猎人、钓鱼者、其他方式的猎人、非运动的保护及公众土地利用利益相关方。其中，涉及野生动物资源的利用者的代表五名，涉及也生物保护的代表一名，另有一名涉及土地利用。区域公众咨询委员会每年召开一次会议，确定项目的优先资助次序，并定期参加实地考察，参观栖息地项目。根据需要召开额外会议，确定额外需要资助的项目。所有确定的项目及其资助额度，需要提交给州狩猎委员会批准，作为正式年度预算。

第七章 美国野生动物保护中的公私伙伴关系

一、公私伙伴关系概况

美国政府是野生动物保护管理工作中的执法者、野生动物资源利用的管理方、野生动物及其栖息地保护与恢复的组织者，工作经费来自个人和企业缴纳的税收与野生动物资源特许利用的收益。然而，野生动物保护工作具有复杂性和全局性，政府需要与其他合作伙伴共同来保育、保护和增加鱼、野生动植物及其栖息地，使得公众能从野生动物的保护与利用中持续获得受益。在形成合作伙伴关系中，有联邦、州及地方政府组织，非政府组织，个人等多个主体。

与政府相比较而言，非政府的保护组织多是野生动植物及其栖息地保护与恢复的呼吁者和参与者，在部分物种和栖息地保护方面也扮演了组织者的角色，工作经费来自个人和企业自愿捐赠的钱，所开展的工作具有更大的创新性、自主性和专一性，所开展的工作也可以具有很强的探索性，从而弥补政府保护管理工作中存在的不足。为数不少的保护组织将通过其组织开展的保护活动，形成有效的科学保护模式，发挥示范和引领作用，影响政府的政策制定，作为组织重要使命。作为非政府组织的科研机构，则通过科学研究、资源监测、物种调查等工作的开展，掌握野生动物资源数量及保护现状，确定野生动物保护面临的威胁因素，对保护政策的有效性进行评价，为政府的政策制定及管理决策提供科学依据。企业与个人在公私合作伙伴关系中共同扮演了出资人的角色，但个人还可以扮演宣传员、监督员、组织员等角色，分别体现企业和个人的社会责任。

政府组织与非政府组织、个人就同一目标，相对独立，又开展密切合作，形成公私伙伴关系，分享各自的专长，形成双赢甚至多赢格局。诸如，美国大自然保护协会亚凤凰城分会与联邦政府林务局共同开展森林健康经营项目，以通过间伐林木来减少森林火灾发生的概率。该项目所需资金由美国大自然保护协会募集获得，项目技术方案由该协会科学家设计后，会同林务局确定，形成最终的实施方案。在方案实施过程中，拟采用无人机适时监测间伐活动开展情况等新技术，而非传统的测量方法。林业局主要承担的是灭火工作，难以有精力和财力来主导上述项目，却也承担了相应的责任。

野生动物保护公私伙伴关系的形成取决于多重因素。首先是具备非政府组织、个人参与野生动物保护的制度环境，包括政府提供和建立的参与机会；其次是非政府组织体系发达，组织形式、类型、规模多样，既有关注特定物种的保护组织，也有广泛开展物种和生态系统保护的综合性组织，形成充足数量的参与主体；再次是具备良好的社会与文化氛围，将参与野生动物保护作为组织或个人责任。

二、公私伙伴关系相关制度保障

（一）501（c）（3）税收减免政策①

1. 501（c）（3）地位组织界定与种类

美国国税局（Internal Revenue Service）根据《国内税收法》（Internal Revenue Code）的第501（c）条款对29种非营利性组织予以免除联邦所得税（Federal Income Tax），但最为常见的是501（c）（3）条款专门规定的组织宗教、教育、慈善、科学、文学或教育、公共安全测试、促进业余教育竞争、防止虐待儿童或动物等七类组织。这些组织也被称作501（c）（3）地位组织。

501（c）（3）地位组织有五种形式：一是公众支持的慈善机构，包括公众通常与非营利组织关联的实体，诸如学校、医院、宗教组织和其他主要通过礼物获得公众赠款和捐款支持的慈善机构。二是豁免目标活动支持的慈善机构，包括通常与非营利机构相关的慈善组织。这些组织通常会通过礼物、赠款和捐款以及免税服务费的组合获得支持。三是公众支持的慈善组织的支持组织。这些组织本身并不争取公众支持，但与公众支持的非营利组织密切相关。诸如，某些大学或医院基金会，为支持图书馆或小学而建立的基金会；为支持消防部门和警察局而建立的基金会也属于这一类别。四是公共安全慈善机构，专门用于测试公共安全，诸如美国烟花标准实验室。五是私人基金会。私人基金会的机制往往很复杂，但通常是：慈善组织，由一个来源而非公众提供资金；从投资中获得收入（即捐赠，基金）；以及专注于向其他慈善组织提供补助金。

---

① 资料来源：https：//www. law. cornell. edu/cfr/text/26/1. 501（c）（3）－1。

2. 税收减免规定

这些组织都有业务范围的界定，即可以享受免税范围的事务。无论是否从不相关业务中获利，都需要为这些业务纳税，但不包括出售接受的捐赠物品、由志愿者开展和得到的商业收入。出售价值超过 2500 美元的捐赠物或接受价值超过 5000 美元捐赠物的一般需要特备社区宁和备案。除了测试公共安全组织外，其他类型组织接受的捐款可以享受税收减免。

免税并没有免除这些组织维护税务档案和填些税务表格的事务。2008 年以前，年收入低于 25000 美元的组织一般不需要填写年度纳税表格；自 2008 年起，多数组织都须填些一份"电子邮政卡片"（e-Postcard），即《享受所得税见面的组织税务表》（国税局 990 表，*Return of Organization Exempt from Income Tax*）等税务文件，否则可能失去免税资格。没有填写税务表的组织可能遭受每年最多 250,000 美元罚款。免税组织和政治组织（不包括教堂和相似宗教机构）必须公开税务表格、报告和相关免费文件供公众查阅。

美国《国内税收法》的 170 条款规定向符合 501（c）（3）税收减免规定的组织在接受慈善捐赠时，可以享受相应金额的联邦所得税减免。该规定使得成为 501（c）（3）地位组织得到公益社会的高度认可。这种减免必须接受核查，诸如提供捐赠额度超过 250 美元的收据。由于这项与捐款相关的减税条款的存在，是否具有 501（c）（3）资格对一个慈善组织的维持和运作十分重要。为数不少的基金和公司规定不得向不具有 501（c）（3）地位的慈善组织捐款。不仅如此，个人捐赠者也可能因为无法减免所得税而不捐赠给此类慈善组织。

3. 申请成立

为获得联邦所得税减免，多数组织必须提交完整的，已签名且注明日期的 1023 表。如果该组织预计年平均总收入在一万美元以上，2010 年前申请表必须附带 750 美元申请费，自 2010 年起申请费为 850 美元。如果预计年平均收入低于 1 万美元，2010 年前申请费为 300 美元，2010 年后申请费为 400 美元。教会及其附属机构与协会可以自动获得 501（c）（3）地位，不需填些 1023 表申请。就非私人基金会组织而言，如果收入低于 5000 美元，也可以自动获得 501（c）（3）地位。

当国家税务局收到申请后，会对申请组织进行组织测试（orgnizational tests）和运行测试（operational tests）。组织测试考察申请组织的章程是否完全符合所提出的享受所得税减免的一项或多项内容，诸如信托工具、公司章程、协会章程等。运行测试考察组织是否运行有效，有良好的资金来源，以及资金在不同事项之间使用合理等。

4. 组织责任

501（c）（3）地位组织必须是为了慈善事业成立，不得为了私人利益。如果组织与对组织有重大影响的人进行商业交易，则可以对相关者征收消费税。此类组织员工工资应为公允市场价格，且不得获取奖金和补贴。尽管组织不需要缴纳联邦所得税，但是组织员工却要缴纳所得税，且缴纳工作被授权从员工工资中扣除。有两类特殊情况员工可以不用缴纳，一是员工收入在一个工作年度中少于100美元，二是这个组织是不适用于社会安全和医疗税的宗教组织。

501（c）（3）地位组织禁止参加与公职选举相关的政治活动。501（c）（3）地位组织完全禁止以直接或间接的方式参与或接入任何旨在支持或反对公职选举中任何候选人的政治活动。政治选举、代表组织公开表明其立场（口头或书面）支持或反对选举中任何候选人的捐款均明显违反了禁止参与政治运动的禁令。违反此禁令可能导致相关组织的免税待遇被拒绝或撤销并且被征收消费税。然而，根据具体情况，部分特定的政治活动和开支得以允许。诸如，某些以非党派方式进行的选民教育活动，包括公众论坛和出版的选民教育手册，不违反参与政治竞选活动的禁令。此外，旨在鼓励人们参与选举过程的选民登记、外出投票等活动也不违反禁令。但前提须是以非党派方式进行。

501（c）（3）地位组织中的公共慈善组织，不包括私人基金会，允许进行一些有限的游说活动，以影响立法。尽管法律规定慈善组织不得将大部分或主要资金用作游说，但是预算大的慈善组织每年用于游说的资金可能超过100万美元。

（二）《鱼和野生动物伙伴法》

1. 基本情况

2006年10月3日，美国第109届国会制定《鱼和野生动物伙伴法》（*Partners for Fish and wildlife Act*，法律代码：Public Law 109－924），授权内政部部长向私人土地所有者提供技术和经济援助，来恢复、加强和管理私人土地，改善鱼类和野生动物栖息地。2006—2011年的每个财政年度，执行鱼与野生动物伙伴计划的拨款不超过7500万美元。该法第一部分规定本法名称。

2. 立法原因和目的

该法第二部分提出了国会的八方面调查发现。第一，全美国大约60%的鱼和野生动物分布于私人土地上；第二，必须实行以私有土地所有者为中心、以结果为导向的措施，用高效和创新的方式来保护和提高自然资源；第三，没有现有的、公众可借助的技术生物信息来源，来应用最先进的技术来恢复、加强和管理鱼和野生动物栖息；第四，利用公共和私人资金协助私人土地所有者进行最先进的鱼和野生动物栖息地恢复、改善和管理项目，这是一个自愿的，具有成本效益的方案；第五，有意愿的私人土地所有者在合作开展实地项目中保持持久伙伴关系，可以减少濒危物种；第六，第 13352 号行政令（69 Fed. Reg. 52989）指示内政部、农业部、商务部、国防部，以及环保部执行新的合作保护计划，涉及联邦、州、地方和部落政府，私营营利和非营利机构、非政府实体和个人；第七，自 1987 年以来，鱼和野生动物伙伴计划将合作保护作为一项创新的、旨在帮助私人土地所有者恢复湿地和其他重要鱼和野生动物栖息地的合作项目；第八，通过与私人土地所有者达成的 33103 项协议，鱼和野生动物伙伴计划已经完成了 677，000 英亩湿地、1，253，700 英亩的草原和原生草原，以及 5，560 英里的河岸和河流栖息地的修复工作。这证明了自 2001 年以来的项目的大部分成功。

由此，立法目的在于：通过鱼和野生动物伙伴计划，与私有土地所有者一起，开展有成本效益的栖息地项目，恢复、增强和管理在私有土地上的鱼和野生动物栖息地。

3. 关键概念定义

本法涉及的一些关键概念有联邦信托物种（Federal Trust Species）、栖息地增强（Habitat Enhancement）、栖息地建立（Habitat Establishment）、栖息地改进（Habitat Improvement）、栖息地恢复（Habitat Restoration）、私有土地（Private Land）、项目（Project）等。

联邦信托物种是指候鸟、受威胁物种、濒危物种、跨辖区鱼类、海洋哺乳动物和其他受到关注的物种。

栖息地增强总体而言指对栖息地的物理、化学或生物特征的控制，以改变栖息地的特定功能或生态阶段。具体包括两下两大类八小类活动：第一，为增加或减少特定功能而进行的活动，以达到惠及物种的目的。一是增加河流或湿地超出自然发生水平的水文周期和水深；二是改善水禽栖息地条件；三是为本地植物群落建立水位管理能力；四是为滨鸟创造重要的泥滩条件；五是在本地范围内交叉设置围栏和旋转放牧系统，改善草地筑巢鸟类栖息地条件。第二，改变本地植物群落演替阶段而进行的活动。一是焚烧已建立的原生草群落，以减少或消灭入侵灌木或外来物种；二是毛刷状剪切，使早期的植物群落得以恢复；三是森林管理，促进特定的演替阶段。但是栖息地增强不包括定期的日常维护和管理活动，例如每年修剪或除去不必要的植物。

栖息地的建立是指对项目所在地的物理、化学或生物特性的操作，以创造和维持项目所在地曾经不存在的栖息地，具体包括非水泥土的浅水蓄水池、侧道产卵和饲养生境等。

栖息地改善指的是恢复、加强、建立或维持原生动植物群落所必需的物理、水文或干扰条件，包括定期操纵以维持预定的栖息地。

栖息地恢复指的是控制一个地点的物理、化学或生物特性，目的是恢复失落或退化当地栖息地的大部分自然功能。栖息地恢复包括：第一，在最大可能范围内，恢复项目所在地损失或退化前的生态状况。一是拆除原有湿地或退化湿地的排水沟或堵塞排水沟；二是回流曲折和可持续规划，以整顿溪流；三是焚烧受外来物种严重入侵的草本群落，重建本地草本植物群落；四是种植本地植物群落。第二，如果将项目所在地恢复到原始生态状况是不可行的，利用原生植被开展1个或多个修复原有生态系统功能。一是在堤岸外被淹没的土地上安装水控结构，模拟自然水文过程；二是在不能恢复原状或轮廓的溪流中，设置河流或溪流的生境多样性结构；三是去除令人不舒服的元素，使本地栖息地重新建立或完全发挥作用。

私人土地总体而言指任何不属于联邦政府或国家的土地，包括部落的土地和夏威夷的家园。

项目指的是根据本法所规定的鱼和野生动物合作伙伴计划进行的项目。

4. 鱼和野生动物伙伴项目

内政部部长将通过鱼类和野生动植物管理局执行鱼和野生生物伙伴项目，开展两方面具体伙伴工作。一是向私人土地所有者提供技术和财政援助，开展自愿项目，促进栖息地改善、栖息地恢复、栖息地增强和栖息地建设，从而使联邦信托物种受益。二是就私人土地上的鱼类和野生动物栖息地恢复，向其他公私实体提供技术援助。

（三）国家志愿者协调项目

美国国家志愿者协调项目（National Volunteer Coordiation Program）拥有行政法规（16USC742f－1）作为制度保障，也是全国性的志愿者协调活动，涉及志愿服务、社区合作、保护区教育等方面。

该项目支持并强化联邦雇员通过培训，提高志愿者在国家野生动物保护区开展资源管理、保护和公共教育项目活动方面的能力；为志愿人员提供宝贵机会，支持在每个美国鱼和野生动物服务区中的国家野生动物保护区或其他地区的国家野生动物保护区的资源管理、养护和公共教育项目及活动的开展；为志愿者提供运输、支付、住宿、奖金等支持；促进实现1966年国家野生动物保护区系统管理法案的目标，完成1996年国家野生动物保护区系统任务。但是，志愿者一般不属于联邦政府雇员，不适用于联邦就业有关的工作时间、报酬率、休假、失业补偿、福利等方面的法律规定。但是在特定条件下的工伤情况下，志愿者可以被视为联邦雇员，享受补偿条款。

自2011年1月4日后的每个年度，鱼类和野生动植物管理局应在《联邦公告》上公布志愿者协调战略，并公开国家野生动物保护区内志愿人员协调和利用情况。该战略应与国家渔业和野生动物机构、印第安部落、保护区伙伴团体或类似的志愿组织以及其他有关的利益有关者共同协商制定。此后的每五年，内政部应向众议院和参议院环境和公共工程委员会、自然资源委员会的提供包括以下内容的报告：评价本部分志愿者项目、社区合作计划、保护区的教育项目完成度，以及全国志愿者协调项目和志愿者协调策略部分中的协调工作开展情况。

鱼类和野生动植物管理局应根据拨款要求，为每个美国鱼类和野生动物服务区提供至少一个区域志愿协调员，用以执行本款下战略。此人可根据合作协议规定，在制定和实施志愿服务项目和活动过程中负责协助合作伙伴组织。为确保国家志愿者协调项目的有效执行，2014财政年度后每个财政年度该项目可获得200万美元的财政拨款。

鱼类和野生动植物管理局的上级单位内政部可以成立一个由50岁以上志愿者组成的高级志愿者团体。出于协助招募和保留志愿人员的目的，除根据本款向志愿人员提供的合理额外费用外，秘书处可向该团成员提供更多的额外开支，志愿者团体成员须遵守本款的其他规定。

三、国家鱼类和野生动植物管理局的公私合作①

（一）国家鱼和野生动植物伙伴项目

国家鱼类和野生动物伙伴项目始于1987年，旨在通过自愿合作，保护、提升和恢复分布在私有土地上的重要鱼类和野生动物的栖息地。此类项目具有自愿性、专家技术支持、成本共享的特征，实施在最需要保护的栖息地及生态系统，有助于促进个人和组织形成合力，共同促进保护目标实现。该项目的实施有助于恢复联邦信托物种的栖息地、湿地、河岸种栖息地、移除鱼洄游通道以及募集资金。伙伴项目被鱼与和野生动植物局作为一项重要的保护工作，不仅

---

① 资料来源：https：//www.fws.gov/partners/。

据聚合了多方面的力量，还被认为是在私有土地所有者与政府、其他公众之间打造了合作平台。

国家鱼和野生动物项目的主导方为美国鱼类和野生动植物管理局（FWS），项目的合作方（Partner）包括地方政府及其职能部门、非政府组织、企业等。就多数项目而言，联邦政府投入少于合作伙伴投入；部分项目种，联邦政府投入占资金总量的比重仅为10%。部分代表性的项目如下表7-1。

表7-1　2010财政年度的鱼和野生动物伙伴项目

区域	地点	项目名称	合作伙伴	资金来源
太平洋地区	爱达荷州熊湖县	大溪流鱼通道和湿地恢复	爱达荷渔猎部门 熊湖县委员会	FWS：25000美元 Partner：131890美元
西南部	新墨西哥州Chaves县	小草原鸡高地恢复	Playa Lakes Joint Venture	FWS：4000美元 Partner：28040美元
中西部	明尼苏达州pope县	入侵树种清楚	自然资源保护署 明州自然资源部门	FWS：5500美元 Partner：42696美元
东南部	波多黎各Mar-icao	森林增强和河岸森林缓冲	环境调查公私 波多黎各自然资源部门	FWS：2200美元 Partner：9255美元
东北部	纽约州华盛顿县	Batten-Kill河恢复	Batten-Kill分水岭联盟 维蒙特鳟鱼无限 县水土保护区	FWS：60000美元 Partner：2700美元
普拉里山区	蒙大拿州桑德县	Jocko部落河恢复	萨利什和库特奈部落联盟	FWS：7500美元 Partner：101938美元
阿拉斯加	萨斯缇娜县（Su County）	Mat-Su河岸湖岸植被恢复	阿拉斯加渔猎部门 Mat Su朋友会 Mat Su政府	FWS：3400美元 Partner：96970美元
太平洋西南	加利福尼亚州洛杉矶县	Leo Politi小学校园栖息地改良	洛杉矶Audubon学会 国家鱼与野生动植物基金	FWS：10000美元 Partner：58865美元

（二）部落合作伙伴

美国印第安部落分布在 48 个州，拥有逾 4500 万英亩保留地和 1000 万英亩个人居住地。此外，在阿拉斯加州还有 4000 万英亩的土地作为传统用地。许多印第安人拥有的土地保持了原始的野生状态。这些土地上居住了联邦政府认证的 560 个部落，拥有丰富的野生动植物生物多样性，很高的经济价值、社会效益和精神文化价值。这些部落政府重视保留土地的原始状态，保护野生动植物，确保下一代能够持续地利用土地及野生动植物资源。联邦政府与印第安部落开展了一系列合作项目，促进印第安部落土地开展野生动植物及栖息地保护。

1. 美洲原住民联络员项目

美国原住民联络员（*Native American Liaison*）项目是经联邦政府认定的印第安部落、鱼和野生动物局、项目区域的保护项目，融合野生动植物保护政策、印第安部落法律及政策于一体，形成最优的印第安部落地区的野生动植物及其栖息地保护模式。

每个区域设置的联络员负责鱼类和野生动植物管理局与部落之间的联络，协助鱼类和野生动植物管理局官员实施《美国原住民政策》（*Native American Poilcy*），维系和促进区域层面的部落野生动植物及其栖息地的保护合作工作，促进部落增强文化能力意识和对联邦政府的区域使命认识，拓展鱼类和野生动植物管理局与部落的合作机会，为区域主管解决部落与鱼类和野生动植物管理局之间的冲突提供支持，推动下沉政策合作和区域实施计划。

2. 《美洲印第安部落权利、联邦部落信托责任和〈濒危物种法〉》行政令

《美洲印第安部落权利、联邦部落信托责任和〈濒危物种法〉》行政令（*Order No. 3206 of Amercian Indian Tribal Right*，*Federal - Tribal Trust Responsiblities*，*and the Endangered Species Act*）由内政部部长和商务部部长于 1997 年 6 月 5 日签署，明确内政部和商务部下辖部门在执行《濒危物种法》等相关规定，可能对印第安部落土地、部落信托资源、部落行使权利构成影响时的职责。根据该行政令，两个部门在开展野植物保护工作时，要减少对印第安部落构成的负面影响，减少和避免印第安部落的不满。

根据该行政令：联邦部落信托资源指仅属于印第安部落的信托资产，包括土地、自然资源、资金等，由联邦政府持有信托，禁止非印第安部落获得，以保障印第安部落及印第安人的利益。部落权利指根据原有的管理规定、协定、司法决定、行政令、协定等，赋予印第安部落的法定权利。

管理部门须与印第安部落直接开展工作，促进生态系统健康；对印第安土

地采取与联邦公共土地采取差异化的管理措施；支持印第安部落建立和发展部落项目，使得无须通过保护限制达到生态系统健康的目的；对印第安文化、宗教和精神保持敏锐；为印第安部落的信托资源、土地提供充足的信息，支持信息交流，通过信息披露保护敏感的印第安信息。

就印第安部落的信托土地和资源开展的野生动植物保护工作，在印第安部落有要求的前提下，管理部门要与印第安部落签订《联邦—部落政府间协议》(*Federal – Tribal Intergovernmental Agreement*)，明确涉及的敏感物种（包括候选物种、建议物种和名录物种）、土地和资源管理、多个部门的管理合作、合作执法等事宜，为印第安部落获取、传统使用自然资源提供指南，以融洽管理部门与部落的关系。

3. 印地安信托资源责任项目

针对印第安部落开展的信托资源责任（Responsibilities for Indian Trust Resources）项目致力于出台政策、明确责任和程序，支持确定、保育和保护美国印第安和阿拉斯加本土信托资源，确保印第安信托资源责任履行，使得印第安部落能更好地实践协定钓鱼、狩猎、采集等活动。具体的项目活动如下方面。

一是野生动植物和公园项目（Wildlife and Parks Program）。该项目为部落开展野生动植物保护和建设公园提供资金支持。这些保护和建设活动由部落主导，具体包括项目规划、实施、评价，以及确定年度需要的资金。管理部门为这些保护和建设活动提供支持。

二是部落管理和发展项目（Tribal Management/Development Program）。该项目致力于促进印第安保护区内的部落钓鱼和狩猎活动的管理，确保印第安部落拥有上述活动的完整收益权。此项活动涉及 160 万英亩自然湖泊，数百英亩的野生动植物栖息地。

三是权利保护项目（Right Protection Program）。该项目致力于为印第安部落提供资金和技术支持，帮助他们建立或者保护协定狩猎、钓鱼和采集权利，解决与部落信托土地相关的问题，保护部落文化资源，主张遭破坏的自然资源权利，协助部落申请律师费和诉讼支持。

四是自然资源破坏评价和恢复项目（Natural Resources Damage Assessment and Restoration Program）。该项目致力于恢复由于采油和其他有害物质破坏的部落资源。在项目始终，管理部落工作与部落紧密合作，以确定损害的程度，研究制定恢复项目，开展恢复工作，并在此过程中为部落提供技术支持。

五是水电许可和再许可项目（Hydroelectric Licensing/Re – Licensing Program）。该项目致力于发展对于印第安保留区影响小的水电项目，包括减少对土地的占用、水土侵蚀、渔业资源破坏、水质量下降和其他信托资源的破坏。一旦一个水电项目实施，管理部门须监督项目产生的环境影响，采取管理措施。

（三）志愿者①

1. 基本情况

鱼类和野生动植物管理局拥有一支庞大的志愿者队伍，包括希望为社区做出贡献的个人、想为孩子做好榜样的父母、乐意分享一生宝贵经验的退休老人、关注自然保护的各个年龄段的人、户外运动喜好者。这些志愿者为野生动植物保护工作贡献了人力、物力和财力。

在 2012 财政年，共有 56133 名志愿者，免费工作时长 2155300 小时，价值 46963987 美元，等同于 1036 名全职雇员。相对鱼和野生动物局拥有的 9000 名雇员规模而言，志愿者相当于 10% 的雇员。就从事的项目而言，参与野生动物庇护所的志愿者最多，数量达到 42809 名，免费工作时长 1594246 小时，价值 34738620 美元，等同于 766 名全职雇员。参与鱼孵化场的志愿者位居第二，数量达到 4387 名，免费工作时长 128236 小时，价值 2794263 美元，等同于 62 名全职雇员。

志愿者的工作类型多样，有的甚至是全天候的志愿者，也有的每周或者每月志愿服务几个小时，还有些在特殊的活动时候提供志愿服务。不同地点的志愿服务对于志愿者的技能要求存在很大的区别。鱼类和野生动植物管理局为志愿者提供相匹配的工作人员，提供必要的技术与经验指导，以便志愿者更好地发挥作用。

志愿者参与具体工作包括：鱼和野生动植物种群数量调查，为鸟上绷带，引导学生和其他游客实地参观与开展环境教育，做实验研究，管理文化资源，履行管理职责，开展与计算机及其他技术设备相关的工作，维护野生动植物局的设施。许多志愿者项目成组地使用志愿者。这些志愿者项目既有社会服务类型，也有生产类型。

2. 国家野生动物庇护所志愿者

国家野生动物庇护所志愿者（National Wildlife Refuge System Volunteer）提供了野生动植物保护相关的志愿服务，支持了避难所的公众宣教、生物多样性保护、基础设施建设与维护等多方面工作。

阿拉斯加州的 Fran Mauer 志愿者是鱼类和野生动物管理局的一名退休员

---

① 资料来源：https://www.fws.gov/volunteers/volOpps.html。

工，为一个坐落于北冰洋国家野生动物庇护所的悬崖边上筑巢的猛禽调查贡献了 120 个小时。他发挥了在确定猛禽身份和巢穴定位的专长，最终确定了 50 个历史上的猛禽繁育领地。

亚利桑那州的 Buenos Aires 国家野生动物庇护所在季节性志愿者的支持下，开展了大规模的道路标识与通告项目，对避难所内的所有 250 英亩道路布置了各种标识，以提高游客、研究人员、志愿者进入避难所后的安全性，不会因为没有标识无法准备报告汽车抛锚等问题的位置。

新泽西州的 Edwin B. Forsythe 国家动植物避难所组织开展了海滩清洁活动。清洁活动由新泽西沙滩车协会（The New Jersey Beach Buggy Association）组织开展，逾 70 名志愿者参加了清洁活动，清除了两个 20 码的垃圾桶的废弃物。通常海滩清洁活动都能得到当地钓鱼俱乐部的积极响应。

加利福尼亚州的 Sacramento 国家动植物避难所综合体（National Widlife Refuge Complex）实施了一个成功的志愿者项目，为 2000 名学生提供了服务环境教育，为其他游客提供周末的讲解服务，在 11 月至来年 2 月补充游客中心及书店的员工共不足，以及在狩猎区域提供服务。

加利福尼亚州的 Farallon 国家野生动物庇护所在该财政年共有 153 名志愿者提供了 14155 小时志愿服务，其中 20 名志愿者参加了鳍足类物种、陆鸟、海鸟、气候变化、火蜥蜴的生物学监测。为了支持这些志愿者，组建了一个 Farallon 巡游者组织（Farrallon Patrol），由 78 个船主组成，这些船主提供了 936 小时的船只运输等志愿服务。与此同时，还有 34 名志愿者负责采购事务等生活必须品，并将其运送到固定的发船地点。此外，还有 8 名志愿者花费了 833 小时控制入侵植物。

外来入侵植物是国家野生动物庇护所面临的一个大问题。仅 2012 财政年，共有超过 25.7 万英亩的避难所遭受外来植物入侵，占全美遭受外来植物入侵的土地比重为 10%。由此，许多避难所将控制入侵植物作为优先工作。弗吉尼亚州的 Occoquan 湾国家野生动物庇护所（Occoquan Bay National Wildlife Refuge）实施了控制入侵物种的工作。通过与一个名为 Earth Sangha 的非营利组织合作，招募了 170 名志愿者，在 12.5 英美的草场开展了一项研究，探索如何通过再引入本地植物来控制外来植物。

国家野生动物庇护所学会（The National Wildlife Refuge Assocation）每年都评选年度志愿者。2012 年的为 Bob Ebeling 先生，他在 23 年内为犹他州的熊河候鸟避难所（The Bear River Migratory Bird Refuge）累计提供了逾 10000 小时志愿服务，包括为游客中心提供宣教服务等、带领 50 名志愿者恢复受洪水损毁的避难所道路、为避难所募集资金等。

3. 国家鱼孵化场系统志愿者

国家鱼孵化场系统志愿者（National Fish Hatchery System Volunteer）是为孵化场提供志愿服务的个人，他们主要向前来孵化场参观的学生与其他公众提供讲解，或者担任鱼类和野生动植物管理局的联络员。

2012 年 10 月 1—5 日，美国时代队（Time Team America）在一处盟军管辖的战俘营进行考古。这个战俘营部分坐落在佐治亚州的 Bo Glinn 国家鱼孵化和 Magnolia Springs 州立公园。在鱼孵化场的考察工作采用了遥感技术，包括磁力仪等金属探测器。考察目的在于确定战俘当年居住的大棚、小屋、活动区和砖制烤箱，并检查之前确定的含铁的人工制品或物品签名。具体的考察工作由来自南佐治亚大学，肯尼索大学（Kennesaw Unviersity）、拉马尔学院（Lamar Institute）、柏树文化咨询（Cypress Cultural Consultants）的志愿者开展，调查了前战犯及士兵的后人。

Tishoming 国家鱼孵化场如果没有志愿者的支持，不可能取得如此大的成就。每年的儿童钓鱼比赛（Kids' Fishing Derby）吸引了超过 1000 名游客。志愿者协助比赛准备，停车，拥挤人员控制和帮助钓鱼儿童。鱼场每年得鲟鱼产量超过 50000 条。志愿者协助鲟鱼得养殖活动，包括水质监测、喂料、清扫养殖区、贴标签。志愿者有来自圣弗朗西斯科州立大学和俄克拉荷马大学的教授、研究生，他们对鲟鱼的圈养繁殖十分感兴趣。

爱达荷州鱼健康中心（Idaho Fish Health Centre）拥有三名兽医专业的学生志愿者。他们十分关注鱼健康问题，志愿服务动机明确。通过志愿服务中的实践活动，他们都掌握了实验室工作标准方法和协定，开展了富有成效的病原体检测等实验活动，为学术论文的撰写奠定了基础。一名学生计划在野外调查工作启动时，再返回鱼健康中心，开展野生鱼健康调查取样等工作。

在科罗拉多州的 Hotchkiss 国家鱼孵化场，有一家人参与了志愿服务。其中，作为母亲的 Tami Zimmanck 协作鱼场职工参与了所有的养殖工作，包括鱼卵和鱼数量清查。她还帮助维护汽车，设备和场地。2010 年 5 月以来的两年时间内，她累计志愿服务超过 3500 个小时。她儿子志愿服务超过 500 小时，而她外甥则做了一个夏天的志愿者。

密苏里州的 Alpena 鱼和野生动植物保护办（Alpena Fish and Wildlife Conservation Office）招募了 25 个志愿者，一共工作了 207 小时，参加了 Sturgeon 湖基线调查、底特律河有毒物质评估、青少年实地参观导游等一系列活动。

（四）　非政府保护组织类合作伙伴①

鱼类和野生动植物管理局与下列非政府保护组织（Non - Governmental Organization）类合伙伴签署了合作战略框架，共同参与物种保护工作。

1. 动物园及水族馆协会

动物园及水族馆协会（Association of Zoos and Aquarium，AZA）是美国濒危物种保护的领导者。该协会于1981建立了《物种存活计划项目》（the Species Survival Plan Program，SSP），致力于长期开展保护繁育、栖息地保护、公众教育、野外保护、支持性保护研究，促进濒危和受威胁物种的保护。协会与鱼类和野生动植物管理局建立了广泛的合作关系，共同保护北美地区的动植物种及其栖息地。

动物园及水族馆协会的愿景在于：使得这个世界的所有人们尊重、重视、保护野生动植物及野外空间。协会的使命在于：帮助协会的成员，提供良好的服务，使得动物得到很好的照顾，增进动物福利、公众参与和野生动物保护。协会承诺：所开展的动物园及水族馆认定专业和高水准，增加所有会员在动物照顾、福利、可持续种群管理、野生动物保护方面的集体行动，宣传会员取得的工作成就，支持会员成为行业的引领者。截至2018年底，共有会员233家，其中美国境内215家，境外18家。2018年度，总收入达到9973350美元，会员费收入比重最高（43.8%），政府拨款（Grant）位居第二（20.4%），会议注册费收入为第三（15.4%）；支出为10370498美元，位居前三位的支出为保护及科学支出（14.7%）、会议费（14.6%）、员工工资及管理费（12.5%）。

动物园及水族馆协会与鱼类和野生动植物管理局签有合作备忘录，支持鱼类和野生动植物管理局开展动物服务、野生动物保护、保护研究、教育倡议、公共展示等方面的政策制定，参与分析现有立法对会员动物园及水族馆的影响并提出对策建议。协会现任主席和首席执行官为鱼类和野生动植物管理局前任局长 Dan Ashe 先生。2018年度，协会参与支持加强《濒危物种法》的法律地位，为加强鲨鱼保护立法提供技术支持，这次鱼类和野生动植物管理局开展红狼、极地熊、珊瑚等物种及生境保护。

2. 蝙蝠保护国际

蝙蝠保护国际（Bat Conservation International，BCI）于1982年成立，位于得克萨斯州奥斯汀，该组织在全球范围开展基于科学研究的保护工作，保护对

---

① 资料来源：https：//www. fws. gov/endangered/what - we - do/ngo - programs. html。

象涉及全球 60 余个国家的逾 1300 种蝙蝠及其生境，拥有众多的合作伙伴和工作人员，所开展的研究、教育和直接保护项目具有创新性，确保蝙蝠对于人类的健康环境和长期经济社会可持续发展具有积极作用。

该组织确定的使命有：一是确定、优先化和开展全世界组最重要的蝙蝠区域保护活动；二是对蝙蝠在多个场所遭受的广泛及不可逆转的威胁进行策略性回应；三是建立一个由保护生物学家、非政府组织、团体、政府机构、当地社区、区域蝙蝠科学网络组成的全球网络，共同解决影响蝙蝠的全球问题；四是建立首次操作层面的全球蝙蝠资源清查和保护数据库；五是通过奖学金等资助，支持下一代蝙蝠保护学者和科学家的成长；六是支持研究困扰蝙蝠保护最前沿问题；七是促进全球合作，形成有利于蝙蝠保护的公共政策框架；八是教育关键社区和公众知晓蝙蝠的重要性。该组织的核心价值观为：一是可触及的持续的保护成效，形成双赢格局；二是尊重和致力于多样性；三是政治和可靠。

该组织当前雇佣了逾 30 名生物学家、教育学家和管理人员。《蝙蝠的秘密世纪》（*The Secret World Bats*）是该组织制作的一部电视纪录片，每年赢得数百万公众的广泛关注。由于该组织的保护努力，许多北美地区的珍稀濒危蝙蝠洞穴得到保护，拯救了数百万蝙蝠免于由于矿山关闭而被掩埋，并促使美国历史上第一个以保护热带雨林的国家公园得以建立。该组织支持了 62 个国家的研究生开展研究工作，为 20 余个国家的管理人员培训蝙蝠保护管理科学知识。

3. 国家鱼类和野生动植物基金会

国家鱼和野生动植物基金会（National Fish and Wildlife Foundation，NFWF）成立于 1984 年，具有 501（c）（3）地位，是美国最大的野生动植物保护非营利组织，也是美国鱼和野生动植物国家委员会 30 名成员单位。该基金会没有会员，不支持任何政治主张或诉求，对国会、联邦机构、公众负责，具有很强的透明性，是美国鱼类和野生动植物管理局的重要合作伙伴。基金会旨在保护美国鱼类、野生动物、植物，恢复和增强它们的生存环境；由技术人员提出创造性的解决方案，以解决应对各方面的挑战；在公共部门和私营部门之间建立共同区域；向保护组织和机构提供赠款，实施以科学为基础的保护计划；利用公共资金和私人捐款（平均 3∶1）来实现共享养护成果；与包括沃尔玛、南方公司、富国银行、联邦快递和美国国际纸业公司在内的公共和私人合作伙伴以及10 多个联邦机构共同制定和实施保护项目。

1986—2012 年，基金会为鱼类和野生动植物管理局筹集基金高达 1.9 亿美元，鱼类和野生动植物管理局配套投入逾 7.7 亿美元，用于支持 1825 个保护合作伙伴的近 4460 个捐款项目。这些项目分布在 50 个州区、美国领土和国际目标保护区域。在 2012 财政年度，NFWF 直接拨款 680 万美元，又通过其他的协议方式提供 75 万美元给 FWS，这些资金吸纳到其他伙伴资金逾 6800 万美元，用作 155 个项目，重点开展保护濒危物种、生态环境改善和基于社区的生态管理。

基金会伙伴关系旨在通过恢复和保护大范围的生态环境来提高目标物种的数量。几个重点领域的对象有西南草原区、北落基山脉的迁徙走廊、海龟、土生鳟鱼、长叶松、早期演替森林和五大湖分水岭地区通过伙伴关系资助的项目与该局和其他联邦和非联邦专家共同制定的具体举措相关联。每个方案都有具体的成果，所有项目都会根据其实现既定的长期保护目标的能力进行评估。通过在保护组织、政府、企业、私人组织和个人之间建立以成果为基础的伙伴关系，激励不同伙伴开展协作。

4. 大自然保护协会

大自然保护协会（The Nature Conservancy）既是美国全国性的保护组织，也是国际性的保护组织，在全美 50 个州及 30 多个国家开展动物、植物、自然群落、生物多样性的保护工作。这个组织采用高层战略，应对气候升温，保护海洋、河流、自然保护地。自 1951 年以来，大自然保护协会已经与个人、当地社区、政府部门、私有商业开展合作，共同保护自然景观、动植物多样性

迄今，该协会已经保护了逾 1.19 亿英亩土地，5000 英里河流，在全球实施了逾 100 个海洋项目。大自然保护区采用直接购买、地役权的安置、与当地机构和其他团体的合作等方式开展保护工作。"领养一英亩土地"是该组织自 1991 年以来实施的一个捐赠项目。有捐赠意愿的公众可以登录该项目官方网站，查阅可供捐赠的项目，选择拟捐助的金额（从 50~10000 美元七类的固定金额和其他金额），是否固定资助项目，支付方式，点击完成支付即完成捐助活动。公众还可以参加月捐活动，通过捆绑自己的信用卡，每月定期捐助出部分资金，支持该协会保护工作。

大自然协会还接受公众捐赠土地用作生物多样性保护目的。所接受的土地分为两类：一是可以直接用作生物多样性保护的土地，则直接用作保护；二是不能直接用作保护的土地，则通过交换等方式，变更成为保护用土地。该协会还推动给地役权（Conservation Easement）保护。拟参加此类项目的土地所有者与大自然协会签署地役权协议，放弃合同期内的土地开发权利，从大自然协会获得一定利益补偿。

5. 自然服务

自然服务（Nature Serve）是一个非营利性组织，成立于 1974 年，为大自然保护协会建立的第一个自然文化遗产。该组织为帮助指导有效保护行动提供科

学数据和地图，绘制地图的工具，数据收集、生物特征地图绘制、评估地图要素、管理数据信息的标准与方法。

自然服务网络（NatureServe Network）由自然服务发起建立，网络成员包括位于美国、加拿大、拉丁美洲的 86 个政府与非政府组织，致力于包括该领域的植物、动物及生态系统。网络采用自有的核心方法，开展了大量的保护监测与评估项目，记录了美国和加拿大超过 70000 个物种和 7000 个生态系统的数据，能为决策提供高质量支持。该组织的国际网络有逾 80 家生物多样性信息中心，雇用了 1000 余名生物学家、地理信息系统分析专家、保护规划专家、软件工程师、数据管理专家，将数据转变为决策所需的科学依据。

自然服务的数据不仅被鱼类和野生动植物管理局用作管理决策，也为美国林务局（The U. S. Environmental Protection Agency）、环保署（The U. S. Environmental Protection Agency）、管道及有危害物质安全管理局（The Pipeline and Hazardous Materials Safety Administration）、西部电力协调委员会（The Western Electricity Coordinating Council）、美国绿色建筑委员会（LEED The U. S. Green Buidling Council）、可持续森林倡议（The Sustainable Forestry Initiative）采用。

2009—2014 年，该组织的科学研究成果得到超过 5000 次的科学家引用。其中，高引用的成果包括气候变化脆弱指数（The Climate Change Vulnerability Index），陆地、海洋、海洋领域的生态分类系统（an ecological classification of the terrestrial, coastal, and marine realms），以及超过 1000 篇论文使用了该组织公开发布的数据。

6. 北美本地鱼协会

北美本地鱼协会（North American Native Fishes Association）是一个非营利的免税团体，成立于 1972 年，致力于欣赏、研究和保护北美大陆的本地鱼。通过推广本地鱼的圈养，这个协会为物种濒危前的保护提供了大量的重要信息，有力支持了物种保护。

协会确立了五项发展目标：一是通过出版物、电子媒体、区域和国家会议等途径，传播北美本地鱼及其栖息地的知识，使水生物爱好者、生物学家、鱼和野生动物官员、钓鱼者、教育人员、学生等具有更好的此方面知识。二是促进本地鱼的保护，推动自然栖息地的保护和恢复。三是基于教育、科学和保护收益目标，促进北美本地鱼的圈养和繁育。通过教育确保公众知道关于本地鱼的行为，保护面临的科学问题，增强公众的本地鱼保护意识。四是鼓励和支持私有水族馆合法和具有环境责任感的收集本地鱼，促进自然资源的合理利用。

五是为科研人员和志同道合者提供一个论坛，分享北美本地鱼生物多样性、生物学、圈养繁育的共同兴趣。

协会出版《美洲趋向》（*American Currents*）季刊，刊登发现、采集、培育、观察、保护、饲养北美本地鱼及其生物学、生态学、栖息地方面的文章。刊物还刊登关于水族馆科学、法律、立法、环境、科学文献、行业发展概况等方面的文章。自 2000 年起，协会实施资助项目，支持美洲本地鱼的教育、保护和研究。初期，资助金额为 500 美元，当前增长为 1000 美元。协会吸纳公众成为会员，美国籍会员年会费为 30 美元，加拿大籍会员年会费为 35 美元，其他国家成员年会费为 60 美元，上述会员可以得到四期《美洲趋向》纸质期刊。对于其他国家会员，若只要电子版期刊，会员费为 30 美元。

7. 游隼基金会

游隼基金会（The Peregrine Fund）成立于 1970 年，致力于保护全世界的猛禽，使得猛禽种群及其栖息地健康，人类受益于保护工作和重视猛禽，为全球的猛禽保护提供解决方案。基金会同时关注猛禽拯救、社区参与和保护能力建设三项主要工作。

一是通过猛禽拯救，保护珍贵猛禽，避免猛禽灭绝，同时达到保护其他物种的物种。具体项目活动包括：运行全球猛禽影响网络（Global Raptor Impact Network），恢复北方多毛隼（the Northern Aplomado Falcon），美国国防部土地上的金雕保护（Golden Eagle Conseervation on U. S. Dept of Defense Lands），世界猛禽中心的宣传活动（Propagation at World Center for Birds of Grey），加利福尼亚秃鹰宣传及再引入（California Condor Propagation and Reintroduction），北美非领导项目（North American Non – lead Program），美国红隼伙伴项目（American Kestrel Partnership）等 22 个项目。

二是通过社区参与，引导和影响公众成为猛禽保护的支持者、参与者和今后的引领者。具体项目活动包括：全球参与策略规划（Global Engagement Strategic Plan），Velma Morrison 诠释中心教育项目（Velma Morrison Interpretive Center Education Program），新热带猛禽网络（Neotropical Raptor Network），新热带猛禽保护领导力发展项目（Neotropical Raptor Conservation Leadership Development），发展非洲猛禽保护领导力（Developing Africa's Raptor Conservation Leadership）。

三是通过能力建设，确保各项猛禽保护工作得以实现。具体项目活动包括：发展策略规划（Development Strategic Plan），商业办公室（Business Office），信息技术策略规划（Informaytion Technology Strategic Plan），设施维护与建设及车辆（Facilities, Maintenance & Construction, and Vehicles）。

游隼基金会下设多个资助项目，诸如 William A. Burnham 纪念基金（William A. Burnham Memorial Fund）。William A. Burnham 自 1974 年起，担任基金会主席时间长达 32 年，直至 2006 年去世。该基金项目向全世界所有的申请人开放，优先资助与猛禽、北极鸟、隼保护的相关工作。最高资助额度可达 5000 美元。

8. 鸣鹤东部伙伴关系

鸣鹤（The Whooping Crane）是一种非常濒危的北美鹤，一度只有单一野生种群，数量小于 500 只。该物种迁移于加拿大西北和得克萨斯州海岸。国际鸣鹤恢复项目组（The International Whooping Crane Recovery Team）建议建立其他种群，确保该物种免于灭绝。鸣鹤东部伙伴关系（The Whooping Crane Recovery Team）建立于 1999 年，由相关机构、非营利组织和个人组成，实施恢复项目的建议，将鸣鹤引入北美东部地区，建成最少由 25 对有繁育能力成鸟组成的新种群。

该伙伴关系的创始人包括：鱼和野生动物局、国际鹤类基金会（International Crane Foundation）、迁徙行动（Operation Migration）、威斯康星自然资源部门、美国地理调查 Patuxent 野生动物研究中心（U. S. Geographical Survey Patuxent Wildlife Research Center）、国家野生动物健康中心（National Wildlife Health Center）、国际鸣鹤恢复项目组、国家鱼和野生动植物基金会、威斯康星自然资源基金会（The Nature Resource Foundation of Wisconsin，NRF）。项目实施地不仅有威斯康星和佛罗里达两地的野生动物庇护所，还有 40 名私有土地所有者提供了自有土地，供鸣鹤在迁徙过程中休息。

鸣鹤的再引进工作始于 2001 年，共有 7 只鸣鹤在迁徙行动的小型飞行器引导下，从威斯康星州首次飞行到佛罗里达州。第二年春天，存活的 6 只鸣鹤再飞回至威斯康星州。2018 年 12 月，有两批逾 101 只鸣鹤在美国东部地区迁徙，其中 17 对为有繁育能力成鸟。

四、区域公私合作伙伴

美国各州管理部门重视公私合作伙伴关系，将部分与保护管理相关的公众宣教、技术研发、能力建设等工作交由非政府组织实施，以提高保护管理成效。这些保护组织都具有国家税法 501（c）（3）地位，享受有税收减免政策。此外，州管理部门业重视与个人、企业的合作。

（一）亚利桑那州公私合作伙伴

1. 亚利桑那保护地区协会

亚利桑那保护地区协会（Arizona Association of Conservation）是由亚利桑那地区（Arizona Association）于 1944 年成立的非营利组织，以协助支持全州的土壤和水保护项目。保护地区（Conservation Districtis）是州或者部落授权的到当地政府单元，被授权参与州土地及土壤资源的恢复于保护，保护水资源和防止水土侵蚀，保护自然资源和野生动植物，保护公众土地和恢复本州河流、溪流及相关的两栖动物栖息地，进而保护和促进公众健康、安全和人类福祉。亚利桑那州的 42 个保护地区涵盖了全州，新墨西哥州和犹他州位于 Navajo 保留地的部分地区，在当地保护伙伴行动中发挥了主导和独特作用。这些保护地区有权利与私有土地主、州和联邦机构、部落、其他个人或团体签署协议，在所在地区实施保护项目。在过去的 75 年中，保护地区模式已经取得了诸多成功。

亚利桑那保护地区协会是一个地区合作者组织，包括农户、牧场主、土地所有人、土地管理者、商人、私有个体等成员，共同志愿参加当地保护地区，致力于保育、保护、实践自然资源的合理利用。协会为地区合作者提供人力、物力、财力支持，促使这些合作者更好参与协会工作。与协会有合作的政府部门多数负责州域范围内的土地管理工作。

在亚利桑那州，土地管理局和林务署分别管理了 1220 万英亩、1130 万英亩联邦所有土地。许多土地与私有土地及州有土地共同管理，用作牧场。部分联邦所有土地用作挖矿或者休憩。国家公园局管理的土地达到 120 万英亩，由 18 个国家公园和历史遗迹组成。鱼类和野生动物管理局管理了 170 万英亩土地。国防部管理了 300 万英亩土地。总而言之，这些联邦机构管理了 3070 万英亩土地，占该州土地比重的 42%。由此，联邦机构是亚利桑那保护地区协会的重要伙伴，以共同在联邦所有土地上开展土地合理利用及保护工作。此外，协会还与当地政府具有密切的合作关系。

亚利桑那高等院校和联邦研究机构，包括农业研究署（The Agricultural Research Service）、洛基山研究站（Rocky Mountain Research Station），与保护地区、政府机构、部落共同合作，确保土地管理决策拥有良好的科学作为基础。亚利桑那大学合作推广署已经对当地社区开展了数十年的科学培训，为土地所有者、政府机构、部落和公众编写了手册。北亚利桑那大学是该州西南森林和林地管理的领导者。

农产品集团、专家学会、环境组织、当地流域组、有害杂草管理组、灌溉地区等组织在亚利桑那州的保护活动中发挥了重要作用，带来了新思想、符合常理的方案用于解决复杂的现实问题。

2. 斯科特斯代尔社区大学保护中心

亚利桑那州斯科特斯代尔社区大学（Scottsdale Community College）是由科特斯代尔市开办的大学，运行经费主要来自地方政府向纳税人征收的地役税。该大学是亚利桑那州唯一在印第安社区成立的大学，在全州拥有 10 个姊妹社区学校。

该大学成立了本地和城市野生动植物保护中心（Center for Native and Urban Wildlife）为非营利性组织，下设温室、实验室、爬行动物中心、标本馆，开展生态系统恢复，野生和城市生态系统比较研究，公众宣教等活动。中心开展了荒地生态系统恢复项目，自行收集种子，培育容器苗，并组织志愿者将容器苗移植到生态条件恶劣的荒地，进行两次浇灌，恢复了 16.2 英亩的植被。中心针对本地蜜蜂的生物学特征开展了研究，比较分析城市蜜蜂与野外蜜蜂的生物学差异。中心也与当地中小学建立了合作关系，为中小学生开设第二课堂教学，邀请中小学生前来中心的温室、标本室、爬行类动物养殖中心参观，实地学习野生动植物保护知识。在过去的 15 年中，中心共为 15000 名中小学生提供了宣教服务，年均服务 1000 名中小学生。

自然和城市野生动植物保护中心重视公众参与，为公众参与野生动植物保护工作建立了多元化渠道。一是吸纳公众成为志愿者，参加荒地造林等工作；二是吸纳公众成为捐赠者，向中心捐赠花盆或资金，以用于开展保护项目；三是吸纳贡献成为贡献者，购买中心种植的盆景等慈善产品，同样达到向中心捐赠资金的目的。中心还积极吸纳中学生成为志愿者，承担导游讲解等工作，培养中学生的保护意识与能力。

3. 西南野生动物保护中心

亚利桑那州西南野生动物保护中心（Southwest Wildlife Conservation Center）成立于 1994 年，系当地农户为救护小狼而成立的私人非营利性组织。中心占地 6 英亩，分为养殖区、游客中心、工作区、动物医院等部分。中心救护和养殖了 100 余只（头）动物，包括墨西哥灰狼、山狮、黑熊、沙漠龟等本地物种，以及猎豹等少数外地物种。

中心年度预算为 60 万美金，全部来自公众捐赠，包括针对公众开展的收费教育项目。在 2015 年度，截至 5 月，中心收费教育项目为中心带来的收入已经占全年收入的 1/3。中心也接受个人和公司直接捐赠的资金与物品。中心共有 6 名全职员工，2 名兼职员工，员工工资是中心最大的支出，但作为总裁的 Linda

女士不从中心领取工资。中心的其他支出为购买动物饲料与能源水电费等。鉴于中心面积较小，可容纳的动物较少，以及可接纳的公众数量较少，中心正在谋划进一步发展，拟建成"一中心三园"的发展格局。将现有的中心保留为动物医院；在离城市较近的地区修建游客中心，便于开展收费公众教育项目；在城市较远的地方，修建规模更大的动物恢复与研究中心。为获得完成新项目的资金，中心正在开展资金募集工作。

中心为北美动物园与水族馆成员，参加了墨西哥灰狼拯救项目。该项目目标在于恢复墨西哥灰狼这一物种，以促进生态系统恢复。美国联邦鱼类和野生动植物管理局（FWS）为该项目的主持方，项目启动于 1998 年。中心承担的为养殖和繁殖任务。对于驯养繁殖的墨西哥灰狼谱系关系，FWS 有科学家委员会负责管理。对于野外放生的墨西哥灰狼，需要先进入 FWS 的模拟自然养殖中心放养一年，确认足以习惯野外生活和不会对野生种群构成危害后才予以放养。对于所承担的工作，该中心并不能从政府得到资金资助。

4. 亚利桑那州野生动植物保护联盟

亚利桑那州野生动植物保护联盟（Arizona Wildlife Federation）是从事教育、鼓励和支持个人或组织从事保护管理野生动植物及其栖息地的非营利组织。联盟成立于 1923 年，初期从事鱼和狩猎管理，以促进亚利桑那州野生动植物资源的有效管理与合理利用。当前，联盟包括多家合作组织，分别为 Audubon Arizona、Western Rivers Actions Network、Trout Unlimited、Cultural and Natural Resource Advocacy，全面覆盖与野生动植物保护相关的水、鱼、栖息地等方面事务。

联盟建立与运行目标设定为：通过以科学为基础的项目活动，影响国会立法和政府管理，实行野生动植物资源的独立管理，减少政治干预。具体目标如下：一是促进立法，推动自然资源保护，保障亚利桑那州人们户外娱乐权利，改进户外娱乐方式；二是积极和公正的支持所有州与联邦的保护、狩猎与鱼相关法律的执行；三是鼓励学校开展野生动植物保护宣教活动；四是通过科学原理和土地多重用途实践，最大限度地促进户外休憩活动，包括狩猎、钓鱼等活动。2013—2014 年间，联盟开展了大量的项目活动，包括为逾 200 名妇女组织召开了三次户外活动研讨会，在有逾 35000 游客参加的鱼与狩猎博览会上设立了教育和信息摊位，继续参与"四林恢复行动项目"和促进森林健康经营，积极参与墨西哥灰狼再引入项目，与亚利桑那州国会议员就替代能源发展契机、大峡谷地区的铌酸铀等问题进行会晤。

联盟于 1967 年设立了亚利桑那州野生动植物教育基金会，以开展公众野生动植物及其栖息地的教育工作，以及相关的研究与保护实践活动。该基金会系免税的非营利基金会，由全部作为志愿者的董事会管理。基金会创新公众科普教育方式，编制和出版亚利桑那州野生动植物遗迹书籍与相关的艺术品。近期，出版了一本关于亚利桑那州猛禽的书籍，介绍全州的 42 种猛禽。该书由全球著名野生动植物艺术家 Richard Sloan 作为主编。此外，基金会每年给全州超过12000 名的教师发放关于野生动植物教育的指南与宣传材料，这些材料也可以在基金会网站上获得。

5. 黑尾鹿基金会

黑尾鹿基金会（Mule Deer Foundation）是北美唯一致力于通过运用科学技术和项目活动，恢复、改进和保护黑尾鹿及其栖息地的组织。基金会特别关注猎人狩猎权，野生动物管理和保护政策等命题，坚定地认为狩猎是开展野生动物保护管理的有效手段，并积极推动年轻人参与狩猎运动与保护活动。

该基金会成立于 1988 年，注册在加利福尼亚的 Redding。与其他组织一样，该基金会通过举办晚宴筹集项目基金。在成立当年的首次晚宴上，基金会组织了 400 人参加的活动，筹得 55000 美元资金。1992 年，基金会在内华达州的巴里山庄召开了首次全国会议，吸引了很多新成员和地方分支机构参加庆祝活动，共有 37 个终生成员注册，并为基金会进行了捐赠。当年，基金会总部也迁址内华达州，直至 2006 年，再度迁往犹他州的盐湖城。1995 年，基金会出版《黑尾鹿杂志》，取得了巨大成功，使得基金会发展更为稳健。1995—2004 年，基金会也经历过起起落落，尤其是在募集资方面一直面临较多挑战。2004 年，基金会进行了机构调整，致力于成为北美野生动物保护界的领军组织。2005 年，《黑尾鹿杂志》进行了版式调整，成为该组织的旗舰刊物。2003 年，基金会总部就允许各分会保留一定募集到的资金，鼓励分会开展筹款工作。2006 年，基金会还与北美野羊保护基金会联合开展活动，取得了新的成功。此后，两家基金会与鱼类与野生动物运动组织联合举办了西部狩猎和保护博览会，共募集到了 1200万美元，用于野生动物保护。

基金会每年投入数十万美元，参与野生动物保护工作。主要开展的项目包括：栖息地质量提升与管理，土地获取与冻结，支持科学研究，保护教育，狩猎遗迹支持与促进，儿童项目等。所有员工与志愿者在国家层面共同开展资金募集工作。筹得基金投入三类项目：一是分部奖励项目，允许分部所在地募集的资金主要用于当地项目；二是项目评估委员会评出和推荐的项目；三是州保护项目标签项目，多数用于州层面项目。

6. 美国大自然保护协会凤凰城保护中心

美国大自然保护区协会凤凰城保护中心（The Nature Conservancy's Phoenix Conservation Center）为建立在亚利桑那州的大自然保护协会分会，主要在该州范围内开展生物多样性保护、森林火灾防范与控制、水资源合理管理等活动。

美国近年来森林火灾频发，导致了巨大的财产损失，仅 Wallow 火灾就导致了超过 1 亿美元的扑救成本，长期的森林恢复成本大到难以计量。森林火灾使得野生动植物栖息地遭受破坏，社区的社会与经济发展受阻。大自然保护协会与联邦政府林务局等 30 余个合作伙伴，利用科学技术开展森林健康恢复项目，以有效控制森林火灾发生概率和产生的危害。该项目被称作 FireScape，拓展了森林管理尺度，从单个项目推广到跨越亚利桑那州东南部的整个山区。主要项目活动为森林间伐，伐掉小径材，保留大径材，降低林分密度，减少地表生物量，提高森林健康程度，以达到控制森林火灾发生的目标。在项目实施过程中，大自然保护协会采用了 GPS 和平台计算机等高科技手段，降低了森林间伐和恢复成本。虽然该项目得到联邦政府的同意，但是联邦政府并不提供资金支持，项目实施所需资金由大自然保护协会向个人和公司募集得到。在过去的 10 年中，通过实施白山管理计划（the White Mountain Stewardship Project），已经完成了 75000 英亩的间伐工作。

针对亚利桑那州不断增长的人口和持续增长的经济，以及该州水资源数量相对稀缺，大自然保护协会开展了针对 Verde 河的水资源合理利用和保护项目。当地农户通常按户缴纳水费，可以获得水资源使用额度，而不用按实际使用数量缴费，因此农户通常不注意水资源的合理利用，导致严重的水资源浪费。为改变该现状，大自然保护区协会投资建设水资源灌溉计量的基础设施，给农民提供 100% 免费或 50% 免费的节水设施，鼓励当地农民集约使用水资源。通过项目的开展，农民水资源的集约使用意识和能力都得到了大幅度提高，使得 Verde 河流长度增长了 20 英里。

（二）佛罗里达州公私合作伙伴

1. 大猫救护中心

大猫救护中心（Big Cat Rescue）是由 Carole Baskin 女士于 1992 年在自有土地上建立的私人猫科动物救护中心，坐落于佛罗里达州坦帕市（Tampa）。该中心共救护和养殖了 60 余只老虎、狮子、猞猁、山猫等猫科动物，主要来自私人恶意遗弃或因破产无法继续养殖两种途径。多数动物种源不纯，缺乏保护与科学价值，因而该中心更多履行了"动物福利"支持者的角色。

该中心雇佣专职员工 16 人，另有大量的志愿者从事饲养、导游等工作。中心年均支出为 400 万美元，包括员工工资、行政管理费、动物饲料、笼舍修缮等；其中员工工资、行政管理费所需资金来自自行经营的商店收入，以及销售门票的收入，其余开支则来自公众捐助。对于 10 岁以下的儿童，门票为 19 美元，对于 10 岁以上的，门票为 36 美元。中心允许采用这种方式进行捐赠：一是 "刻名捐赠"。若捐赠 100 美元，可将自己的名字刻在 8 英寸长、4 英寸宽的地砖上；若捐赠 200 美元，可将自己的名字刻在 8 英寸长、8 英寸宽的地砖上。二是 "留名捐赠"。对于捐赠数额大的个人或组织，将捐赠者的名字喷绘出来，作为宣传牌挂在动物笼舍前。三是 "刊名捐赠"。该中心有自行印制的简报，将捐赠者名字予以刊登致谢。

该中心有美国农业部发放的养殖许可证，受农业部监管，每年接受农业部监管官一次上门检查。该中心与美国鱼类和野生动植物管理局没有业务关系，也没有得到过政府部门缴获的野生动物。目前，该中心在推动对大型宠物类猫科动物养殖立法工作。此项立法工作已经经历了 2011—2012 年、2013—2014 年的两次失败。

2. 莫特海洋实验室

莫特海洋实验室（Mote Marine Laboratory）由 Eugenie Clark 于 1955 年创立，为独立的非营利组织。实验室总部在 Tampa 市，设有水族馆；在佛罗里达州的其他城市还设有水族馆和科研基地。

实验室现有 200 名长期雇员，其中博士数量为 35 年；1600 余名志愿者，10000 名会员，以及每年接待 34 万游客；年度预算为 2100 万美元，主要来自公众捐赠、水族馆门票收入等。实验室正在实行 "2020 年远景与战略计划"（2020 Vision & Strategic Plan），拟将博士人数增加为 45 名，募集 5000 万美元建立基金会，将利息用作基础设施建设等方面，并推动科研成果的转化。实验室注重开展宣传教育，水族馆的展览布置充分考虑儿童这一特殊受众群体的认知能力；同时与社区学校开展合作，将水族馆作为中小学生的第二课堂。

该实验室在全球海洋生物与生态系统研究、水产养殖技术研发、公众宣教方面颇负盛名，与全球主要的海洋研究所都有合作。该实验室也与中国黄海海洋研究中心建立了合作关系，联系实施科研项目，开展人员互访和交流，取得了显著的合作成果。实验室科研人员正在研发鱼类生长益生菌技术，并取得阶段性成果。通过试验甄别出有益于促进鱼生长和减少疾病的益生菌，推广运用到鱼养殖业，提高鱼生产效率，满足人们日益增长的鱼资源需求。实验室在科研工作中十分重视与社区的合作，在人工鱼苗培育、人工养殖、人工鱼苗活动区域追踪等方面，都吸纳社区的积极参与，使社区成为实验室开展的众多科研项目的参与方。

3. 海岸海鸟庇护所

海岸海鸟庇护所（Suncoast Seabird Sanctuary）成立于 2016 年，替代了成立于 1971 年的为太阳花海岸海鸟庇护所，在同一个场地从事救护海鸟。该庇护所拥有美国最大的野鸟医院，以及第三大的避难场所，每年救护的鸟类数量多达5000 只。庇护所场地面积为 4 英亩，分别五个功能区，分别为医院、避难网屋、笼舍、宣教场所、礼品屋，此外在沙滩还有一片燕鸥繁殖区也为庇护所看护。

庇护所承担的主要工作为救护受伤海鸟，为受伤鸟提供医疗救治和康复场所，同时救护其他小型野生动物。所救护的海鸟主要来自周边海滩发现的伤鸟，以及在交通公路上被汽车撞伤的鸟。当庇护所的鸟类数量过多，且无法进行放飞时，将对部分伤情较为严重的鸟实行安乐死和焚烧。对于受伤较厉害的海鸟，庇护所从外面聘请专家来为其做手术，该专家所提供的手术为免费。2008 年前的员工数量多达 40 名，受金融危机影响，大量的捐赠者数量大幅度减少，使得庇护所收入大幅度下降，以致当前的员工数量为 6 名。此外，有大量的志愿者前来提供支援服务，可以自由选择清洗网屋、向游客提供讲解和导游、喂养鸟等工作，以弥补人员的不足问题。部分志愿者是因酒驾等违法行为而被强行要求前来开展社工工作。

庇护所为开放式进入，不对游客收费。庇护所的资金主要来自三个方面：一是社会公众的捐赠，诸如捐赠 500 美元者可以在庇护所的网屋、笼舍、长椅上留铭牌，以及部分离世的老人会将遗产捐赠给庇护所；二是所开设的小礼品店，向公众出售文化衫、茶杯等；三是申请的小额海鸟救护助政府资助项目，此部分资金数量相对较少。

4. 布什花园动物园

布什花园（Bush Garden）于 1959 年成立，早期是啤酒酿酒商 Anheuser Busch 招待客人的一个地方。自 19 世纪 60 年代起，布什花园才开始建设成为一个动物园。当前，布什花园动物园隶属布什集团，该集团下辖四个水族馆和三个公园。布什集团为营利机构，因此布什花园动物园也是营利机构，但是布什集团建立了非营利的保护基金。

布什花园动物园（Busch Garden & Zoo）面积为 350 英亩，约为 2000 亩，融游乐与动物展示于一体，老虎展示区与过山车游乐区交叉布置在园区内。动物园内共有 1200 余种动物，10000 余鱼，主要来源为人工繁育、动物园交流，也有少数为野外来源。动物园日均游客数量为 15000 人，年游客数量为 500 余万人，其中半数为本州游客，另有半数为来自其他州的游客。成人门票为 97 美元/人，儿童门票为 92 美元/人。动物园重视野生动物保护宣传教育，公众可以通过玻璃观察如何开展老虎等野生动物检查，引导公众参加野生动物保护游戏；动物园特别重视未成年人开展宣传教育，在学校日（School Day）接待 20～30 个学生参观团，仅收取 8 美元/人的门票，另组织开展在公园过夜和不过夜的宣教活动。

布什集团建立了海洋和布什花园保护基金（the SeaWorld & Busch Gardens Conservation Fund）。基金已支持了大量的保护研究与物种救护工作。自 2003 年以来，基金会共资助 1100 万美元资金，在 60 多个国家，资助开展了 600 余个项目，年均资助金额为 100 万美元。资助的资金可用于野生动物保护所需的设施与物资，不可用于项目的行政管理费用和人员工资。基金会的资金来自两个方面：一是布什集体的捐助资金，一度为基金的唯一来源；二是公众募捐的资金，当前数量不断增加、比重不断增长。基金会设立有两个目的：一是可为公众参与野生动物保护管理工作提供捐赠和参与渠道；二是为布什集团资助野生动物保护搭建平台。布什动物园本身也参与野生动物救护工作，接纳各种渠道送来需要救护的野生动物，将其作为动物园的一项使命，并投入了大量的成本。

布什花园动物园是营利组织，不可以接纳志愿者，所有工作人员都为雇人。全园共有工作人员 4000 人，其中科研与管理人员 300 余人，其余人员从事机械维护、商品销售、餐馆运营等工作。根据政府的税收规定，布什花园动物园可以享受部分税收优惠。

第八章　美国大象保护及象牙贸易管控政策

一、美国大象保护与象牙贸易管控政策发展历程

美国系统的大象保护工作可追溯到 20 世纪 70 年代，该期间濒危野生动植物保护的重要性开始得到国际社会的广泛认可。1973 年 3 月 3 日，《濒危野生动植物种国际贸易公约》（*Convention on International Trade for Endangered Species*，CITES）在美国华盛顿签署。1973 年 12 月 28 日，美国时任总统理查德·尼克松（Richard Nixon）总统签署了《濒危物种法》，以贯彻执行 CITES，保护境地岌岌可危的野生动植物物种免遭灭绝。《濒危物种法》明确了美国野生动物保护的基本制度①，与《雷斯法》（*the Lacey Act*）以及联邦主管部门的行政规定（50CFR17）共同组成了野生动物保护工作的制度基础。与国际社会相一致，美国大象保护与象牙贸易管控工作首先始于亚洲象，然后再过渡到非洲象。

（一）亚洲象保护与象牙贸易管控政策发展历程

20 世纪 70 年代和 80 年代，全球象牙需求快速上涨，导致亚洲象盗猎活动

---

① *Endangered Species Act*（ESA），中文为《濒危物种法》，美国国会于 1973 年 12 月 28 日通过，联邦法律编号为：16U. S. C. 1531 - 1547。ESA 将受保护的野生动物分成濒危（Endangered）和受威胁的（Threatened）两类。"Endangered species act"，April，12，2013，available at：http：//www.fws.gov/international/laws - treaties - agreements/us - conservation - laws/endangered - species - act. html。《濒危物种法》取代了 1969 年出台的《濒危物种保护法案》（*Endangered Species Conservation Act*）。《濒危物种保护法案》要求制定"受灭绝威胁的全球野生动物植物保护名录"，保护外国野生动植物物种，号召和支持外国政府开展野生动物保护工作。《濒危物种保护法案》被认为推动了《濒危野生动植物种国际贸易公约》的形成"。Senate Hearing 105 - 409，March，18，2017，available at：https：//www.gpo.gov/fdsys/pkg/CHRG - 105shrg47220/html/CHRG - 105shrg47220.htm。

持续发生，辅以栖息地数量的减少，使得亚洲象种群数量快速减少①。为保护亚洲象种群，使其避免灭绝，CITES 秘书处在 1975 年公约生效之日将该物种列入附录 I 名录②，对亚洲象牙实行最高级别的国际贸易管控，以期望通过限制象牙的国际贸易，使非法盗猎的象牙无法进入消费国，盗猎分子无法从中获利。合法亚洲象牙及其制品的出口"应事先获得并交验出口许可证"，"不致危害有关物种的生存"，"不违反本国有关保护野生动植物的法律"，"不是以商业为根本目的"。进口除满足上述条件外，还需要"事先获得并交验进口许可证"。

同年，美国也将亚洲象列为濒危物种，在美国境内实行最高的保护级别。根据《濒危物种法》第九部分《禁止行为》（*Prohibition Acts*）③ 规定，除非得到特殊许可，以下七类活动视为非法：一是从美国进出口亚洲象及其制品；二是在美国国内或领海占有亚洲象及其制品；三是在公海占有亚洲象及其制品；四是以任何方式占有、出售、运送、携带或运输违法获得的亚洲象及其制品；五是在州间或国际贸易中，以及在商业活动中，以任何方式运送、接收、携带或运输违法获得的亚洲象及其制品；六是在州间或国际贸易中以任何方式出售或邀约出售亚洲象及其制品；七是违反由主管机关颁布的任何与亚洲象关的管理规定，以及由本法案授权的内政部秘书处颁布的管理规定④。

---

① CITES, "Monitoring on Illegal Killed Elephant", June 15, 2014, available at: https://cites. org/eng/prog/mike/。

② CITES 制订了国际贸易管控野生动植物名录，并根据需要保护的程度，分成 3 个附录；附录 I 包括濒临灭绝的物种，物种的贸易只能在特定条件下开展；附录 II 包括贸易必须得到管控的物种，避免利用活动影响到物种存活；附录 III 包括最少在一个国家得到保护的物种，需要 CITES 缔约国协助开展贸易管控。CITES, "How CITES Works", June 2, 2015, available at: https://cites. org/eng/disc/how. php。

③ 该条款国家法律代码为：16U. S. C. 1538。

④ 法律英文原文为：SEC. 9. (a) GENERAL. — (1) Except as provided in sections 6 (g) (2) and 10 of this Act, with respect to any endangered species of fish or wildlife listed pursuant to section 4 of this Act it is unlawful for any person subject to the jurisdiction of the United States to— (A) import any such species into, or export any such species from the United States; (B) take any such species within the United States or the territorial sea of the United States; (C) take any such species upon the high seas; (D) possess, sell, deliver, carry, transport, or ship, by any means whatsoever, any such species taken in violation of subparagraphs (B) and (C); (E) deliver, receive, carry, transport, or ship in interstate or foreign commerce, by any means whatsoever and in the course of a commercial activity, any such species; (F) sell or offer for sale in interstate or foreign commerce any such species; or (G) violate any regulation pertaining to such species or to any threatened species of fish or wildlife listed pursuant to section 4 of this Act and promulgated by the Secretary pursuant to authority provided by this Act.

1997 年 11 月 8 日，美国国会通过了《亚洲象保护法案》（*Asian Elephant Conservation Act*，AsECA），11 月 19 日经威廉·杰斐逊·克林顿（William Jefferson Clinton）总统签署生效①。该法案规定要为亚洲象分布国提供资金援助，开展亚洲象保护项目，提升保护工作人员能力，保护栖息地及生境，消除人象冲突。一是授权成立特殊基金，即亚洲象保护基金（the Asian Elephant Conservation Fund），制定基金存款、使用、接纳和使用捐赠等系列规定，支持亚洲象分布国家开展保护工作；二是要求财政部（Department of the Finance）② 基于亚洲象保护基金，批准和设立保护项目，为项目提供资金支持；三是在 1997—2012 年的五年间，授权内政部每年可以使用 500 万美元用作亚洲象保护；四是禁止保护基金用于捕获和人工繁育亚洲象，但可以用作人工种群的野外放归。2002 年，该法案进行了修订，并得到了为期五年的重新授权。修改条款包括：第一，限制内政部每个财政年度可以使用 3% 的资金作为管理费，或不超过 8 万美元，取两者中更大的一个；第二，内政部部长要组建一个由公众和私人机构代表组成的顾问组，积极参与亚洲象保护工作，支持该法令的实施。

2002—2011 年间，亚洲象保护基金资助孟加拉、不丹、柬埔寨、中国、印度、印度尼西亚、老挝、马来西亚、缅甸、尼泊尔、斯里兰卡、泰国、越南等 13 个所有亚洲象分布国实施保护项目。项目资金总额为 3329.7 万美元，其中美国政府资助资金合计 1458 万美元，非政府组织等其他资金资助规模为 1871.7 万美元。其中用作缓解人象冲突的资金占比 24%，用作能力建设的资金占比为 13%，用作种群调查和监测的资金占比为 12%，用作研究亚洲象健康状况的资金占比为 12%，其他用途还有信息交换、栖息地保护管理、执法、基于社区的保护、保护教育与宣传。项目总数为 152 个，其中印度得到 51 个项目，位居首位；超过 10 个项目的还有印度尼西亚、斯里兰卡、柬埔寨和泰国；中国得到 4 个资助项目③。2012—2016 年间，亚洲象保护基金会继续资助亚洲象分布国开展保护工作。2016 年，美国政府资助 174.61 万美元资金，得到的合作伙伴配套资金为 218.86 万美元，重点资助尼泊尔、泰国、越南、柬埔寨、印度尼西亚开

---

① Asia Elephant Conservation Act（AsECA），美国国家法律代码为：16U. S. C. 4261，June 6, 2014，http://www.fws.gov/laws/lawsdigest/ASELEPHNT.htm。

② Department of the Interior（DOI）实际上授权下属的 Fisher and Wildlife Service（FWS，鱼类和野生动植物管理局）履行职责。

③ "Activities Report for the Wildlife Without Borders – Species Programs Ten Year Report FY 2002 – FY 2011", March 19, 2017, https://www.fws.gov/international/pdf/AsECF – REPORT – Sept—2013.pdf。

展了 32 个项目①。

(二) 非洲象保护及象牙贸易管控政策发展历程

1976 年,非洲象首次被列入 CITES 附录Ⅲ名录。非洲象牙及其制品的国际贸易开始需要获得并交验许可证,以证明交易的合法性。1977 年,非洲象升级为 CITES 附录Ⅱ物种,将进出口贸易的要求提高至"不得危害该物种的生存"。1978 年 6 月 11 日,美国正式将非洲象列入《濒危物种法》的受威胁名录范畴,成为该国非洲象保护政策历程的一个重要标记②。《濒危物种法》第九部分"禁止行为"的进出口条款特别规定,"任何人,未经内政部秘书处③许可,不得进出口已加工和未加工的非洲象牙"④。1978 年 5 月 12 日,鱼类和野生动植物管理局 (Fish and Wildlife Service) 根据《濒危物种法》4 (d) 内容⑤颁布了《关于非洲象牙贸易管控的特别规定》(下文简称为:ESA4 (d) 规定,文件代码:50CFR17.40 [e])。

ESA4 (d) 规定既包括 50CFR17.31 关于禁止 (Prohibition) 和 50CFR17.32 关于特定免除 (specified exception) 的一般性规定⑥,还包括针对非洲象的特殊规定。就此,作为受威胁物种的非洲象除非得到了鱼类和野生动植物管理局签署的许可和特殊规定之外,否则需要服从所有针对濒危物种的规定 (见 50CFR17.21),即禁止非洲象活体和尸体、部分制品的进口。ESA4 (d) 规定下列进口活动不适用于禁止措施:第一,加入 CITES 的野生大象分布国⑦根据公约第四章规定出口和再出口的象牙;第二,从非公约缔约国出口到美国且正在

---

① "Asian Elephant Conservation Fund", March 19, 2017, https://www.fws.gov/international/wildlife – without – borders/asian – elephant – conservation – fund. html。

② 在《濒危物种法》的名录上,物种分为濒危 (Endangered)、受威胁 (Threatened)、候选 (Candidate)、由于出现的相似性而濒危或受威胁 (Endangered or threatened due to similarity of appearance)、试验基本或非基本种群 (Experimental essential or non – essential population) 等五类。

③ 《濒危物种法》授权内政部秘书处代表美国政府履行 CITES 公约,具体工作由内政部下设的鱼类和野生动植物管理局负责。

④ 法律英文原文为:(d) IMPORTS AND EXPORTS. — (1) IN GENERAL. —It is unlawful for any person, without first having obtained permission from the Secretary, to engage in business— (B) as an importer or exporter of any amount of raw or worked African elephant ivory.

⑤ 法律条文代码为:16 USC. 1534。

⑥ 50CFR17.31 和 50cFR17.32 是根据《濒危物种法》针对濒危物种做出的通用规定。

⑦ 当时加入 CITES 的非洲野生大象分布国有:博兹瓦纳 (Botswana),加纳 (Ghana),尼日尔 (Niger),尼日利亚 (Nigeria),塞内加尔 (Senegal),南非 (South Africa),(Zaire,现在的刚果民主共和国 < the Democratic Republic of the Congo >)。

海关控制环节的象牙。对于能够证明在 1978 年 6 月 11 日以前就在美国境内的象牙，以及上述两种不适用禁止措施的特殊情况，鱼类和野生动植物管理局只能根据许可规定（50CFR17. 32），签发特殊目的许可（a special purpose permit）。

1982 年，美国首次对 ESA4（d）规定进行修订，并发布了《针对非洲象特殊规定的修订》（Revision of Special Rule for the African Elephant，文件号：47FR31384）。该修订取消对非洲象牙国内贸易的限制，寻求与 1981 年第三次 CITES 缔约国大会的 3. 12 号决议（CITES Resolution Conf. 3. 12）一致。修订后的文件仅规定了象牙的进出口，没有对其他象标本的进出口做出规定，同时取消了鱼类和野生动植物管理局反对获取、持有非法获得的标本、参与跨州和外国商务的特定活动的禁止性规定。鱼类和野生动植物管理局表示 1978 年规定对于跨州商务活动的限制不具有必要性，最有效的途径是控制象牙进口，因而做出上述修订。

1988 年，美国国会颁布实施了《非洲象保护法》（African Elephant Conservation Act，AfECA），以确保非洲象种群永久健康。该法令规定：第一，授权建立一个非洲象保护基金，资助非洲国家开展大象科研和保护；第二，指导内政部部长评估非洲正在开展的大象保护项目，建立标准用作声明或取消暂停从资源分布国或中转国进口象牙的规定；第三，进口非洲象的狩猎纪念物①不受暂停进口象牙的规定限制，但是禁止出口原牙；第四，需要开展大象保护和象牙贸易的大规模调研，并在每年的 1 月 31 日向国会提交报告；第五，在 CITES 第八次缔约国大会结束的八个月内（1992 年 11 月前），需要向国会提交一个关于该法成效的完整报告；第六，对刑事和民事处罚和执法过程做出界定，列清许可进出口象牙的条件，包括禁止从象牙原产国之外的国家进口原牙、进口原牙和加工过的象牙需符合出口国相关法律或 CITES 象牙管控规定、禁止从已经实行暂停规定的国家进口原牙和加工过的象牙、禁止出口原牙；第七，由财政部（the Department of the Treasury）向提供有利于执法信息的予以奖励；第八，截至 1993 年的五年内，每年授权拨付 500 万美元用于执行该法令规定的相关活动②。该法对于在非洲开展狩猎和获得的象牙进口，美国境内的象牙利用，出

---

① 狩猎纪念物指狩猎大象获得的象牙、象皮等物品。非洲象运动狩猎是美国许可的一种大象利用方式，也得到 CITES 公约的支持。美国公众对于运动狩猎的观点不一，部分公众认为运动狩猎是一项野蛮的活动，应予以禁止，但是鱼类和野生动植物管理局坚持得到规范的运动狩猎有助于野生动物保护，不应予以禁止。

② African Elephant Conservation Act（AfECA），《非洲象保护法令》法律代码为：16U. S. C. 4201 - 425，http：//www. fws. gov/laws/lawsdigest/ELEPHNT. HTML。

口象牙，以及进口或出口活体大象没有进行限制。

基于该法案，美国于 1988 年 12 月 27 日发布了《暂停从非＜濒危野生植物国际贸易公约＞缔约国进口非洲象牙的规定》（Moratorium on the Import into the United States of African Elephant Ivory from Countries that were not Parties to CITES；文件号为：53FR52242）；1989 年 2 月 24 日发布了《进出口非洲象牙的特殊规定》（Special Rules for Import and Export of African Elephant Ivory，文件号为：54FR8008），禁止从索马里（Somalia）进口所有象牙；1989 年 6 与 9 日，《暂停从所有象牙生产国和中转国进口加工过的原牙的规定》（Moratorium on Importation of Raw Worked Ivory from all Ivory Producing and Intermediary nations；文件号为：54FR24758），禁止除了运动狩猎纪念物之外的所有象牙进口；1991 年发布了《将特定种群数量的非洲象建议作为濒危和修订特殊规定》（Loxondonta Africana ＜African Elephant＞ Proposed as Endangered for Certain Populations and Revision of Special Rule，文件号为：56FR11392）。1992 年，ESA4（d）规定根据 1989 年出台的暂停进口规定，做了相应的第二次修订。2014 年，ESA4（d）规定根据更新后的美国 CITES 公约实施规定作了第三次修订，取消了对狩猎纪念物的进口标记。

期间，非洲象于 1990 年被升级为 CITES 附录 I 物种，达到了最高保护级别。1997 年，南非、津巴布韦、纳米比亚、坦桑尼亚等南部非洲国家大象种群数量得以恢复，秘书处在第 10 次大会上将这些国家的非洲象由公约附录 I 物种降级为公约附录 II 物种，允许有条件的开展商业贸易①。

AfECA 于 1998 年和 2002 年分别进行了修订。2002 年修订后的规定包括：第一，限制内政部每个财政年份可以使用 3% 的资金作为管理费，或不超过 8 万美元，取两者中更大的一个；第二，内政部部长要召集一个由公众和私人机构代表组成的顾问组，积极参与非洲象保护工作，支持该法的实施；第三，授权内政部部长最大可能的改进项目，提高保护的可持续效用，确保大象的长期保护目标得以实现。

20 世纪末和 21 世纪初，美国继续积极参与国际大象保护运动。在第 13 届②和第 14 届③ CITES 缔约国大会召开前夕，使用非洲象保护基金资金，与非

---

① CITES，"Conditions for the resumption of trade in African elephant ivory from populations transferred to Appendix II at the 10th meeting of the Conference of the Parties"，May 14，2015，available at：https：//cites. org/eng/prog/MIKE_ old/intro/a1. shtml.

② 第 13 届缔约方大会于 2004 年 10 月 2 – 14 日在泰国曼谷召开。

③ 第 14 届缔约方大会于 2007 年 6 月 3 – 15 日在荷兰海牙召开。

洲象分布国开展对话①，讨论象标本的贸易事务。同期，大象一直是国际保护社会关注的焦点物种。CITES 秘书处在第 10 届缔约国大会②上通过对所有非洲象和亚洲象开展监测的决议③；在两年后召开的常务会议上，签署实施"非法杀害大象监测"项目（Monitoring Illegally Killed Elephant）；项目监测成果首次发布于第 13 届缔约国大会上。基于第 10 届大会的相同决议，CITES 秘书处建立了"大象贸易信息系统"（Elephant Trade Information System），用作追溯象牙和其他象产品贸易路径。

二、美国象牙非法贸易及执法工作

对象牙的需求导致当前的偷猎危机持续加剧。美国持续扮演着象牙非法交易的目的地国和交易国的角色。管理局的野生动物检察员在美国的重要港口驻点拦截野生动物走私，并确保野生动物进口者和出口者都遵守国际贸易中对大象和其他野生物种的声明、许可和其他的要求。多年以来，在美国港口收缴非法进出口的大象样品，从整根大象獠牙和大型牙雕到象牙或毛发制成的刀柄、珠宝，以及大象脚和骨头制成的旅游纪念品，种类繁多。管理局每年向TRAFFIC 提供收缴的数据加入 CITES 的 ETIS 数据库中。自 1990 年起，每年在美国港口收缴的大象样品的数据从 450（1990 年数据）到 60（2008 年数据）不等；除这两年外其他年份里，这一数据从 75 到 250 不等。2012 年是我们有完整数据的最近一年，当年有 225 次收缴大象样品的案例，收缴物品达 1500 件，包括大象的肢体部分、制品，或由其组成的物品。其中有近 1000 件含有象牙或由象牙组成（约 300 件物品是大象毛发制品）。

管理局特工调查了涉及美国市场象牙走私的多个走私团伙。在这里列举一些重要调查案例。2012 年 9 月，费城一家非洲艺术品店店主被捕，并且承认有走私非洲象牙进入美国的犯罪行为。在他的店里收缴象牙约一吨重；是美国历史上最大的一起收缴象牙案例。根据起诉书，艺术品店的店主付钱让其同谋者前往非洲购买原牙，并按照他的要求对原牙进行雕刻并染色，以使牙雕看起来很古老。这位老板在他位于费城和美国其他地区的店里将这些牙雕作为"古玩"出售。

---

① 美国与非洲象分布国举行的对话始于 1996 年。https：//www. federalregister. gov/articles/2007/06/01/07 – 2714/conference – of – the – parties – to – the – convention – on – international – trade – in – endangered – species – of – wild。

② 第 10 届缔约国大会于 1997 年在津巴布韦哈拉雷召开。

③ 决议名为：Resolution Conf. 10. 10。

费城的拘捕是多年调查的结果，记录了超过 20 次新雕刻的象牙通过航空、海运方式走私到美国，这些走私货物来自喀麦隆、象牙海岸、尼日利亚和乌干达。走私象牙通过新泽西和纽约进入该国，并分发给全美的收藏家和零售商，包括芝加哥、休斯敦、孟菲斯、纽约市、费城和特伦顿。这次调查中有 10 人被起诉并定罪。议起案件中，通过许多象牙通过包裹发送，附有伪造的运输和海关单据，用黏土伪装，或伪装成乐器和木雕等物件。

管理局调查员与来自纽约环境保护部门的官员联合调查纽约市一个珠宝分销商和曼哈顿两个零售商的非法象牙销售。这次调查记录了非法象牙贸易的迅速增加。这些象牙销售行为违反国家相关法律规定，纽约州的总检察长提起了诉讼。被诉的商店支付了 50，000 美元的罚款，并且被没收了超过一吨的象牙（这些象牙在管理局的"象牙粉碎"行动中被销毁）。分销商被没收象牙 70 磅，价值 30，000 美元，并且支付罚金 10，000 美元。

管理局的特工与泰国皇家警察合作破获一起泰国走私案，2010 年美国两个商人被诉（洛杉矶地区甜甜圈店的老板和泰国走私犯），并且在泰国进行四次逮捕，此案打击了跨大洲贩卖象牙的犯罪行为。在 5 年的卧底调查中，警察们证明泰国走私者将象牙从非洲走私到泰国，然后卖给美国或其他国家的客户。此调查开始于 2006 年，当时管理局调查人员对在洛杉矶的国际邮递机构开展了"闪电战"检验，截获从泰国寄往美国的象牙包裹，包裹上贴的是玩具标签。美国被告接受联邦指控并认罪。

Scratchoff 行动是一个延续数年的调查行动，2006 年由管理局在纽约启动。这项行动记录并打击了国际走私者从非洲进口象牙的非法活动，以及美国零售商参与的非法交易。特工记录了从喀麦隆、加蓬、象牙海岸、肯尼亚、尼日利亚和乌干达等地向美国走私象牙的活动。本案被告的多数象牙走私是通过肯尼迪国际机场，以邮递包裹形式从非洲运送过来。货运过程所需的运单和海关票据均属伪造，伪造单据上填写的货品是非洲木质手工艺品或木质塑像。象牙也被涂成木头的样子，用黏土包裹，或藏在木制手工艺品，如非洲传统乐器里面。这项调查在美国拘捕了八人，并依据雷斯法（16 U. S. C. 3371 et seq）在 2010 年和 2011 年终审判处此八人走私罪。其中五名被告被处以有期徒刑，一名被告被判处有期徒刑 33 个月，五名被告的总刑期共 7 年。Scratchoff 行动也导致 2010年 1 月乌干达政府拘捕了乌干达象牙供应者，确定了其他的象牙走私犯罪嫌疑人的身份。

2008 年，一个加拿大公民因从喀麦隆走私象牙到美国销售，被判处 5 年监禁并处罚金 100，000 美元。这名罪犯在加拿大蒙特利尔和喀麦隆经营艺术品进出口生意，喀麦隆是被保护野生物种制品，包括象牙原牙的走私前线。她进行的走私活动组织缜密，利用喀麦隆当地的艺术家和工匠、国际航运公司的工作人员、非法象牙贸易的联系人、她在加拿大的业务和三个国家的合伙人实施走私。她最近两次运往俄亥俄州的货物包括20头近期被杀死的大象的新鲜象牙。

2006年，管理局的特工提起针对20人的刑事起诉，指控"原始艺术"，一家专业经营来自世界各地高端艺术品的芝加哥的美术馆，该店的两个老板把象牙和其他受保护物种的制品走私到美国。管理局从被告那里收缴了超过1000件象牙雕塑和獠牙，被告对这些物品每件的标价高达50，000美元。同年晚些时候，两个老板都承认有侵害野生动物的犯罪行为。

2001年，在Loxa行动期间，管理局在洛杉矶的官员拦截了250磅的走私非洲象牙，这是美国西海岸最大的一次象牙收缴行动。其中两次运有尼日利亚走私货物的货运，在海关申报的是手工家具。其中象牙包括这根獠牙以及藏在家具里和珠绣布里面的小块象牙。四人由于共谋走私象牙到美国被捕并被诉。其中三人被宣告有罪。

管理局特工也调查涉及从美国走私象牙到其他市场的案件，尤其是亚洲市场。在被称为摧毁行动的调查中，一个亚洲古董商因参与密谋走私价值超过1，000，000美元的象牙和犀牛角制品被判有罪。调查显示，该古董商在美国的拍卖会为四家不同的亚洲经销商买象牙雕塑。拍到这些象牙后，该古董商将象牙走私（通过邮寄形式）到香港不同的地址，使用伪造的报关单逃避出口管制。

2011年，一名中国籍乘客即将在肯尼迪国际机场登机前往中国上海，登机前被拦截。管理局的调查员发现他的包裹中藏着18个象牙雕塑。该乘客是一个亚洲艺术品经销商，他在美国停留一周时间，其间他在不同的美国拍卖会购买雕塑。被捕时，他交代他将象牙用锡纸包裹以防X光检查。

在美国拍卖会，管理局执法人员记录了外国的委托买家竞拍的野生动物制品，包括非洲象牙制品。在某些情况下，象牙制品是直接向外国买家走私。但是，外国买家经常会雇佣在美国居住的快递员代表他们去取货，并走私到国外。我们担心外国象牙买家和快递员将美国看作一个重要的象牙来源和市场。

2013年11月，管理局销毁了6吨走私非洲象和亚洲象的象牙，这些象牙有的在美国港口收缴，有的是过去25年针对违反野生动物法规的执法所获。我们销毁了这些走私象牙，这些象牙一直储存在管理局的国家野生动物仓库的，希望通过销毁这些象牙提升公众对目前非洲象牙偷猎的危机的关注，同时释放出明确的信号，美国不会容忍象牙走私以及走私行为对野生象种群造成的影响。2013年销毁的这6吨象牙显示了一直以来美国在非法市场的地位，因此今后需要采取行动进一步降低这一地位。在美国也有象牙黑市。对于美国国内象牙市场我们没有完整的信息。《处理象牙》，一份2004年的报告，作者道格拉斯·威廉姆斯，是为北美TRAFFIC写的报告，描述了美国象牙和犀牛角的贸易状况。同时，作者指出"作为世界上最大的野生动物制品市场，'美国'在全球象牙交易中长期以来扮演重要的角色"。他指出，美国境内的象牙交易没有被严密的监控，我们不了解它的全面状况。除了零售可获得象牙外，作者指出"有许多交易是通过网络进行，这一点被忽略了"。国内贸易既包括原牙，也包括加工后的象牙。加工后的象牙制品包括雕塑、珠宝、钢琴键以及其他的物品。公司或个人购买的原牙被制作成类似于刀柄、手枪把手、台球杆以及其他制品。威廉姆斯发现非法交易的证据，包括中国的网络销售商定期通过邮寄将货物运到美国，并且在运单包裹上贴标签伪装"骨雕"。2006—2007年的一项调查选取了全美的几个大城市，Martin and Stiles（2008）确定了进行加工象牙，包括来自非洲象的象牙零售交易机构。在被调查的地区，调查员走访了那里主要的二手市场、古董市场、主要的古董和工艺品商业区、大型商场、豪华酒店的礼品商店。这一研究没有确定所有销售象牙的机构，但提供了机构的数量和地理范围的大致状况。在16个被调查地区，作者发现共有652家零售店，出售的象牙制品总计超过23000件。接受调查的地区中，零售店和标价出售的象牙制品数量最多的地区是：纽约市（124家零售店，11，376件象牙制品），旧金山湾区（40家零售店，2777件象牙制品），大洛杉矶地区（170家零售店，2，605件象牙制品）。Martin and Stiles分析他们找到的物品中，有约三分之一是AfECA在1989年发布进口暂行禁令后非法进口的。

2014年3月和4月，参与2008年研究的一个作者在加利福尼亚的洛杉矶和旧金山进行了一项后续调查（Stiles 2015）。他发现共有107个卖家在这两个加州城市销售象牙制品，数量超过1250件，"洛杉矶有77个卖家，出售777件象牙制品，旧金山有30个卖家，出售象牙物品远远超过473件。"虽然相比2006—2007调查象牙卖家"显著减少"，Stiles指出："近期在加州制造的象牙的比例要高得多，从2006年的25%到2014年的大约一半，该比例翻了一倍。另外，许多在加州当成古玩（例如有超过一百年历史的物件）销售的象牙实际上很可能取自近期被猎杀的大象。"

三、美国大象保护与象牙贸易管控政策现状分析

进入21世纪的第二个10年，美国出台了多项打击濒危野生植物保护的政策文件，多次修订象牙贸易管控规定，形成了以法律和行政法规为基础，行

政文件和手段为依托的政策体系，共同作用于美国、非洲象分布国及其他国家。其中，行政文件是基于现有的法律和行政法规制定，体现了具体的政策内容与主张。《打击野生动植物非法贸易行政令》《打击野生动植物非法贸易国家战略》《打击野生动植物非法贸易国家战略行动方案》具体内容见第五章（见图8-1）。

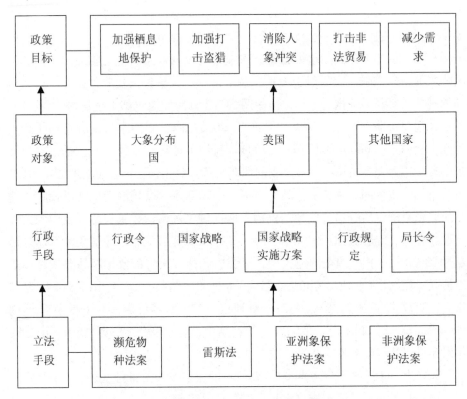

图8-1 美国大象保护及象牙贸易管控政策体系

2014以来，鱼类和野生动植物管理局发布了《美国加强象牙、犀牛角及其他列入〈濒危物种法案〉的物种部分和制品贸易管控的210号局长行政令》①（下文简称为《210号局长令》），对ESA4（d）规定进行了修订，并针对特定国家的象牙贸易活动做出了特殊规定。《210局长令》和EAS4（d）规定中关于象牙及其制品贸易管控的政策规定详见下表1。

---

① FWS, "Administrative Actions to Strengthen U. S. Trade Controls for Elephants Ivory, Rhinoceros Horn, and Parts and Products of other Species", July 21, 2014, available at: http://www.fws.gov/policy/do210.pdf。

（一）《210号局长令》的规定

2014年2月25日，鱼类和野生动植物管理局局长丹·阿什（Dan Ashe）签署了《210号局长行政令》，呼应《国家战略》中关于加强国内和全球执法的战略重点，明确了鱼类和野生动植物管理局在工作中执行的象牙、犀牛等濒危野生动物制品最新政策，取代了AfECA关于进口暂缓的相关规定，特别是没有执行AfECA暂缓进口几乎所有象牙的规定，允许进口满足特定条件的象牙。2014年5月15日和2015年7月31日，《210号局长令》分别进行了修订（见表8-1）。

表8-1　美国象牙贸易管控政策规定

规定类型	《210号局长令》规定	ESA4（d）规定
进口	商业性：禁止 非商业性： 许可：狩猎纪念物（无限制）；科学样品；于1976年2月26日从获取和转移，以及从2014年2月25日起没有出售过的，以及符合以下的任一种情形：（1）作为房屋移动或遗产的一部分；（2）作为乐器的一部分；（3）作为巡展展品的一部分。 禁止：不满足上述条件的加工后的象牙，以及原牙（狩猎纪念物除外）。	商业性：禁止 非商业性： 许可：狩猎纪念物（不超过两件）；科学样品；于1976年2月26日从获取和转移，以及符合以下的任一种情形：（1）作为房屋移动或遗产的一部分；（2）作为乐器的一部分；（3）作为巡展展品的一部分。 禁止：不满足上述条件的加工后的象牙，以及原牙（狩猎纪念物除外）。
出口	商业性： 许可：CITES公约前的加工象牙，包括古董。 禁止：原牙。 非商业性： 许可：加工后的象牙。 禁止：原牙。	商业性： 许可：满足《濒危物种法》古董免除规定的象牙。 禁止：原牙。 非商业性： 许可：满足《濒危物种法》古董免除规定的象牙；于1976年2月26日从获取和转移，以及符合以下的任一种情形：（1）作为房屋移动或遗产的一部分；（2）作为乐器的一部分；（3）作为巡展展品的一部分；证明为《濒危物种法》前获得的加工象牙、科学样品。 禁止：原牙。

续表 8 - 1

规定类型	《210 号局长令》规定	ESA4（d）规定
外国商贸	没有限制	许可： 满足《濒危物种法》古董免除条款的物件；特定加工后的物件，只包含一小部分（最低限度）象牙。 禁止： 狩猎纪念物品；作为房屋移动或者遗产组成部分进出口的象牙。
跨州商贸	许可： 非洲象于 1990 年 1 月 18 日前成为 CITES 附录 I 物种之前合法进口的象牙（出卖方须展示证书）；CITES 公约前证书下进口的象牙（出卖方须展示证书）。	许可： 满足《濒危物种法》古董免除条款的物件；特定加工后的物件，只包含一小部分（最低限度）象牙。 禁止： 作为房屋移动或者遗产组成部分进出口的象牙；基于执法或真实科学目的进口的象牙；狩猎纪念物。
州内出售	许可： 非洲象于 1990 年 1 月 18 日前成为 CITES 附录 I 物种之前合法进口的象牙（出卖方须展示证书）；CITES 公约前证书下进口的象牙（出卖方须展示证书）。	许可： 非洲象于 1990 年 1 月 18 日前成为 CITES 附录 I 物种之前合法进口的象牙（出卖方须展示证书）；CITES 公约前证书下进口的象牙（出卖方须展示证书）。
非商业性移动	许可： 合法获取的所有象牙及其制品。	许可： 合法获取的所有象牙及其制品。
个人持有	许可： 持有和非商业性使用合法获得的所有象牙及其制品。	许可： 持有和非商业性使用合法获得的所有象牙及其制品。

《210 号局长令》要求鱼类和野生动植物管理局员工要执行《濒危物种法》

关于古董的豁免规定①，允许象牙古董的进出口。任何希望得到法令豁免的进口方、出口方、出售方都有举证责任，提供证据证明需要进口、出口或出售的象牙制品为古董。《濒危物种法》规定古董要同时满足四个条件：一是拥有100年及以上的历史；二是全部或部分由该法案附录中的濒危或受威胁物种组成；三是1973年12月27日②以后没有使用被修理或改进过；四是通过指定港口③进口进入美国的。如果古董系1982年9月22日之前进口的，或者没有通过进口进入而是在美国本土制造的，可以只满足上述前三个条件。符合《濒危物种法》古董要求的象牙制品可以在跨州商业活动中进行销售、进口、出口等其他没有《濒危物种法》禁止的活动，且不再需要《濒危物种法》的许可证。满足古董豁免要求的象牙制品只能从指定港口进口和出口，同时需要提供有效证明。可用作证明的除了文件、家庭照片、工作证明、考察报告，还可以是DNA检验、化学实验报告等凭证。提供古董虚假证明的将受到《雷斯法》的处罚。

《210号局长令》同时规定鱼类和野生动植物管理局员工要严格执行AfECA中的暂缓进口原牙（Raw Ivory）和加工过的象牙（Worked Ivory）规定，允许下列五类象牙及其制品的进口，且不需要单独申请受威胁物种许可（a threatened species permit）。第一，联邦、州或部落政府及其职能部门基于执法目的进口原牙或加工过的象牙。第二，基于真实的科研目的进口原牙或加工过的象牙，且有助于大象保护。第三，作为房屋移动或遗产继承目的的进口加工过的非洲象牙，同时满足象牙是在1976年2月26日④前合法获得、2014年2月25日⑤前没有因为经济利益目的发生过转让、持有有效的《濒危野生动植物种国际贸易公约》

---

① ESA的第10章的h条款，法律编号为：16U.S.C.1539。该条款规定了作为古董的濒危和受威胁野生动植物及其制品可以得到的豁免权，以及需要满足古董的条件。《210号局长令》附录一列清了关于执行象牙古董豁免条款的工作规定，详见：《〈濒危物种法〉下古董豁免的指导》（Guidance on the Antique Exception under the Endangered Species Act），www.fws.gov/policy/do210A1.pdf。

② 国会通过ESA的日期。

③ 美国海关和边境管理局（U.S.Customs and Border Protection）于1982年9月22日指定了13个特定入境港口，可以进口由濒危和受威胁物种制作的古董：马萨诸塞州的波士顿，纽约州的纽约，马里兰州的巴尔地摩，宾夕法尼亚州的费城，佛罗里达州的迈阿密，波多黎各的圣胡安，路易斯安那州的新奥尔良，得克萨斯州的休斯敦，加利福尼亚州的洛杉矶和旧金山，阿拉斯加州的安克雷奇，夏威夷州的檀香山，伊利诺伊斯州的芝加哥。

④ 该日期为非洲象首次被列入CITES附录。

⑤ 该日期为《210号局长令》首次签发。

前公约证书①（pre – Convention certificate）等规定。第四，作为乐器组成部分进口的加工过的象牙，同时满足象牙是在 1976 年 2 月 26 日前合法获取、2014 年 2 月 25 日前没有因为经济利益目的发生过转让、个人或团体持有 CITES 乐器证书、符合公约 16.8 大会决议②的证明等规定。第五，作为巡回展览展品组成部分的加工过的象牙，同时满足象牙是在 1976 年 2 月 26 日前合法获取、2014 年 2 月 25 日前没有因为经济利益目的发生过转让、个人或团体持有公约巡回展览展品证书、符合公约相关规定或等同于公约规定的 50C. F. R. 23 中的规定。

《210 号局长令》中的美国象牙贸易管控的政策可概括如下③：第一，进口。全面禁止商业性贸易（Commercial Trade）④。许可非商业贸易（Non – Commercial Trade），包括进口狩猎纪念物，以及《210 号局长令》中列出的五种情形，禁止进口狩猎纪念物之外的原牙。第二，出口。允许持有 CITES 前公约证书的加工过的象牙开展商业贸易，包括满足公约许可要求的古董，禁止出口原牙。允许满足公约许可要求的加工过的象牙开展非商业贸易，禁止出口原牙。第三，跨州贸易。在非洲象于 1990 年 1 月 18 日成为 CITES 附录 I 物种前，合法进口的象牙，以及持有公约前公约证书的象牙，允许进行跨州贸易⑤。在上述两种情形中，出售方必须举证。第四，州内贸易。允许贸易的情形与跨州贸易的情形相同。第五，美国境内的非商业性移动。只要是合法获得的象牙，境内的非商业移动不受限制。第六，个人持有。许可个人持有和非商业性利用象牙。

《210 号局长令》保留了原有的非洲象狩猎纪念物、跨州买卖、州内买卖、个人持有、活体大象进出口的相关规定。

---

① 前公约证书（CITES pre – Convention certificate）是为象牙标本开具的，证明该标本是在 CITES 将非洲象列入附录之前从野外获取而得。前公约证书由 FWS 审核签发。证书申请书格式见：http：//www. fws. gov/forms/3 – 200 – 23. pdf。

② 该决议名为（*Frequent cross – border non – commercial movements of musical instruments*）《乐器频繁跨界的非商业性移动》，规定了包含有 CITES 附录物种的乐器跨界非商业移动的事项。

③ FWS，"USFWS Moves to Ban Commercial Elephant Ivory Trade Questions & Answers"，July 8，2015，available at：http：//www. fws. gov/international/travel – and – trade/ivory – ban – questions – and – answers. html。

④ CITES 秘书处将"商业的"术语界定为：为了获取经济利益（无论是现金或其他形式）以及具有转卖、交换、提供服务或其他形式的经济用途或利益的倾向的活动。各缔约方可以在上述基础上做相应的解释。参见《濒危野生动植物种国际贸易公约正式文件汇编》，中华人民共和国濒危物种进出口管理办公室中华人民共和国濒危物种科学委员会编译，2013 年 9 月，第 19 页。

⑤ FWS 于 2015 年 7 月 31 日做的修订扩大了许可跨州贸易和州内贸易的类型，之前只有持有公约前证书的才允许跨州和周内贸易。

（二）新修订完成的 ESA4（d）规定

1. 基本情况

2015 年 7 月 29 日，鱼类和野生动植物管理局在《美国联邦公告》发布了修订 ESA4（d）条款下的 50C. F. R. 17. 40（e）①中关于非洲象牙贸易管控规定的提议②，并开展为期 60 天的公众质询。2016 年 6 月 6 日，鱼类和野生动植物管理局完成了 ESA4（d）规定修订工作，并在《美国联邦公告》发布了新规定③，这也是针对 ESA4（d）规定开展的第四次修订。

鱼类和野生动植物管理局指出，非洲象牙非法需求猖獗，野生大象盗猎严重，大象保护形势严峻。为此，修订 ESA4（d）规定，既是对 2013 年 CITES 公约缔约方大会提出要遏制大象非法猎杀和象牙非法贸易决定的回应，也是《行政令》《国家战略》等一系列行政措施的延伸。此次修订还是对现行非洲象保护及象牙贸易管控政策的完善，对于 AfECA 中没有涉及的象牙国内使用、狩猎纪念物的数量限制、出口象牙、活体非洲象的进出口问题进行了明确，也对于《210 号局长令》中的相关规定做了进一步修订，形成了美国最新的象牙贸易管控规定，加强了对象牙以及其他象制品的贸易管控，提升了政策体系的完整性。美国也因此宣称实行了"几乎全面禁止象牙的商业性贸易"④（a nearly complete ban）的象牙贸易管控政策。

新规定将会有利于美国境内的执法，并加强对美国公民进行的国内和境外象牙贸易的规范。加强国内管制会让通过美国市场洗白非法象牙更加困难，这将会有助于减少非洲象偷猎。

2. 《总则》部分的修订

任何 50 CFR 17. 31 部分禁止或例外的活动以及任何根据 50 CFR 17. 32 部分需要授权的活动，在修改建议中都列在除外条款部分。这个法律框架与目前的

---

① "African Elephant", April 2, 2016, available at: https: //www. law. cornell. edu/cfr/text/50/17. 40。

② FWS, "Revision of the Section 4（d）Rule for the African Elephant", April 2, 2016, available at: http: //www. fws. gov/policy/library/2015/2015 – 18487. pdf。

③ "Endangered and Threatened Wildlife and Plants; Revision of the Section 4（d）Rule for the African Elephant（Loxodonta africana）", November 10, 2016, available at: https: //www. federalregister. gov/documents/2016/06/06/2016 – 13173/endangered – and – threatened – wildlife – and – plants – revision – of – the – section – 4d – rule – for – the – african。

④ FWS, "implement a nearly complete ban on commercial elephant ivory trade", August 20, 2015, available at: http: //www. fws. gov/international/travel – and – trade/ivory – ban – questions – and – answers. html。

规定相比能够对非洲象进行更好的保护，现有规定只规范一些向美国进口或从美国出口的行为，对非洲象样品进行占有、出售、标价出售、运输和类似非法向美国进口的行为，以及出售或标价出售违反许可条件向美国进口的运动狩猎纪念物。在后面的内容中将解释为什么提案能给非洲象提供恰当的保护，以及为什么这些措施对于保护物种是恰当的。

本规定内容不会影响其他适用于非洲象、非洲象肢体部分及制品的法律规定，例如 AfECA 和 CITES。如果向美国的进口符合标准，是根据《濒危物种法》的 10（i）条款规定的非商业性货运，则这一进口行为不违反《濒危物种法》，但同时此进口行为却仍然是违反 AfECA 的暂行禁令的。另外，任何人进口非洲象或大象部分肢体及其制品到美国，或从美国出口都需要遵守所有适用的 CITES 要求，而不仅仅是提案规则中描述的要求，也要遵守 50 CFR 第 14 部分野生动植物进出口的一般性要求和 50 CFR 第 13 部分的一般性许可要求。这些使用的额外要求在规则的文本中都有标注。

3. 关于获取活体大象

现行的 4（d）条款没有规范获取（take）活体非洲象的行为。获取的意思是侵扰、侵害、追捕、猎捕、射杀、打伤、杀死、诱捕、抓捕、收集《濒危物种法》保护物种，或者企图采取任何此类事件，因此包括对受保护野生动物有致命影响的以及某些有非致命影响的行为。

在新规则下，任何导致获得非洲象死亡的行为在美国都是被禁止的，包括美国领海境内，或公海范围（后两个法令可能在运输大象的过程中适用，例如从海外向美国运送或从美国向外国运送）。在这些地理区域外获取濒危或受威胁的物种的行为不受《濒危物种法》规制，因此这次对 4（d）规定的修改不会限制美国公民前往那些允许打猎的非洲象的国家进行运动狩猎。但是，进口到美国与运动狩猎纪念物相关的规定将在下面阐述。任何在美国囚禁非洲象，获取不包括采取《动物福利法案》（AWA；7 U. S. C. 2131 et seq.）中规定的最低标准的饲养、育种过程和不会导致大象受伤的兽医护理。（参见 50 CFR 17.3. 部分关于"侵扰"的定义。）因此新的限制条款不会影响美国的动物园及类似机构对于非洲象的日常照管流程。这些禁令与获取亚洲象的禁令一致，对于获取亚洲象的禁令是自 1976 年亚洲象被列入《濒危物种法》保护名录时就已经存在了。

新规则将有助于确保被圈养的大象能得到恰当且达标的照料。任何属于获取的行为，包括的超出兽医护理标准、育种程序和 AWA 护理标准范围的行动，这些行为在"侵扰"的定义中有所描述，必须符合 50 CFR 17.32 中列举的允许签发受威胁物种许可证的目的之一。占有在美国境内圈养的活体大象或运送的行为不对物种构成威胁，包括禁止占有的禁令，甚至包括非美国原产物种，这是对受威胁物种的标准保护，同时也保障了圈养野生动物可以得到适度照管。

4. 关于州际及对外贸易

目前的非洲象4（d）规定不规范州际或对外贸易中针对非洲象（包括活体动物、身体部位和产品、运动狩猎纪念物）进行出售或标价出售，或在州际或对外贸易的商业活动过程中，递送、接收、携带、陆运或海运。现行4（d）规定只规范一下几种商业活动：对非法进口到美国的非洲象（包括身体部位和产品）的占有、出售或标价出售、递送、接收、携带、陆运或海运，以及出售或标价出售任何违反许可条件进口到美国的运动狩猎纪念物。这些限制将通过《濒危物种法》第9（c）（1）部分禁止持有任何违反公约进口或出口的CITES样品的规定，《雷斯法》禁令（16 U.S.C. 3371et seq.）和《濒危物种法》第11部分对违反《濒危物种法》或CITES许可条件的处罚发挥作用。新规则允许继续在州际或对外贸易中，对活体动物和除了象牙以外的非洲象肢体部分和产品以及运动狩猎纪念物进行出售或标价出售，或在州际或对外贸易的商业活动过程中，递送、接收、携带、陆运或海运，不需要受威胁物种许可证。

偷猎危机是由对象牙的需求导致的。没有信息表明除象牙以外的其他大象肢体部分的商业活动或商业使用，会对非法猎杀大象和非法象牙交易的比率或模式产生影响。偶然会有活体动物在野生环境下被抓捕并圈养，这种情况主要发生在较小的管理区，这些管理区里有族群数量过大的问题且该问题以及对栖息地造成负面影响。对除象牙以外的其他大象肢体部分（例如大象皮）进行交易时，这些肢体部分通常是在以下几种情况中获得：第一，在大象由于管理目的被宰杀以后；第二，为了获取象牙而偷猎象牙期间；第三，存在问题的动物被杀死时。非洲象被杀死最主要的不是为了皮或者除象牙以外的其他肢体部分。另外，进口或出口活体非洲象、大象肢体部分及其产品受到CITES和其他美国法律规制。包括为了商业目的或非商业目的进口到美国或从美国出口。与州际或对外贸易有关的商业活动，只有不涉及进出口的才不受规制。根据50 CFR 17.32规定，要求个人在对物种没有负面影响的情况下，如需要搬运数量较少的活体大象或偶然获得的大象的皮或者毛时，须取得有灭绝危险的物种许可证，这项规定不能对非洲象提供有意义的保护，尤其是因为涉及美国进出口的活动已经受到CITES规制。因此，新规定没有限制活体非洲象、皮革产品及其他除象牙以外的大象肢体部分的州际或对外贸易中的商业活动。

新规则禁止在州际或对外贸易中对象牙进行出售或标价出售，或在在州际或对外贸易的商业活动过程中，递送、接收、携带、陆运或海运，某些特殊情况除外，并且禁止针对运动狩猎的非洲象战利品的同样的商业活动。

有一些潜在的涉及象牙或者运动狩猎纪念物的活动根据这些《濒危物种法》标准是不被禁止的，只要这些活动不符合"出售"或者"标价出售"的标准。在我们关于"工业或贸易"的定义中，对受威胁物种的商业使用不属于被禁止的"商业活动"，除非交易涉及以谋取利润或获取商品为目的，从一个人向另一个人转让。涉及象牙或运动狩猎纪念物的州际或对外贸易中以获取物品或获得利润为目的的活动，如果没有从一个人到另一个人的物品转移则不算违反这个规则。例如，一个人将包含象牙的物品跨州运送，目的是修理该物品，则不违反"商业活动"的禁令。并非所有涉及金钱交换的交易都符合《濒危物种法》所规定的商业活动。在这种情况下，进行修理的人会有财务收获，并且物品经过维修会增值，但金钱支付是给维修人员所进行的劳动给予的报酬，不涉及获取象牙物品本身或从中获得利润（除非涉及使用额外象牙对物品进行修理，这种行为是被禁止的）。捐献一件由象牙组成或包含象牙的物品也不会被视为商业活动，即使捐献者符合税收优惠的条件，但税收并不属于收入。展览象牙物品或者运动狩猎纪念物，涉及获得物品或者利润的，仍然不属于《濒危物种法》规定的"商业活动"，因为所有参与交易的实体都属于"博物馆或类似的文化或历史组织"。最后，《濒危物种法》的 10（h）部分 [16 U. S. C. 1539（h）] 中规定的例外情况仍然允许达标的古董在州际和对外贸易中的买卖。但是，还有其他的联邦和州的限制适用于涉及象牙的商业行为，包括对一些根据 CITES 进口的样品进行"进口后使用"限制（见后文内容）。

为了保护非洲象，应该限制州际或对外贸易中涉及象牙的商业活动，应该限制州际或对外贸易中涉及运动狩猎纪念物的商业活动。非洲象战利品包含原牙和加工后的象牙，并且事实上有时只有原牙或加工象牙作为战利品进口到美国的。运动狩猎被视为非商业活动，CITES 对于运动狩猎纪念物进出口的规范反映了这种思路。例如，将博茨瓦纳、纳米比亚、南非和津巴布韦的非洲象列为 CITES 附录Ⅱ，专门附加注释明确规定只有非商业目的的狩猎纪念物可以进行交易。在 12.3 大会决议（Rev. CoP16）中，CITES 缔约国明确规定狩猎纪念物是打猎者私人使用的被猎取的动物。另外，对于附录一中国家猎取的非洲象，只有在进口国政府认为这个样品并非主要用于商业目的的情况下，其战利品才可以签发 CITES 进口许可。反思这些限制，非洲象运动狩猎纪念物的 CITES 许可包含一个许可条件，即样品只能被用于非商业目的。新规定禁止象牙的运动狩猎纪念物商业化，这与其他 CITES 的法律标准一致，包括其他的一些可能符合最低象牙含量的例外情况的加工物件的商业化也应禁止。

很多公众的反馈在新规定修订中做出了反馈，包括音乐家和乐器制作商、博物馆、古董商，以及其他利益相关方。充分考虑了这些群体提供的相关信息后，在这个提案中提出，只要不会导致加剧大象的偷猎现象，在一非法贸易风险低的领域，允许非洲象牙在州际和对国外贸易中的商业化。在没有受威胁物种许可的情况下，对包含最低减计标准量的象牙的加工物件，允许在对外贸易中出售或标价出售，或在在州际或对外贸易的商业活动过程中，递送、接收、携带、陆运或海运，只要符合以下标准：

第一，对于在美国境内的物品，其象牙进口到美国早于 1990 年 1 月 18 日（这是非洲象被列入 CITES 附录一的日期）或依据 CITES 公约前证书进口到美国，对商业用途没有限制；

第二，对于在美国境外的物品，其象牙是公约前［1976 年 2 月 26 日（非洲象首次被列入 CITES 的日期）］已经不是野生状态的；

第三，象牙是某更大的加工物件的一个或多个固件，而且在目前的形势下，象牙不是该物件最主要的价值来源；

第四，该加工物件不是完全地或主要地由象牙制成；

第五，象牙作为一个或多个组成部分，总重量不超过 200 克；

第六，不是原牙；

第七，物品的制作是在本规则最终生效之日以前。

在以上标准中使用"在目前的形式下"这个词组来表达象牙不是该物品价值的主要来源，是为了表明工艺（如雕刻）对象牙这个组成部分所添加的价值，而不仅仅是象牙本身的价值。新规定把重量限制确定为 200 克，是因为这是钢琴象牙琴键贴面所需的象牙的最高量，而且这个量也足够大多数其他乐器镶边或固定部件。获悉 200 克的限额也足够大多数含有少量象牙用以装饰或用于某些其他用途的物件所需要的象牙量，例如老茶壶的隔热层、篮子的贴面装饰、刀柄。

新规定的目标是把这些例外情况限制在很窄的范围内的一类物品。因为国际象棋不符合制作一个更大加工物件的固件，而且象牙可能是这类国际象棋的主要价值来源，放在木制底座上的象牙雕刻（因为它可能主要是由象牙制成且象牙可能是主要价值来源），象牙耳环或有金属配件的吊坠（同样因为它们可能主要是由象牙制成且象牙可能是其主要价值来源），这些都没有纳入例外情况。

规定要求象牙必须是公约前的（在 1976 年 2 月 26 日以前就已经不是野生动物的）或是在 1990 年前进口到美国的，以及要求物品必须是在最终的规定生效日期前制作而成的，这些规定能够保证依据这些例外条件商业化的物品不太可能直接导致未来非法猎杀大象行为的加剧。标记非法贸易交易的物品，要求象牙是一个更大的加工物件的一个或多个固件，要求象牙不是原牙，要求象牙不是物件的主要价值来源，要求象牙的总重量小于 200 克，并且要求加工物件不是完全地或主要的由象牙制成，都将降低象牙进入国际或美国非法象牙市场的可能性，或降低把最低减让标准量例外用于掩盖非法交易事实的可能性。

5. 关于象牙和运动狩猎纪念物之外的象及其产品进出口

根据现行规定，活的或已死亡的非洲象，及其任何肢体部分，或其除运动狩猎纪念物和象牙外的产品（如活体大象，包括有獠牙的大象，以及皮革制品），在满足 50CFR13 部分（通用许可条例）以及第 23 部分（CITES 规定）的条件下，不需要濒危动物许可证，即可在美国被进出口。该规定保持不变。与此同时，50 CFR 第 14 部分（通用进口，出口和运输条例）的规定也必须得到满足。

如前所述，对活体大象，包括有獠牙的大象在美国的进口，不受 AfECA 的规制。国会发现非法的象牙交易是导致物种数量下降并威胁其存活的主要原因。尽管活体大象有獠牙，但是没有信息表明，以大象保护或动物园展览为目的的，有限的活象进口对该物种的存活造成了负面影响。活的非洲象只是偶尔进口到美国（在美国被保护饲养的活象多为亚洲象）。在从 2009 年到 2013 年的 5 年间，有 8 只活非洲象进口到美国（2011 年 4 只，2013 年 4 只），均用于动物园展览或用于教育目的。这些大象中，有 3 头是在 CITES 生效前获得的（从 1976 年前从野生动物中移除）；其余 5 头均为人工繁殖或饲养的。此外，AfECA 通过暂停进口原牙或者象牙（而非大象本身）来监管象牙，表明国会的意图在于对作为商品的象牙进行规制，而非管制那些仍和活体大象连接，因此不能商业化地和象体自身分离的象牙。AfECA 的禁令只关注原牙或加工的象牙的进出口，而非大象本身。对"原牙"的定义也表明国会没有意图将这些规定应用在大象上。原牙的定义为"未加工的，或经过最低限度处理的獠牙或其部分，包括表面抛光或未抛光的"。定义中所指的獠牙的大小，及其抛光及雕刻的状态，以及"原牙"一词在法令中的应用表明该定义是指不与动物活体相连的獠牙。

在根据《濒危物种法》建立受威胁物种的规范时，鱼类和野生动植物管理局已经通过 4（d）规定以及 50 CFR 17.31 禁令对活的或已死亡的非洲象，及其任何可辨认的部分及衍生物的进出口采取了限制。就此，CITES 对活的或死的非洲象，及其任何可辨认的部分，或其衍生物均已做出严格规范。根据 CITES 以及通过 50 CFR 第 23 规定实施 CITES 的美国法规，美国对所有进口到美国或从美国出口的非洲象及其肢体部分，或其产品的商业及非商业贸易进行监管。

所有非洲象的族群均受 CITES 的保护，包括在附录一中列出的大多数族群，以及附录二中的四个大象族群（来自博茨瓦纳、纳米比亚、南非，以及赞比亚的族群）。非洲象样品在美国的进出口均需要 CITES 文件。

根据 CITES 规定，对于几乎所有活的或死的非洲象，及其任何可辨认的部分，或其衍生物，包括附录二中的族群，出口国都必须签发出口许可证，以证明该样品的获取并不违反本国相关法律；出口不会影响物种的存活，且对于活体大象，必须证明其会得到妥善装运，尽量减少伤亡、损害健康，或少遭虐待。出口时，必须出示 CITES 出口许可；在进口至美国时也必须向美国官员出示许可证。对于几乎所有附录一中列出的非洲象的样品，在确认进口的意图不致危害有关物种的生存，样品不是主要以商业为目的，并且对于活体大象，该活样品的接受者在笼舍安置和照管方面是得当的之后，管理局才能开具 CITES 进口许可。所有随后再出口的非洲象标本都需要附加的 CITES 文件。

现存的规定有一些例外情况。和公约中的例外情况一致，鱼类和野生动植物管理局对作为个人或家庭财产的样品提供豁免，但该豁免仅针对死的样品和少数附录一中列出族群的样品。作为个人或家庭财产的必须以非商业目的为私人持有，并且进出口的数量不超过旅行或家居的适合量。对包含非洲象牙物件的豁免极其有限。并非所有 CITES 缔约国都对作为个人或家庭财产的样品提供豁免，因此需携非洲象及其衍生物过境，并且想使用豁免的个人需要提前与管理局和所有中间国核实，申请相关文件。在本公约生效前获得的动物及其肢体部分，或其产品享有豁免。但想在该豁免下运输物件的人必须先在进出口前获得前公约证书，并在进出口时将其出示给政府官员，以证明样品是在本公约的规定对其生效前获得的。

除了满足 CITES 的规定，从美国进出口野生动植物及其衍生物的个人必须先通过法律管理局填写野生动植物申报单，且必须通过指定进出口岸。从事野生动物及其衍生物进出口的个人必须获得管理局的许可。这些规定允许我们对美国野生动植物的进出口种类及数量进行监管，并且得以确保此类贸易是合法的。

解决不断增长的针对非洲象的非法猎杀以及非法贸易，是和象牙的经济价值及国际市场相关的。没有信息表明物种的保护状况和管理需求和美国少量的活体大象进出口相关。这些活体大象主要用于圈养培植，公共教育及展示，以及兽皮或其他非象牙肢体或产品的销售。鱼类和野生动植物管理局通过野生动植物申报单监控美国大象样品的进出口，并且所有的 CITES 缔约国都需要递交关于 CITES 中列出物种的贸易情况，每年签发的 CITES 许可及证书的数量及类型的年报。这些信息表明除运动狩猎纪念物和象牙外，对非洲象及其肢体部分，或其产品的进出口量是有限的，且不影响该物种的存活。没有证据表明除象牙黑市外，还存在其他针对活大象及其任何可辨认的部分，或其衍生物的非法市场。

非洲象的进出口将在 CITES 的规定和记录程序下被严格监管。针对非洲象面临的最主要威胁，只有在进出口国确认进出口不会影响物种的存活；活体动物，或其任何可辨认的部分及衍生物的获得是合法的；并且样品的进出口不是以商业为根本目的之后，这些 CITES 文件才能被签发。在进出口活体动物及其肢体部分，或其除运动狩猎纪念物和象牙外的产品时，要求个人除了符合 CITES 规定之外，还要获得《濒危物种法》受威胁物种许可，是对保护物种没有实质意义的。而且由于确保进出口合法，且不威胁物种存活的相关文件已经存在，这将是一项不必须且多余的授权许可。

6. 关于运动狩猎纪念物进出口

《濒危物种法》不禁止美国猎人前往其他国家捕获濒危物种，但是若要进口运动狩猎纪念物到美国，需获得法律授权许可。新规定限制进口到美国的非洲大象运动狩猎纪念物的数量，不超过每年每猎人两件。这美国猎人参与到的合法的有限捕杀活动中，并且出口运动狩猎纪念物，用作纪念物的獠牙是从有限捕杀的大象身上获取的。新规定对这项活动进行了限制，避免作为运动纪念物的象牙进口用作商业性活动。

运动狩猎是个人的商业行为，如果参加狩猎获取象牙的量超过了供个人使用和享乐的合理预期，则违背了运动狩猎的非商业性性质。鉴于当下象牙非法交易不断上升，为提供贸易所需象牙而进行的非法猎杀也相应增多，应更密切地规范导致大量原牙进口到美国的行为，以满足《濒危物种法》及其他规定的宗旨。

该规定同样与 AfECA 中的国会的意图一致。国会实行了一条进口暂行禁令，但合法取自大象分布国的运动狩猎纪念物作为例外，不在禁令范围之内，但需满足的前提是运动狩猎没有直接或间接地加剧非洲象牙的非法贸易。由于不断上升的象牙非法贸易，推动着大象非法猎杀的空前增长，须利用 ESA4（d）赋予的权利，确保作为运动狩猎纪念物进口到美国的象牙，确实是运动狩猎而非商业性利用活动。对于某些特定物种，CITES 缔约国对每名猎人在一个历年内可以进口的数量设定了限制：目前，豹子不得超过 2 只，捻角山羊不得超过一只，黑犀牛不得超过一只。参考照上述定，新规定同样设定每年每名猎人 2 头非洲大象的限制。

　　鱼类和野生动植物管理局对所有非洲象运动狩猎纪念物的进口，签发受威胁物种许可证。进口非洲大象运动狩猎战利品到美国必须符合目前4（d）规定设立的前提条件，其一就是管理部门确定对动物战利品的猎杀可以促进该物种的存活。

　　此外，在运动狩猎纪念物进出口问题上，ESA4（d）规定将纳入一些AfECA中的限制条款，为猎人及其他公众提供便利途径，以便他们获取所有适用于非洲象运动狩猎纪念物规定的信息。所有这些规定也是对《濒危物种法》中所列物种的恰当保护措施，以确保根据分布国的法律，美国公民狩猎非洲象是可持续且合法的，并且和战利品相关的任何象牙都没有助长大象的非法杀戮。

　　仅当战利品取自一个非洲象分布国，且该国已从CITES秘书处获得象牙出口配额时，AfECA才允许非洲象运动狩猎纪念物的进口。这些规定已纳入4（d）规定提议中。同样，AfECA豁免任何进口非洲象运动狩猎纪念物的暂行禁令，但该豁免仅适用于进口，而非出口。根据AfECA第4223（2）节［16 U.S.C.4223（2）］，所有原牙的出口都是被禁止的。根据《濒危物种法》被认定为古董的原牙的出口，在未受提议的4（d）规定规范的情况下，将受AfECA禁止。

　　在满足下列任意一种例外情况，如用于执法或科研目的，属于乐器，巡展物品，或家庭迁居或遗产的一部分，新规定将同样允许作为运动狩猎纪念物的一部分进口的加工象牙的非商业性出口。已作为运动狩猎纪念物进口的加工象牙若被认定为《濒危物种法》古董，则仍可出口。

　　7. 除运动狩猎纪念物以外的象牙的进出口

　　已有规定要求，除运动狩猎纪念物的原牙和加工象牙是100前年的真正古董，或其在管理局登记后，从美国出口，后又进口至美国，其进口允许。根据1989年AfECA的暂行禁令，除了取自合法获取的运动狩猎纪念物的象牙，非洲象原牙和加工象牙的进口在所有非洲象分布国以及中间国（如非原产国却出口象牙的国家）前面禁止。

　　新规定要求，除运动狩猎纪念物象牙的进口将被禁止，但仍有一些有限的例外情况，包括：用于利于大象保护的执法目的或科研目的；作为乐器的一部分，作为某些巡展中的物品，或属于家庭迁居或遗产的一部分。根据4（d）规定的修订提议，原牙的出口将被禁止，且对符合上述例外条件的加工象牙，其出口将会受到限制。ESA4（d）不适用于被认定为古董的物件，因此这些对于象牙进出口的提议禁令不适用于《濒危物种法》中的古董。但是，如前文所述，不管物件的年限如何，AfECA中对象牙进出口的禁令将仍然对其适用。提议的修订与 1989 的暂行禁令一致，并且普遍与管理局于 2014 年 5 月 15 日修订的局长第 210 号令一致。我们已经确定根据《濒危物种法》，这些禁令对保护非洲象是可取的。

如果原牙和加工象牙的进口直接有利于执法行动，则允许其在美国进出口。根据这种例外情况，只有联邦侦探员、州代理人、部落政府等相关人员，出于执法目的，才有权在美国境内进出口原牙和加工象牙。受保护物种的样本经常被用来作为因违反美国法律而进行起诉的证据，这种情况下也可能需要从别国进口象牙。同样，联邦侦探员、州代理人、部落政府等相关人员为也可能为协助他国执法而从美国出口加工象牙。

当有助于保护非洲象时，允许象牙的进出口。根据这一例外，只要出于利于大象保护的真实科研目的，无论原牙或加工象牙均可在美国境内进出口。例如，研究人员在美国研发了用来确定象牙原产地的技术，而象牙样品的进口对这项工作就是必须的。在这种情况下，进口禁令会妨碍科学研究，而科学研究本可以用来保护物种，使之免于偷猎或阻止象牙非法贸易，或记录重要信息，以应对物种所面临的其他威胁。同样，非洲加工象牙的出口可以帮助美国国内外科学家保护物种。

新规定许可对含有加工象牙的，符合严格规定的物件的非商业性进出口。此类物件不受进口暂行禁令以及 4（d）相关条例的约束，属于例外情况。但任何例外情况都不允许原牙的进出口，除非是作为合规乐器，某些巡展中的物品，或属于家庭迁居或遗产的一部分。

根据这三种例外情况，进出口商需要证明其物件中含有的非洲象牙是在 1976 年 2 月 26 日（非洲大象被第一次列入 CITES 之日）前依法从野外大象上获取。但这不是要求一个内含象牙的物件，或乐器的持有者必须在 1976 年 2 月 26 日之前获得这些物品。这要求有足够的信息证明，象牙（从野生大象中获取）是在 1976 年 2 月 26 之前获得的，即使该乐器可能是在日后制成。也要有足够的信息证明，象牙的获取符合所有大象分布国的相关法律，且后续象牙和含有象牙乐器的进出口，符合 CITES 及其他适用法律（了解该乐器在由现有主人获得之前已经过多次转手）。这些规定可以确保上述三种例外情况下所进出口的来自大象的物件，是在 CITES、《濒危物种法》和 AfECA 颁布之前依法获得的，这些法律的出台第一次对大象做出保护。制定现行法律和相关规定就是为解决物种当下所面临的威胁。

根据这三种例外情况，进出口商必须获得符合 CITES 要求的文件，以显示其进出口符合 CITES 的要求。获取 CITES 文件可以确保在这三种例外情况下，每一个进出口的物品都符合 CITES 的严格标准，并且所有象牙物品的进出口都将受到监控，并通过缔约方的年度报告递交 CITES 秘书处。任何巡展中的乐器或物品也需要做出安全标识或者特别标记，以便美国境内及外国港口可以核实所呈递的用于进出口的物品与 CITES 文件所证实的样本一致。尽管 CITES 公约前证书（作为家庭迁居或遗产部分）之下的进出口物件不需要特别标识或标示，通商口岸会确认所有进出口物件的描述和重量与 CITES 文件中所述一致。所有措施可以确保所有例外情况下每种物件都能得到核实和监控，以确保其进出口合法。

8. 符合前法案的样品

在《濒危物种法》生效之日（1973 年 12 月 28 日）或最终列入《濒危物种法》的物种刊登于《联邦公报》之日（非洲象是在 1978 年 5 月 12 日），以较迟者为准，《濒危物种法》第 9（b）（1）节对"被圈养或在受控环境中的"受威胁物种在 4（d）规定中的禁令提供豁免。该豁免仅适用于"此类对鱼类或野生动植物的持有和后续持有用于非商业性行为"的情况。如在州际及对外贸易中提到的，只有以获利或以取得物件为目的，将受威胁物种从一人转移至另一人的行为才能被归为"商业活动"。自 1978 年 5 月 12 日起，该豁免不适用于非洲象物种（包含象牙）的商业活动，包括只有以获利或以取得物件为目的，将物件从一人转移至另一人的行为。

想要参与到这种这类活动中的个人如果不能证明 ESA4（d）禁止的活动符合"前法案"例外情况，那么就有可能无法参与。对 EAS4（d）规定的修订不会改变该法定豁免，但更重要的是，《濒危物种法》中的任何条例都没有规定其豁免会改变或者取代其他现行制定法，如 AfECA 中的条款。即便《濒危物种法》"前法案"的豁免生效，根据 AfECA 被禁止的活动仍受到禁止。

如果行为符合《濒危物种法》中的所有规定，则前法案豁免将适用于以下情况：针对占有 1978 年 5 月 12 日前已被圈养活体大象的禁令；针对出口 1978 年 5 月 12 日已在受控制环境中持有的加工象牙的禁令；针对为进口在 1978 年 5 月 12 日已在受控制环境中持有，用以科研的象牙而取得受威胁物种许可的规定。这些豁免都必须确保从 1978 年起，对活体动物或物件的持有，后续持有及使用不包括以获利或取得物件为目的将物件从一方转移到另一方。

此外，对于始于 1978 年 5 月 12 号的持有，或任何后续持有以及使用，包括以获利或取得物件为目的将物件从一方转移到另一方，被视为是由博物馆或类似的文化历史机构发起的商品展览时，豁免依旧生效。所有 CITES 下的进出口规定和 50 CFR 第 14 部分中的通用野生动植物进口/出口规定仍旧要被满足。

9 (b) (1) 仅对出自《濒危物种法》的受威胁物种禁令提供豁免，而不对 CITES 的规定以及《濒危物种法》的通用进出口规定提供豁免。

9. 古董样品

《濒危物种法》第 10 (h) 节 [ESA10 (h)] 为满足下列条件的古董物件提供豁免：第一，不少于 100 年；第二，部分或者整体由任何濒危物种或受威胁物种构成；第三，从《濒危物种法》生效之日起，对古董物件的修复和修饰没有使用任何上述物种的任何部分；第四，古董物件从《濒危物种法》指定的口岸进入。任何从事涵盖《濒危物种法》古董物件的活动的个人，免于（包括但不仅限于）ESA4 (d) 规定中对该物种的限制规定，包括限制进出口、用于各州或外贸用途的出售、交付、收据、陆运和船运以及任何商业活动。夺取禁令则不适用于死的样品诸如古董。任何希望享有古董豁免权的个人，必须能表明该物件符合 ESA 的规定。

《濒危物种法》的古董豁免则不适用于 AfECA 的禁令，该禁令限制原牙和加工象牙向美国的进口以及原牙从美国的出口。正如 ESA9 (b) (1) "前法案"豁免中所示，《濒危物种法》没有规定该法律下的豁免能更改或者其他适用法令，诸如 AfECA 中的规定。在 AfECA 中针对非洲象牙的进口和某些出口的条款是解决非洲象的保护问题的。该禁令颁布时间晚于早前《濒危物种法》所规定的适用于所有濒危物种和受威胁物种的较为一般性的豁免。因此，之后颁布的 AfECA 更具体的对进出口的限制规定，使用上比早前《濒危物种法》的通用豁免有优先权。如前所述，AfECA 第 4241 节明确规定 AfECA 之下的管理局的授权是对《濒危物种法》中管理部门授权的补充，且二者互不影响。

如果要进口内含象牙的《濒危物种法》认定的古董，必须符合局长第 210 号令中对 AfECA 的暂行禁令设置的例外条款：为执法目的或科研目的的古董原牙或加工象牙；加工象牙作为乐器的一部分；加工象牙作为旅行展览或是搬家中的一部分；或是作为家庭遗产继承而来。这些例外情况符合国会颁布 AfECA 的初衷，避免杀象取牙这类非法交易带来的伤害。作为狩猎纪念物的古董不符合进口的条件，因其违反了 AfECA 的规定。该规定要求象牙来自向 CITES 秘书处申请了配额的大象分布国（100 年前还没有此类规定）。由于 AfECA 包含了对所有原牙出口的禁令，ESA 的古董豁免也不能用来出口原牙。

对于内含象牙的，如上所述可出口的《濒危物种法》古董，以及符合 ESA10 (h) 规定，在 1989 年 AfECA 进口暂行禁令实施之前进口的有象牙成分的古董，其是否可以在各州和外国进行商业买卖取决于限制规定是参照《濒危物种法》还是 AfECA。任何基于除《濒危物种法》外的活动，CITES 的限制规定或法律仍然有效。

符合《濒危物种法》所定义的古董豁免的前提是，古董必须通过《濒危物种法》指定的口岸进入美国。1982 年 9 月 22 日第一次指定了这些口岸。因此根据《濒危物种法》的条款，只要含有任何濒危或受威胁物种（包括非洲象牙）的古董物品都不在《濒危物种法》的豁免内，除非此类古董是在 1982 年 9 月 22 日后由《濒危物种法》指定的口岸进入美国的。

如第 210 号令所示，自称享有针对《濒危物种法》古董豁免的个人必须提供证据，证明其所持物件确实被认定为《濒危物种法》古董。这些证据可能包括一份合格的评估，提供充分证明的文件和/或科学检测。具体的证明材料包括：通过提供该物件详细历史来提供证据，包括但不仅限于家族照片，人种志的实地调查或者其他可确定其真实性的信息，比如可以追溯到已知时期，或者可能的话，找到其设计师。如果确实没有其他方式来寻求证据，可以诉诸科学检测。

此外，对手工古董制品不要求对象牙成分进行科学检测。例如有人能证明一个有着一百多年的象牙镶嵌的桌子，自 1973 年 12 月 28 日起就没有用象牙（或其他任何受威胁的或濒临灭绝的物种）进行过修复或者修饰，那么管理部门就会考虑其是否满足 ESA10（h）中所述的年限标准。然而，要享有《濒危物种法》豁免，古董持有者必须证明其物件满足 ESA1010（h）中所述的全部四个标准。

自从 20 世纪 70 年代起，《濒危物种法》和要求享有豁免权的古董持有人提供证据，管理局也要求古董物件有相应的文件证明。这些文件规定也不仅针对象牙；只要其持有者要求享有豁免权，它也同样适用于任何物种样本。

（三）针对特定国家的特殊规定

鱼类和野生动植物局管理局根据 ESA4（d）规定①中关于非洲象狩猎纪念物的进口要求，对许可狩猎纪念物入境的国家做出了特殊规定。美国公众允许开展非洲象狩猎的国家有南非、纳米比亚、博兹瓦纳、塔桑尼亚和津巴布韦等五个象分布②国，但是鱼类和野生动植物管理局于 2014 年起不允许津巴布韦的非洲象狩猎纪念物入境，对对坦桑尼亚的非洲象狩猎纪念物实行申请审核制，而对于其他三个国家的非洲象狩猎纪念物入境按照 CITES 附录 Ⅱ 物种进出口通行管理办法，不需要办理进出口许可证。

---

①　该条款编号为：17.40（e）（3）（iii）（C）。

②　只有这五个国家得到 CITES 秘书处许可的狩猎大象和出口象牙等狩猎纪念物的配额。

　　针对于津巴布韦非洲象狩猎纪念物的进口临时禁令首先于 2014 年 4 月 4 日发布①。对此，津巴布韦政府、非政府组织、狩猎公司、职业猎人协会、个人等利益相关方向鱼类和野生动植物管理局提交了相关信息，希望上述禁令能有所改变。2014 年 7 月 17 日，鱼类和野生动植物局管理局完成了对所有可获材料的评估，坚持认为在津巴布韦开展的运动狩猎活动不会有利于该国的非洲象保护，原因在于该国无法确保非洲象管理计划得以贯彻实施、缺乏非洲象种群数量的充分信息、执法能力低下、狩猎指标体系不健全、狩猎收益未用作保护非洲象、缺少政府支持，设定临时禁令的有效期为 2014 年 4 月 4 日至 2014 年 12 月 31 日，该期间禁止 2014 年 4 月 4 日当天及以后所获的非洲象狩猎纪念物入境②。2015 年初，鱼类和野生动植物管理局再次对津巴布韦政府及非政府组织提交的说明材料进行了评估，认为现有材料仍无法支持非洲象狩猎有利于非洲象保护。同年 3 月 26 日，鱼类和野生动植物管理局宣布临时禁令有效期延长至 2015 年全年，若未取消，则永久有效③。

　　针对坦桑尼亚的非洲象狩猎纪念物的入境管控建议由鱼类和野生动植物管理局的科学管理委员会于 2014 年 2 月 21 日做出，并交由管理局的管理委员会审议后，管理局于 2014 年 3 月 27 日发布新管控政策，实行申请审核制（application-by-application），适用于 2014 年全年④。针对美方指出的非洲象盗猎危机、执法能力低下、人象冲突、大象种群数量不清、部分地区大象种群数量快速下降等问题，坦桑尼亚自然资源和旅游部进行了回复和改进，局部地区的大象种群恢复得到了美方的认同，但美方认为多数问题依旧存在。2015 年 7 月 3 日，鱼类和野生动植物管理局将管控政策有效期延长至 2015 年全年。除非该管理局得到充分的信息，能够证明坦桑尼亚的非洲象境况得到实质性好转，否则非洲

① "Enhancement Finding for African Elephants Taken as Sport – hunted Trophies in Zimbabwe during 2014", March 20, 2016, available at: https://www.fws.gov/international/pdf/enhancement – finding – April—2014 – elephant – Zimbabwe. PDF。在联邦公告中公布的代码为：79 FR 44459。

② 该决议是 2014 年 7 月 17 日做出的，但是由于技术修订和更新问题，修订后的版本于 2014 年 7 月 22 日签署。Available at: https://www.fws.gov/international/pdf/questions – and – answers – suspension – of – elephant – sport – hunted – trophies. pdf。

③ "Importation of Elephant Hunting Trophies Taken in Tanzania and Zimbabwe in 2015 and Beyond", February 12, 2016, available at: https://www.fws.gov/international/pdf/questions – and – answers – suspension – of – elephant – sport – hunted – trophies. pdf。

④ "Enhancement Finding for African Elephants Taken as Sport – hunted Trophies in Tanzania during 2014", March 20, 2016, available at: https://www.fws.gov/international/pdf/enhancement – finding—2014 – elephant – Tanzania. PDF。

象狩猎纪念物入境申请无法得到许可。

四、州大象保护与象牙贸易管控政策

2014—2016 年，夏威夷州、康涅狄格州、佛罗里达州、伊利诺斯州、马萨诸塞州、内华达州、俄克拉荷马州、俄勒冈州、维吉尼亚州、华盛顿州等多个州通过了限制象牙在州内交易的法案或投票，加利福尼亚、新泽西州和纽约州通过了"全面"象牙禁令，旨在州层面上消除非法贸易，这三个州都是非法象牙贸易的重要港口。这些州的象牙禁令，除少数特例外，限制州内所有的象牙贸易。特例通常包括古董、遗传、执法相关活动，或科研或教育用途的合法象牙。

（一）加利福尼亚州

加利福尼亚州立法机关通过了第 96 项议会法案（AB 96 "动物肢体和产品：进口或出售象牙和犀牛角"），2015 年 10 月 5 日 Jerry Brown 州长签署该法案。在通过 AB 96（以每天被杀害的 96 头大象命名）的过程中，立法机构旨在关闭非法象牙在旧金山和洛杉矶发展的州内销售，这被称为美国非法象牙的顶级交易市场。

AB 96 法案删除了现有法律中允许进口和销售的 1977 年以前的象牙的豁免。法案中的禁令自 2016 年 7 月 1 日起实施。一旦生效，除非有豁免，法律禁止在加利福尼亚州内购买、销售、提供销售，销售意图持有或进口用于销售的象牙和犀牛角。"象牙"包括任何品种大象、河马、猛犸象、海象、鲸鱼或独角鲸的牙齿或长牙。豁免项包括：一是执法活动；二是根据联邦法律授权的赦免或许可活动；三是象牙作为 1975 年前制作的乐器的一部分，且象牙比例小于乐器的 20%；四是象牙是有文件记载的真实古董的一部分，其体积小于古董的 5%，且古董久于 100 年；五是在某些特定领域，为了教育和科研目的，以教育和科研工具形式销售的象牙。

零售或批发市场内持有的用于与类似物品买卖的象牙将被推定为意图销售象牙的证据。新法案的编制要求被告承担证明象牙满足有限的赦免条件的举证责任。加利福尼亚州的现行法律规定被告承担证明象牙是 1977 年前的举证责任，但是该条款没有被编入法规因此很少应用在法庭上。

AB 96 法案对违反立法禁止事项的行为设定民事、刑事和行政处罚。对首次象牙犯罪且价值低于 250 美元，处以 10000 美元的最高罚款和/或不超过 30 天的有期徒刑。象牙价值超过 250 美元（或第二次象牙犯罪且价值低于 250 美元），

增加罚款 40000 美元和/或不超过一年的监禁。第二次象牙犯罪，价值超过 250 美元，最高罚款 50000 美元或处以象牙价值两倍罚金和/或监禁一年。只要遵从上述法规设立的程序（如发行投诉，听证会），不超过 10,000 美元的民事罚款也得到授权。立法机构可能向为定罪提供有价值信息的人支付最高 50% 罚款（不超过 500 美元）的酬劳。一个人提供信息导致定罪下规定。查获的象牙将被没收和销毁或捐赠用于教育或科学目的。

加州象牙法案在州法院受到了挑战。象牙教育研究院于 2016 年 1 月提起诉讼反对加利福尼亚州政府，要求采取禁令，禁止该法案的实施。请愿者称，象牙法案是违宪的，因为它违反了请愿者的正当程序、商业休眠条款和美国的收入规定。部分野生动物保护团体介入，支持加州。目前该案正在审理中。

（二）纽约州

纽约立法机构于 2014 年 6 月 16 日通过了一项州内销售大象和猛犸象象牙和犀牛角的禁令。州长在 2014 年 8 月 12 日签署该法案。禁令目前有效和广泛的禁止任何人在纽约销售、许诺销售、采购、交易、交换或分发象牙制品。

法律承认以下有限的豁免情况如下：一是古董久于 100 年，象牙构成比例小于 20%；二是位置或权属改变是因科学或教育目的，或是有董事会特许交由博物馆或得到纽约州议会章程特许；三是象牙的获得者是一个法定受益人，继承人或房地产继承人；四是该制品是制作于 1975 年前的，含有象牙成分的乐器。

纽约环境保护部门授权为符合赦免条例的象牙办法许可证。满足任一赦免条件的象牙制品或犀牛角需要按照许可程序建档。卖方负担满足赦免条件的举证责任。在这项禁令前获得许可证的卖方在该条款下可以继续出售象牙制品和犀牛角，直至许可证过期。象牙中包括猛犸象象牙，因为大象象牙和猛犸象象牙难以区分。

如果象牙价值超过 25000 美元，在纽约刑法中构成 D 类重罪。首次犯罪处以高于 3000 美元或象牙价值两倍的罚金。再次犯罪处以 6000 美元以上或象牙价值 3 倍的罚金。

在销售许可证的情况下，如果象牙制品超过 100 年，象牙构成少于 20%，没有使用 1973 年 12 月 27 日颁布的濒危物种法案（ESA）中列示的物种进行修复或修改的象牙制品，被允许在州内销售。

（三）新泽西州

新泽西州长克里斯·克里斯蒂在 2014 年 8 月 6 日签署了新泽西州的象牙禁

令（S2012／A3128）。在象牙禁令的通过过程中，新泽西州议会表示："这是保护所有物种保护犀牛和有象牙的所有物种是重要的公众目的，通过禁止进口、销售、购买、以物易物，或意图贩卖而占有象牙、象牙制品、犀牛角或犀牛角产品的行为。"法律涵盖了将"象牙"定义为有象牙的大象、河马、猛犸、独角鲸、海象、或鲸，以及犀牛角。

新泽西法律规定，除特殊情况外，"任何人进口、销售、提供销售、购买、以物易物，或意图贩卖而拥有任何象牙、象牙产品、犀牛角或犀牛角产品"均属违法。与加利福尼亚州的 AB 96 号法案类似，零售或批发市场内持有的用于与类似物品买卖的象牙将被推定为意图销售象牙的证据。

享受豁免的包括：一是获得者为象牙或象牙制品转移给象牙的法定受益人；二是因教育或科研目的持有；三是因执法目的持有；四是象牙进口经联邦许可，有执照或许可证。

法律颁布之日起六个月后生效。首次犯罪，处以 1000 美元以上或象牙价值总额两倍的罚金。再次犯罪，处以 5000 美元以上或象牙价值总额两倍的罚金，处以总额的两倍的象牙。一经定罪，象牙将被没收和处置，包括销毁或捐赠给博物馆或研究机构。

（四）夏威夷州

考虑到其他州象牙禁令的成功和联邦加强象牙贸易监管的努力可能导致夏威夷作为非法象牙市场更具吸引力，夏威夷立法机关正在考虑设立象牙禁令。国际自然保护联盟（IUCN）将在 2016 年 9 月主办世界自然保护大会，作为会议东道主，立法同样旨在表现了夏威夷阻止野生动物走私的承诺。

立法机关正在考虑两项法案——《H. B. 2502 法案》和《S. B. 2647. 法案》。根据《H. B. 2502 法案》，禁止售卖、提供销售、采购、贸易、易货，或分发任何法规中列示的动物，包括大象和其他如美洲豹、类人猿和狮子等被贩卖的动物。在 CITEs、ESA 或 IUCN 上列示的海洋哺乳动物也收到保护。国家列表是最广泛的象牙禁令，不仅包括大象，还包括美洲豹、类人猿、狮子、豹子、鲨鱼、海龟、鲸鱼、独角鲸和其他容易受到走私的野生动物。

享受豁免的免包括：一是古董；二是教育或科学目的的配给；三是继承；四是 1975 年前制造的乐器的一部分；五是有少量的象牙的枪支和刀具；六是联邦授权交易；七是受到夏威夷宪法保护的传统文化习俗。

在零售或批发机构或其他论坛从事动物制品买卖而持有的象牙或象牙制品将被推定为意图贩卖持有的证据。众议院的法案（如果通过）将于 2016 年 12

月 31 日生效，但直到 2017 年 12 月 31 日执法行为才被授权。参议院的法案 (S. B. 2647) 在很大程度上类似于众议院的法案，除了它直到 2050 年 7 月 1 日生效。

第一次象牙犯罪，判处最低 200 美元的强制罚款和/或不超过 1 年的有期徒刑。第二次犯罪，判处最低 1000 美元的强制罚款和/或不超过一年的有期徒刑。第三次象牙犯罪，处以最低 2000 美元的强制罚款和/或不超过一年的有期徒刑。第二次和第三次象牙犯罪，非法动物制品将被视为违禁品没收和处置。参议院法案的惩罚与众议院法案相同。

（五）华盛顿州

2015 年，华盛顿州拟对与象牙及犀牛角非法贸易相关的规定做修订，加强对贸易的管控，以及对非法贸易的打击力度。

新增的内容包括修订的七大原因：第一，象牙非法贸易的严重程度前所未有，2013 年全世界没收的象牙重量超过 41 吨；第二，尽管已有大象保护相关法律，非洲象仍遭到严重屠杀，2012 年约 35000 头非洲象被屠杀；第三，专家认为，按照如今非法象牙贸易的趋势发展下去，大象将在 20 年内全部灭绝；第四，史前猛犸象遗留的珍贵文物同样需要保护，以防非法象牙贸易者觊觎；第五，全球野生犀牛物种的数量已逐渐减少，目前数量为 29000 头；第六，2014 年 2 月一项针对犀牛角、象牙商业贸易的联邦禁令强调了保护犀牛与大象的重要性，防止偷猎者犯罪；第七，解决非法贸易最有效的方式是消除相关市场及利润。

因此，立法机构认为应禁止进口、贩卖、购买、易货贸易、以销售为目的地占有任何象牙、象牙制品、犀牛角及犀牛角制品，以此来保护所有犀牛、象物种及史前猛犸象遗留的珍贵文物是重要的公共目的。

进一步而言，一是除了规定的例外情况，任何人及实体机构均不可贩卖、提供贩卖机会、购买、贸易、运输、易货贸易、分散任何象牙物件及犀牛角。二是负责人或负责人指定的人员应针对贩卖、提供贩卖机会、购买、贸易、运输、易货贸易、分散任何象牙物件及犀牛角采用许可证或批准令制度。此处定义的象牙物件及犀牛角主要包括以下特征：一是体积百分比低于百分之五。二是真正的、非伪造复制的古董。三是所有者或贩卖者向相关部门、证明机构或买家登记有效的物件来源证明，证明古董历史超过一百年。如需使用分散、转换及其他改变方式改变已拥有的象牙物件及犀牛角，必须出于正当的教育、科研目的。象牙物件、犀牛角可传给合法可信任的受益人、继承人或分配遗产受益人。四是象牙物件、犀牛角是乐器的组成部分，此处所指乐器包括弦乐器、管乐器与钢琴。且所有者或贩卖者能够向相关部门、证明机构或买家登记有效的物件来源证明，证明乐器与1976年1月1日前制造的。相关部门必须将信息公开透明，在部门网站上公告本条规定和关于禁止出售和购买象牙和犀牛角制品的相关信息，实现公众监督。

上文中的关键术语界定如下：一是"分散"，指的是转换、改变占有，伴随着合法拥有权的改变。二是"象牙"，指的是来自任何大象、猛犸象的组成象牙的牙齿、獠牙等部分，或其任何部分。无论是原牙、加工的象牙，或是包含以上物品加工、未加工部分的任何象牙制品。三是"象牙物件"，指的是包含象物种、猛犸象的加工象牙或原牙的任何物品。四是"象牙制品"，指的是包含、或其本身全部或部分是由象牙制成的产品，无论其象牙属于何种象物种。五是"原牙"，指的是仅表面抛光或未抛光的象牙，未改变象牙原始状态，或者仅仅进行了很小程度的雕刻。六是"犀牛角"，指的是任何犀牛物种的角，或者犀牛角中的任何部分。七是"犀牛角制品"，指的是包含或其本身全部或部分是由犀牛角制成的产品，无论其犀牛角属于何种犀牛物种。八是"价值"，指的是象牙、象牙制品、犀牛角、犀牛角制品在公开市场中的价值与购买象牙、象牙制品、犀牛角、犀牛角制品实际支付的价格两者中较高者。九是"加工象牙"，指的是装饰、雕刻、标记或经过其他改变的象牙，不属于原牙。

新增加的法律责任包括：第一，若运输批发以下提到的鱼类、贝类或野生动物，且其价值低于250美元，判其犯有二级非法贸易鱼类、水生有壳动物或野生动物罪。一是按照法令及部门规章，禁止非法贸易的游戏类、食用鱼类、贝类、供垂钓鱼类或保护类野生动物的鱼类、贝类或野生动物；二是非法贸易违反部门规章未分类的鱼类、贝类或野生动物；三是法律及部门规章中明确规定的，不允许非法贸易的鱼类、贝类或野生动物物种中还包括在华盛顿州野外地区未发现的全部或部分的相关物种。第二，若有人在触犯上述规定的同时，还犯有以下贸易情形，判其犯有一级非法贸易鱼类、贝类或野生动物罪。一是超过250美元价值的鱼类、贝类或野生动物；二是按照法令及部门规章，禁止非法贸易的指定为濒危物种的鱼类、贝类或野生动物或外来的野生动物物种。第三，为实施第二条规定内容，若在构成二级鱼类、贝类、野生动物非法贸易罪的同时，还发现这一系列的非法交易属于整体阴谋或计划的一部分，则无论由非法贸易构成的任何形式的一系列交易分别发生在何时，在判定此类交易非法贩运的犯罪程度时，应计算整体计划中一系列交易的价值总和，以此定罪。第四，二级鱼类、贝类或野生动物非法贸易罪为C级重罪，而一级鱼类、贝类或野生动物非法贸易罪为 B 级重罪。

五、美国大象保护与象牙贸易管控政策的影响

美国大象保护与象牙贸易管控政策系统性强、手段丰富，超越了野生动植物种保护技术层面的考量，具有明确的政治与经济利益取向，成为国家整体利益中的重要组成部分。

（一）对国际社会的影响

美国大象保护与象牙贸易管控政策凸显了该国在野生物种保护领域中的政治意志，与其引领国际政治经济事物的一贯做法相一致。由此不难理解"为什么美国要去保护亚洲象和亚洲象这两种其他国家的物种"①。

早在 20 世纪 70 年代，美国就是全球濒危野生动植物保护的倡导者、支持者和引领者，推动了 CITES 的签署和实施，也是第一个参与 CITES 的国家，构建了全球濒危物种保护基本规则，并影响着全球濒危物种保护规则的演进②。20 世纪 80 年代以来，美国通过两个保护基金对大象分布国提供资金和项目援助，参与修订和完善象牙国际贸易规则，支持、引导和干预亚洲象和非洲象分布国家的大象保护与象牙贸易管控工作。美国《国家战略》指出，野生动植物非法贸易影响全球安全，全世界都有义务保护濒危野生动植物，美国应该是应对此类问题的全球领导者。

美国大象保护与象牙贸易管控政策是其对非外交政策的重要组成部分。2013 年 7 月 1 日《行政令》发布时间，也是奥巴马总统 6 月 27 日—7 月 2 日访非行程的倒数第二天。奥巴马总统在于坦桑尼亚基奎特总统举办的新闻发布会上，强调了美国与非洲的新型合作关系，非洲野生动植物是非洲身份和繁荣的象征，宣布签署《行政令》，更好地与坦桑尼亚和其他非洲国家合作，为非洲地区的所有国家提供资金援助，加强这些国家的保护管理能力，共同开展打击野

---

① 在 2015 年开展的 ESA4d 规定修订意见征集活动中，有公众质疑政府为什么要保护亚洲象和非洲象这两种非美国本土的物种。

② 2016 年 9 月召开的第 17 次 CITES 缔约国大会上，穿山甲所有八个亚种升级为附录 I 物种。美国不仅是该升级提案的倡导者，而且早在 2015 年 6 月就与 IFAW 等非政府组织资助越南组织召开了全球首个穿山甲分布国研讨会，推动加强穿山甲的保护与贸易管控。

生动植物非法贸易，确保非洲子孙后代享有非洲美景①。选择访非期间颁布《行政令》，明确非洲是美国打击野生动植物非法贸易的重点区域，表明打击野生动植物非法贸易是美国对非战略的重要组成部分，维护美国国家整体利益②。《国家战略》指出，亚洲富有阶级的快速兴起，增加了对象牙等濒危野生动物制品的需求，使得非洲向亚洲出售的此类制品数量增多，激发了非洲象盗猎案件的快速增长，给非洲国家军队和警察部门带来了重大的安全挑战，削弱了非洲的民主制度，助长了非洲的腐败，甚至部分非洲国家的军队和政府官员直接参与了象牙的非法交易。因此，美国关于非洲象的保护政策得以持续更新，而亚洲象保护的相关政策相对稳定，与美国的非洲外交政策与亚洲外交政策具有一致性。

美国大象保护与象牙贸易政策也是其他外交政策的重要组成部分。在多边外交平台上，美国在八国集团、亚太经合组织、联合国打击犯罪委员会中起到积极作用，倡导政府间采取行动将野生动物非法贸易作为严重犯罪；号召20国集团、美国政府组织、经济合作与发展组织等区域性组织加强合作，共同打击野生动植物非法贸易。美国鼓励有关国家清点和公开库存、销毁没收的象牙和其他非法贸易的野生动植物制品，规范国内的野生动植物贸易市场。美国还寻求与其他政府、政府间组织、非政府组织、私营组织及其他组织等促成联合行动伙伴关系，打击野生动植物非法网络贸易、遏制野生动植物非法运输和销售，将打击野生动植物非法贸易的活动纳入"刚果盆地森林伙伴关系"等现有的伙伴关系。

美国大象保护与象牙贸易管控政策得到了国际社会的积极响应，起到了积极的作用。英国政府于2014年2月17日主办了"打击野生动植物非法贸易伦敦会议"，与会代表审议通过了《打击野生动植物非法贸易伦敦会议宣言》，呼应了美国的政策主张。2016年4月30日，肯尼亚一次性销毁了105吨象牙，达到全球象牙销毁的峰值。

（二）对国内社会的影响

美国大象保护与象牙管控政策具有深层的经济动因，集中表现在新修订的

---

① 资料来源：《奥巴马总统和坦桑尼亚总统基奎特在联合新闻发布会上的发言》（*Remarks by Presidents Obama and President Kikwete of Tanzania at Joint Press Conference*），https：//www. whitehouse. gov/the－press－office/2013/07/01/remarks－president－obama－and－president－kikwete－tanzania－joint－press－confe。

② 谢屹，温亚利：《美国打击野生动植物非法贸易政策研究（一）——〈打击野生动植物非法贸易行政令〉解析》，《林业经济》，2015年12期。

象牙管控政策统筹兼顾了本国不同利益相关方的经济利益，保障了本国的经济利益，这也有助于回答"为什么美国不全面实行象牙禁贸政策"①。

美国拥有庞大的象牙加工利用产业，经济产值高，利益关系复杂，决定了象牙管控政策只能是"有限"的趋紧。据 ESA4（d）规定修订的意见征求稿中的经济成本和效益分析，最新的象牙管控政策对象牙加工利用产业的影响小。管理政策作用对象包括美国公民和其他受美国司法权管辖的个人参与的跨州或国际的象牙贸易活动，其中主要涉及的象牙制品包括桌球杆、美式台球、刀把、枪握把、家具镶嵌物、珠宝首饰、艺术品以及乐器零件，多数符合"最少象牙含量要求"。2007—2011 年间，从美国出口经加工的非洲象牙制品总价值 3210 万美元至 17570 万美元不等，其中不符合 ESA 古董标准的制品总价值在 60.7 万美元至 370 万美元间，受新政策影响导致象牙制品年均出口额仅下降 2% 左右。新管控政策将继续允许进口活体非洲象和非洲象的非象牙部分及其生产的制品，只对狩猎纪念物构成影响。每个猎手每年许可进口狩猎纪念物的非洲象数量限制为两个，受此影响的猎手数量大约 700 名，占所有猎手的比重为 3%~4%。

美国象牙加工利用产业的从业企业和人员数量众多，且多为小型企业，新修订的象牙贸易管控政策须符合《监管灵活性方案》，征求小型企业等小规模实体的意见，并根据《小企业公平监管法案》，确定不会对多数小规模实体构成重大的经济影响。与象牙加工制造的企业涉及乐器生产业、运动和娱乐用品批发、木材加工业、厨具制造业、珠宝银器制造业、二手商店、艺术品经销店，其中木材加工业、珠宝银器制造业的小型企业比重为 100%，厨具制造业、运动和娱乐用品批发、艺术品经销店的小型企业比重在 95%、97% 和 99%，二手商店和乐器生产业的小型企业比重分别为 75% 和 74%。由于这些小型企业的主要象牙制品在州内销售，非古董象牙出口在经营活动占的比重少，以及许可进行"最小"象牙制品的国内销售，使得小型企业收入受到的影响会小于 2%，低于新管控政策对于出口的影响。

美国对于大象分布国的保护援助和项目支持也不乏经济方面的考量，维持了较低的国际保护援助成本。近年来，美国对于亚洲象保护提供的保护资金在 100 万美元/年左右，远低于 AsECA 颁布时提出的 500 万美元/年，然而亚洲象的保护威胁因素没有消除，所处于的濒危境况也没有得到好转，需要更多的保护援助与项目支持。

---

① 在 2015 年开展的 ESA4d 规定修订意见征集活动中，有公众质疑政府为什么不全面禁止象牙贸易。

第九章　美国野生动物保护管理体制总结与讨论

一、美国野生动物保护管理体制总结

作为生物多样性保护发达国家，美国拥有先进的野生动植物保护理念和科学的保护行动，野生动物保护管理工作处于良性发展轨道，为全球野生动植物保护管理工作提供了示范。

（一）保护管理法律法规制度健全

美国关于野生动物保护的法律法规种类多样，不同法律法规之间的关联性强和冲突少，并能对保护管理实践的新问题及时出台、完善法律法规，构建了健全和有力的法律法规制度体系。

作为美国野生动物保护的主要法律，《濒危物种法》[①] 内容丰富和规定具体，阐明了野生动物保护理念和宗旨、建立了野生动物的保护级别体系、提出了野生动物保护的主要措施与手段、界定了野生动物保护的主要部门及保护投入机制、明确了针对野生动物可以开展及不可以开展的活动、违反法律的经济处罚及刑事责任等内容。自 1973 年发布以来，《濒危物种法》在 1978 年、1982 年和 1988 年做了三次重大修订，但是法律总体框架并没有发生改变，细化了关于物种恢复、联邦土地用作栖息地等方面的具体规定。比较而言，其他法律内容更为单一，指向更为明确。诸如，《1956 年鱼与野生动物法》主要针对的是建立鱼类和野生动物国家政策，《雷斯法》主要针对野生动植物的贸易及其合法性问题；《1966 年国家野生动物庇护所管理》针对的是作为野生动物栖息地的庇护所体系的建立及管理问题。

对于白头海雕、金雕等濒危野生动物，美国不仅有统一的《濒危物种法》，

　　[①]　《濒危物种法》低于

还有《白头海雕和金雕保护法》等针对具体物种的法律，并根据物种保护的最新情况，对法律法规制度保障作用予以调整，体现了立法及执法工作的弹性和韧性。随着白头海雕的快速恢复，特别拥有接近上万对筑巢白头海雕时，在广泛征求公众意见后，将该物种移除了《濒危物种法》名录，同时通过《候鸟条约法》《白头海雕和金雕保护法》保护白头海雕不被猎杀和售卖。立法工作的灵活性则体现在《全球反盗猎法》的出台。该法的出台于 2016 年，紧接 2010—2013 年全球非洲象盗猎危机之后，表明了美国国会对于支持国际社会打击野生动物盗猎危机的坚定立场。该法同时表明了以打击野生动物盗猎及非法贸易为中心的全球野生动物保护活动已经呈现出军事化、政治化和外交化等特点。

美国的野生动物保护法规十分健全，与法律形成呼应，便于行政管理部门开展保护管理工作，应对管理工作中出现的各种新问题。对于联邦政府的所有法规进行统一统计，采用联邦行政规定代码。与《濒危物种法》相对应的行政规定为"美国内政部鱼与野生动物管理"，明确了主管部门在野生动物保护中的责权利，设置了具体的行政许可事项，申请人办理行政许可事项需满足的条件与材料。针对大象盗猎危机，鱼类和野生动植物管理局加强象牙及其制品贸易管控，对《濒危物种法》第 4（d）款对应的规定进行修订，实现了短时间内的政策完善与调整。

值得注意的是，美国的野生动物保护法律法规不仅是针对本国所有的野生动物物种，还包括其他国家的野生动物物种。在《濒危物种法》的 2054 种濒危或受威胁物种中，只有 1436 种生存在美国境内。对于非洲象、亚洲象等非美国本土物种，美国分别出台了《非洲象保护法案》《亚洲象保护法案》，履行美国在这些物种保护方面的国际义务。

（二）保护管理组织级别高与体系发达

美国野生动物保护管理工作由内政部、农业部、商务部、国务院、司法部、国土安全部等多个联邦政府部门承担，组织级别高。在各州也有功能类似的保护管理部门，共同形成了发达的保护管理体系。

在内政部中，鱼类和野生动植物管理局专门负责物种保护管理工作，国家公园局、土地管理局、印第安事务局负责与野生动物保护相关的栖息地保护管理问题。农业部动植物检查中心被赋予野生动物人工繁育的管理职能，确保野生动物人工繁育及利用活动尽可能少的对野生动物构成损害，同时保障野生动物保护及利用活动符合农业部和农业发展利益需求。商务部在野生动物保护管理中承担重要职责，与内政部共同发布濒危及受威胁物种名录，并根据物种种群数量的动态变化对物种名录进行动态调整，确保野生动物保护与利用双重目标得以共同实现。

内政部主导的野生动物及其栖息地保护管理体系发达，呈现由上至下的扁平状垂直管理模式，体系运行效率高。就野生动物进出口事宜，内政部根据《濒危物种法》制定并发布了行政法规，设定了特定的进出口口岸，规定了需要申请报批的进出口物种及事项，并派驻鱼类和野生动植物管理局工作人员在这些口岸开展审批、检查、发放许可证等管理工作。国家野生动植物庇护所体系由鱼类和野生动植物管理局实行分区统一管理，开展统一的物种拯救、栖息地恢复、保护宣教、清除外来物种等保护行动。国家公园体系则由国家公园管理局实行分类统一管理，为公众提供游憩、保护宣教等服务，保护野生动植物及其自然生态系统。全国的国家公园特许经营由设在华盛顿特区的国家公园局总部统一招标、确定中标企业和签署特许经营合作。

在打击动物非法贸易这一野生动物保护前沿及热点事务方面，国务院、内政部、司法部、国土安全部等17个联邦部门共同发挥了重要作用。多部门成立"打击野生动植物非法贸易总统行动组"，由国务院、内政部、司法部作为牵头单位，三个部门负责人作为联合主席，通过国家安全顾问向总统报告工作。由此，打击野生动物非法贸易工作成为国家具有战略意义的一项重要工作，现任总统延续了上一任总统对此项工作的重视，加强对打击非法贸易工作的支持力度。不同联邦部门之间分工明确，合作紧密，形成了打击野生动物非法贸易的合力。

在州政府层面，设置有与内政部鱼类和野生动植物管理局、土地管理局相类似的州管理机构，开展野生动物保护及利用管理工作。不同州的管理机构职能存在一定差异，但开展的保护管理工作大同小异，以物种拯救、栖息地保护、打击野生动物非法贸易作为主要任务。诸如，亚利桑那州野生动物管理部门下设有警察部门开展执法工作，而俄勒冈州野生动物管理部门与州警察局开展合作执法工作。

联邦与州野生动物保护管理部门没有行政上的隶属关系，也没有直接的业务指导关系，但是存在较为密切的合作伙伴关系。在墨西哥狼等物种的再引进方面，整体工作由联邦野生动物保护管理部门负责，但在各个州的具体工作，会寻求州野生动物保护管理部门的支持。

（三）保护管理中的公众参与机制健全

美国野生动物保护中的公众参与具有很长的历史，公众在野生动物保护中的作用突出，是野生动物保护管理部门的服务对象，也是野生动物保护的志愿者、参与者、宣传员、捐赠者，成为以政府为主导的野生动物保护工作的有力组成部分。

野生动物保护的公众类型多样，包括个人、企业、非营利组织、部落等，通过税收减免政策，将不同的公众聚合在一起，形成合力。根据《国家税法》501（c）（3）条款规定，企业和个人公众通过获得税收减免地位的非营利组织，为野生动物保护等慈善事业进行的捐赠，可以享受与捐赠金额相对应的所有税减免。就此，不少企业甚至规定只能对获得税收减免地位的非营利组织进行捐赠。该税收政策不仅促进生了发达的非营利组织体系，而且凝聚了大量的企业和个人的捐赠。通常，非营利组织在确定拟资助的野生动物保护项目基础上，再向企业和个人进行资金募集，能确保资金使用效率。

公众参与野生动物保护的活动组织程度高，鱼类和野生动植物管理局实施了国家鱼和野生动植物伙伴计划，鼓励私有土地所有者为野生动植物保护提供栖息地。鱼类和野生动植物管理局与印第安人事务局实施了部落合作计划，支持和引导印第安部落在其保留地范围内开展野生动植物及其栖息地的保护活动。国家野生动植物避难所、国家公园都设置了各种不同有利于公众参与的志愿者项目，使得公众成为野生动物保护管理的重要组成部分。公众参与的志愿活动种类多样，包括科普宣教、栖息地恢复、野生动物资源清查、外来物种清除、保护设施维护、书店及游客中心管理。公众参与志愿服务的形式灵活，可以全职参加，也可以兼职参加，甚至可以一天只提供一个小时的志愿者服务。作为个人的志愿者，可以直接参加志愿服务，也可以通过非政府组织参加志愿服务。在良好的参与机制支持下，有的志愿者坚持数十年持续提供志愿者服务。为更好地发挥志愿者的作用，管理部门重视对志愿者的能力培训，为志愿者提供必要的支持和引导。

非政府组织是参与野生动物保护的一个重要主体。这些非政府组织具备很强的专业特长，属于其领域及方法的引导者，能为管理部门提供必要的技术与管理支持。在鱼类和野生动植物管理局确定为合作伙伴的非政府组织中，动物园及水族馆协会确定了动物园和水族馆的建设和管理标准，并对符合标准的动物园和水族馆进行认证；蝙蝠保护国际是全球最为权威的、以保护蝙蝠及其栖息地作为主要目的的组织；国家鱼和野生动植物基金会是美国最大的野生动植物保护非营利组织，以募集资金为主要工作；大自然保护协会则是美国保护地役权的倡导者，也是自然服务——北美最权威的保护数据库的创建者；北美本地鱼协会、游隼基金会、鸣鹤东部伙伴关系则分别关注了本地物种保护。

购买鸭票是美国公众参与野生动物保护的一种简单方式。公众只需购买一张鸭票，就可以成为野生动物保护的贡献者。就鸭票的用途来看，可以分成收藏类鸭票和雁鸭狩猎许可证类鸭票。两类鸭票都具有收藏保值增值功能，得到公众的认可度都很高，每年购买鸭票的公众数量居高不下。如果公众购买的为联邦政府发行的鸭票，其支付的购买款项成为联邦政府收入，专项用作国家野生动植物避难所土地的购买和场所的管理。如果公众购买的为州政府发行的鸭票，其支付的款项成为州政府收入，用作州政府主管部门组织实施的野生动物保护项目。鸭票不仅吸引了普通公众以消费者身份参与野生动物保护，还吸引了艺术家参与鸭票设计竞赛，提高鸭票的艺术价值与收藏价值。鸭票还将青少年作为一个重要的群体，鼓励并提供青少年的参与，为野生保护工作的长期开展培养后备力量。

（四）保护管理理念科学

美国野生动物保护管理理念科学，以可持续发展作为引领，坚持野生动物及其栖息地保护与经济社会发展的共进，注重提高野生动物保护效率，合理调控物种种群数量，控制野生动物保护成本，提高野生动物保护收益。

野生动物具有二元性，既是生态资源，也是经济资源；既是维护生态安全和生态系统健康的重要单元，也是支持经济社会发展、保障和提升人类福祉的自然物质。美国野生动物保护不只是把野生动物看住，确保数量增强、健康改善、质量提升，更注重发挥好野生动物在自然生态保护与经济社会发挥中的基础性作用。也正由于此，《濒危物种法》濒危和受威胁物种名录的确定与修订由内政部与商务部共同负责，以应对由于将某物种列入濒危和受威胁物种名录对经济社会发展构成的负面影响。无独有偶，在申请办理濒危野生动植物进出口许可时，当申请事项涉及的物种因为运输到指定口岸可能变质、面临经济损失时，可以申请不从指定口岸入境。这些做法都体现了"自然资源是税收基础"（Nature resource is tax base）的理念。

野生动物及其栖息地保护与经济社会发展的共进理念贯穿在联邦和州两个层面的保护管理工作中。在国家野生动植物庇护所的发展历程中，向公众销售鸭票募集的基金对于获取庇护所土地发挥了不可或缺的重要作用。如上文所述，鸭票可以作用狩猎雁鸭类野生动物的许可证。由此，野生动植物庇护所的建立得益于雁鸭类野生动物的利用。当前，无论是野生动植物庇护所的运行与维护，还是在国家公园的运行与维护，野生动物观光、摄像等间接利用收益仍发挥了重要作用。在野生动植物庇护所，鱼孵化、狩猎、钓鱼等直接利用收益的重要性居高不下，占据全年的总支出比重约为 40%。

在州政府层面，野生利用与保护并重，通过销售在本州的狩猎、钓鱼许可，获取保护资金，开展物种拯救、栖息地恢复、保护执法等工作。其中，亚利桑那州野生动物保护部门名字为"狩猎与鱼管理局"（Game and Fish Service），负责本州内的野生动物、鱼的保护与利用管理和执法工作。俄勒冈州的鱼和野生动物管理局通过与州警察局合作，来开展州域范围内的野生动物执法工作，但需要为州警察局提供执法经费。通过野生动物的利用来支持野生动物的保护减少了对于政府税收收入的依赖，提高了野生动物保护及利用行业的独立性，有助于保障该行业在经济社会中的地位。

作为自然生态系统的一个生物单元，野生动物种群濒危和灭绝所造成的负面影响难以估量，但野生动物种群数量并非越大越好，而是要维持一个能确保自然生态系统健康与持续的种群数量，该理念在美国野生动物保护管理中也得到了很好的体现。美国允许对雁鸭、鹿类等物种开展狩猎数十年，但这些物种数量没有下降，狩猎活动具有可持续性。究其原因，雁鸭、鹿类物种在自然生态系统中的天敌不足，如果不通过狩猎进行人工干预，那么物种种群数量将难以控制，最后将导致自然生态系统的破坏甚至毁损。正由于此，亚利桑那州、华盛顿州等多个州开展墨西哥狼等物种的再引进工作，以恢复原有的自然生物链，重构健康的自然生态系统。

科学保护理念的形成离不开科学知识的普及，也离不开用作科学决策的数据完备。除了已有的物种资源调查等项目外，美国也有公众参与的资源动态监测工作。就黑尾鹿而言，该物种的种群数量变化数据得益于猎人每年开展的狩猎活动。狩猎记录每年开展狩猎得到的黑尾鹿标本大小，根据大小变化推测黑尾鹿种群的变化情况。2010 年，为数不少的猎人发现狩猎到的黑尾鹿变小和年龄变轻，由此推测出成年和老龄的黑尾鹿数量减少，进一步的研究得出，该年份的非法盗猎较为严重。

（五）保护管理策略领先

作为全球野生动物保护的引领者，美国拥有领先的保护策略，在坚持物种拯救、栖息地恢复等传统策略基础上，通过野生动植物执法网络建设、国际履约等国际合作，影响着全球野生动物保护进程、保护热点和前沿命题、保护模式以及国际保护合作模式。

美国保护管理策略关注了国际最为关注的热点问题。针对 2010 全球非洲象盗猎危机，美国率先启动了打击野生动物非法贸易的国家行动。2013 年 7 月 1

日，时任总统巴拉克·奥巴马签署《打击野生动植物非法贸易行政令》，以能更好地打击盗猎和非法贸易，促进与非洲国家合作。2014年和2015年，美国又相继发布《打击野生动物非法贸易国家战略》《打击野生动物非法贸易国家战略实施方案》，以通过加强执法、减少非法贸易的野生动植物需求、扩大国际合作和承诺，应对打击非法贸易，消除对美国国家利益的威胁。英国、博茨瓦纳等国家对打击野生动物非法贸易进行了积极响应。打击野生动物非法贸易等犯罪也得到了联合国的重视，将此项工作作为打击跨国有组织犯罪的重要组成部分。2017年，美国总统唐纳德·特朗普签署了《关于执行有关跨国犯罪组织的联邦法律和防止国际走私贩运的总统令》，进一步加大对跨国有组织的野生动物犯罪的打击力度。

美国发起了建立多个区域性的野生动物执法网络（Wildlife Enforcement Network），推动了不同区域网络的连接，打造全球野生动物执法网络平台。2005年，美国国际开发署为东南亚国家联盟提供资金，支持成立了东盟国家野生动物执法网络，组织和协调打击该区域的野生动物犯罪。2015年，美国提出要在打击野生动植物走私犯罪的国家当中，在野生生物执法网络（WENs）与国际打击野生动植物犯罪同盟（ICCWC）等机构之间推进安全与适当的信息共享。2018年，美国国务院部分资助了"第三次全球野生动物执法网络会议"，全球逾105名执法机构、国际组织和其他利益相关方代表与会，共同分享了在区域、次区域和全球层面加强合作打击野生动物犯罪的经验。该会议由《濒危野生动植物种国际贸易公约》秘书处及其打击野生动物犯罪国际联合会（ICCWC）共同主持。

美国保护管理策略注重在整合及挖掘国内行政与社会力量的基础上，拓展国别伙伴，利用公约平台，实现保护倡议。CITES第17次大会将八个种的穿甲山全部升级为CITES附录I物种，实行禁止商业性贸易的最严格保护措施。美国在该物种的升级中发挥了重要的积极作用：一是为物种升级的提案撰写提供技术支持，确保了提案的观点明确和素材丰富；二是通过在喀麦隆等非洲分布国开展了大量社会发展与保护宣教项目，争取到了这些国家的支持；三是在国际社会开展了大量的反盗猎及打击非法贸易宣传工作，争取到了国际社会对穿山甲升级的支持。此外，美国在加强赛加羚羊保护及赛加羚羊角贸易管控等方面都通过CITES实现了保护主张，履行了全球野生动物保护引领者的职责。

二、对我国野生动物保护管理工作的启示

野生动物保护是当前国内和国际社会关注的热点问题，更好参与全球野生

动植物保护行动对于我国意义重大，不仅关系到国内生态文明建设与经济社会协调发展，也是强化和塑造我国负责任大国形象的必然选择。

（一）制定野生动物保护国家战略

野生动物保护意义重大，影响深远，需要提高到国家战略层面，形成管理部门之间、管理部门与社会公众、社会公众之间目标一致的保护管理活动，有效地应对野生动物保护面临的威胁因素，更好地发挥野生动物在自然生态系统保护与经济社会发展的积极作用。

我国野生动物保护管理起步晚，长期处于抢救性保护阶段，保护管理工作的整体性、全局性和前瞻性不强，保护政策十分薄弱且缺乏连续性和一致性。当广大山区、农村贫困人口面临就业增收的困难时，政府有关部门大力推动通过人工繁育驯养繁殖成熟的野生动物，并通过人工繁育野生动物制品实现就业增收。当社会公众面临可能来自野生动物作为寄主的病毒侵害时，政府有关部门又实行野生动物的禁养，甚至对已经养殖的野生动物进行销毁，使得这些本不富裕的养殖户再次返贫。在野生动物栖息地保护管理方面，对于纳入自然保护区作为野生动物栖息地的集体社区土地长期缺乏合理的利益补偿机制，使得社区长期面临经济损失，引发自然保护区与社区矛盾不断。我国在 20 世纪 90 年代末起陆续实施了一批生态建设工程，其中有濒危野生动植物拯救工程。时至今日，大熊猫、川金丝猴、扬子鳄、东北虎等一批物种拯救工作取得了丰硕成果，但仍存在华南虎、海南长臂猿等物种拯救工作需要得到更强有力的政策支持。

国家战略要明确野生动物保护工作中的基础性问题，特别是要基于《联合国 2030 年可持续发展目标》、"两个一百年"奋斗目标，来界定为什么保护野生动物、如何保护野生动物、如何更好保护野生动物等基础问题，为管理开展保护管理工作提供行动指南，也为公众参与野生动物保护提供指导。就为什么保护野生动物，应避免出现两个极端，一是孤立和绝对地开展保护，二是以保护为名的假保护。就如何开展保护，要坚持和强调政府的主导地位，科学支持的基础性地位，社会公众广泛参与的重要支撑作用。就如何更好保护野生动物，需要关注国内和国际的热点及前沿问题，从自然生态系统和经济社会系统构成的复合生态系统视角出发，兼顾自然生态系统与经济社会发展。

通过制定国家战略，一是向国际社会和国内公众传达明确信号，中国政府坚持重视野生动物保护，持续促进生物多样性保护、人类文明传承和全球人民福利改善的活动；二是对本国野生动物保护管理工作进行战略规划，明确短期、中期和长期的策略与机制，保障此项工作的系统性、连续性和前瞻性；三是整合国内行政资源，调动国内社会资源，挖掘个人与企业的潜力，构建有效的公私合作关系，营造政府高效和社会深度参与的有利保护格局。

（二）建立强大的管理组织体系

野生动物保护管理工作复杂，面临的挑战及威胁多，对于经济社会发展的影响面大，如果缺乏强大的管理组织体系作为支撑，保护管理工作难以取得应有的成效。

我国野生动物保护的科学理念尚未全面普及，也未形成有利于科学保护野生动物的社会舆论环境，更没有形成大力支持野生动物保护的制度与组织保障，使得有限的野生动物保护投入难以有效的应对保护工作中面临各种问题。为此，可借鉴美国"打击野生动植物非法贸易总统行动组"、俄勒冈州"鱼与野生动物管理委员会"做法，建立我国野生动物保护国家委员会，领导全国的野生动物保护管理相关事务，并向中央政府负责。

在野生动物保护国家委员会下，可下设管理委员会、咨询委员会、科技委员会等分会。管理委员会成员由相关政府职能部门的领导人组成，由野生动物保护直接主管部门以及关系较为密切的其他部门领导人作为联合主席。管理委员会负责制定和发布野生动物保护的重大政策，包括做出提请全国人大及国务院修订或新制定与野生动物保护法律法规、国家野生动物保护目录的发布与调整、野生动物保护的重大工程实施与监管、野生动物保护公众参与的相关制度制定与发布等。

咨询委员会成员由与野生动物保护相关的各种利益相关者组成，负责对野生保护的重大政策进行咨询，提出关于重大政策制定与出台的咨询意见，确保重大政策能尽可能地满足不同利益相关方的利益诉求。在咨询委员会成员中，既要包括野生动物保护的主张者和实践者，也要包括野生动物利用的主张者和从业人员。野生动物保护的主张者和利用者的利益诉求相左，任何一方的意见缺位，都可能使得拟出台的政策存在偏颇。

科技委员会成员由野生保护领域中的顶级科学家组成，应包括生物学、生态学、植物学、动物学、经济学、管理学、人类学、社会学、心理学、医学等多个学科，形成跨学科的专家委员会。科技委员会关注野生动物保护中的科学问题，诸如野生动物种群的动态变化、野生动物利用与人类疾病之间的关系等，并适时向公众予以发布科学研究成果。

在现行的管理组织体系中，要着力提高管理部门的工作能力，构建有利的野生动物保护管理工作环境，完善保护管理工作中存在的不足，增强社会公众在野生动物保护中的参与性，提高野生动物保护国际事务的参与性。针对野生动物保护工作的负责性，应增强不同管理部门直接的协作，形成部门合力，提升保护成效。为减少野生动物利用对人身健康构成的负面影响，应加强野生动物保护主管部门与卫生防疫部门的合作。为确保青少年形成正确的保护理念，应加强野生动物保护主管部门与教育部门的合作。

（三）建立发达的社会组织体系

鉴于我国野生动物保护工作面临力量薄弱和投入不足等现实问题，我国可进一步引导社会组织发挥好在吸纳社会公众参与、募集保护资金、宣传科学保护理念方面的积极作用，促进野生动物保护事业发展。

作为政府在野生动物保护领域的伙伴，社会组织的建立和发展应得到政府的支持。为鼓励社会组织的建立，野生动物保护主管部门可以会同社会组织主管部门共同发布建立指南，提供免费咨询、在线注册等敏捷服务。对于已经建立的社会组织，主管部门应制定相应的发展指导意见和决策，支持这些组织更新保护理念，参与政府购买社会服务活动，拓展资金来源渠道，发挥好组织专业特长，夯实与政府的合作关系。

野生动物保护类社会组织数量众多，类型多样，不同组织之间的合作少，合力小，合作平台缺乏。为此，可以通过发起成立社会组织间自律委员会、多边对话机制或年会，促进不同规模、类型的社会组织增强合作，共同确定符合中国野生动物保护实践的社会组织发展宗旨、使命和主要任务，研究重点工作领域与工作方式以及资金来源，推动实现社会组织间已有资源共享与互补。

作为野生动物保护的主导者，主管部门要基于现行法律法规规定和野生动物保护事业特点，明确社会组织的参与机制，包括重点参与领域、方式和形式，以及相应的机制事项。对于吸纳公众成为志愿者的活动，野生动物主管部门与志愿者主管部门要建立协作机制，完善备案登记制度或年度报告制度，确保社会组织组织开展的活动安全、客观和有序，保障志愿者的安全与身心健康。

为确保社会组织更好发挥积极作用，要完善社会组织的监管机制。对于没有在主管部门注册登记和开展公众宣教等活动的社会组织，野生动物主管部门要会同民政、公安等主管部门进行查处和取缔。对于开展的活动具有误导性的社会组织，主管部门要及时予以纠正，并纳入社会组织年度考核范畴。在开展监督时，要发挥好社会公众、专家学者等多方力量，与政府监督形成合力。

为激发社会组织的活力和积极性，可建立社会组织的分级管理制度。对于信用等级高的和保护贡献程度高的社会组织，实行简化年度审核和监管程序，并优先给予支持。对于信用等级低的社会组织，要加大监管力度。在分级管理制度中，可设立黑名单制度，组织召开社会公众、专家等多参与的听证会，将信用等级低、在野生动物保护领域产生负面影响大的组织及责任人纳入其中，禁止从事野生动物保护等相关活动。

（四）建立发达的志愿者体系

要持续吸纳和推动公众成为志愿者，参与野生动物保护管理工作符合我国构建生态文明社会的内在要求。为继续发挥公众参与的积极作用和消除负面影响，应完善相关政策措施，推动宣传教育工作理念的更新、宣传工作教育手段的创新、参与机制的优化。

野生动物保护是一项系统工程，既有时间维度上的跨越性，也有空间维度上的复杂性，但根本目的在于推进人类社会的福利。开展野生动物保护宣传教育，首先应将野生动物保护的本质内涵告诉公众，让公众真正形成对野生动物保护工作的科学认识，为正确看待野生动物保护管理工作，尤其是保护管理工作有序开展的野生动物驯养繁殖工作奠定基础。其次，应全面和客观展现我国野生动物保护管理工作的真实情况，既要将保护管理工作取得的重大成效向公众展示，也应告知公众在保护管理投入不足等方面面临的瓶颈，以帮助公众正确认识我国野生动物保护实践和辨识"为了保护而保护"的错误观点。再次，应对公众在宣传教育中的重要性予以重新认识，重点做好通过对野生动物保护具有正确认识的公众来普及野生动物保护知识。

野生动物保护管理宣传教育工作手段的创新将对宣传效果起到事半功倍的作用。一是要丰富宣传资料和创新主题。宣传资料的设计既要突出科学性和知识性，更要关注社会公众的兴趣，动态的选择公众关注或者存在较多疑惑的主题进行宣传。诸如，针对"长江白鳍豚比大熊猫更珍贵"的公益广告引发的公众关注，可组织专家学者做进一步科学保护知识普及，激活公众的参与性。二是要拓展宣传渠道和载体。进入信息时代，电视、网络、报刊媒体日益发达，应将此作为野生动物保护工作宣传的主战场，辅以宣传册、书籍等宣传载体。三是要创新宣传活动组织形式。在保护管理实践中，"爱鸟周""湿地日"等特殊日期的宣传教育活动活跃，也使得宣传活动在时间和地点上都受到约束，相应成效也受到影响。为拓展宣传成效，应推动不固定的宣传活动常态化，诸如通过将中小学生培养成野生动物保护志愿者和爱好者，以此去影响家庭和更多的公众。

优化公众野生动物保护参与机制包括两方面具体内容：一是要为公众参与野生动物保护提供更多的机会，二是要引导公众在野生动物保护中发挥更为积极的作用。具体而言，可以发挥现有野生动物保护组织的作用，广泛吸纳成为保护组织成员，有组织地参加具体的野生动物保护实践活动。在一个更大尺度上，可通过建立网络平台，吸纳所有热爱野生动物保护的公众都成为野生动物保护事业的监督员、讲解员、贡献者。作为监督员，公众可以参与监督所有野生动物保护违法事件；作为讲解员，公众可以为缺乏专业指知识的其他人传授正确的保护理念；作为贡献者，公众的言行举止都有利于野生动物保护事业的发展。

（五）增强国际事务参与性

野生动物保护工作具有开放性与国际性。我国所开展的野生动物保护工作不仅对本国自然生态系统保护和经济社会发展事业构成影响，也会影响到其他国家的保护与发展问题。与此同时，我国的野生动物保护工作也可以从其他国家在该领域取得的成功经验汲取智慧。就此，在当前开展的野生动物保护工作中，应增强国际事务参与性，更好维护好负责任大国形象、推动人类命运共同体构建。

我国是世界上最大的发展中国家，在反贫困、野生动物保护、环境污染治理等领域都经验丰富和成果丰硕。我国还一直积极履行自身义务，支持广大发展中国家来分享经验，积极参与支持发展中国家社会经济与生态环境的全面发展。尽管如此，全球野生动物保护面临的威胁没有根本消除，野生动物资源丰富的发展中国家的贫困与执法能力薄弱没有得到根本解决。为此，我国要尽好作为负责任大国义务，支持这些发展中国家发展经济、消除贫困、增强执法能力，构建保护与发展和谐的共生模式。与此同时，我国历来都重视野生动物保护，崇尚"天人合一""道法自然"等自然生态理念。当前，生态文明已成为"五位一体"国家发展战略的重要支柱。为此，首先讲好中国故事，传递自古代以来就有的可持续发展理念。其次要利用好西方媒体讲述中国故事，主动应对与我国相关的野生动物保护事件，彰显坚定保护野生动物和打击野生动物非法贸易的意志。

我国需要更好地学习国际社会野生动物保护成功经验，利用好双边合作机制、CITES等国际公约履约平台。我国与美国在野生动物保护及相关领域中开展了较为广泛的合作，开展了"中美战略与经济对话框架下的打击野生动物非法贸易双边磋商"，签署和正在实施《中美自然保护协定书》。美国在野生动物法律法规制度、管理组织体系、公众参与机制、打击野生动物非法贸易、建立野生动物执法网络等方面的做法对于我国完善野生动物管理体制无疑具有重要的借鉴意义。在利用 CITES 履约平台方面，美国也形成了很多可资借鉴的做法。在利用 CITES 履约平台实现自己的保护主张方面，美国将其作为一项系统工程，首先是关注与自身利益关系密切的物种保护，其次是针对相关国家开展争取支持的基础性工作，再次提供技术支持完成提案撰写工作，最后是在大会积极运作确保提案通过。

参考文献

[1] 毕玉琦，谢屹，黄慎初，张立中．东盟野生动植物执法网络运行现状——兼论东盟打击野生动植物非法贸易合作机制 [J]．世界林业研究，2017，30（06）：69 - 72．

[2] 崔开云．近年来我国非政府组织研究述评 [J]．东南学术，2003（3）：149 - 155．

[3] 葛道顺．中国社会组织发展：从社会主体到国家意识——公民社会组织发展及其对意识形态构建的影响 [J]．江苏社会科学，2011（03）：19 - 28．

[4] 郭磊，金煜．中国象牙市场的标记化管理应借助行业标准来规范 [J]．野生动物，2008，29（3）：149 - 151．

[5] 国家林业局野生动植物保护司．中国自然保护区政策研究 [M]．北京：中国林业出版社．

[6] 黄宝荣，王毅，苏利阳，张丛林，程多威，孙晶，何思源．我国国家公园体制试点的进展、问题与对策建议 [J]．中国科学院院刊，2018，33（01）：76 - 85．

[7] 黄慎初，谢屹．国内外象牙及其制品市场贸易研究进展分析 [J]．世界林业研究，2016，29（06）：12 - 16．

[8] 蒋志刚．野生动物的价值与生态服务功能 [J]．生态学报，2001，21（11）：1909 - 1917．

[9] 蒋志刚．论野生动物资源的价值、利用与法制管理 [J]．中国科学院院刊，2003，（6）：416 - 419．

[10] 金煜，张明．非洲的国内象牙市场 [J]．东北林业大学学报，2007，35（6）：71 - 72．

[11] 李培林，徐崇温，李林．当代西方社会的非营利组织——美国、加拿大非营利组织考察报告 [J]．河北学刊，2006，26（2）：71 - 80．

[12] 刘翔宇，谢屹，杨桂红．美国国家公园特许经营制度分析与启示 [J]．世界林业研究，2018（06）：1-6．

[13] 李伟，谢屹，姚星期，温亚利．野生动物损害补偿问题研究 [J]．林业调查规划，2007（06）：113-116．

[14] 廖鸿，石国亮．中国社会组织发展管理及改革展望 [J]．四川师范大学学报（社会科学版），2011，38（5）：52-58．

[15] 刘一宁，李文军．地方政府主导下自然保护区旅游特许经营的一个案例研究 [J]．北京大学学报（自然科学版），2009，45（03）：541-547．

[16] 骆梅英，马闻声．森林公园旅游经营之转型：特许与政府规制 [J]．旅游学刊，2013，28（08）：42-50．

[17] 梦梦．我国象牙贸易特点及管理体制的思考 [J]．林业资源管理，2014（3）：14-17．

[18] 梦梦，谢屹．浅析野生动物保护中的公众参与 [J]．野生动物学报，2013，34（4）：249-252．

[19] 孟宪林．部分国家非洲象牙贸易禁令解除 [J]．野生动物．1999，（5）：46．

[20] 潘崇生，王海京，李玉华，等．广东大峡谷自然保护区社区公众野生动物保护意识调查 [J]．野生动物，2010，31（4）：218-220．

[21] 任琳，胡崇德．公众参与自然保护区管理的实践与思考——以太白山自然保护区为例 [J]．现代农业科技，2011，（22）：237-238．

[22] 任钟毓，王博宇，谢屹，阮向东．我国国家级陆生野生动物疫源疫病监测站体系建设现状及发展对策研究 [J]．林业经济，2018，40（01）：98-101．

[23] 任钟毓，王博宇，谢屹，阮向东．基于层次分析法的全国陆生野生动物疫源疫病监测站能力评估研究 [J]．林业经济，2017，39（10）：85-88+103．

[24] 斯萍，谢屹，王昌海，温亚利．我国自然保护区集体林生态补偿机制研究 [J]．林业经济，2015，37（09）：101-104+110．

[25] 万自明，尹峰．国内外野生动物进出口贸易的标记管理现状 [J]．野生动物，2005，（4）：32-34．

[26] 王名．非营利组织的社会功能及其分类 [J]．学术月刊，2006（9）：8-11．

[27] 王名．走向公民社会——我国社会组织发展的历史及趋势 [J]．北京

青年工作研究, 2009, 49 (3): 39-44.

[28] 王名, 刘求实. 中国非政府组织发展的制度分析 [J]. 中国非营利评论, 2007 (1): 102-155.

[29] 卫望玺, 谢屹. 农户层面的集体林权纠纷现状及成因分析——基于江西省铜鼓县426个农户样本数据的实证研究 [J]. 林业经济, 2016, 38 (06): 34-38.

[30] 翁倩, 谢屹. 我国自然保护区集体林管理冲突及对策探讨 [J]. 林业资源管理, 2016 (03): 23-27.

[31] 温亚利, 谢屹. 中国生物多样性资源权属特点及对保护影响分析 [J]. 北京林业大学学报 (社会科学版), 2009, 8 (04): 87-92.

[32] 夏建中, 张菊枝. 我国社会组织的现状与未来发展方向 [J]. 湖南师范大学社会科学学报, 2014, 43 (1): 25-31.

[33] 谢屹. 基于狩猎活动停止的人与自然关系再思考 [J]. 中国人口、资源与环境, 2007, 专刊17 (4): 246-247.

[34] 谢屹. 中国自然保护中的政府和国际组织博弈分析 [J]. 世界林业研究, 2009, 22 (4): 53-57.

[35] 谢屹. 组建国家林业和草原局 推进生命共同体建设 [J]. 紫光阁, 2018 (06): 59-60.

[36] 谢屹, 李伟, 温亚利. 太白山国家级自然保护区可持续发展的政策研究 [J]. 国家林业局管理干部学院学报, 2007 (02): 56-59.

[37] 谢屹, 李小勇, 温亚利. 德国国家公园建立和管理工作探析——以黑森州科勒瓦爱德森国家公园为例 [J]. 世界林业研究, 2008 (01): 72-75.

[38] 谢屹, 莫沫, 温亚利. 香港米浦沼泽湿地自然保护区管理现状探析 [J]. 林业资源管理, 2007 (01): 47-50.

[39] 谢屹, 温亚利. 浅谈参与式发展理论在自然保护中的应用 [J]. 林业调查规划, 2005, 30 (6): 81-83.

[40] 谢屹, 温亚利. 我国湿地保护中的利益冲突研究 [J]. 北京林业大学学报 (社会科学版), 2005, (04): 60-63.

[41] 谢屹, 温亚利. 美国打击野生动植物非法贸易政策研究 (三) ——《打击野生动植物非法贸易国家战略行动方案》解析 [J]. 林业经济, 2016, 38 (09): 100-106.

[42] 谢屹, 黄慎初, 温亚利. 美国打击野生动植物非法贸易政策研究 (二) ——《打击野生动植物非法贸易国家战略》解析 [J]. 林业经济, 2016,

38 (02): 64 – 67.

[43] 谢屹, 温亚利. 美国打击野生动植物非法贸易政策研究 (一) ——《打击野生动植物非法贸易行政令》解析 [J]. 林业经济, 2015, 37 (11): 48 – 50 + 62.

[44] 杨丽, 赵小平, 游斐. 社会组织参与社会治理: 理论、问题与政策选择 [J]. 北京师范大学学报 (社会科学版), 2015, (6): 5 – 12.

[45] 杨锡涛, 周学红, 张伟. 基于熵值法的我国野生动物资源可持续发展研究 [J]. 生态学报, 2012, 32 (22): 7230 – 7238.

[46] 钟赛香, 谷树忠, 严盛虎. 多视角下我国风景名胜区特许经营探讨 [J]. 资源科学, 2007 (02): 34 – 39.

[47] 钟义. 我国野生动物非政府保护组织面临的挑战与对策 [J]. 国家林业局管理干部学院学报, 2014, 14 (3): 13 – 16.

[48] 周继红, 马建章, 张伟, 王强. 运用 CVM 评估濒危物种保护的经济价值及其可靠性分析——以哈尔滨市区居民对东北虎保护的支付意愿为例 [J]. 自然资源学报, 2009, 24 (2): 276 – 285.

[49] Alpert P. Integrated Conservation and Development Projects [J]. Bioscience, 1996, 46 (11): 845 – 855.

[50] An, L. Slides on efforts made by the Chinese government in regulating the ivory carving industry and trade in ivory carving and curbing the demand for illegal ivory. Workshop on Demand – side Strategies for Curbing Illegal Ivory Trade, 28 – 29 January 2015, Hangzhou, China, 2015.

[51] Arizona Association of Conservation Districts. History [EB/OL]. < http://www. aacd1944. com/ > (Accessed: 2018 – 12 – 23).

[52] Arizona Game and Fish. Mexican Wolf Reintroduction & Management [EB/OL]. < https://www. azgfd. com/Wildlife/SpeciesOfGreatestConservNeed/Mexican-Wolves/ > (Accessed: 2018 – 12 – 23).

[53] Arizona Game and Fish. Our Agency [EB/OL]. < https://www. azgfd. com > (Accessed: 2018 – 12 – 23).

[54] Arizona Wildlife Federation. About Us [EB/OL]. < http: www. azwildlife. org > (Accessed: 2018 – 12 – 23).

[55] ASEAN – WEN. What is ASEAN – WEN? [EB/OL]. < http: //www. asean – wen. org/index. php/pages/2015 – 02 – 02 – 15 – 01 – 12 > (accessed 2017 – 03 – 20).

［56］ ASEAN – WEN. Meetings/Trainings ［EB/OL］. < http：//www. asean – wen. org/index. php/networks/meetings – tranings > （Accessed：2017 – 07 – 20）.

［57］ Association of Zoos and Aquariums. Introduction ［EB/OL］. < https：//www. aza. org > （Accessed：2019 – 06 – 29）.

［58］ Bakhtiari, F. , Jacobsen, J. B. , Thorsen, B. J. , Lundhede, T. H. , Strange, N. , Boman, M. Valuation of biodiversity protection across borders：limits to the public good? Ecological Economics, 2018, 147：11 – 20.

［59］ Bandara, R. , Tisdell, C. Comparison of rural and urban attitudes to the conservation of Asian elephants in Sri Lanka：Empirical evidence. Biological Conservation, 2003, 110：327 – 342.

［60］ Bartkowski, B. , Lienhoop, N. , Hansjurgens, B. Capturing the complexity of biodiversity：a critical review of economic studies of biological diversity. Ecological Economics, 2015, 113：1 – 14.

［61］ Bat Conservation International. About Us ［EB/OL］ . < http：//www. batcon. org// > （Accessed：2019 – 06 – 09）.

［62］ Belson, J. Ecolabels：Ownerships, use, and the public interest. Journal of Intellectural Property Law and Practcie, 2012, 7：96 – 106.

［63］ Big Cat Rescue. About Us ［EB/OL］. < bigcatrescue. org > （2017 – 07 – 12）.

［64］ Bougherara, D. Can labelling schemes do more harm than good? An analysis applied to the environmental labelling schemes. European Jouranl of Law and Economics, 2005, 19：5 – 16.

［65］ Bratt, C. , Hallstedt, S. , Robert, K. H. , Broman, G. , Oldmark, J. Assessment of eco – labelling criteria development from a strategic sustainability perspective. Journal of Cleaner Prodouction, 2011, 19：1631 – 1638.

［66］ Bremner, A. , Park, K. Public attitudes to the management of invasive non – active species in Scotland. Biological Conservation, 2007, 139：306 – 314.

［67］ Breuer, T. , Maisels, F. , Fishlock, V. The consequences of poaching and anthropogenic change for forest elephants. Conservation Biology, 2016, 30：1019 – 1026.

［68］ Breuer, T. , Maisels, F. , Fishlock, V. The consequences of poaching and anthropogenic change for forest elephants. Conservation Biology, 2016, 30 （5）：1019 – 1026.

[69] Brockington, D. , Scholfield, K. The conservationist mode of production and conservation NGOs in sub – Saharan Africa. Antipode, 2010, 42 (3): 551 – 575.

[70] British Broadcasting Company. China destroys tonnes of ivory in landmark move [EB/OL]. < https: //www. bbc. com/news/world – asia – china – 25618687 > (Accessed 2019 – 03 – 08).

[71] Brown, G. , Layton, D. F. A market solution for preserving biodiversity: the black rhino. In: Shogren, J. , Tschirhart, T. (Eds.), Protecting Endangered Species in the United States: Biological Needs, Political Realities, Economic Choices. Cambridge University Press, Cambridge, 2001.

[72] Cai, Z. , Aguilar, F. X. Meta – analysis of consumer's willingness – to – pay premiums for certified wood products. Journal of Forest Economic, 2013, 19: 15 – 31.

[73] Cai, Z. , Xie, Y. , Aguilar, F. X. Eco – label credibility and retailer effects on green product purchasing intentions. Forest Policy and Economics, 2017, 80: 200 – 208.

[74] Caughley, G. The elephant problem—an alternative hypothesis. East African Wildlife Journal, 1976, 14: 265 – 283.

[75] Caughley, G. , Dublin, H. T. , Parker, I. S. C. Projected decline of the African elephant. Biological Conservation, 1990, 54: 157 – 164.

[76] Center for Native and Urban Wildlife – Scottsdale Community College. Home [EB/OL]. < http: //cnuw. scottsdalecc. edu > (Accessed: 2018 – 12 – 18).

[77] CITES Secretariat. Conf. 10. 10 (Rev. COP12) Trade in elephant specimens [EB/OL] . < http: //www. ciesin. columbia. edu/repository/entri/docs/cop/ CITES_ COP010_ res010. pdf > (Accessed: 2018 – 12 – 18).

[78] CITES Secretariat. Monitoring on Illegal Killed Elephant [EB/OL]. < https: //cites. org/eng/prog/mike/ > (Accessed: 2014 – 06 – 15).

[79] CITES Secretariat. What is CITES [EB/OL]. < https: //cites. org/eng/ disc/what. php > (Accessed: 2014 – 07 – 12).

[80] CITES Secretariat. Conditions for the resumption of trade in African elephant ivory from populations transferred to Appendix II at the 10th meeting of the Conference of the Parties [EB/OL] . < https: //cites. org/eng/prog/MIKE _ old/intro/a1. shtml >

(Accessed: 2015 – 05 – 14).

[81] CITES Secretariat. Elephant conservation, illegal killing and ivory trade. Conservation on International Trade in Endangered Species of Wild Fauna and Flora. SC65 DOC. 42. 1, 2014.

[82] CITES Secretariat. Elephant Trade Information System [EB/OL]. < https://cites. org/eng/prog/ETIS/index. php > (2015 – 05 – 14).

[83] Cooney, R. , Dickson, B. Biodiversity and Precautionary Principle: Risk and Uncertainty in Conservation and Sustainable Use. MapSet Ltd, Gateshead, UK, 2005.

[84] Flather, C. H. , Knowles, M. S. , Jones, M. F. , Schilli, C. Wildlife population and harvest trends in the United State: A technical document supporting the Forest Service 2010 RPA Assessment. General Technical Report. RMPRS – GTR – 296. Fort Collins, CO: U. S. Department of Agriculture, Forest Service, Rocky Mountain Research Station, 2013.

[85] de Greef, K. , Specia, M. Botswana ends ban on Elephant hunting. The New York Times [EB/OL]. < https://www. nytimes. com/2019/05/23/world/africa/botswana – elephant – hunting. html > (Accessed: 2019 – 07 – 17).

[86] Dinica V. The environmental sustainability of protected area tourism: towards a concession – related theory of regulation. Journal of Sustainable Tourism, 2017, (2): 1 – 19.

[87] Eltringham, S. K. Wildlife carrying capacities in relations to human settlement. Koedoe, 1990, 33 (2): 87 – 97.

[88] Ekanayake, E. M. B. P. , Xie, Y. , Ibrahim, A. S. , Karunaratne, N. T. P. , Ahmad, S. Effective governance for management of invasive alien plants: evidence from the perspective of forest and wildlife officers in Sri Lanka. PeerJ, 2020; doi: 10. 7177/peerj. 8343.

[89] Environmental Investigation Agency. EIA briefing document for the 61st meeting of the CITES Standing Committee: Elephants [EB/OL]. < https://eia – international. org/report/briefing – document – for – the – 61st – meeting – of – the – cites-standing – committee – elephants > (Accessed: 2018 – 10 – 16).

[90] EPI (Elephant Protection Imitative). Stop talking. Please stop talking. It is now time for action [EB/OL]. < https://www. elephantprotectioninitiative. org/consultativegroupmeeting > (Accessed: 2018 – 12 – 13).

[91] Fabricius C. , Koch E. , Magome . H. , et al. Rights, resources and rural development: community – based natural resource management in Southern Africa. Journal of Environment & Development, 2004, 15 (4): 448 – 450.

[92] Gao, Y. , Clark, S. G. Elephant ivory trade in China: Trends and drivers. Biological Conservation, 2014, 180: 23 – 30.

[93] Gillingham, S. , Lee, P. C. People and protected areas: a study of local perceptions of wildlife crop – damage conflict in an area bordering the Selous Game Reserve, Tanzania. Oryx, 2003, 37 (3): 316 – 325.

[94] Grady, M. J. , Harper, E. E. , Garlisle, K. M. , Ernst, K. H. , Shwiff, S. A. Assessing public support for restrictions on transport of invasive wild pigs (Sus scrofa) in the United States. Journal of Environmental Management, 2019, 237: 488 – 494.

[95] Gray, T. N. E. , Gaunlett, S. Scale up elephant anti – poaching funds. Nature, 2017, 541: 157.

[96] Hoare, R. African elephants and humans in conflict: the outlook for co – existence. Oryx, 2000, 34 (1): 34 – 38.

[97] Horne, P. , Boxall, P. C. , Adamowicz, V. Multiple – use management of forest recreation sites: a spatially explicit choice experiment. Forest Ecology and Management, 2005, 207: 189 – 199.

[98] Johns, D. The international source of biodiversity – from talk to action. Conservation Biology, 2010, 24 (1): 338 – 340.

[99] Kangwana, K. Human – elephant conflict: the challenge ahead. Pachydermm, 1995, 19: 11 – 14.

[100] Karris, G. , Martinis, A. , Kabassi, K. , Dalakiari, A. , Korbetis, M. Changing social awareness of the illegal killing of migratory birds in the Ionian Islands, western Greece. Journal of Biological Education, 2018, doi: 10. 1080/00219266. 2018. 1554597.

[101] Kim, M. , Xie, Y. , Cirella, G. Sustainable transformative economy: Community – based ecotourism. Sustainability, 2019, 11, 4977; doi: 10. 3390/su11184977.

[102] Lee, D. E. , Preez, M. D. Determining visitor preferences for rhinoceros conservation management at private, ecotourism game reserves in Eastern Cape Province, South Africa: A choice modeling experiment. Ecology Economics, 2016, 130:

106 – 116.

　　[103] Legal Informational Institute of Cornell Law School. Federal Lands Recreation Enhancement Act [EB/OL]. < https: //www. law. cornell. edu/uscode/text/16/6802 > (Accessed: 2018 – 12 – 12) .

　　[104] Legal Informational Institute of Cornell Law School. 50CFR Chapter I – United States Fish and Wildlife Service, Department of the Interior < https: //www. law. cornell. edu/cfr/text/50/chapter – I > (Accessed: 2018 – 12 – 12).

　　[105] Legal Informational Institute of Cornell Law School. 50CFR Chapter II – National Marine Fisheries Service, National Oceanic and Atmospheric Administration, Department of Commerce < https: //www. law. cornell. edu/cfr/text/50/chapter – II > (Accessed: 2018 – 12 – 12).

　　[106] Legal Informational Institute of Cornell Law School. 16 U. S. Code 668dd. National Wildlife Refuge System. < https: //www. law. cornell. edu/uscode/text/16/668dd > (Accessed: 2018 – 12 – 12).

　　[107] Legal Informational Institute of Cornell Law School. 16 U. S. Code 742f – 1. National Volunteer Coordination Program. < https: //www. law. cornell. edu/uscode/text/16/742f – 1 > (Accessed: 2018 – 12 – 12)

　　[108] Legal Informational Institute of Cornell Law School. 16 U. S. Code Chapter 57 – National Fish and Wildlife Foundation < https: //www. law. cornell. edu/uscode/text/16/chapter – 57 > (Accessed: 2018 – 12 – 12).

　　[109] Legal Informational Institute of Cornell Law School. 16 U. S. Code 3773. Partners for Fish and Wildlife Program. < https: //www. law. cornell. edu/uscode/text/16/3773 > (Accessed: 2018 – 12 – 12).

　　[110] Legal Informational Institute of Cornell Law School. 16 U. S. Code 73744. Wildlife Partnership Program. < https: //www. law. cornell. edu/uscode/text/16/3744 > (Accessed: 2018 – 12 – 12).

　　[111] Legal Informational Institute of Cornell Law School. 26 CFR 1. 501 (c) (3) – Organizations organized and operated for religious, charitable, scientific, testing for public safety, literary, or educational purposes, or for the prevention of cruelty to children or animals. < https: //www. law. cornell. edu/cfr/text/26/1. 501 (c) (3) – 1 > (Accessed: 2018 – 12 – 12).

　　[112] Legal Informational Institute of Cornell Law School. African Elephant [EB/OL] . < https: //www. law. cornell. edu/cfr/text/50/17. 40 > (Accessed:

2016 – 04 – 12).

[113] Lusseau, D., Lee, P. C. Can we sustainably harvest ivory? Currrent Biology, 2016, 26 (21): 2951 – 2956.

[114] Matthew, J. W., Nigel, L. W. Tourism and flagship species in conservation. Biodiversity Conservation, 2002, 11: 543 – 547.

[115] Meyer J. W., Rowan B. Institutionalized Organizations: Formal Structure as Myth and Ceremony. American Journal of Sociology, 1977, 83 (2): 340 – 363.

[116] MOTE Marine Laboratory & Aquarium. About [EB/OL]. < https: // mote. org/ > (Accessed: 2017 – 09 – 11).

[117] Mule Deer Foundation. About Us [EB/OL]. < https: //muledeer. org/ > (Accessed: 2018 – 12 – 23).

[118] NatureServe. NatureServe Explorer: An online encyclopedia of life. Version 7. 1 [EB/OL]. < http: //explorer. natureserve. org > (Accessed: 2019 – 01 – 11).

[119] NatureServe. NatureServe's Mission [EB/OL]. < https: //www. natureserve. org > (Accessed: 2019 – 06 – 09).

[120] Newmark, W. D., Hough, J. L. Conserving wildlife in Africa: integrated conservation and development projects and beyond. BioSciences, 2000, 50 (7): 585 – 590.

[121] New Mexico Department of Game & Fish. Habitat Stamp [EB/OL]. < http: //www. wildlife. state. nm. us/conservation/habitat – stamp/ > (Accessed: 2019 – 07 – 12).

[122] Novacek, M. J. Engaging the public in biodiversity issues. Proceedings of the National Academy of Sciences of the United States of America, 2008, 105: 11571 – 11578.

[123] Nuno, A., M. Bunnefeld, L. C. Naiman, and E. J. Milner – Gullard. A novel approach to assessing the prevalence and drivers of illegal bushmeat hunting in the Serengeti. Conservation Biology, 2013, 27 (6): 1355 – 1365.

[124] Oregon Department of Fish and Wildlife. About ODFW [EB/OL]. < https: //www. dfw. state. or. us > (Accessed: 2018 – 12 – 23).

[125] Osbron, L. Number of Native Species in United States [EB/OL]. < https: //www. currentresults. com/Environment – Facts/Plants – Animals/number – of – native – species – in – united – states. php. > (Accessed: 2018 – 12 – 12).

[126] Pascual, U., Muradian, R., Brander, L., Gomez – Baggethun, E., Martin – Lopez, B., Verma, M. The economics of valuing ecosystem services and biodiversity. In: Kumar, P. (Ed.), The economics of ecosystems and biodiversity: ecological and economic foundation. Routledge, London; New York, 2010: 183 – 256.

[127] Saunders, C. D., Brook, A. T., Myers, O. E. Using psychology to save biodiversity and human well – being. Conservation Biology, 2006, 20 (3): 702 – 705.

[128] Shah, A., Parsons, E. C. M. Lower public concern for biodiversity than for wilderness, natural places, charismatic megafauna and/or habitat. Applied Environmental Education and Communication, 2018, 18 (1): 79 – 90.

[129] Seaside Seabird Sanctuary. About Us [EB/OL]. < https://seaside-seabirdsanctuary. org/ > (Accessed: 2018 – 07 – 12).

[130] Seip, K., Strand, J. Willingness to pay for environmental goods in Norway: a contingent valuation study with real payment. Environmental and Resource Economics, 1992, 2: 91 – 106.

[131] Sharp, R. L., Larson, L. R., Green, G. T. Factors influencing public preferences for invasive alien species management. Biological Conservation, 2011, 144: 2097 – 2104.

[132] Southwest Wildlife Conservation Center. Who we are [EB/OL]. < https://www. southwestwildlife. org/ > (Accessed: 2018 – 07 – 12).

[133] Stephenson, P. J. WWF Species Action Plan: African Elephant, 2007—2011. < http://assets. panda. org/downloads/wwf_ sap_ african_ elephants_ final _ june_ 2007v1_ 1. pdf. > (Accessed: 2019 – 05 – 26).

[134] Sullivan, S. Getting the science right, or introducing science in the first place? Local 'facts,' global discourse – 'desertification' in north – west Namibia. In P. Stott, and S. Sullivan (Eds.) Political ecology; science, myth and power. London: Arnold, 2000, 3RTY431.

[135] The Peregrine Fund. Our Work [EB/OL]. < https://peregrinefund. org > (Accessed: 2019 – 06 – 09).

[136] The Free Encyclopedia of Wikipedia. Fauna of the United States [EB/OL]. < https://en. wikipedia. org/wiki/Fauna_ of_ the_ United_ States > (Accessed: 2018 – 02 – 12).

[137] The Nature Conservancy. About Us [EB/OL]. < https：//www. na-
ture. org/en – us/ > （Accessed：2019 – 06 – 09）.

[138] The National Fish and Wildlife Foundation. About NEWF [EB/OL]. < ht-
tps：//www. nfwf. org > （Accessed：2019 – 06 – 09）.

[139] Thompson A. , Massyn P. J. , Pendry J. , Pastorelli J. 自然保护地旅游
特许经营管理指南 [M]. 吴承照, 陈涵子译. 北京：科学出版社, 2018：
162 – 188.

[140] Thouless, C. R. , Dublin, H. T. , Blanc, J. J. , Skinner, D. P. ,
Daniel, T. E. , Taylor, R. D. , Maisels, F. , Fredrick H. L. , Bouche, P. African
elephant status report 2016：An update from the African Elephant Database. Occasional
Paper Series of the IUCN Species Survival Commissions, No. 60 IUCN/SSC Africa Ele-
phant Specialist Group. IUCN, Gland, Switzerland, 2016.

[141] Underwood, F. M. , Burn, R. W. , Milliken, T. Dissecting the illegal i-
vory trade：An analysis of ivory seizures data. Plos One, 2013, (8), e76539.

[142] U. S. D. A. Animal and Plant Health Inspection Service. About APHIS
[EB/OL] . < https：//www. aphis. usda. gov/aphis/home/ > （Accessed：2019 –
06 – 09）.

[143] U. S. Code. Federal Land Recreation Enhancement [EB/OL] . < ht-
tps：//uscode. house. gov/view. xhtml? path =/prelim @ title16/chapter87&edition =
prelim > （Accessed：2018 – 10 – 16）.

[144] U. S. Congress. Global Anti – Poaching Act [EB/OL] < https：//
www. congress. gov/bill/114th – congress/house – bill/2494 > （Accessed：2018 –
10 – 16）.

[145] U. S. Department of Justice. Operation Crash [EB/OL] . < https：//
www. justice. gov/sites/default/files/press – releases/attachments/2014/10/23/opera-
tion_ crash_ summary_ october_ 2014. pdf > （Accessed：2018 – 10 – 16）.

[146] U. S. Fish and Wildlife Service. Fact Sheet：Natural History, Ecology,
and History of Recovery of Bald Eagle [EB/OL]. < https：//www. fws. gov/migratory-
birds/CurrentBirdIssues/BaldEagle/bald_ eagle_ info – hiquality. pdf > （Accessed：
2018 – 07 – 10）.

[147] U. S. Fish and Wildlife Service. Delmarva Peninsula Fox Squirrel [EB/
OL]. < https：//www. fws. gov/news/ShowNews. cfm? ref = delmarva – fox – squirrel-
leaps – off – endangered – species – list – &_ ID = 35298 > （Accessed：2018 – 07 –

10）.

　　［148］U. S. Fish and Wildlife Service. Red – Cockaded Woodpecker［EB/OL］. < https：//www. fws. gov/ncsandhills/rcw. html >（Accessed：2018 – 07 – 10）.

　　［149］U. S. Fish and Wildlife Service. Brown Pelican［EB/OL］. < https：//digitalmedia. fws. gov/digital/collection/document/id/1291/ >（Accessed：2018 – 07 – 10）.

　　［150］U. S. Fish and Wildlife Service. California Brown Pelican［EB/OL］. < https：//www. fws. gov/southwest/es/arizona/Documents/Redbook/California% 20Brown% 20Pelican% 20RB. pdf >（Accessed：2018 – 07 – 10）.

　　［151］U. S. Fish and Wildlife Service. Recovery Plan for the ocelot［EB/OL］. < https：//www. fws. gov/southwest/es/arizona/Documents/SpeciesDocs/Ocelot/Ocelot _ Final_ Recovery_ Plan_ Signed_ July_ 2016_ new. pdf >（Accessed：2018 – 07 – 10）.

　　［152］U. S. Fish and Wildlife Service. West Indian manatee［EB/OL］. < https：//www. fws. gov/southeast/wildlife/mammals/manatee/ >（Accessed：2018 – 07 – 10）.

　　［153］U. S. Fish and Wildlife Service. Polar Bear［EB/OL］. < https：//www. fws. gov/international/cites/cop16/polar – bear. html >（Accessed：2018 – 07 – 10）.

　　［154］U. S. Fish and Wildlife Service. Fish and Wildlife Act of 1956［EB/OL］. < https：//www. fws. gov/laws/lawsdigest/FWACT. HTML >（Accessed：2018 – 10 – 16）.

　　［155］U. S. Fish and Wildlife Service. Endangered Species Act［EB/OL］. < https：//www. fws. gov/international/pdf/esa. pdf >（Accessed：2018 – 10 – 16）.

　　［156］U. S. Fish and Wildlife Service. The Lacey Act［EB/OL］. < https：// www. fws. gov/le/pdffiles/Lacey. pdf >（Accessed：2018 – 10 – 16）.

　　［157］U. S. Fish and Wildlife Service. National Wildlife Refuge Administration Act 1966［EB/OL］. < https：//www. fws. gov/refuges/policiesandbudget/16USCSe c668dd. html >（Accessed：2018 – 10 – 16）.

　　［158］U. S. Fish and Wildlife Service. Partners for Fish and Wildlife Program ［EB/OL］. < https：//www. fws. gov/partners/ >（Accessed：2018 – 12 – 12）.

　　［159］U. S. Fish and Wildlife Service. FWS History Articles［EB/OL］. < https：//training. fws. gov/history/index. html >（Accessed：2018 – 12 – 12）.

　　［160］U. S. Fish and Wildlife Service. Endangered Species［EB/OL］. < https：//www. fws. gov/endangered/ > （Accessed：2018 – 12 – 12）.

［161］ U. S. Fish and Wildlife Service. Duck Stamp ［EB/OL］. < https：//
www. fws. gov/birds/get – involved/duck – stamp. php > （Accessed：2018 – 12 –
12）.

［162］ U. S. Fish and Wildlife Service. National Wildlife Refuge System ［EB/
OL］. < https：//www. fws. gov/refuges/? ref = topbar > （Accessed：2018 – 12 –
12）.

［163］ U. S. Fish and Wildlife Service. Volunteer ［EB/OL］. < https：//
www. fws. gov/volunteers/ > （Accessed：2018 – 12 – 12）.

［164］ U. S. Fish and Wildlife Service. Non – government Organizations ［EB/
OL］. < https：//www. fws. gov/endangered/what – we – do/ngo – programs. html >
（Accessed：2018 – 12 – 12）.

［165］ U. S. Fish and Wildlife Service. Activities Report for the Wildlife Without
Borders – Species Programs Ten Year Report FY 2002 – FY 2011 ［EB/OL］. < ht-
tps：//www. fws. gov/international/pdf/AsECF – REPORT – Sept—2013. pdf > （Ac-
cessed：2017 – 03 – 19）.

［166］ U. S. Fish and Wildlife Service. Asian Elephant Conservation Fund ［EB/
OL］. < https：//www. fws. gov/international/wildlife – without – borders/asian – ele-
phant – conservation – fund. html > （Accessed：2017 – 03 – 19）.

［167］ U. S. Fish and Wildlife Service. Asian Elephant Conservation Act ［EB/
OL］. < https：//www. fws. gov/international/pdf/multinational – species – conserva-
tion – act – asian – elephant. pdf > （Accessed：2017 – 03 – 19）.

［168］ U. S. Fish and Wildlife Service. African Elephant Conservation Act ［EB/
OL］. < http：//www. fws. gov/laws/lawsdigest/ELEPHNT. HTML > （Accessed：
2017 – 03 – 19）.

［169］ U. S. Fish and Wildlife Service. USFWS Moves to Ban Commercial Ele-
phant Ivory Trade Questions & Answers ［EB/OL］. < http：//www. fws. gov/interna-
tional/travel – and – trade/ivory – ban – questions – and – answers. html >
（Accessed：2015 – 07 – 08）.

［170］ U. S. Fish and Wildlife Service. Administrative Actions to Strengthen
U. S. Trade Controls for Elephants Ivory, Rhinoceros Horn, and Parts and Products of
other Species. < http：//www. fws. gov/policy/do210. pdf > （Accessed：2014 –
07 – 21）.

[171] U. S. Fish and Wildlife Service. Conference of the Parties to the Convention on International Trade in Endangered Species of Wild Fauna and Flora (CITES); Fourteenth Regular Meeting; Tentative U. S. Negotiating Positions for Agenda Items and Species Proposals Submitted by Foreign Governments and the CITES Secretariat [EB/OL]. < https: //www. federalregister. gov/articles/2007/06/01/07 – 2714/conference- of – the – parties – to – the – convention – on – international – trade – in – endangered – species – of – wild > (Accessed: 2017 – 03 – 19).

[172] U. S. Fish and Wildlife Service. USFWS Moves to Ban Commercial Elephant Ivory Trade Questions & Answers [EB/OL]. < http: //www. fws. gov/international/travel – and – trade/ivory – ban – questions – and – answers. html > (Accessed: 2015 – 07 – 08).

[173] U. S. Fish and Wildlife Service. Revision of the Section 4 (d) Rule for the African Elephant [EB/OL]. < http: //www. fws. gov/policy/library/2015/2015 – 18487. pdf > (Accessed: 2016 – 04 – 02).

[174] U. S. Fish and Wildlife Service. Endangered and Threatened Wildlife and Plants; Revision of the Section 4 (d) Rule for the African Elephant (Loxodonta africana) [EB/OL]. < https: //www. federalregister. gov/documents/2016/06/06/2016-13173/endangered – and – threatened – wildlife – and – plants – revision – of – the – section – 4d – rule – for – the – african > (Accessed: 2016 – 11 – 10).

[175] U. S. Fish and Wildlife Service. Enhancement Finding for African Elephants Taken as Sport – hunted Trophies in Zimbabwe during 2014 [EB/OL]. < https: //www. fws. gov/international/pdf/enhancement – finding – April—2014 – elephant – Zimbabwe. PDF > (Accessed: 2016 – 03 – 20).

[176] U. S. Fish and Wildlife Service. Importation of Elephant Hunting Trophies Taken in Tanzania and Zimbabwe in 2015 and Beyond [EB/OL]. < https: //www. fws. gov/international/pdf/questions – and – answers – suspension – of – elephant-sport – hunted – trophies. pdf > (Accessed: 2016 – 02 – 12).

[177] U. S. Fish and Wildlife Service. Enhancement Finding for African Elephants Taken as Sport – hunted Trophies in Tanzania during 2014 [EB/OL]. < https: //www. fws. gov/international/pdf/enhancement – finding—2014 – elephant – Tanzania. PDF > (Accessed: 2016 – 03 – 20).

[178] U. S. Fish and Wildlife Service. Implement a nearly complete ban on commercial elephant ivory trade [EB/OL]. < http: //www. fws. gov/international/travel-

and – trade/ivory – ban – questions – and – answers. html > （Accessed：2015 – 08 – 20）.

[179] U. S. National Park Service. About Us [EB/OL]. < https：//www. nps. gov/aboutus/faqs. htm > （Accessed：2019 – 01 – 11）.

[180] U. S. National Park Service. Discover History [EB/OL]. < https：//www. nps. gov/history/index. htm > （Accessed：2019 – 01 – 11）.

[181] U. S. National Park Service. National Park Service History [EB/OL]. < https：//www. nps. gov/parkhistory/hisnps/index. htm > （Accessed：2019 – 01 – 11）.

[182] U. S. National Park Service. Organizational Structure of the National Park [EB/OL]. < https：//www. nps. gov/aboutus/organizational – structure. htm > （Accessed：2019 – 01 – 11）.

[183] U. S. National Park Service. Arizona Partners for Fish & Wildlife— U. S. Fish and Wildlife Service Region 2. < https：//www. fws. gov/southwest/es/arizona/Documents/Partners/Partners% 20Fact% 20Sheet _ Feb2010. pdf > （Access：2018 – 12 – 23）.

[184] Valasiuk, S., Czajkowski, M., Giergiczny, M., Zylicz, T., Veisten, K., Elbakidze, M., Angelstam, P. Are bilateral conservation policies for the Bialowieza forest unattainable? Analysis of stated preferences of polish and Belarusian public. Journal of Forest Economics, 2017, 27：70 – 79.

[185] Vedeld, P., Jumane, A., Wapalila, G., Songorwa, A. Protected areas, poverty and conflicts A livelihood case study of Mikumi National Park, Tanzania. Forest Policy and Economics, 2012, 21：20 – 31.

[186] Veisten, K. Willingness to pay for ecolabeled wood furniture：Choice – based conjoint analysis versus open – ended contingent valuation. Joural of Forest Econonmics, 2007, 13：29 – 48.

[187] Vogdrup – Schmidt, M., Strange, N., Thorsen, B. J. Support for transnational conservation in a gain – loss context. Ecological Economics, 2019, 162：49 – 58.

[188] Wang, Z., Gong, Y., Mao, X. Exploring the value of overseas biodiversity to Chinese netizens based on willingness to pay for the African elephant's protection. Science of the Total Environment, 2018, 637/638：600 – 608.

[189] Washington Department of Fish & Wildlife. About WDFW [EB/OL]. <

https：//wdfw. wa. gov > （Accessed：2018 – 12 – 23）.

［190］Wasser, S., Poole, J., Lee, P., Lindsay, K., Dobson, A. Hart,,
J., Douglas – Hamilton, I., Wittemyer, G., Granli, P., Morgan, B., Gunn,
J., Alberts, S., Beyers, R., Chiyo, P., Croze, H., Estes, R., Gobush,
K., Joram, P., Kikoti, A., Kingdon, J., King, L., Macdonald, D., Moss,
C.,　Mutayoba,　B.,　Njumbi,　S.,　Omondi,　P.,　Nowak,
K. Conservation. Elephants, ivory, and trade. Science, 2010, 327：1331 – 1332;
doi：10. 1126/science. 1187811 pmid：20223971.

［191］Wasser, S. K., Clark, B., and Laurie, C. The ivory trail. Scientific
American 301, 2009：68 – 76.

［192］Whooping Crane Eastern Partnership. Who We Are?　［EB/OL］. < ht-
tp：//www. bringbackthecranes. org > （Accessed：2019 – 06 – 09）.

［193］White House. The Executive Order—Combating Wildlife Trafficking［EB/
OL］. < http：//www. whitehouse. gov/the – press – office/2013/07/01/executive –
order – combating – wildlife – trafficking > （Accessed：2016 – 10 – 16）.

［194］White House. National Strategy for Combating Wildlife Trafficking［EB/
OL］. < https：//www. whitehouse. gov/sites/default/files/docs/nationalstrategywildli-
fetrafficking. pdf > （Accessed：2016 – 10 – 16）.

［195］White House. National Strategy for Combating Wildlife Trafficking：Imple-
mentation Plan［EB/OL］. < http：//www. state. gov/documents/organization/237592.
pdf > （Accessed：2016 – 10 – 16）.

［196］White House. Presidential Executive Order on Enforcing Federal Law with
Respect to Transnational Criminal Organizations and Preventing International Trafficking
［EB/OL］. < https：//www. whitehouse. gov/presidential – actions/presidential – ex-
ecutive – order – enforcing – federal – law – respect – transnational – criminal – organi-
zations – preventing – international – trafficking/ > （Accessed：2017 – 10 – 16）.

［197］Willetts, P. What is a Non – Governmental Organization. UNESCO Ency-
clopedia of Life Supports Systems, Section 1 Institutional And Infrastructure Resource
Issues, 2002, Article 1. 44. 3. 7, Non – Governmental Organizations.

［198］World Bank Group. An introduction to tourism concessioning：14 charac-
teristics of successful programs［EB/OL］. < http：//documents. albankaldawli. org/
curated/ar/459431467995814879/pdf/105316 – WP – PUBLIC – Tourism – Toolkit –
19 – 4 – 16. pdf. > （Accessed：2018 – 06 – 01）.

[199] Wright, E. M. , Bhammar, H. M. , Gonzalez Velosa, A. M. , and So-brevila, C. 2016. Analysis of international funding to tackle illegal wildlife trade (English). Washington, D. C. : World Bank Group. < http: //documents. worldbank. org/curated/en/695451479221164739/Analysis – of – international – funding – to – tackle-illegal – wildlife – trade > (Accessed: 2018 – 06 – 15).

[200] Wyman M, Barborak J R, Inamdar N, et al. Best practices for tourism concessions in protected areas: a review of the field. Forests, 2011, 2 (4): 913 – 928.

[201] Xie, Y. Ecological labeling and wildlife conservation: Citizen's perceptions of the elephant ivory – labeling system in China, 2020, (702): 134709 – 1347018.

[202] Xie, Y. , Wen, Y. , Cirella, G. Application of Ostrom's Social – Ecological Systems Framework in Nature Reserves: Hybrid Psycho – Economic Model of Collective Forest Management. Sustainability, 2019, 11, 6929; doi: 10. 3390/su11246929.

[203] Zhang, Y. , Hu, Y. , Zhang, B. , Li, Y. , Zhang, X. , Xie, Y. Conflict between nature reserves and surrounding communities in China: An empirical study based on a social and ecological system framework. Global Ecology and Conservation, 2020, 21, e00804.

[204] Zhang, L. , Yin, F. Wildlife consumption and conservation awareness in China: A long way to go. Biodiversity Conservation, 2014, (23): 2371 – 2381.

[205] Zhang, Y. , Hu, Y. , Zhang, B. , Li, Y. , Zhang, X. , Xie, Y. Conflict between nature reserves and surrounding communities in China: An empirical study based on a social and ecological system framework. Global Ecology and Conservation, 2020, (21): e00804.

[206] Zhou, X. , Wang, Q. , Zhang, W. , Jin, Y. , Wang, Z. , Chai, Z. , Zhou, Z. , Cui, X. , MacMillan, D. C. Global Ecology and Conservation, 2018, 16; doi: 10. 1016/j. gecco. 2018. e00486.

后 记

  在过去的六年中，受国家林业和草原局国际合作司、野生动植物保护司资助，我带领课题组实施了为期六年的全球野生动物保护政策研究工作。其间，还得到北京社科基金对研究工作的支持。此书正是六年来工作的一个成果，也是这些工作的梳理、思考与小结。搁笔之际，感慨万千。

  首先要我要对曾经在国家林业和草原局国际合作司工作的各位同人致以最为诚挚的感谢，他们是苏春雨先生、戴广翠女士、刘昕女士、余跃先生、王骅女士、章红艳女士、廖菁女士。在过去的六年中，他们为此项研究工作的开展提供了大量的无私支持和智慧启迪，确保了研究工作得以顺利开展。他们为了国家林业国际与交流合作工作的高度专业和无私奉献精神，已成为我在教学与科研工作中的精神动力。

  在本书撰写过程中，我也参加了国家林业和草原局保护司组织的《野生动物保护法》修订等政策制定与调研工作，深入调查了广东、云南、辽宁、北京等地的野生动物保护管理工作，对我国野生动物保护管理体制现状有了更为深刻的理解，也支持了本书视角的选择与内容的设计。在此，我要对在国家与地方野生动物保护管理工作的王维胜先生、张德辉先生、李林海先生、纪建伟先生、梁晓东先生、贺佳飞先生、刘伯锋先生、赵文双先生说声谢谢。

  得益于美国驻华大使馆文化处史文明先生、周月女士等人给予的协调与支持，我才得以前往美国参加为期三周的 IVLP 项目实地考察，在此致以特别感谢。我也要谢谢国家留学基金和美国驻华大使馆共同选拔及支持我作为富布赖特访问学者赴美开展了为期 10 个月的访学，使得我对于美国的野生动物保护管理体系有了更为系统及全面的了解。在富布赖特访学期间，我得到了华盛顿大学保护生物中心 Wasser Samuel 教授、Yue Shi 博士、H. J. Kim 博士的热情接待和鼎力相助，在此一并致以谢意。

  还要感谢张雅鑫、刘翔宇、孙鑫、马帅、李怡新、李崇斌、周瑞源、李天金、苗曦予、纪元等我的课题组研究生们，正是由于他们承担了大量英文资料的翻译工作，才能使得本书撰写工作顺利完成。

非常感谢北京林业大学经济管理学院林业经济系的各位同事，正是由于他们承担了系里的诸多工作，才能使我在教学之余有更多时间参与科研工作。

我特别感激我的爱人、父母和幼子，能完成此书与他们在精神上给予的支持和生活上的照料密不可分。

书中肯定存在不足与错误，恳请各位专家学者和读者不吝赐教，请通过电子邮件联系，我的电子邮件地址为 xybjfu@126.com。

2020 年 1 月 23 日